초연결 사회의
데이터통신과 네트워킹

강문식 지음

지은이 **강문식** mskang@gwnu.ac.kr

강릉원주대학교 전자공학과 교수로 재직 중입니다. 연세대학교 전자공학과에서 학사, 석사, 박사 학위를 취득하고 펜실베이니아 대학교의 전기 및 전자공학과에서 Post-Doc Fellow 과정을 거쳤습니다. 퍼듀대학교의 전기 및 컴퓨터학과에서 객원연구교수로 공동연구를 수행했으며 일리노이 공과대학교의 전기 및 컴퓨터공학과에서 Research Associate으로 차세대 모바일 네트워크 응용에 관한 연구를 수행했습니다. 주 관심 분야는 차세대 융합네트워크의 구조 및 최적화, 무선 모바일 네트워크에서의 QoS 트래픽제어 및 보안 기법, 빅데이터 트래픽 모델링, 인공지능과 클라우드 컴퓨팅 기술 및 응용 등입니다. 2009년 IBC(International Biographical Center)로부터 최상위 100대 공학자에 선정되었으며 2019년부터 대한전자공학회(IEIE) 부회장을 역임하고 있습니다.

국내외 저널과 학술회의에서 다수의 논문을 발표했으며 저서로는 『초고속정보통신과 프로토콜』(21세기사), 『컴퓨터 네트워크와 정보통신』(대영사), 『전자회로』(한빛아카데미), 『New 데이터통신과 네트워킹』(한빛아카데미) 등이 있습니다.

초연결 사회의 데이터통신과 네트워킹

초판발행 2020년 6월 30일

지은이 강문식 / **펴낸이** 전태호
펴낸곳 한빛아카데미(주) / **주소** 서울시 서대문구 연희로2길 62 한빛아카데미(주) 2층
전화 02-336-7112 / **팩스** 02-336-7199
등록 2013년 1월 14일 제2017-000063호 / **ISBN** 979-11-5664-492-7 93000

총괄 김현용 / **책임편집** 유경희 / **기획** 김미정 / **편집** 신꽃다미
디자인 표지 이아란, 내지 김연정 / **전산편집** 김정미 / **제작** 박성우, 김정우
영업 이윤형, 길진철, 김태진, 김성삼, 이정훈, 임현기, 이성훈, 김주성 / **영업기획** 김호철, 주희

이 책에 대한 의견이나 오탈자 및 잘못된 내용에 대한 수정 정보는 아래 이메일로 알려주십시오.
잘못된 책은 구입하신 서점에서 교환해드립니다. 책값은 뒤표지에 표시되어 있습니다.
홈페이지 www.hanbit.co.kr / 이메일 question@hanbit.co.kr

초연결 사회의
데이터통신과 네트워킹

강문식 지음

한빛아카데미
Hanbit Academy, Inc.

초연결·초지능 사회에서 데이터통신과 네트워크의 의미

급격한 변화의 시대이다. IT를 중심으로 융합이 이루어지면서 새로운 네트워크 환경과 생태계가 구축되고 모든 것이 연결되는 사물인터넷(IoT) 기반의 초연결 사회로 진입하고 있다. 음성 및 필체 인식 소프트웨어, 3D 컴퓨팅 기술과 오감통신 기술, 통합 유비쿼터스 네트워크와 컨버전스, 5G 네트워크 등이 구현되었다. 이로써 방송 및 통신 융합 네트워크 환경이 새롭게 구축되고 있으며 인간과 환경 요소들이 연결되고 시공간의 제약이 해소되며 새로운 가치 창출이 가능한 시대가 되었다.

데이터통신과 네트워크 기술은 1969년 아파넷(ARPANET) 등장 이후 50여 년 동안 비약적인 발전을 거듭해왔다. 이제 5G 서비스로 다른 지역으로 이동하더라도 연속적으로 서비스를 받을 수 있고 가상 홈서비스나 가상현실 서비스와 같은 가상환경이 제공하는 무결성 특성이 실현되었다. 또한 기존 LTE보다 수백 배 빠르게 사람, 사물, 정보를 초고속으로 연결하여 실감 서비스 제공도 가능해졌다. 5G 이동통신 네트워크 기술과 사물인터넷 기술의 상용화로 물리적 공간의 산업혁명과 가상공간의 정보화혁명에 대한 대융합이 실현되고 있다. 전 세계의 수십억 개 스마트폰과 수백억 개 RFID 태그 및 센서에서 발생하는 대용량 데이터를 수집 및 처리할 수 있게 되었고 이는 빅데이터 분석 기술의 발전과 인공지능 기술의 진화로 이어지고 있다. 그 결과 새로운 네트워크 문화와 고도의 디지털 생태계 형성이 활성화되고 있다.

전 세계는 차세대 6G 네트워크 기술을 선점하기 위해 치열한 경쟁을 벌이고 있다. 우리나라에서는 2014년부터 산업통상자원부와 미래창조과학부가 새로운 미래 산업 창출을 위해 스마트 자동차, 웨어러블 스마트 기기, 맞춤형 웰니스 시스템, 지능형 반도체, 첨단 미래소재의 5개 분야에서 미래 성장동력 추진단을 구성하여 활동해 왔다. 기존 산업을 통한 성장이 한계에 다다른 상황에서 새로운 첨단 및 고부가가치 분야의 육성과 지원에 대한 필요성을 절감한 결과이다. 또 과학기술정보통신부는 6G의 2028년 상용화를 목표로 6대 핵심성능지표(초성능, 초대역, 초공간, 초정밀, 초지능, 초현실)와 14대 전략과제를 도출해 기술개발을 독려하고 있다.

5G/6G 시대에는 인간의 감정과 행동을 자동으로 감지해서 행동하는 '지능형 컴퓨팅'이 가능해져 생활 곳곳에 숨어 있는 컴퓨터로 언제 어디서나 원하는 서비스를 이용할 수 있게 된다. 이러한 초연결 사회에서는 데이터통신과 네트워크에 대한 이해와 지식 습득이 필수적이다.

이 책은 데이터통신과 네트워크 응용을 이해하기 위한 기초 이론부터 현재 사용되고 있는 주요 기술은 물론, 향후 제공될 차세대 네트워크 기술에 이르는 핵심적인 내용을 다루고 있다. 2014년에 출간된 『New 데이터통신과 네트워킹』의 개정판 성격을 띠면서도 핵심 내용의 상당 부분을 새롭게 구성해 차별성을 분명히 하였다. 클라우드 컴퓨팅 기술과 인공지능, 빅데이터 기술처럼 눈부시게 발전하는 최신 네트워크 응용 기술을 포함해 최첨단 네트워킹 기술 발전의 방향성을 제시하고자 노력했다. 다양한 그림과 표를 활용해 이해에 도움을 주고자 했으며 가능한 한 최신 데이터와 사례를 선별해 사용했다. 또한 간결하고 논리적인 체계 속에서 구체적인 예제를 통해 올바른 정보를 제공하고자 했다.

그동안의 연구와 강의를 통해 축적된 경험을 바탕으로 쉽고 정확하게 설명하고자 노력했지만 한빛아카데미 편집자들의 도움과 독려가 없었더라면 결실을 얻는 것은 불가능했을 것이다. 이 책을 만드는 데 도움을 주신 주위의 모든 분과 부족한 원고를 가다듬어 완성도를 한층 높여준 한빛아카데미 관계자 여러분께 진심으로 감사의 마음을 전한다. 아무쪼록 이 책이 여러분에게 데이터통신과 네트워크 분야의 기초 이론부터 최근 핫이슈가 되고 있는 첨단응용 기술까지 이해하는 데 도움이 되었으면 한다.

저자 **강문식**

이 책의 사용 설명서

강의 보조 자료 한빛아카데미 홈페이지에서 '교수회원'으로 가입하신 분은 인증 후 교수용 강의 보조 자료를 제공받을 수 있습니다. 한빛아카데미 홈페이지 상단의 [교수전용공간] 메뉴를 클릭하세요.
http://www.hanbit.co.kr/academy

연습문제 해답 안내 이 책은 대학 강의용 교재로 개발되었으므로 연습문제 해답은 제공하지 않습니다.

학습 로드맵 이 책은 데이터통신과 네트워크를 이해하는 데 반드시 필요한 기초 이론부터 현재 사용되고 있는 주요 기술을 살펴봅니다. 클라우드 컴퓨팅 기술과 인공지능/빅데이터 기술 등 눈부시게 발전하는 최신 네트워크 응용 기술을 선별해 핵심적인 내용을 소개합니다.

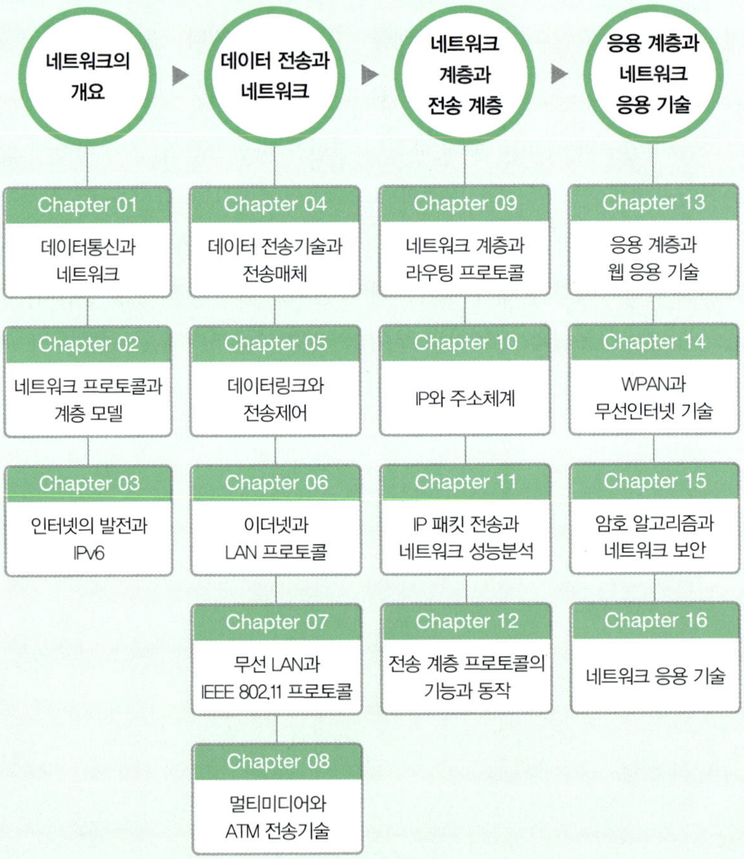

구성요소

| 본문 |

데이터통신과 네트워크의 주요 개념과 기술을 소개합니다.

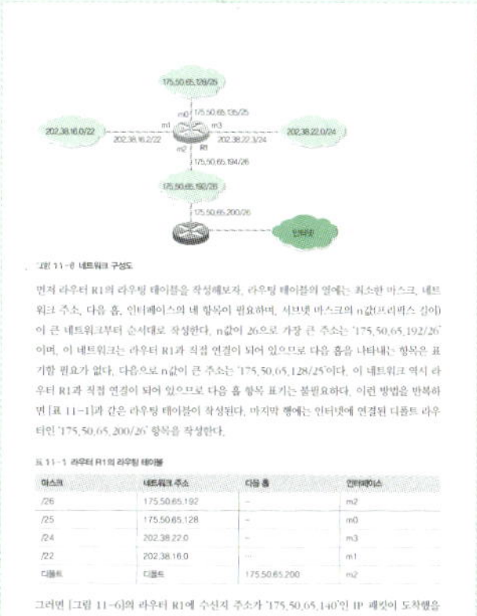

| 그림과 표 |

다양한 개념과 복잡한 기술 및 기법을 그림과 표로 보여줍니다. 설명에 더해 개념을 명확히 이해할 수 있고 핵심 내용만 정리할 수 있습니다.

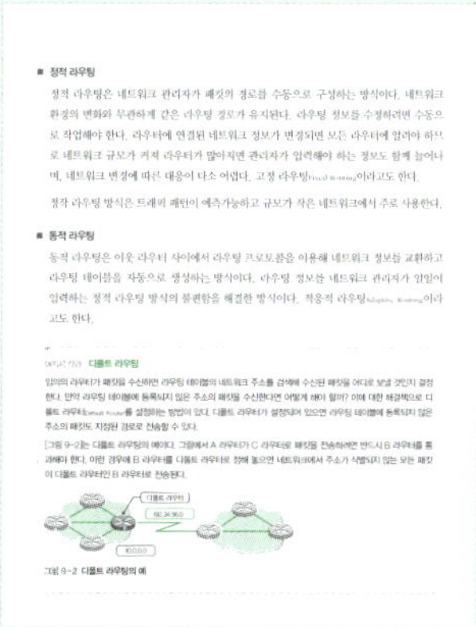

| 여기서 잠깐 |

본문과 관련된 도움말이나 알아두면 좋은 내용을 별도로 정리합니다. 부담없이 읽다 보면 학습에 도움이 됩니다.

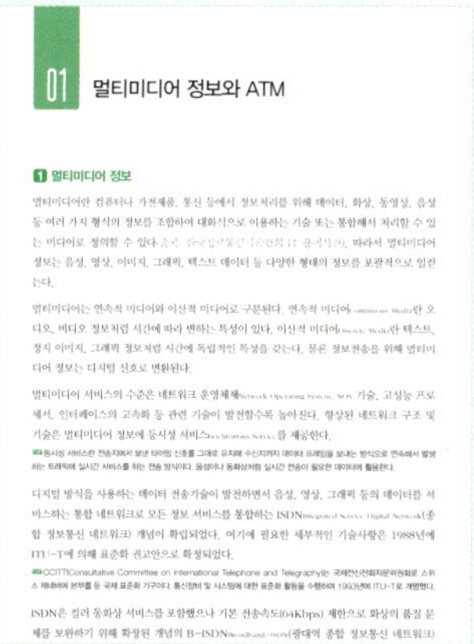

| TIP |

본문에 대한 보충 설명, 용어 등을 간략하게 정리합니다. 학습에 참고할 내용으로 구성하여 본문 이해를 도와줍니다.

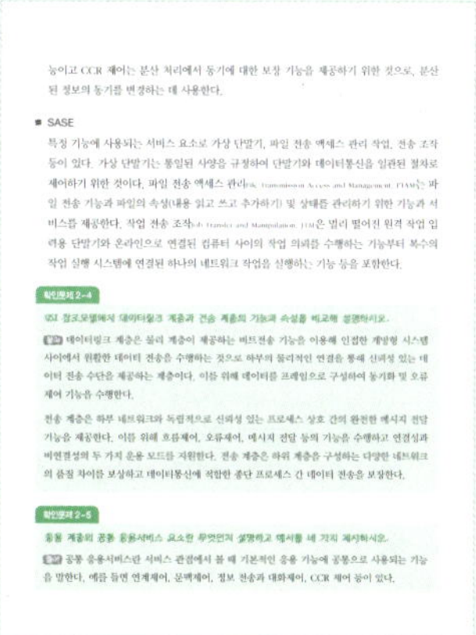

| 확인문제 |

본문 중간에 등장하는 다양한 문제입니다. 배운 내용을 반복하여 학습 효율을 높일 수 있습니다.

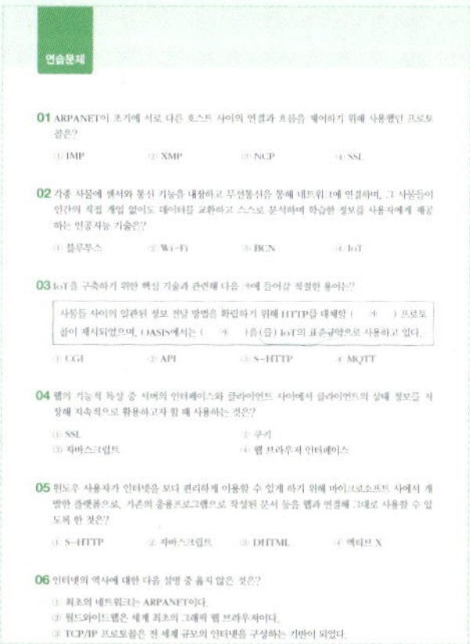

| 연습문제 |

장이 끝날 때마다 제공되는 문제입니다. 배운 내용을 꼼꼼히 확인할 수 있습니다.

PART 01 네트워크의 개요

PART 01

네트워크의 개요

PART 01

네트워크의 개요

Part 1에서는 데이터통신과 네트워크 기술의 전반적인 개념을 살펴본다.

Chapter 01에서는 데이터통신의 개념과 동작에 따른 네트워크 시스템의 구조, 인터넷 표준화 기구와 절차에 대해 알아본다. 아울러 네트워크의 발전과 진화 과정도 폭넓게 고찰한다. Chapter 02에서는 네트워크 프로토콜의 개념에 대해 알아보고, 대표적인 네트워크 구조인 OSI 참조모델과 TCP/IP 모델의 계층구조를 살펴본다. Chapter 03에서는 인터넷과 사물인터넷의 발전 과정과 현황, 인터넷 서비스 유형을 상세히 알아보고 IPv6 프로토콜의 구조와 특성을 소개한다.

CHAPTER 01

데이터통신과 네트워크

학습목표

- 데이터통신과 네트워크 기술의 개념을 이해한다.
- 네트워크의 구조와 동작, 표준화에 대해 설명할 수 있다.
- 네트워크 표준화의 필요성과 다양한 표준화 기구에 대해 설명할 수 있다.
- 유 · 무선 네트워크의 발전과 진화 과정을 이해한다.

01 데이터통신의 개념

우리 사회는 사물인터넷Internet of Things, IoT, 빅데이터big data, 인공지능Artificial Intelligence, AI 등의 기술 발전과 함께 초연결 사회로 진입했다. 초연결 사회는 스마트폰이나 웨어러블 초소형 컴퓨터와 같은 모바일 디바이스Mobile Device를 통해 사람과 사물, 동물, 데이터, 프로세스 등이 인터넷으로 긴밀하게 연결된 사회를 의미한다.

초연결 사회에서는 장소나 시간에 구애받지 않고 가전제품, 단말기, 사물 등이 서로 연결되는 것은 물론 사람과 장치에 국한되지 않고 이용자 간에도 끊김 없는 상호작용이 이루어진다. 이를 통해 서로 연결된 사람과 사물이 모두 정보의 생산자이면서 동시에 소비자가 되며 네트워크, 서비스, 단말기 등이 융합되어 다양하고 새로운 서비스를 창출한다. 일상용품에 사물인터넷 기능이 내재되고 5G 광대역 통합 네트워크에 연동 및 수용되어 언제 어디서나 누구든지 원하는 서비스를 편리하게 이용할 수 있다.

기존의 인터넷이나 모바일 인터넷보다 진화된 단계인 사물인터넷은 유·무선 네트워크로 연결된 디바이스들이 사람의 개입 없이 센서 등을 통해 수집한 정보를 서로 주고받으며 스스로 일을 처리하는 인터넷으로, 사물지능통신Machine to Machine, M2M이라고도 한다.

이러한 변화를 가능하게 한 핵심 기술이 바로 데이터통신Data Communication과 컴퓨터 네트워크Computer network 기술이다. 그렇다면 데이터통신이란 무엇인가? 데이터통신은 '데이터'와 '통신'이라는 서로 다른 두 개념을 결합한 것이다.

'데이터'는 '주어진 어떤 것something given'을 뜻하는 라틴어 'datum'의 복수형이다. 곧 데이터란 이를 만들어서 사용하는 사용자들에 의해 합의된 형식으로 사실Facts, 개념Concepts, 명령Instructions 등을 표현한 것이다.

'통신'은 일반적으로 서로 정보를 공유함을 의미하는데, 정보 공유는 가까운 거리뿐만 아니라 원거리에서도 수행된다. 컴퓨터와 같은 정보처리장치에서는 데이터를 이진수인 비트Bit로 표현하므로 컴퓨터를 이용한 통신은 정보를 표현하고 변환하고 전달하는 과정을 포함한다. 그리고 이 과정에서는 정보 공유를 위해 정한 규칙인 프로토콜Protocol을 지켜야 한다. 곧 통신이란 프로토콜에 따라 기호Symbols나 표시Signs 등을 사용해 한 지점에서 다른 지점으로 정보를 전달하는 과정을 말한다.

TIP 경우에 따라 전화나 TV 등과 같이 원격지에서 수행되는 통신을 텔레커뮤니케이션(telecommunication)이라고도 한다.

이제 데이터와 통신의 개념을 사용해 데이터통신을 정의해보자. 데이터통신이란 컴퓨터와 같이 통신 기능이 있는 두 개 이상의 통신장치communication devices 사이에서 동선이나 광섬유 혹은 무선 링크 등을 포함하는 전송매체를 사용해 통신 프로토콜에 따라 데이터로 표현되는 정보를 교환하는 과정이다.

데이터통신을 위해서는 컴퓨터와 같은 데이터 처리장치뿐만 아니라 통신 시스템과 같은 정보 전송 및 교환장치도 필요하다. 데이터통신 네트워크Data Communication Network는 [그림 1-1]과 같이 지리적으로 분산되어 있는 여러 정보원으로부터 정보를 전송하고 이를 공유하기 위해 설계된 상호 연결 시스템으로 표현할 수 있다.

그림 1-1 데이터통신 네트워크의 개념도

데이터통신 네트워크는 일반적으로 '컴퓨터 네트워크'라 하고 줄여서 '네트워크'라고 표현한다. 컴퓨터 네트워크는 원격지의 컴퓨터와 같은 데이터 처리 및 통신장치 상호 간에 통신매체를 통해 프로토콜에 따라 데이터를 전송 및 수신하는 과정을 포함하는 시스템이라고 정의할 수 있다. 이는 원거리에 떨어져 있는 여러 사용자 사이에서 정보 교환을 위해 공유되는 모든 장치를 포함한다.

데이터통신은 데이터 처리 및 전송장치와 교환장치 등을 연결해 구성된 네트워크 시스템을 통해 이루어진다. 데이터통신 네트워크 시스템을 구성하려면 적어도 다음 5가지 요소가 필수다.

- **메시지**Message: 통신을 하려는 정보로, 텍스트, 숫자, 그림, 비디오 정보 등으로 구성

- **전송장치**Transmission Equipment: 컴퓨터, 워크스테이션, 전화, 비디오카메라 등과 같이 메시지 혹은 데이터를 전송하는 장치
- **수신장치**Receiving Equipment: 메시지를 받는 장치
- **전송매체**Transmission Media: 메시지가 전달되는 실제 전송로
- **프로토콜**Protocol: 데이터통신과 관련된 규칙

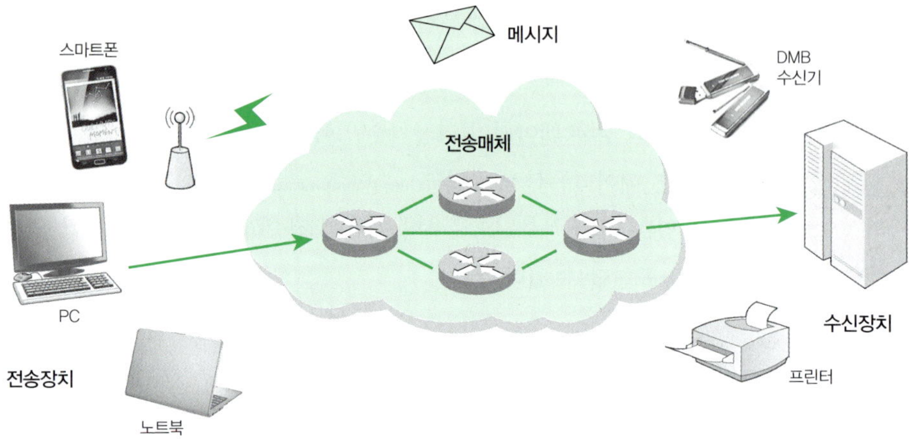

그림 1-2 데이터통신 네트워크의 구성요소

네트워크 시스템은 규모 및 구성 목적에 따라 다양하게 구분할 수 있다. 네트워크 시스템은 물리적으로 컴퓨터와 통신장비를 연결하는 것 외에도 다양한 장비가 정보를 주고받을 수 있도록 일관성 있는 개방형 구조를 갖는다. 대표적인 네트워크 구조로는 국제표준화기구인 ISO에서 제정한 OSIOpen Systems Interconnection(개방형 시스템 상호접속) 참조모델이 있다. 데이터통신 네트워크는 정보 데이터를 전자기 신호 혹은 광신호로 변환해 전송한다.

TIP OSI 참조모델에 대해서는 chapter 02에서 구체적으로 다룬다. 그리고 정보 데이터를 전자기 신호로 변환해 전송하는 과정은 chapter 04에서 데이터통신과 전송매체를 중심으로 보다 구체적으로 설명한다.

02 네트워크 구조

네트워크 참조모델은 네트워크 내에서 또는 네트워크 간에 이루어지는 정보 교환을 위한 프로토콜에 대해 표준화한 모델이다. 프로토콜에 대해서는 chapter 03에서 자세히 다루기로 하고 여기서는 네트워크 구조에 따른 네트워크 유형에 대해 알아보자. 네트워크는 규모, 목적, 구조, 이용 기술 등에 따라 매우 다양하게 구성할 수 있다. 일반적인 네트워크 구성 형태는 LAN, MAN, WAN으로 구분한다.

1 LAN

LANLocal Area Network(근거리 통신망)은 대학이나 건물과 같은 일정 지역 내에서 사용하는 네트워크 구성 형태다. 전송속도는 일반적으로 10~1,000Mbps이며 대표적인 구조에는 성Star형, 버스Bus형, 링Ring형 등이 있다.

TIP LAN 프로토콜에 대해서는 chapter 06에서 자세히 설명한다.

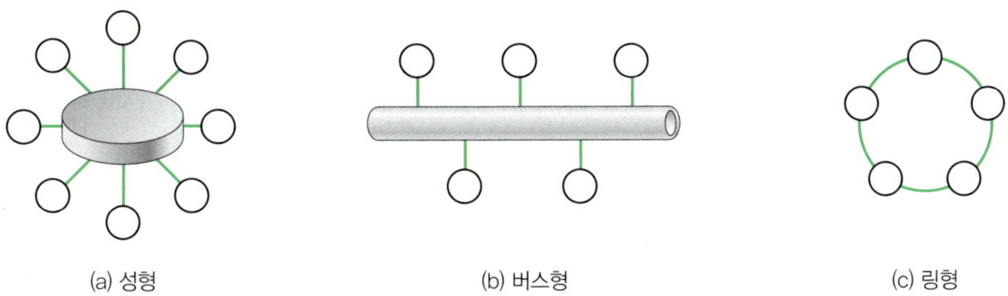

그림 1-3 LAN의 구성 형태

2 MAN

MANMetropolitan Area Network(도시권 통신망)은 대도시 정도의 넓은 지역을 연결하기 위한 네트워크 구성 형태로, LAN의 확장 개념으로 생각하면 된다. 대략 10km에서 수백 km까지의 범위를 수용하며, 케이블 TV 네트워크가 대표적인 예이다. IEEE 802.16 워킹그룹Working Group

에서는 2004년 6월에 무선 MANWireless MAN, WMAN 프로토콜을 승인했다. 와이맥스WiMax와 와이브로WiBro도 이에 속한다.

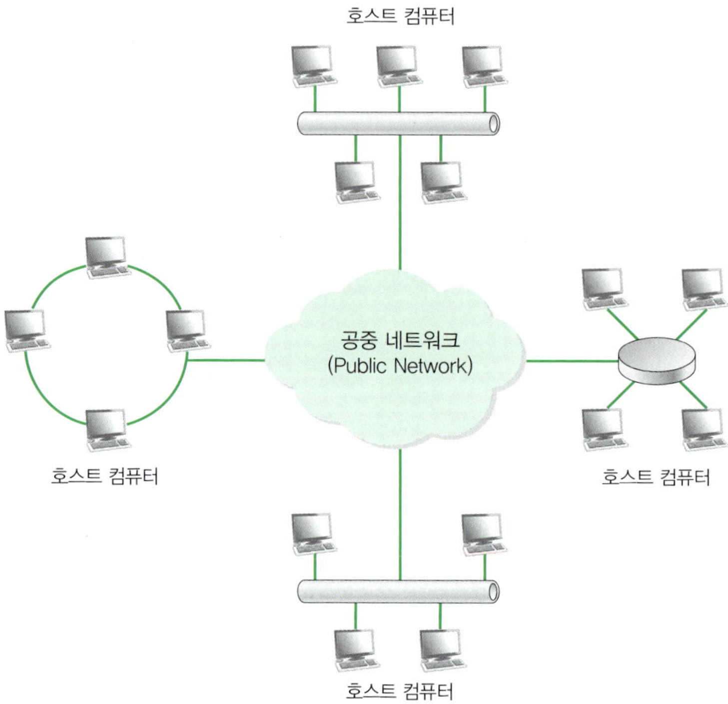

그림 1-4 MAN 구성도

3 WAN

WANWide Area Network(광역 통신망)은 광범위한 지역을 수용하는 네트워크 시스템이다. 한 국가 내의 도시와 도시 혹은 국가와 국가를 연결하려는 목적으로 수백~수천km 범위를 포함할 수 있게 구성된다. [그림 1-5]에서 보는 것처럼 동작중인 사용자 프로그램을 위한 수많은 호스트 컴퓨터Host Computer를 포함하며 전송매체와 교환장치들로 구성된 네트워크를 서브 네트워크Sub Network로 구분하기도 한다.

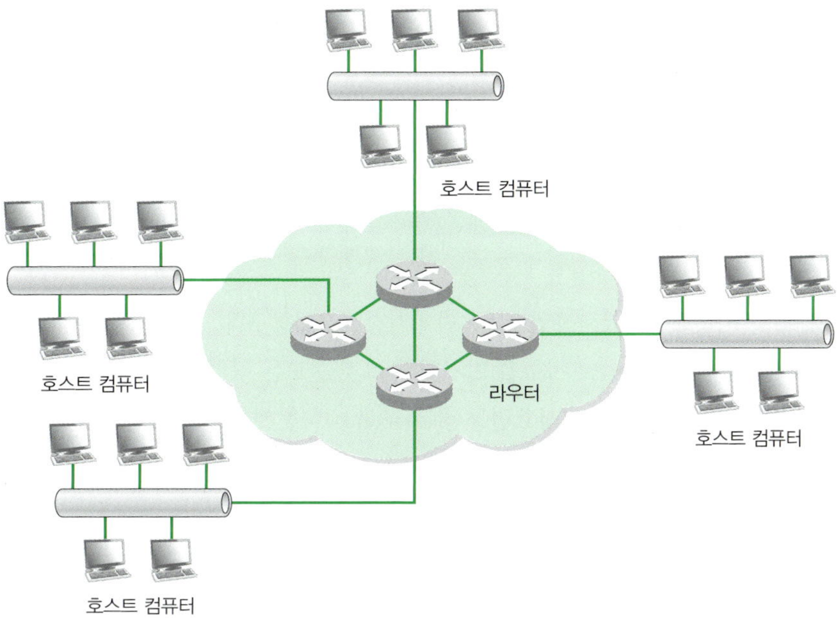

그림 1-5 WAN 구성도

4 PAN

PANPersonal Area Network(개인 통신망)은 10m 이내의 개인 활동 공간을 중심으로 장치들을 연결하기 위한 네트워크이다. 유선 연결은 보통 USB 등을 이용하고 무선 연결은 블루투스Bluetooth, 지그비ZigBee, UWBUltra Wide Band 등의 무선 네트워크 기술을 이용한다.

TIP WPAN(무선 PAN)과 무선 네트워크 기술에 대해서는 Chapter 14에서 자세히 설명한다.

5 BAN

BANBody Area Network(인체 통신망)은 사람의 옷이나 몸에 부착된 여러 장치로 구성된 네트워크이다. 무선 네트워크이므로 WBANWireless Body Area Network이라고도 하며, BSNBody Sensor Network, MBANMedical Body Area Network이라고도 한다.

BAN의 응용은 의료 분야와 비의료 분야로 구분된다. 의료 분야의 응용으로는 웨어러블 BAN, 임플란트 BAN, 의료기기 원격제어 등이 있으며, 비의료 분야에서는 실시간 오디오와 비디오 데이터, 제어와 식별 정보의 전송, 엔터테인먼트 등에 활용되고 있다.

03 네트워크 표준화

1 표준화의 필요성

표준화Standardization의 사전적 의미는 작업방법 · 작업시간 · 작업공구나 설비에 관한 과학적 조사에 의해 하나의 최선의 방법One best way을 발견하고 그것을 모든 작업자에게 적용하는 것을 말한다. 데이터통신에서의 표준화는 상호연동성Inter-operability을 보장하는 것이다.

표준화를 실시하면 데이터통신 및 네트워크와 관련된 기술 혹은 프로세서 간의 상호 운영에 있어서 호환성을 유지할 수 있다. 나아가서 표준에서 일탈된 것에 초점을 맞추는 예외 관리도 가능해진다. 표준화는 크게 De jure 표준화와 De facto 표준화로 구분된다. 'by law'라는 의미의 De jure 표준화는 공식적인 권위를 인정받은 단체나 기관에서 제정한 표준이다. 반면 'by fact'라는 의미의 De facto 표준화는 권위를 인정받는 단체나 조직에서 승인하지는 않았지만 일반에 널리 사용되는 표준으로, UNIX, LINUX 등을 예로 들 수 있다.

2 표준화 기구

다음은 데이터통신 및 네트워크와 관련된 권위 있는 표준화 기구나 단체들이다.

■ ITU

ITUInternational Telecommunication Union(국제전기통신연합)는 1865년에 설립된 국제기구로서 회원국과 부문 회원이 연합의 목적 달성을 위해 협력하는 정부 간 기구이다. 1932년에 국제전신연합과 국제전파전신연합을 통합하면서 명칭을 확정했으며, 1947년 UN에 의해 전기통신, 전파통신, 위성통신, 방송 등의 국제정보통신 분야를 총괄하는 전기통신 부문 전문기구로 지정되었다. 유 · 무선통신, 전파, 방송, 위성 주파수에 대한 규칙 및 표준을 개발, 보급하고 국제적으로 조정 · 협력하는 역할을 수행한다.

ITU의 주요 세 부문은 ITU-RITU Radio communication sector(전파통신 부문), ITU-TITU Telecommunication standardization sector(전기통신표준화 부문), ITU-DITU Development sector(전기

통신개발 부문)이며, 이 중에서 표준화 역할을 수행하는 부문은 ITU-T이다.

ITU-T는 모든 전기통신 분야의 기술 · 운용 · 요금에 관한 문제를 연구해 이에 적용할 표준을 효율적으로 만들고 국제전기통신 서비스를 위한 규정 요금과 회계 원칙을 정의하는 역할을 한다. 전화전송, 전화교환, 신호방법 등에 관한 여러 표준을 권고하고 있으며 데이터통신과 직접 관련이 있는 표준안으로는 V-시리즈와 X-시리즈 등이 있다. ITU-T가 권고한 표준안이 국제법의 일부로 채택되면 의무 사항이 된다. ITU-T가 ITU의 일부이기 때문에 비슷한 형태의 기술 규격을 출판하는 다른 기구의 표준들보다 ITU-T의 표준들이 국제적으로 더 중요성이 크다. ITU-T에서는 활발한 활동으로 지금까지 3,000여 개의 표준화 관련 문서 작업을 수행했는데 이는 약 60,000쪽에 달하는 방대한 양이다.

[표 1-1]은 ITU-T에서 공표한 대표적인 표준안의 예를 요약한 것이다.

표 1-1 ITU-T의 대표적인 표준안

표준 문서	내용
ASN.1	데이터의 표현, 코딩과 디코딩, 전송에 관한 규격
G.711, G.72X 시리즈	오디오 코딩에 관한 규격
JPEG T.80과 JPEG2000 T.800 시리즈	정지화상 코딩에 관한 규격
H.262 MPEG2-Video와 H.264 MPEG4 AVC	동영상 코딩(Video coding)에 관한 규격
V-시리즈	전화 네트워크에서 데이터통신에 관한 규격
T.2-T.4, T.30, T.37, T.38	팩스에 관한 규격
H.323	멀티미디어와 Voip에 관한 규격
Q.931	ISDN(Integrated Services Digital Network) 표준
G.709, G.798, G.872	광 전송 네트워크 표준(OTN)
G.983, G.984, G.987	수동 광 네트워크 표준(PON)
X.509	공개키 구조에 관한 규격
G.707, G.783, G.803	동기식 디지털 계위(SDH) 규격
X.805	보안 구조에 관한 규격

■ ISO

ISO International Organization for Standardization(국제표준화기구)는 여러 나라의 표준 제정 단체

대표들로 이루어진 국제적인 기구로서 1947년에 출범해 2017년 기준으로 163개국이 가입되어 있다. 나라마다 다른 산업, 통상 표준의 문제점을 해결하고자 국제적으로 통용되는 표준을 개발하고 보급한다. 핵에너지, 데이터 처리, 경제 분야 등 광범위한 분야에 걸쳐 수백 개 이상의 표준을 제정했다. 정보통신과 관련된 분야는 기술위원회 가운데 컴퓨터 정보처리에 관여하고 있는 TCTechnical Committee 97이며, TC 97의 15개 부위원회 가운데 SCSub-Committee 6개가 데이터통신에 관계된 업무를 수행하고 있다. 특히 여기서 제정한 OSIOpen System Interconnection는 이기종 간의 상호 접속을 가능하게 하는 표준 개방형 통신 네트워크에 대한 제반 사항을 규정하고 있다.

■ ANSI

ANSIAmerican National Standards Institute(미국국립표준협회)는 미국의 산업 표준을 제정하는 민간기구로서, ISO에 가입되어 있다. ANSI가 제정한 표준 중 가장 유명한 것으로는 ASCII 코드가 있다. IEEEInstitute of Electrical and Electronics Engineering(전기전자기술자협회)나 EIA와 같은 관계 그룹과 함께 표준안을 만든다. 표준 위원회 X3는 컴퓨터 정보처리에 관한 일을 하고 있고 여기에는 25개의 기술위원회가 있으며 그 중에서 X3S3가 데이터통신 분야를 관장한다.

■ EIA, TIA

EIAElectronic Industries Association(전자산업협회)는 미국의 전자기기제조업체를 대표하는 민간기구로, 1924년에 설립해 1957년에 현재의 명칭으로 확정했다. ANSI가 승인한 조직이며, 폭넓은 분야의 표준화와 표준 보급 활동을 전개하고 있다. 정보통신 분야에서는 일반적 전기 특성, 데이터통신, 수치 제어 등에 관한 표준을 제정한다. 단말장치와 모뎀 간의 인터페이스를 규정한 RS-232-C 등이 잘 알려져 있으며, 이후에 이를 ANSI/EIA 232-D로 개정했다.

1988년에 USTSAUnited States Telecommunications Suppliers Association(미국전화공급자협회)와 EIA 내 정보통신기술그룹이 합병해 TIATelecommunication Industry Association(전기통신산업협회)를 설립했다. 이로써 EIA에서 하던 정보통신 관련 표준규격 업무를 현재는 TIA에서 담당하고 있다. TIA가 표준을 개발하고 ANSI가 이를 승인하면 미국의 국가표준이 된다. TIA가 ANSI로부터 위임을 받아 개발하고 있는 표준화 대상 분야는 광섬유, 위성통신, 무선통신, 댁내 장비, 네트워크 장비이며, 현재까지 1,800여 건의 표준을 개발했다.

■ NIST

NISTNational Institute Standards and Technology(국립표준기술연구소)는 1901년부터 1988년까지 NBSNational Bureau of Standards(국립표준국)로 불리던 미국의 측정 표준 실험실로, 미연방 정부의 상무부 산하기관이다. 미국 정부의 보안 요구사항은 NIST가 제정한 정보처리 표준규격인 FIPSFederal Information Processing Standards에 의해 통제된다. 데이터 보안을 위한 암호 알고리즘으로 널리 사용되고 있는 DESData Encryption Standard와 2001년에 승인된 그 후속 버전 AESAdvanced Encryption Standard도 여기서 제정한 것이다.

이외에도 순수한 사용자 그룹이 만든 표준화 단체로 근거리 통신 분야에 MAPManufacturing Automation Protocol과 TOPTechnical Office Protocol가 있으며, 100여 개의 데이터통신 관련 장비 제조업체가 만든 COSCorporation for Open Systems를 포함해 각 국가마다 OSI 사용자 단체가 형성되어 있다. 국내의 개방형 시스템 연구회인 OSIAOpen Standards and ICT Association(한국컴퓨터통신연구회)도 그중 하나이다.

3 인터넷 표준화 활동

인터넷은 초기에 연구를 위한 비영리 목적으로 사용되다가 1990년대 들어 사용자의 다양한 요구가 증가하면서 영리 목적의 새로운 서비스가 등장했다. 2000년대에는 보다 복잡하고 대용량의 정보 전송이 필요한 온라인 뉴스, 주문형 비디오, 화상 회의, 전자 쇼핑, 홈뱅킹 등의 실시간 복합 서비스로 확대됨으로써 기존의 인터넷 관련 기술을 수정해야만 하는 상황이 되었다.

3.1 인터넷 표준화 관련 기구

이처럼 새로운 방향으로의 표준이 필요해지자 관련된 회사들의 주도로 인터넷 관련 기구들이 만들어졌다. 현재 가장 대표적인 인터넷 관련 기구와 표준화 기구에 대해 알아보고 표준화 절차를 살펴보자.

■ ISOC

ISOCInternet SOCiety(인터넷협회)는 인터넷 이용과 기술에 대한 국제적인 협력을 위해 1992년에 결성된 비영리 민간 국제기구로, 다양한 인터넷 관련 국제기구를 포괄하는 대표적인 기구다. 인터넷 운영상의 중요한 문제를 협의 조정하고 국제적 협력을 촉진하며, 인터넷을 운영하고 사용하는 데 필요한 각종 포럼과 국제회의를 개최하고 공동 연구 환경을 제공하고 있다.

■ IAB

IABInternet Architecture Board(인터넷아키텍처위원회)는 ISOC에 의해 인터넷 기술과 엔지니어링을 감독하는 기소 위원회이다. 아키텍처 감독, 표준화 과정 감독, RFCRequest for Comments 문서 관리와 공표, 인터넷 할당번호 관리 등을 수행한다.

■ IETF

IAB의 산하기구인 IETFInternet Engineering Task Force(국제인터넷표준화기구)는 변화하는 네트워크 환경에 따라 인터넷의 운영, 관리, 개발에 대해 협의하고 프로토콜과 구조적인 사안들을 분석하는 인터넷 표준화 기구이다. 인터넷 표준Internet Standard, STD은 인터넷에 적용되는 기술이나 방법론을 표준으로 제정한 규격을 말하며, IETF는 이를 제정 및 공표하는 역할을 한다. 망 설계자, 관리자, 연구자, 사업자 등으로 구성된 개방형 공동체로, 자발적 참여와 논의를 통해 인터넷 관련 기술표준 및 절차를 마련한다. IETF는 매년 세 번의 회의를 통해 인터넷 관련 기술을 논의하는데, 일반적으로 이메일을 통해 의견교환 및 수렴을 하므로 표준화 절차가 매우 빠르게 진행된다.

IETF의 표준화 작업을 진행하는 최소 단위는 WGWorking Group(워킹그룹)이며, 유사 범위의 WG는 Area 단위로 논의를 진행한다. 전체 표준화 절차를 관리하고 각 WG의 방향을 조정하는 기구는 IESGInternet Engineering Steering Group이다.

■ IRTF

IETF가 표준화 기구라면, IRTFInternet Research Task Force는 연구 기구이다. IETF에서 수행하기 어려운 장기 연구 과제를 진행한다. IRTF에서 직접 RFC 문서를 산출하기도 하고, 결과물이 성숙해지면 IETF의 WG으로 전환되기도 한다.

3.2 인터넷 표준화 절차

모든 인터넷 표준은 RFCRequest For Comments로 문서화된다. RFC 문서는 인터넷 연구와 개발 공동체의 작업 문서로, 인터넷에서 기술을 구현할 때 필요한 상세 절차와 기본 틀을 제공하는 내용을 담으며 인터넷을 통해 누구나 확인할 수 있다. 문서마다 일련번호가 부여되고, 일단 일련번호를 받고 출판되면 절대 삭제하거나 수정할 수 없다. 만약 수정이 필요하다면 다른 RFC 문서로 출판해야 하며, 이때 동일한 번호는 부여되지 않는다.

인터넷 표준은 공학적인 방법을 통해 인터넷 초안Draft 형태로 IETF에 제안된 문서를 여러 관계자의 의견을 청취해 RFC 문서로 승격 채택한 후 최종적으로 표준으로 받아들이는 과정을 거쳐 추가된다. 이때 인터넷 초안은 작업이 진행 중인 문서로 형식이 정해져 있지 않으며 언제든지 바뀌거나 삭제될 수 있다.

모든 RFC 문서가 인터넷 표준이 되는 것은 아니다. 기본적으로 RFC 문서는 표준 트랙standard track, 정보 관련informational, 실험 관련experimental, 역사 관련historic의 네 가지 상태로 분류된다.

표준 트랙 RFC 문서는 인터넷 표준으로 인정된 문서 또는 표준화가 진행 중인 문서이다. 정보 관련 RFC 문서는 표준화 과정과 상관없이 일반적인 정보 전달을 목적으로 공개되는 문서들이며, 실험 관련 RFC 문서는 진행 중인 연구나 개발에 관련된 문서 또는 일반적으로 사용할 목적이 아니라 실험을 위해 제안된 사항에 대한 문서이다. 역사 관련 RFC 문서는 표준 트랙이었지만 현재는 재정의되어 적절하지 않은 문서 또는 인터넷 표준화 단계를 통과하지 못한 문서들이다. 표준 트랙 RFC 문서를 제외한 세 가지 상태의 문서는 비표준 트랙으로 분류할 수 있다.

전체 RFC 문서 중에 인터넷 표준으로 확정되는 비중은 그리 높지 않다. 또한 인터넷 표준이 되기까지 걸리는 시간은 표준마다 천차만별이다.

인터넷 표준화 절차를 좀 더 상세히 살펴보자. 인터넷 초안 형태로 문서가 제출되면 관련 WG에서 협의와 논쟁을 거쳐 WG 초안으로 받아들인다. WG 초안이 일정 수준에 도달하면 표준 트랙과 비표준 트랙으로 구분해 비표준 트랙은 바로 RFC 문서로 출간하고 표준 트랙에 해당하는 문서는 제안단계 표준으로 채택한다. 제안단계 표준은 실제로 수행하고 적용해 보면서 실험과 평가 과정을 거치는데, 운영성 검증이 이루어지고 시장에 널리 받아들여지면 인터넷 표준을 요청할 수 있다. 최종단계인 인터넷 표준은 실제 표준안으로서 안정적으로 동작되는 것이 확인된 문서이다.

TIP 제안단계 표준에서 검증을 거쳐 인터넷 표준으로 제정하기까지의 중간 단계에 표준 초안(Draft Standard)이 있었으나, 이 단계는 2011년에 폐지되었다.

[그림 1-6]은 인터넷 표준화 절차와 RFC 문서의 종류를 나타낸 것이다.

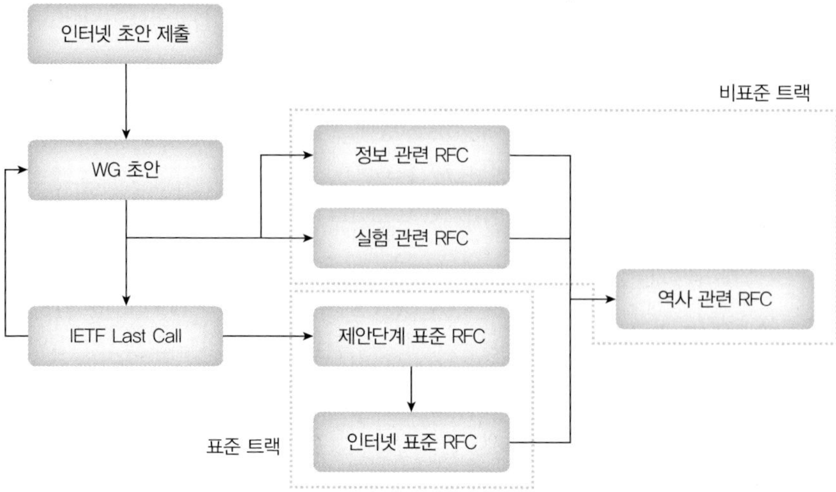

그림 1-6 인터넷 표준화 절차

04 네트워크의 발전과 진화

1 네트워크와 인터넷의 발전

두 개 이상의 네트워크를 연결하려면 네트워크 간 하드웨어나 소프트웨어를 모두 연결할 수 있어야 하는데, 이를 위한 방법론이 인터네트워킹Internetworking이다. '네트워크들의 네트워크'라고도 불리는 인터네트워킹은 하나의 데이터통신 기준으로 다양한 하드웨어 기술을 결합할 수 있게 한다. 인터넷은 인터네트워킹 기술을 이용해 수많은 컴퓨터로 구성된 네트워크와 네트워크를 상호 연결함으로써 형성된 거대 네트워크 시스템이라고 할 수 있다.

인터넷을 통해 전 세계가 네트워크 시스템으로 연결됨으로써 기후 상태나 곡물 생산량, 항공편 운행과 같은 다양한 정보를 얻고 공동관심사에 대한 정보와 필요 프로그램을 주고받을 수 있게 되었다. 이제 사물인터넷 기술이 지구촌의 모습을 다시 한 번 크게 바꿔 놓을 것으로 전망된다. 불과 30여 년 전에는 1,000여 개의 디바이스가 인터넷에 연결되어 있었으나 이제는 수백억 개를 넘어 곧 1천억 개 이상으로 늘어날 것으로 예상된다. 모든 디바이스가 정보를 주고받게 되면 생산 · 유통은 물론 사회 전반의 소통에도 큰 변화가 일어날 것이다. 기업들은 이미 기술표준을 선점하기 위해 치열한 경쟁을 벌이고 있다. 모든 사물이 네트워크로 연결되는 사회에서는 이를 어떻게 활용하느냐가 매우 중요한 이슈이다.

인터넷의 모체는 1969년 미국 국방성 산하의 ARPAAdvanced Research Projects Agency에서 연구원, 군납업체, 관련 기관 간에 정보를 공유하기 위해 구현한 네트워크인 ARPANET이다.

1983년 미 국방성은 TCP/IP를 공식 프로토콜로 선정했다. TCP/IP는 전송제어 프로토콜인 TCP와 인터넷 프로토콜인 IP로 이루어져 있으며, 서로 연결된 어떠한 네트워크 집합에서도 정보 교환이 가능한 기본 프로토콜로 사용된다. 이후 여러 연구기관이 자신들의 연구 사이트를 연결하는 데 TCP/IP를 사용하면서 기술 발전이 이루어졌고 이는 여러 산업체와 각 기관으로 널리 확산되었다. TCP/IP 기술은 오늘날 가정, 대학, 학교, 기업, 정부, 연구기관 등이 서로 연결된 전 세계적 규모의 인터넷을 구성하는 기반을 마련했다.

1986년 NSFNational Science Foundation(미국국립과학재단)는 슈퍼컴퓨터센터 5대를 연결하는 기간망인 NSFNET를 만들었다. 대학을 비롯한 많은 기관과 다른 나라에서 NSFNET에 연결하고 기존의 ARPANET 사용자 또한 공식적으로 NSFNET에 통합되면서 인터넷이 오늘날과 같은 형태로 발전하는 중요한 계기가 되었다.

이후 월드와이드웹World Wide Web, WWW의 발달과 더불어 점점 많은 기업이 자사의 광고, 제품 소개, 전자상거래 등에 인터넷을 도입했다. 인터넷은 무선인터넷을 포함하여 전 세계에 기하급수적으로 성장하고 있으며 현재 상호 연결된 호스트가 수억 대를 넘어서 오늘날 전 세계는 인터넷으로 연결된 하나의 지구촌이 되었다.

이해를 돕기 위해 인터넷과 컴퓨터 네트워킹 기술의 발전 과정을 중요 사건 중심으로 [그림 1-7]에 연대표로 나타내었다. [그림 1-8]은 무선 이동 네트워킹 기술 발전을 중심으로 최근의 기술적 이슈를 포함한 연표이다.

TIP 무선 LAN 기술은 Chapter 07에서, 블루투스와 무선인터넷 기술은 Chapter 14에서, 5G 네트워크와 USN 기술, 클라우드 컴퓨팅, 빅데이터 응용 기술 등은 Chapter 16에서 구체적으로 알아본다.

2 IPv6와 사물인터넷

전세계적으로 사용된 첫 번째 인터넷 프로토콜이자 아직 주로 사용되는 것은 IPv4Internet Protocol version 4이다. 그러나 IPv4는 주소 공간이 32비트로 제한적이고 국가별로 할당된 주소가 거의 소진되어 지속적인 인터넷 발전에 문제가 예상되었다. ICANNInternet Corporation for Assigned Names and Numbers(국제인터넷주소관리기구)은 2011년에 IPv4의 주소 고갈을 선언했다. 이에 대한 대안으로 제시된 차세대 인터넷 프로토콜이 IPv6Internet Protocol version 6이다. IPv6는 1994년에 IETF가 채택함으로서 국제 표준으로 확정되었다. 현재는 IPv4와 IPv6가 병행 사용되고 있으며, IPv6는 스마트폰에 상용화되는 등 그 수요가 점차 증가하고 있다.

32비트로 구성된 IPv4는 산술적으로 약 43억(2^{32}) 개의 주소 생성이 가능하지만 유효한 주소가 5~6억 개에 불과한 비효율적 할당 문제가 있고, 늘어난 무선인터넷, 정보가전 등 신규 IP 주소의 수요를 충족하기 힘들다. 이에 비해 주소 공간을 네 배 확장해 128비트로 구성된 IPv6는 이론상 거의 무한(2^{128}) 개의 주소를 생성할 수 있어 IP 주소 부족 문제를 해결할 수 있을 뿐만 아니라 품질 제어, 보안, 자동 네트워킹 및 다양한 서비스를 제공하는 데 용이하다.

그림 1-7 인터넷과 컴퓨터 네트워킹 기술의 발전 과정

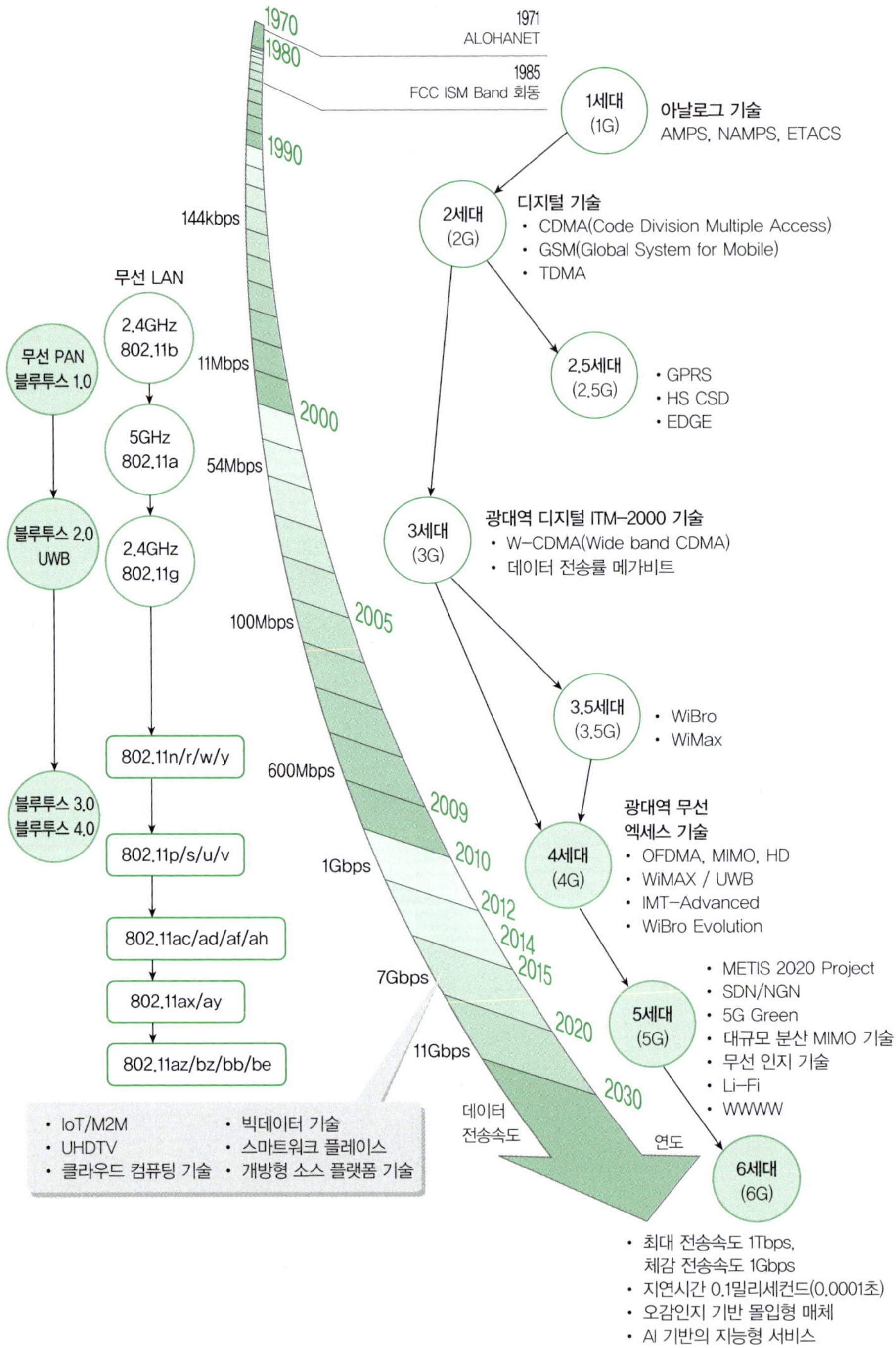

그림 1-8 무선 이동 네트워킹 기술의 발전 과정

IPv4는 하나의 헤더Header로 서비스를 제공하기 때문에 헤더의 제어정보에 필요 이상으로 많은 정보가 들어가고, 새로운 형태의 서비스가 발생할 때마다 헤더 정보를 수정 및 보완해야 한다. 이는 네트워크 노드에서 패킷Packet을 수신했을 때 많은 프로세스 시간과 멀티미디어 서비스를 제공하면 큰 제약이 있다는 의미이다. IPv6는 이러한 구성을 피하고 보다 단순한 형태의 헤더 정보를 제공하기 위해 사용하는 서비스의 형태에 따라 헤더가 분리되도록 했다. 독립된 여러 개의 헤더로 기능에 맞게 전송함으로써 네트워크의 패킷 처리시간을 단축하고 전송되는 정보의 양을 줄일 수 있다.

TIP 헤더는 저장되거나 전송되는 데이터 블록의 맨 앞에 위치하는 보충 데이터를 말한다. IP 패킷의 헤더는 주소를 비롯한 각종 제어정보를 담고 있다. 패킷은 데이터를 일정한 크기로 자른 것으로, 데이터 전송 단위로 사용된다. IP 패킷의 구성에 대해서는 Chapter 03과 Chapter 10에서 자세히 다룬다.

IPv6는 IPv4와 달리 주소 자동설정 기능이 있어 관리자가 IP 주소를 사용자마다 할당해주는 수고를 하지 않아도 된다. 사용자는 장소를 이동해도 디바이스에 IPv6 주소를 따로 설정하지 않아도 되며, 유 · 무선의 이종 네트워크에서도 끊임없이 통합 서비스를 이용할 수 있다.

또한 IPv6는 높은 품질의 오디오 및 비디오 트래픽에 대한 지원 메커니즘을 제공한다. 인터넷 사업자는 IPv6의 품질관리 기능 및 보안 기능을 이용해 고품질의 신뢰성 높은 서비스를 제공할 수 있으며, 이를 통해 사용자는 멀티캐스팅Multicasting 등 고품질의 동영상 인터넷 서비스를 쉽게 사용할 수 있게 된다. 뿐만 아니라 전송하는 패킷에 부가적인 정보를 추가할 수 있어서 IPv4에 비해 신뢰성 높은 전송이 가능하다.

사물인터넷이 성공적으로 구현되려면 IPv6가 전세계에 도입 및 배포되어야 한다. 향후 등장할 대량의 통신장치들이 상호 통신하려면 모든 디바이스가 인터넷에 접속되어야 하기 때문이다. IPv6는 지능화한 냉장고, TV, 전화기, AV 스피커, 홈 보안장치 등 각 디바이스가 무선인터넷 등을 통해 상호 통신할 수 있도록 충분한 IP 주소를 제공할 수 있다.

사물인터넷은 유 · 무선 및 위성통신 네트워크의 연동과 다양한 네트워크에서 제공하는 서비스 통합을 촉진하고 있다. 앞으로 구축될 대부분의 네트워크는 유 · 무선인터넷 서비스는 물론 가입자가 기호에 따라 최신 기술을 이용한 고품질 네트워크를 선택할 수 있는 형태로 발전할 것이다. 또한 유 · 무선의 여러 ISP 네트워크와 LAN/WAN 등의 상호연동 및 사물인터넷 사용이 급증할 것으로 예측되며, 이를 바탕으로 다양한 네트워크간의 연동체계가 점점 고도화될 것이다.

01 데이터통신에 대한 다음 설명 중 적합하지 않은 것은?

① 데이터통신이란 통신 프로토콜에 따라 데이터로 표현되는 정보를 교환하는 과정이다.
② 네트워크 시스템은 규모 및 구성 목적에 따라 다양하게 구분할 수 있다.
③ 데이터통신은 데이터 처리 및 전송장치와 교환장치 등을 연결해 구성된 네트워크 시스템을 통해 이루어진다.
④ 다중화 장치는 메시지가 전달되는 실제 전송로를 의미한다.

02 표준화는 기술 혹은 프로세서 간의 호환성을 유지하기 위해 필요하다. 권위를 인정받는 단체나 조직에서 승인하지는 않았지만 일반에 널리 사용되는 표준을 나타내는 용어는?

① EIA 표준　　② De facto 표준
③ De jure 표준　　④ Regulatory 표준

03 데이터통신 네트워크 시스템을 구성하는 5가지 필수 요소로 가장 적합하지 않은 것은?

① 전송장치　　② 수신장치
③ 서비스　　④ 프로토콜

04 IPv4 인터넷 프로토콜에서는 장소 이동에 따른 IP 주소 재입력 등 통신 환경을 일일이 설정해야 했으나, 이러한 불편을 해소시켜주는 IPv6의 기능은?

① 데이터 압축 기능　　② 주소 자동설정 기능
③ 데이터 공유 기능　　④ 암호화 기능

05 광범위한 지역을 수용하며 한 국가 내의 도시와 도시 혹은 국가와 국가를 연결하려는 목적으로 수백~수천km 범위를 포함할 수 있게 구성하는 네트워크 시스템을 나타내는 것은?

① LAN　　② MAN
③ WAN　　④ RAN

06 10m 이내의 개인 활동 공간을 중심으로 장치를 연결하기 위한 네트워크에서 사용되는 기술이 아닌 것은?

① 서브 네트워크　　② UWB
③ 지그비　　④ 블루투스

07 여러 나라의 표준 제정 단체 대표들로 이루어진 국제적인 기구로, 핵에너지, 데이터 처리, 경제 분야 등 광범위한 분야에 걸쳐 수백 개 이상의 표준안을 제정했으며 표준 개방형 통신 네트워크에 대한 제반 사항을 규정한 OSI를 제정한 기구는?

① ISO ② ANSI
③ EIA ④ NIST

08 미연방 정부의 상무부 산하기관으로, 미국 정부의 보안 요구사항을 통제하는 정보처리 표준규격인 FIPS, 데이터 보안 표준규격인 DES와 AES 등을 제정한 기구는?

① ITU ② NIST
③ ANSI ④ ISO

09 인터넷의 운영, 관리, 개발에 대해 협의하고 프로토콜과 구조적인 사안들을 분석하며 자발적 참여와 논의를 통해 인터넷 관련 기술표준 및 절차를 마련하는 기구는?

① IAB ② IETF
③ IESG ④ ISOC

10 RFC 문서에 대한 다음 설명 중 적합하지 않은 것은?

① 모든 RFC 문서가 인터넷 표준이 되는 것은 아니다.
② 대부분 인터넷에서 기술을 구현할 때 필요한 상세 절차와 기본 틀을 제공하는 내용을 담고 있다.
③ 표준 트랙, 정보 관련, 실험 관련, 역사 관련의 네 가지 상태로 분류된다.
④ 수정이 필요할 경우 별도의 절차를 거쳐야 하며, 이때 기존의 문서는 동일한 일련번호의 새로운 문서로 교체된다.

11 BAN이란 무엇인지 구조와 동작 원리를 중심으로 설명하시오.

12 인터넷과 컴퓨터 네트워킹 기술의 발전 과정을 간략하게 설명하시오.

13 네트워크 표준화가 필요한 이유는 무엇인지 설명하시오.

14 IETF에서 진행하는 인터넷 표준화 절차를 구체적으로 설명하시오.

15 사물인터넷의 개념을 설명하고 구체적인 활용 예를 들어보시오.

CHAPTER 02

네트워크 프로토콜과 계층 모델

학습목표

- 네트워크 프로토콜과 계층구조의 개념을 이해한다.
- OSI 참조모델과 네트워크 시스템의 구조 및 동작을 이해한다.
- OSI 참조모델의 계층별 기능을 설명할 수 있다.
- TCP/IP 모델에 대해 이해하고 OSI 참조모델과의 관련성과 차이점을 설명할 수 있다.

01 네트워크 프로토콜

데이터통신 네트워크는 개인은 물론 기업과 단체, 국가 등 현대사회의 거의 모든 분야에서 광범위하게 사용된다. 이는 컴퓨터와 관련된 데이터 처리 기술과 유·무선 음성 및 데이터통신 기술이 결합된 데이터통신 네트워크 기술의 발전에 따른 것이다. 네트워크로 연결된 디바이스 사이에서 정상적으로 데이터를 주고받으려면 데이터의 전송이나 수신과 관련된 규칙, 즉 프로토콜이 필요하다.

데이터 전송을 위한 프레임Frame은 일반적으로 다음과 같은 세 가지 영역을 포함한다.

TIP 프레임은 데이터링크 계층에서 사용되는 데이터 단위로 이에 대한 개념과 구성은 Chapter 05에서 자세히 다룬다.

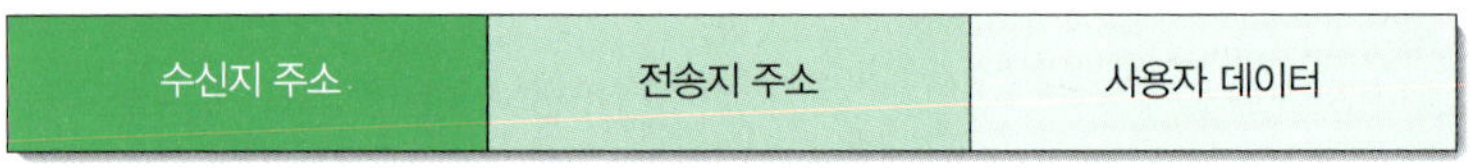

그림 2-1 프레임의 기본 구성

규칙에 의해 데이터교환이 이루어지면 이 일련의 규칙이 바로 데이터 전송을 위한 프레임 구성과 관련된 프로토콜이 된다. 데이터통신과 관련해 다양한 형태의 프로토콜이 사용되고 있다.

그렇다면 네트워크 프로토콜에는 기본적으로 어떤 내용이 담겨야 할까? 데이터통신 네트워크는 컴퓨터, 라우터, 서버, 모뎀 등 다양한 디바이스로 구성된다. 그러나 이들은 모두 데이터교환 기능, 즉 데이터통신 기능을 공통적으로 갖추고 있다. 데이터통신 기능을 갖춘 라우터, 서버, 모뎀과 같은 디바이스를 개체Entity라는 용어로 일반화해서 표현하기도 한다. 사과, 배, 포도, 감 등을 과일이라고 부르는 것과 마찬가지라고 할 수 있다.

데이터통신과 관련된 임의의 두 개체가 네트워크를 통해 데이터를 교환하려면 합의된 규칙에 따라 무엇을, 어떻게, 언제 통신할 것인가를 정해야 한다. 따라서 프로토콜은 다음과 같이 구문, 의미, 타이밍 요소로 구성된다.

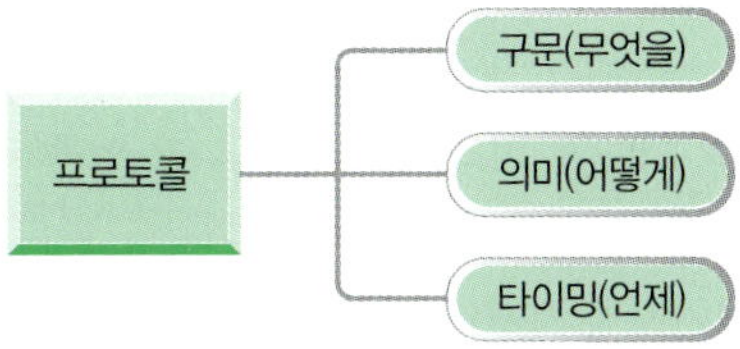

그림 2-2 프로토콜의 기본 요소

- **구문**Syntax: 데이터의 형식Format, 부호화 및 신호의 크기 등을 포함해 무엇을 전송할 것인가에 관한 내용이 들어 있다.
- **의미**Semantics: 데이터의 특정한 형태에 대한 해석을 어떻게 할 것인가와 그 해석에 따라 어떻게 동작을 취할 것인가 등 전송의 조정 및 오류처리를 위한 제어정보 등을 포함한다.
- **타이밍**Timing: 데이터를 언제, 얼마나 빠른 속도로 전송할 것인가와 같은 내용을 포함한다.

특성이 서로 다른 이질적인 네트워크 시스템의 두 개체인 디바이스 A와 디바이스 B가 있을 경우, 데이터를 주고받으려면 여러 가지 프로토콜이 필요하다. 우선 서로 다른 네트워크에 연결된 호스트 컴퓨터를 연결하기 위해 디바이스 A와 네트워크 1(Net 1) 간의 프로토콜과 디바이스 B와 네트워크 2(Net 2) 간의 프로토콜이 필요하다. 또한 서로 다른 네트워크를 경유해 데이터를 전송하기 위한 프로토콜, 전송매체에서 발생할 수 있는 네트워크 트래픽의 혼잡을 처리하기 위한 프로토콜 등이 다양하게 필요하다.

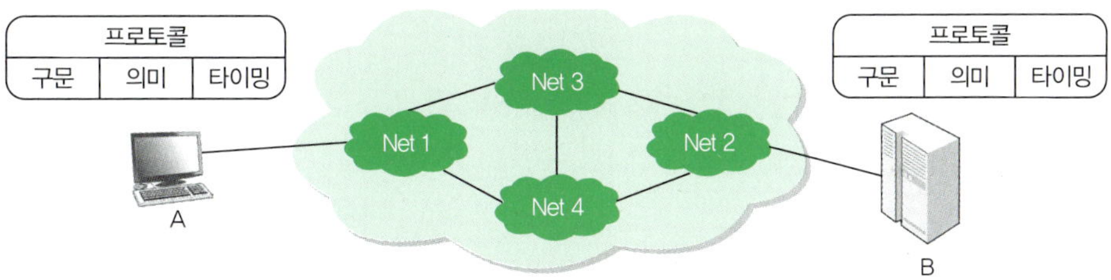

그림 2-3 네트워크 서비스와 프로토콜의 개념도

1990년 이전만 해도 데이터통신 네트워크를 대표하는 계층구조인 OSI 참조모델이 데이터통신 네트워크의 표준모델이 될 것으로 예상했다. 그러나 TCP/IP 프로토콜을 사용하는 TCP/IP 모델이 데이터통신 네트워크의 대표적인 모델이 되었다. OSI 참조모델은 네트워크 시스템에 대한 이해와 성능분석, 네트워크 설계에 유용한 내용 등을 제시하는 역할을 한다.

확인문제 2-1

네트워크 프로토콜이 필요한 이유는 무엇이고, 프로토콜을 설계할 때 반드시 고려해야 할 항목은 무엇인지 설명하시오.

풀이 네트워크로 연결된 디바이스 사이의 데이터교환을 유의미하게 하려면 데이터 전송이나 수신과 관련된 일련의 규칙이 반드시 필요하다. 아무런 규칙 없이 데이터의 전송과 수신이 이루어지면 유의미한 정보 교환이 성립되지 않는다. 이럴 때 필요한 규칙이 네트워크 프로토콜이다. 프로토콜 설계 시 고려할 첫 번째 항목은 무엇을 전송할 것인가(데이터의 형식, 부호화 및 신호의 크기 등)이고 두 번째는 전송의 조정 및 오류처리를 위한 제어정보를 포함하는 의미 요소이다. 마지막으로 언제, 얼마나 빠른 속도로 전송할 것인가와 같은 타이밍 요소도 반드시 고려해야 한다.

확인문제 2-2

데이터통신 네트워크에서 사용하는 용어인 개체의 의미를 설명하시오.

풀이 데이터통신 네트워크는 호스트 컴퓨터, 라우터, 서버, 모뎀과 같이 다양한 디바이스를 포함해 구성된다. 이때 실제적인 데이터교환이 가능한 디바이스를 개체라고 일반화해서 표현한다. 개체라는 표현은 특성이 서로 다른 디바이스라도 데이터통신 기능을 갖춘 실제적 데이터통신의 주체가 된다는 의미를 내포한다.

02 OSI 참조모델

1 OSI 참조모델의 개념

1970년대 중반부터 데이터통신 네트워크를 근간으로 서로 다른 형태의 분산 시스템이 확산되자 서로 특성이 다른 시스템 간에 데이터 전송이 가능한 개방형 시스템의 필요성이 커졌다. 다양한 범주의 표준화가 추진된 결과 ISO에서 데이터통신 네트워크 시스템에 대한 OSI 참조모델Open Systems Interconnection Reference Model을 규정했다.

TIP 분산 시스템은 중앙집중형 시스템과 상반되는 개념으로 여러 프로세서와 디바이스를 분산해서 배치하고 이들을 상호 결합시켜 자원 공유, 부하 균형, 데이터통신과 정보의 공유, 확장성 향상, 신뢰성 향상, 가용성 증진 등의 장점을 살린 시스템이다.

OSI 참조모델은 컴퓨터 네트워크 프로토콜 디자인과 통신을 계층으로 나누어 설명한 것이다. 이 모델은 7개의 계층구조를 갖는 개방형 시스템으로, OSI 7계층 참조모델이라고도 한다. OSI 참조모델의 기본적인 목적은 표준화와 관련된 기본 골격을 제공하는 것이다. 이를 통해 네트워크에 연결된 시스템에 설치된 응용프로그램의 다양한 프로세스가 해당 시스템의 사양이나 환경에 구애받지 않고 다른 시스템의 응용프로그램과 정보처리 작업을 할 수 있게 되었다.

TIP 개방형 시스템은 서로 특성이 다른 이질적인 네트워크 시스템끼리 각자의 하부구조와 무관하게 데이터통신이 가능한 시스템을 말한다.

OSI 참조모델은 특정 시스템에 대한 프로토콜 의존도를 줄이고 향후 기술 진보에 따른 프로토콜 확장성을 고려한 보편적인 개념과 용어를 사용해 컴퓨터 네트워크의 논리 구조를 규정하는 개념으로 표준화되었다. 그 결과 데이터통신 회선 등의 물리적 매체에 연결된 여러 개방형 시스템에 대해 어떻게 네트워크상에서 특정한 업무를 분산해서 수행하는지를 구체적으로 규정하고 있다. 즉 개방형 시스템의 프로세스 상호 간의 데이터통신, 데이터 저장, 자원관리, 데이터 보안 및 응용프로그램 지원과 같은 협업 동작을 규정한다.

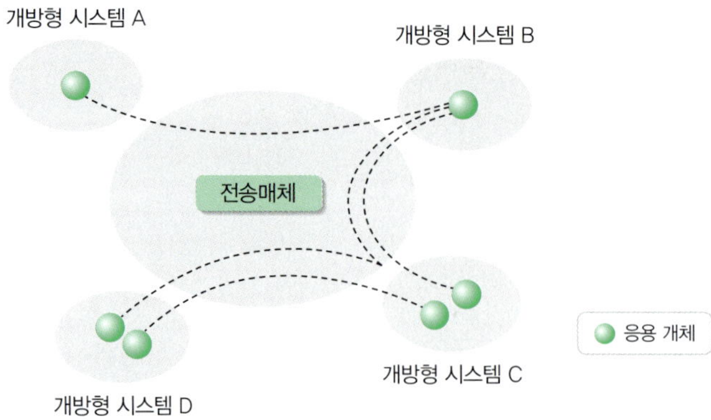

그림 2-4 개방형 시스템 간의 상호 연결 개념

개방형 시스템은 컴퓨터와 단말기, 그리고 이들로 구성된 데이터통신 네트워크와 또 다른 네트워크 시스템에 대해 OSI 참조모델에서 규정하는 프로토콜을 이용함으로써 상호 데이터통신을 가능하게 한다.

OSI 참조모델에서는 개방형 시스템 간의 연결을 논리적으로 모델화하기 위해 네 가지 기본 요소를 정의했다.

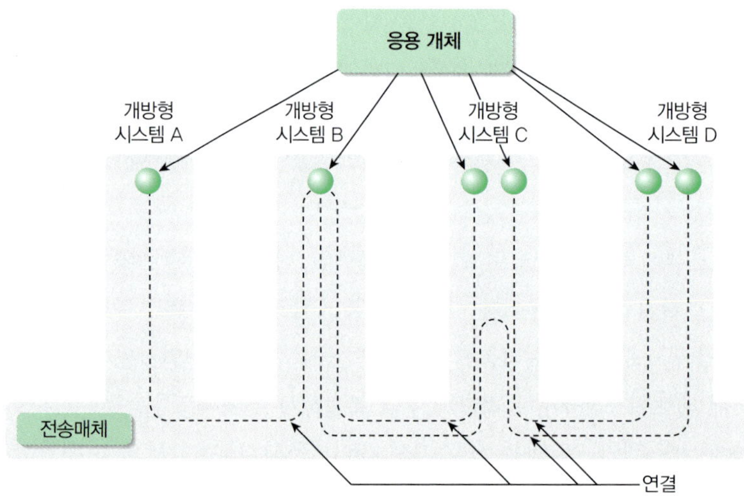

그림 2-5 개방형 시스템 간의 데이터통신을 위한 기본 요소

- **개방형 시스템**Open System: 컴퓨터, 단말기, 통신 제어장치, 단말기 제어장치 등과 같은 응용 프로세스 간의 데이터통신을 수행하는 시스템

- **응용 개체**Application Entity: 응용 프로세스를 개방형 시스템의 요소로 모델화한 것으로, 네트워크상에서 동작하는 응용프로그램과 시스템 운영 및 관리 프로그램, 단말기 동작과 관련된 프로그램 운영 기능을 제공
- **연결**Connection: 응용 개체를 연결하는 논리적인 데이터통신 회선
- **전송매체**Transmission Media: 데이터링크, 채널 등과 같이 네트워크 시스템 간에 데이터를 교환할 수 있게 하는 전기적 통신매체

2 OSI 참조모델의 계층구조

데이터통신 시스템은 일반적으로 하드웨어와 소프트웨어로 구성된다. OSI 참조모델은 데이터통신 시스템의 효율적인 소프트웨어 구조와 서로 특성이 다른 네트워크 구조에 대한 효율적 관리를 고려한 계층구조로 이루어져 있다. 전체 네트워크 시스템을 7개의 기능 계층으로 세분화하고 각 계층이 정형화된 기능을 수행하도록 구성한다.

1계층은 물리 계층Physical Layer, 2계층은 데이터링크 계층Data Link Layer, 3계층은 네트워크 계층Network Layer, 4계층은 전송 계층Transport Layer, 5계층은 세션 계층Session Layer, 6계층은 표현 계층Presentation Layer, 7계층은 응용 계층Application Layer이다.

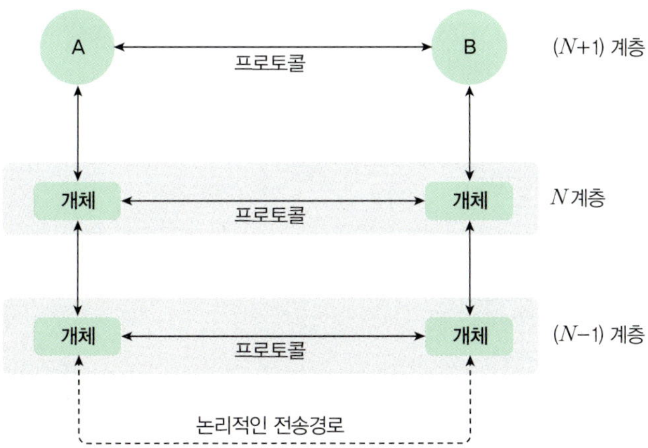

그림 2-6 네트워크 모델의 계층구조

네트워크 모델의 계층구조는 개체에 대한 서비스 및 프로토콜에 의해 구체화된다. 개체란 데이터교환 기능이 있는 각 계층의 실제적인 디바이스를 총칭하는 용어로, 프로세스와 같은 소프트웨어 개체나 지능형 입 · 출력 칩과 같은 하드웨어 개체 등을 포함한다. 각 계층의 개체는

해당 계층의 명칭과 함께 명명된다. 예를 들어 OSI 참조모델에서는 7계층의 개체를 '응용 개체', 6계층의 개체를 '표현 개체'라 하며 그 하위의 개체 또한 동일한 방법으로 명명한다.

2.1 데이터 단위

동일한 개체 간에 데이터를 교환하거나 SAPService Access Point(서비스 접근점)를 통해 인접 계층의 개체 간에 데이터를 교환하기 위한 데이터 단위에는 SDUService Data Unit(서비스 데이터 단위)와 PDUProtocol Data Unit(프로토콜 데이터 단위)가 있다.

TIP SAP란 인접하는 계층 간의 제어 동작에서 상위 계층이 하위 계층에서 제공하는 서비스를 받기 위해 하위 계층에 접근하는 점을 말한다.

N 계층의 프로토콜 데이터 단위($N-$PDU)는 N 계층의 데이터(패킷)를 나타내는데 이는 $(N+1)$ 계층에 있는 개체에서 사용되는 $(N+1)$ 계층의 서비스 데이터 단위($N+1$ SDU)와 연관된다. 일반적으로 $(N+1)$ 계층은 N 계층에서 제공하는 서비스의 사용자가 되고 N 계층은 $(N+1)$ 계층에 서비스를 제공하는 서비스 제공자가 된다.

$(N+1)$ 계층의 $(N+1)-$SDU에 $(N+1)$ 계층의 제어정보Protocol Control Information, PCI가 결합되어 $(N+1)-$PDU를 만들고 이것이 자신보다 하위에 있는 N 계층으로 인터페이스가 이루어지면 $N-$PDU가 된다. 각 계층을 통과하는 데이터의 처리 과정은 다음과 같다.

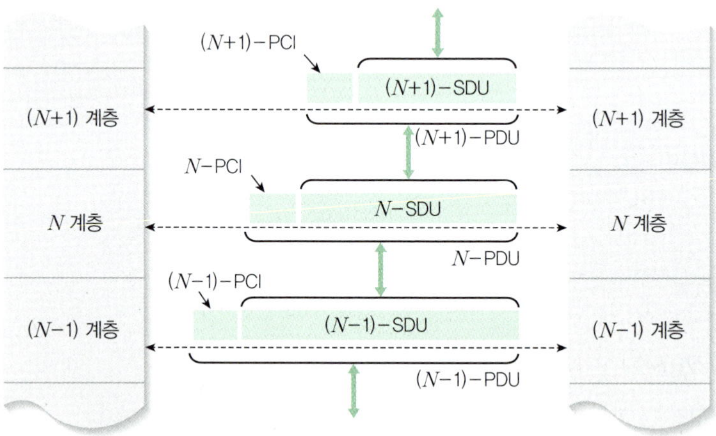

그림 2-7 전송 데이터의 처리 과정

전송지의 동작을 살펴보면, 전송지 $(N+1)$ 계층으로부터 $(N+1)-$PDU를 N 계층이 수신하면 $(N+1)-$PDU를 $N-$SDU로 변환하고 여기에 N 계층 제어정보인 $N-$PCI를 추가해

N-PDU를 구성한다. 구성된 N-PDU를 $(N-1)$ 계층에 전송하면 $(N-1)$ 계층은 이것을 다시 $(N-1)$-SDU로 하여 N 계층과 동일하게 처리한다.

수신지에서는 역과정이 수행된다. N 계층에서는 N-PDU에 포함되어 있는 N-PCI를 처리한 후 N-SDU만 추출해 $(N+1)$ 계층으로 보낸다. 이 과정은 N 계층의 데이터 내용과 관계없이 일련의 동작이 수행됨을 보여준다. 이러한 동작으로 각 계층 간에 독립성이 부여된다.

2.2 연결에 의한 데이터통신

N 계층은 자신보다 상위에 있는 $(N+1)$ 계층과 자신보다 하위 계층인 $(N-1)$ 계층 간에 필요한 정보를 주고받으며 데이터를 처리한다. N 서비스에는 N 계층과 그 하위 전체 계층이 제공하는 데이터 전송 등의 각종 기능이 있다. 각각의 N 계층은 N-SAP(N-서비스 접근점)를 경유해 상위 계층의 서비스를 이용할 수 있다.

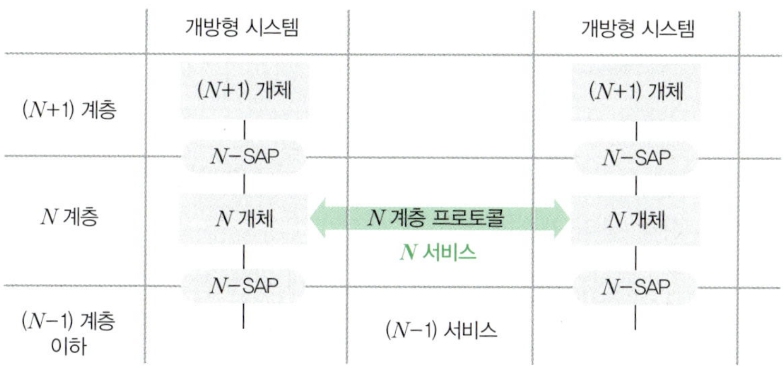

그림 2-8 서비스와 프로토콜

자신과 동일한 계층에서 주고받는 통신을 프로토콜이라고 한다. N 프로토콜이란 N 개체 사이에서 일어나는 통신으로, 정보의 교환 규칙과 그 형식으로 구성된다. 그러므로 $(N+1)$ 개체는 N 서비스를 N-SAP를 이용해 수신하게 된다. N 서비스가 만들어지는 과정은 어떠할까? $(N-1)$ 계층 서비스가 N 계층에서 수신되어 N 프로토콜로 기능이 추가되어 N 서비스가 됨에 유의하자.

N 연결은 N 계층에서 제공되는 개체 간 데이터 전송을 수행하는 수단이다. N 연결은 $(N+1)$ 개체가 다른 $(N+1)$ 개체와 상호 데이터통신을 수행할 수 있도록 하는 논리적인 데이터링크이며 $(N+1)$ 개체는 다수의 N 연결을 가질 때 다른 $(N+1)$ 개체와 동시에 데이터 전송이 가능하다.

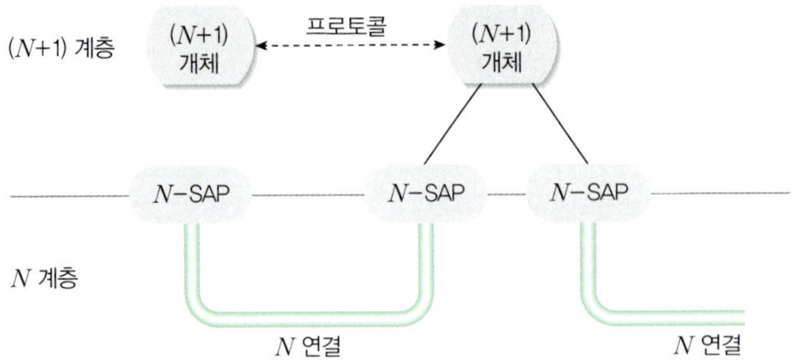

그림 2-9 N 연결의 개념

2.3 연결제어

연결의 역할은 동일한 개체 간에 데이터통신을 수행하기 위한 제어정보를 이용해 데이터링크를 연결함으로써 정확하고 효율적인 데이터 전송을 시작하게 하고 전송이 종료되면 링크 연결을 해제하는 것이다. N 계층에 존재하는 N 연결과 $(N-1)$ 계층에 존재하는 $(N-1)$ 연결은 일대일 대응 관계이지만 특별한 관계도 존재한다.

N 연결을 설정하려면 $(N-1)$ 연결이 사용 가능한 상태여야 하고 $(N-1)$ 연결이 비설정 상태라면 $(N-1)$ 연결을 설정한 후에 설정해야 한다. N 연결을 해제하려면 일반적으로 $(N-1)$ 연결이 사용 가능한 상태여야 하며 상위 계층에서 하위 계층의 순서로 연결이 해제된다. 또한 $(N-1)$ 계층 또는 그 이하 계층에서 오류가 발생하면 N 개체에 의해 N 연결의 해제 동작이 시작될 수 있다. 이 경우 다중화Multiplexing 기술이 사용된다. 다중화는 다수의 N 연결이 하나의 $(N-1)$ 연결을 공유해 사용할 수 있도록 하는 기술이다. [그림 2-10]을 보면 다중화가 $(N-1)$ 서비스를 보다 효율적이며 경제적으로 사용하게 해준다는 것을 알 수 있다. 수신지의 N 개체에서는 다중화의 역과정인 역다중화Demultiplexing가 수행된다.

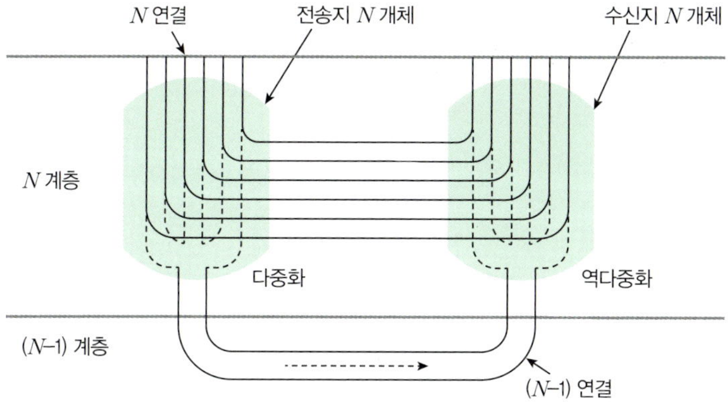

그림 2-10 다중화와 역다중화 과정

확인문제 2-3

OSI 참조모델의 계층구조에서 인접하는 계층 간의 제어동작에 대해 설명하시오. 이때 하위 계층에서 제공하는 서비스를 받기 위해 상위 계층이 하위 계층에 접근하는 영역은 무엇인지도 설명하시오.

풀이 전송 측면에서 계층 간 제어동작을 살펴보면 $(N+1)$ 계층으로부터 $(N+1)-$PDU를 N 계층이 수신하면 $(N+1)-$PDU를 $N-$SDU로 변환하고 N 계층 제어정보인 $N-$PCI를 추가하면 $N-$PD가 생성된다. 이렇게 구성된 $N-$PDU를 $(N-1)$ 계층에 전송하면 $(N-1)$ 계층은 다시 이것을 $(N-1)-$SDU로 변환해 N 계층과 동일하게 처리한다. 수신지에서는 전송지의 역과정이 수행되므로 수신지 N 계층에서는 $N-$PDU에 포함되어 있는 $N-$PCI를 처리한 후 $N-$SDU만 추출해 $(N+1)$ 계층으로 전달한다. 이때 상위 계층이 하위 계층에서 제공하는 서비스를 받기 위해 하위 계층에 접근하는 영역을 SAP라 한다.

03 OSI 참조모델의 계층별 기능

1 물리 계층

OSI 참조모델의 최하위 계층인 물리 계층Physical Layer의 주된 기능은 비트 단위의 데이터 전송이다. 자신보다 상위에 있는 데이터링크 계층이 데이터통신 기능을 원활하게 수행하도록 물리적인 연결설정과 유지 및 해제 기능에 관계한다. 신호의 전송 및 수신과 관련된 DTE/DCEData Terminal Equipment/Data Circuit terminating Equipment 인터페이스 회로와 제어 순서, 커넥터 형태 등의 규격이 물리 계층 기능에 포함된다. DTE/DCE 인터페이스는 변복조기, DSUData Service Unit 등 통신 회선에 연결되는 장치의 PC 또는 단말기 사이를 연결하는 신호선, 커넥터 등을 규정한다. DTE/DCE 인터페이스가 규정하는 주된 사항으로 논리적 · 전기적 · 기계적 조건이 있다.

- **논리적 조건**: 신호의 기능 명칭, 시간 조건, 절차 등을 규정한다. ITU-T에서는 번호로 기능의 명칭을 표기하고 EIA에서는 영문과 숫자로 표기한다. 시간 조건과 절차는 신호 수신 시 시간 차이와 허용시간 오차 및 순서 관계를 표시한다.
- **전기적 조건**: 신호선의 전원 인터페이스, 부하 인터페이스, 출력전압, 전원전압, 2진수의 논리적 표현, 한곗값threshold 등을 규정한다.
- **기계적 조건**: DCE/DTE에 연결되는 커넥터 및 데이터통신 링크에 연결되는 커넥터의 형태와 치수 및 신호 핀의 배열을 규정한다.

물리 계층 기능과 관련된 표준에 대한 예를 들어보자. DTE/DCE 인터페이스로서 ITU-T의 전신인 CCITT에서 제안한 전화와 음성 대역의 아날로그 전화 회선용인 V-시리즈 표준, 그리고 패킷교환과 회선교환 방식의 공중 데이터 네트워크를 사용하기 위한 X-시리즈 표준이 있다. 또한 일정 지역 내에서 고속 데이터 전송을 수행하는 LAN과 ISDNIntegrated Service Digital Network(종합정보통신망) 인터페이스를 위한 I시리즈 표준이 있다. 물리 계층에 사용되는 커넥터의 규격과 핀 번호 배열은 ISO의 표준 문서인 ISO 2110, ISO 4902, ISO 4903 등에 규정되어 있다.

2 데이터링크 계층

데이터링크 계층Data Link Layer은 물리 계층의 상위에 위치하며 물리 계층이 제공하는 비트 전송 기능을 이용해 인접한 개방형 시스템 사이에서 원활한 데이터 전송을 수행한다. 하부의 물리적인 연결을 통해 보다 신뢰성 있는 데이터 전송 수단을 제공한다.

또한 LAN 프로토콜에서는 전송매체와 관련해 데이터링크 계층을 MACMedia Access Control(매체접근제어) 부계층과 LLCLogical Link Control(논리연결제어) 부계층으로 구분해 기능을 규정하고 있다.

데이터링크 계층은 보다 신뢰성 있는 데이터 전송을 위해 다음 기능을 수행한다.

- **데이터의 프레임화**: 전송하는 데이터를 일정한 길이로 분할해 프레임 단위로 만든다.
- **프레임의 순서제어**: 순차적인 프레임 전송을 위해 프레임 번호를 부여한다.
- **프레임의 전송 확인과 흐름제어**: 전송지에서 여러 개의 프레임을 연속해서 전송하는 경우에 프레임이 수신지에 정확하게 전송되었는지 확인하고 흐름제어도 수행한다.
- **오류검출 및 복원**: 전송 프레임에 첨부된 오류검출용 비트열을 수신지에서 조사해 프레임의 전송 오류를 판단한다. 전송 오류가 발견되면 재전송을 요청한다.
- **데이터링크 연결설정과 연결종료**: 프레임 전송 전에 수신지가 데이터통신 가능 상태인지 확인해 데이터링크 연결을 설정한다.

데이터링크 계층의 프로토콜에는 BSC 전송제어 절차, HDLC 전송제어 절차, 멀티링크 전송제어 절차, IEEE 802 논리연결제어 절차가 있다.

3 네트워크 계층

네트워크 계층Network Layer은 데이터링크 기능을 이용해 네트워크 시스템 상호 간에 데이터를 전송할 수 있도록 경로배정Routing, 중계Relay, 흐름제어, 오류제어 등을 수행한다. 개방형 시스템 상호 간의 데이터통신 회선에 대한 네트워크 연결을 상위 계층에 제공하기 위해 네트워크 연결의 설정, 유지 및 종료 기능을 수행한다. 또한 다수의 네트워크를 경유하는 경우 양측의 종단에서 동일 품질의 서비스를 제공하도록 조정하는 기능도 있다.

물리 계층과 데이터링크 계층에는 인접하는 노드 상호 간의 서비스와 프로토콜이 있지만 네트워크 계층에는 종단간의 개념이 적용된다. 네트워크 계층의 표준화는 OSI 참조모델에서 정의하는 개방형 시스템 또는 중계 시스템의 네트워크 서비스와 네트워크 프로토콜이 정의되어 있다.

TIP 노드(Node)는 그래프의 점을 일컫는 말로, 네트워크에서는 재분배 지점 또는 통신 종단점을 의미한다. 즉 지역 네트워크에 연결된 컴퓨터와 그 안에 속한 장비를 통틀어 노드라고 한다. 같은 LAN을 쓰는 컴퓨터와 주변 디바이스들이 하나의 노드이다.

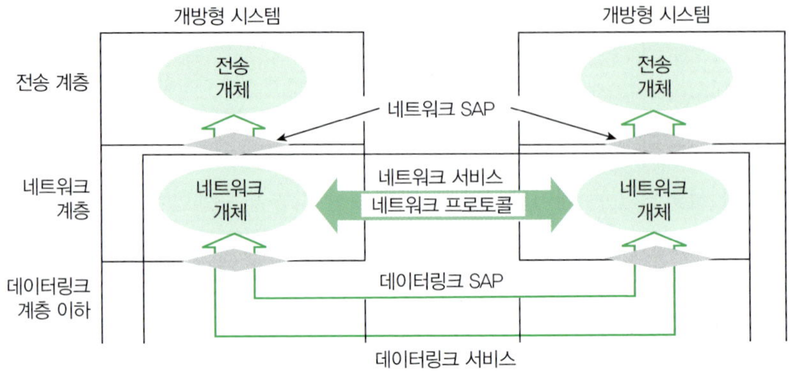

그림 2-11 네트워크 계층의 데이터통신 모델

연결형 네트워크 서비스(ISO 8348)는 논리적 데이터통신 회선을 먼저 설정한 후 데이터를 전송하며 전송이 끝나면 회선을 해제한다(연결설정 → 데이터 전송 → 연결종료). 이때 네트워크가 연결된 상태에서 데이터가 전송되며 데이터의 순서와 흐름을 제어하는 과정이 비교적 간단해 대량의 데이터를 연속으로 전송하는 데 효율적이다.

비연결형 네트워크 서비스는 논리적 데이터통신 회선을 설정하지 않고 전송단위인 PDU를 전송한다. 네트워크 연결설정을 하지 않으므로 데이터 분실과 중계 지연 등에 대한 제어 기능을 갖지 않는다. 비연결형 서비스는 네트워크 계층에 다른 통신 네트워크를 상호 연결하기 쉽다는 장점이 있으며 경우에 따라 네트워크 기능을 간략화할 수 있다.

4 전송 계층

전송 계층Transport Layer은 하부 네트워크와 독립적으로 신뢰성 있는 프로세스 상호 간의 메시지 전달 기능을 제공한다. 여기서 프로세스란 호스트 컴퓨터에서 동작하는 응용프로그램Application Program이다. 전송 계층은 완전한 메시지 전달을 위해 흐름제어, 오류제어, 메시지 전달 등의 기능을 수행하며 연결형과 비연결형의 두 가지 운용모드를 지원한다. 그리고 하위 계층을 구성하는 다양한 데이터통신 네트워크의 품질 차이를 보상하고 데이터통신에 적합한 종단 프로세스 간의 데이터 전송을 보장하는 계층이 된다.

전송 계층은 네트워크 계층이 제공하는 서비스 품질에 따라 5가지 등급으로 프로토콜을 규정하고 있다. 전송 서비스를 규정하는 기본적인 기능 요소에 의해 세션 계층과 접속Interface한다. 전송 서비스의 기본 요소인 T-PDU(전송 프로토콜 데이터 단위)가 네트워크 서비스를 이용해 전송 개체에 전송된다. 즉 전송 계층은 다양한 네트워크에서 제공되는 서비스를 고품질 전이중 방식의 데이터 전송 서비스 개념으로 세션 계층에 제공한다. [그림 2-12]는 이러한 관계를 OSI 참조모델로 표시한 것이다.

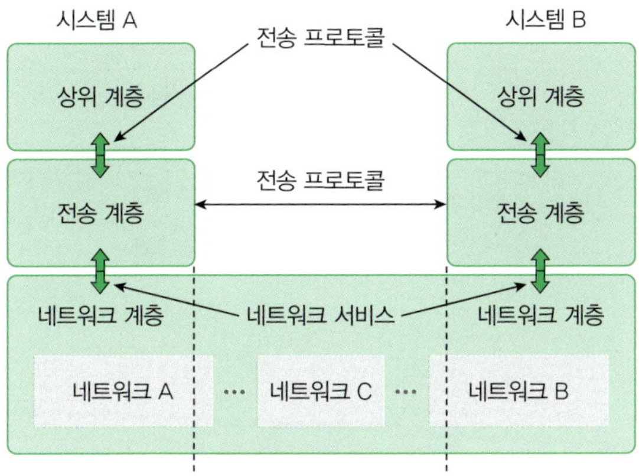

그림 2-12 전송 계층의 데이터통신 모델

연결형 전송 프로토콜(ISO 8023, CCITT X.225)은 종단간 데이터 전송 기능을 제공하기 위해 전송연결이라는 논리적 데이터통신 회선을 설정해 다중화, 분리, 연결, 오류검출과 복원, 흐름제어, 우선 데이터 전송 등을 수행한다. 전송 계층에는 네트워크 연결의 품질 차이를 보상하고 전송 서비스 사용자가 요구하는 서비스 품질을 구현하기 위한 다수의 구조가 가능하다. 전송 프로토콜에는 다음과 같이 5종류의 등급이 규정되어 있다.

- **등급 0**: 단순 등급
- **등급 1**: 기본 오류복원 등급
- **등급 2**: 다중화 등급
- **등급 3**: 오류복원 및 다중화 등급
- **등급 4**: 오류검출과 복원 등급

사용자의 요구 조건과 관련해 연결의 품질 면에서 네트워크 연결상에 어떤 전송연결 등급을 사용할 것인지는 다음 기준에 따라 분류할 수 있다.

- **A 형태**: 오류율 및 검출 오류율이 허용 한계 내에 있는 경우
- **B 형태**: 오류율은 허용 한계 내에 있지만 검출 오류율은 허용 범위 내에 있지 않은 경우
- **C 형태**: 오류율 및 검출 오류율이 모두 허용 범위 내에 있지 않은 경우

각 프로토콜 등급과 형태의 관계는 다음 표와 같다.

표 2-1 등급에 따른 전송 프로토콜

등급	오류복원	오류검출	다중화/역다중화	적용 네트워크
0	×	×	×	A 형태
1	○	×	×	B 형태
2	×	×	○	A 형태
3	○	×	○	B 형태
4	○	○	○	C 형태

5 세션 계층

세션 계층Session Layer은 서로 다른 컴퓨터에서 동작하는 두 개의 응용 계층 프로토콜 개체가 데이터를 전송할 때 필요한 대화를 관리하고 조정한다. 순서에 따라 데이터를 조합하고 동기화하는 수단과 응용 계층 프로토콜 개체 간의 대화 채널을 설정 및 해제하는 수단을 제공한다. 데이터 스트림Data Stream에 검사 위치를 삽입하는 수단을 제공하고 장애 발생 시 마지막 검사 위치 이후의 데이터만 재전송해 대화 중단 시점에서 다시 연결하는 부가 서비스를 제공하기도 한다.

6 표현 계층

표현 계층Presentation Layer은 두 사용자 응용 프로세스 간에 교환할 데이터 형식과 관련해 사용자 데이터 전송을 위해 상호 동의하고 이해하는 형식을 협상할 수 있는 수단을 제공한다. 예를 들어 불어 사용자와 중국어 사용자 간에 통신을 할 때 영어로 통역하는 것처럼 데이터 형식의 변환과 관련된 기능을 제공하는 계층이다.

7 응용 계층

응용 계층Application Layer은 OSI 참조모델의 최상위 계층으로 자원 결정, 구문 확인 등의 기능과 정보처리를 수행하는 응용프로그램과 프로세스 간의 인터페이스, 데이터통신을 수행하기 위한 기본적인 응용 기능을 제공한다.

응용프로그램은 OSI에서 정의되는 데이터통신 기능으로 다른 응용프로그램과 데이터교환을 수행하여 필요한 업무를 처리한다. 응용프로그램에서 OSI에 관련하는 기능을 AEApplication Entity(응용 개체)라고 하며 UEUser Element(사용자 요소), CASECommon Application Service Element(공통 응용서비스 요소), SASESpecific Application Service Element(특정 응용서비스 요소)로 구성된다.

TIP 서비스 관점에서 보면 기본 응용 기능에 공통으로 사용되는 기능을 공통 응용서비스라 하고 이외의 기능을 특정 응용서비스라고 한다.

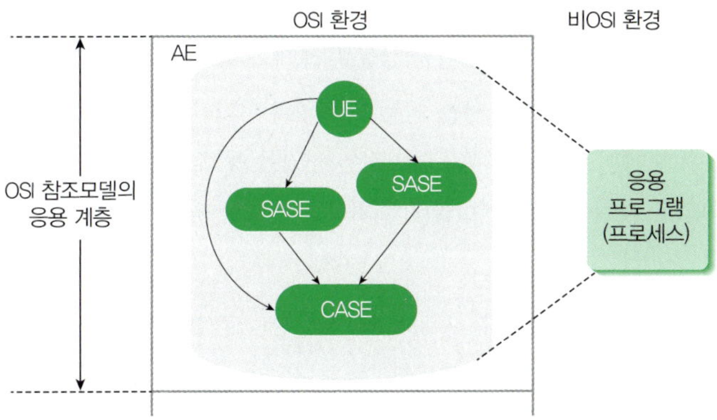

그림 2-13 응용 계층의 구조

■ UE

응용프로그램이 데이터통신을 수행하기 위해 응용서비스를 이용하는 요소이다.

■ CASE

응용 계층 내에서 공통으로 사용되는 서비스 요소이다. 각종 응용에 공통적인 서비스 요소를 추출하여 공통 기능으로 모으기 위해 연계제어Association Control, 문맥제어Context Control, 정보 전송Information Transfer과 대화제어Dialogue Control, CCR 제어Commitment Concurrency and Recovery control 등을 수행한다. 연계제어는 응용프로그램 간의 관계 설정과 해제를 위한 기능이고 CCR 제어는 분산 처리에서 동기에 대한 보장 기능을 제공하기 위한 것으로, 분산된 정보의 동기를 변경하는 데 사용한다.

■ SASE

특정 기능에 사용되는 서비스 요소로 가상 단말기, 파일 전송 액세스 관리 작업, 전송 조작 등이 있다. 가상 단말기는 통일된 사양을 규정하여 단말기와 데이터통신을 일관된 절차로 제어하기 위한 것이다. 파일 전송 액세스 관리File Transmission Access and Management, FTAM는 파일 전송 기능과 파일의 속성(내용 읽고 쓰고 추가하기) 및 상태를 관리하기 위한 기능과 서비스를 제공한다. 작업 전송 조작Job Transfer and Manipulation, JTM은 멀리 떨어진 원격 작업 입력용 단말기와 온라인으로 연결된 컴퓨터 사이의 작업 의뢰를 수행하는 기능부터 복수의 작업 실행 시스템에 연결된 하나의 네트워크 작업을 실행하는 기능 등을 포함한다.

확인문제 2-4

OSI 참조모델에서 데이터링크 계층과 전송 계층의 기능과 속성을 비교해 설명하시오.

풀이 데이터링크 계층은 물리 계층이 제공하는 비트전송 기능을 이용해 인접한 개방형 시스템 사이에서 원활한 데이터 전송을 수행하는 것으로 하부의 물리적인 연결을 통해 신뢰성 있는 데이터 전송 수단을 제공하는 계층이다. 이를 위해 데이터를 프레임으로 구성하여 동기화 및 오류 제어 기능을 수행한다.

전송 계층은 하부 네트워크와 독립적으로 신뢰성 있는 프로세스 상호 간의 완전한 메시지 전달 기능을 제공한다. 이를 위해 흐름제어, 오류제어, 메시지 전달 등의 기능을 수행하고 연결성과 비연결성의 두 가지 운용 모드를 지원한다. 전송 계층은 하위 계층을 구성하는 다양한 네트워크의 품질 차이를 보상하고 데이터통신에 적합한 종단 프로세스 간 데이터 전송을 보장한다.

확인문제 2-5

응용 계층의 공통 응용서비스 요소란 무엇인지 설명하고 예시를 네 가지 제시하시오.

풀이 공통 응용서비스란 서비스 관점에서 볼 때 기본적인 응용 기능에 공통으로 사용되는 기능을 말한다. 예를 들면 연계제어, 문맥제어, 정보 전송과 대화제어, CCR 제어 등이 있다.

04 TCP/IP 모델

TCP/IPTransmission Control Protocol/Internet Protocol는 TCP와 IP 프로토콜을 중심으로 구성되는 일련의 프로토콜을 일컫는다. TCP와 IP 두 프로토콜만 지칭하는 것이 아니라 관련되는 프로토콜 군Protocol Suite을 총칭한다.

TCP/IP 모델은 TCP/IP를 OSI 참조모델과 비교해 네트워크 접근 계층Network Access Layer, 인터넷 계층Internet Layer, 전송 계층Transport Layer, 응용 계층Application Layer의 4계층으로 표현한 것이다.

OSI 참조모델은 너무 복잡하고 여러 계층에 중복된 기능이 있다는 단점이 있다. 이를 4계층으로 단순화한 TCP/IP 모델은 실제로 구현된 기술을 바탕으로 하고 있으나 계층 간 프로토콜의 경계나 기능이 확실히 구분되어 있지 않다는 단점이 있다.

TIP TCP/IP 프로토콜에 대한 내용은 Chapter 10~12에서 자세히 설명한다.

OSI 참조모델	TCP/IP 모델	주요 프로토콜
응용 계층	응용 계층	FTP, Telnet, SMTP, DNS, SNMP, WWW 등
표현 계층		
세션 계층		
전송 계층	전송 계층	TCP, UDP, SCTP
네트워크 계층	인터넷 계층	IP, ARP, RARP, ICMP, IGMP
데이터링크 계층	네트워크 접근 계층	하부구조에 따름
물리 계층		

그림 2-14 OSI 참조모델과 TCP/IP 모델의 비교

TCP/IP 모델은 물리 계층과 데이터링크 계층에 대해서는 특별히 규정하지 않는다. IP는 OSI 참조모델의 세 번째인 네트워크 계층에 해당하는 프로토콜로, IP 프로토콜의 특성은 비신뢰성, 비연결형unreliable connectionless 데이터그램 프로토콜로 요약할 수 있다.

TCP/IP 모델에서 TCPTransmission Control Protocol, UDPUser Datagram Protocol, SCTPStream Control Transmission Protocol는 OSI 참조모델의 전송 계층에 해당하는 프로토콜이다.

1 네트워크 접근 계층

OSI 참조모델의 물리 계층과 데이터링크 계층에 해당한다. OS의 네트워크 카드와 디바이스 드라이버 등 하드웨어적인 요소에 관련된 모든 것을 지원한다.

2 인터넷 계층

인터넷 계층의 주요 기능은 전송 계층으로부터 받은 데이터에 IP 패킷 헤더를 붙여 IP 패킷을 만들고 이를 전송하는 것이다. 핵심 프로토콜은 IP이다.

TIP OSI 참조모델의 네트워크 계층과 비슷한 위치에 있어서 TCP/IP 모델의 인터넷 계층을 네트워크 계층으로 부르는 경우가 많은데, 이 둘은 겹치는 부분이 있기는 하지만 분류 방식이 분명히 다르다. OSI 참조모델의 네트워크 계층에는 네트워크 기능을 가능하게 하는 프로토콜들이 포함되지만, TCP/IP 모델의 인터넷 계층은 IP를 사용해 인터네트워킹을 가능하게 하는 프로토콜 군이라고 할 수 있다.

인터넷 계층에 해당하는 프로토콜로는 ARPAddress Resolution Protocol, RARPReverse ARP, ICMPInternet Control Message Protocol, IGMPInternet Group Management Protocol 등이 있다. ARP와 RARP는 IP 주소(IPv4인 경우 32비트)를 물리주소(이더넷Ethernet 프로토콜인 경우 48비트)와 연계시키기 위한 프로토콜이다. ICMP는 전송 중인 IP 패킷에 문제가 있음을 통지할 때 사용하고, IGMP는 그룹화된 사용자에게 보다 손쉽게 동시 전송이 가능하도록 한다.

3 전송 계층

OSI 참조모델의 전송 계층에 해당하는 프로토콜로는 TCP, UDP, SCTP가 있다. TCP는 프로세스 대 프로세스Process-to-Precess 프로토콜로 종단간End-to-End, E2E 흐름제어와 에러제어 등의 기능이 있어서 신뢰성을 제공한다. 두 호스트간의 TCP 프로토콜 사이에서 전송단위를 세그먼트segment라고 한다. TCP는 연결지향 프로토콜로, 연결설정, 데이터 전송, 연결종료의 3단계에 따른 동작을 수행한다. TCP 전송 서비스는 데이터 중복이나 손실 없이 종단간 데이터 전송을 보장한다. 이를 위해 TCP는 흐름제어, 오류제어, 혼잡제어 등의 다양하고 복잡한 구조와 기능을 수행한다.

4 응용 계층

TCP/IP 모델에서는 OSI 참조모델의 세션 계층, 표현 계층, 응용 계층을 모두 결합해 하나의 응용 계층으로 한다. 여기에는 SMTP(이메일 프로토콜), FTP(파일 전송 프로토콜), DNS(도메인명 시스템), WWW(웹 프로토콜)과 같은 다양한 프로토콜이 있다.

확인문제 2-6

TCP/IP 모델의 계층 구조를 OSI 참조모델과 연관지어 설명하시오.

풀이 TCP/IP 모델은 TCP/IP를 네트워크 접근 계층, 인터넷 계층, 전송 계층, 응용 계층의 4계층으로 표현한 것이다. 네트워크 접근 계층은 OSI 참조모델의 데이터링크 계층과 물리 계층, 인터넷 계층은 OSI 참조모델의 네트워크 계층, 전송 계층은 OSI 참조모델의 전송 계층에 해당하며, 응용 계층은 OSI 참조모델의 세션 계층, 표현 계층, 응용 계층을 결합한 것이다.

연습문제

01 OSI 참조모델에 대한 다음 설명 중 옳지 않은 것은?

① 7개의 계층으로 이루어져 있다.
② 특정 시스템에 대한 프로토콜 의존도를 줄이고 향후 기술 진보에 따른 프로토콜 확장성을 고려하였다.
③ 다양한 표준화와 관련된 기본 골격을 제공하는 것이 목적이다.
④ 물리적 매체에 연결된 여러 개방형 시스템 중 어떤 곳에 특정 업무를 집중해 수행하도록 제어할 것인지 규정한다.

02 하부 네트워크와 독립적으로 신뢰성 있는 프로세스 상호 간의 메시지 전달 기능을 제공하는 계층은?

① 데이터링크 계층　② 네트워크 계층　③ 전송 계층　④ 응용 계층

03 인접한 노드 간의 전송로상에서 에러를 검출하고 BSC 전송제어 절차, HDLC 전송제어 절차, 멀티링크 전송제어 절차, IEEE 802 논리연결제어 절차 등과 관련된 기능을 담당하는 계층은?

① 데이터링크 계층　② 네트워크 계층　③ 전송 계층　④ 응용 계층

04 개방형 시스템 상호 간의 데이터통신 회선에 대한 네트워크 연결을 상위 계층에 제공하기 위해 네트워크 연결의 설정, 유지 및 해제 기능 등을 수행하는 계층은?

① 물리 계층　② 데이터링크 계층　③ 네트워크 계층　④ 전송 계층

05 응용 계층의 공통 응용서비스 요소 중에서 분산 처리에 있어서 동기에 대한 보장 기능을 제공하기 위해 사용되는 요소는?

① 연계제어　② CCR 제어　③ 대화제어　④ 문맥제어

06 TCP/IP 인터넷 모델에서 독립적으로 규정되어 있지 않은 계층은?

① 인터넷 계층　② 전송 계층　③ 표현 계층　④ 응용 계층

07 다음의 (가)와 (나)에 각각 들어갈 표현으로 옳은 것은?

> OSI 참조모델의 계층구조에서 (N+1) 계층의 (N+1)−SDU에 (N+1) 계층의 제어정보가 결합되면 (　가　)가 되고, 이것이 자신보다 하위에 있는 N 계층으로 인터페이스가 이루어지면 (　나　)가 된다.

① N−PDU, (N+1)−PDU　② (N+1)−PDU, N−PDU
③ (N−1)−PDU, N−PDU　④ N−PDU, (N−1)−PDU

08 OSI 참조모델의 계층구조에서 전송지의 동작에 대한 설명이다. 다음의 (가)와 (나)에 각각 들어갈 표현으로 옳은 것은?

> 전송지 (N+1) 계층에서 만들어진 (N+1)−PDU를 N 계층이 수신하면 (N+1)−PDU를 (　가　)로 변환하고, 여기에 제어정보인 (　나　)를 추가해 N−PDU를 구성한다.

① (N+1)−SDU, (N+1)−PDU　② N−SDU, N−PCI
③ (N−1)−PDU, N−PCI　④ N−SDU, (N−1)−PDU

09 OSI 참조모델의 응용 계층에서 응용 개체를 구성하는 요소로 옳지 <u>않은</u> 것은?

① 관리자 요소　② 사용자 요소
③ 공통 응용서비스 요소　④ 특정 응용서비스 요소

10 N 서비스는 N 계층과 그 하위 전체 계층이 제공하는 데이터 전송 등과 관련이 있으며, N 계층은 (　가　)을(를) 경유하여 상위 계층의 서비스를 이용할 수 있게 된다. (가)에 들어갈 표현으로 옳은 것은?

① (N+1)−SDU　② N−PCI　③ (N−1)−PDU　④ N−SAP

11 네트워크 프로토콜을 구성하는 기본적인 구성요소에는 무엇이 있는지를 들고, 각각에 대해 구체적으로 설명하시오.

12 네트워크 계층구조에서 사용하는 '개체'의 의미를 구체적으로 설명하시오.

13 프로토콜을 구성하는 기본적인 구성요소를 들고, 각각의 의미를 설명하시오.

14 개방형 시스템 간의 데이터통신에 있어서 필수적인 기본 요소에는 무엇이 있는지 설명하시오.

15 OSI 참조모델의 각 계층별 기능을 간략하게 기술하고, 계층 간의 연계성을 설명하시오.

16 OSI 참조모델에서 사용하는 데이터 단위와 계층 간의 연결제어 구조에 대해 설명하시오.

17 OSI 참조모델의 응용 계층에서 공통 응용서비스 요소와 특정 응용서비스 요소를 구분하고, 각각 어떤 기능이 포함되어 있는지 설명하시오.

18 TCP/IP 모델에서 UDP의 기능적 특성을 TCP와 비교해 설명하시오.

19 OSI 참조모델의 응용 계층에서 DTE/DCE 인터페이스가 규정하는 논리적 조건에 대해 기술하시오.

20 OSI 참조모델에서 연결형 네트워크 서비스란 무엇인지 구체적으로 설명하시오.

CHAPTER 03
인터넷의 발전과 IPv6

학습목표

- 인터넷의 발전 과정 및 현황을 자세히 안다.
- IoT의 개념과 구조를 설명할 수 있다.
- 인터넷 서비스 유형을 설명할 수 있다.
- IPv6 프로토콜의 구조와 동작, 특성을 설명할 수 있다.

01 인터넷의 개요 및 현황

1 인터넷의 역사

1969년 10월 29일 오후 10시 30분은 네트워크 시스템을 통해 메시지 전송에 성공한 역사적 순간이다. 인터넷의 아버지로 불리는 레너드 클라인록Leonard Kleinrock은 UCLA의 컴퓨터에서 스탠퍼드 대학 SRI 연구소의 컴퓨터로 메시지를 전송하는 데 성공해 최초의 인터넷을 연결했다. 'login'이라는 메시지를 보내려고 했는데 'lo'까지 전송되었을 때 시스템에 문제가 발생해 나머지 문자는 전송되지 못했다. 네트워크로 전송된 최초의 메시지는 'lo'가 된 셈이다. 이로부터 1시간 정도 후에 시스템이 복구되어 다시 정상 가동되었다.

이 최초의 네트워크는 미 국방성 산하의 ARPA에서 연구원, 군납업체, 관련기관 간에 정보를 공유하기 위해 연결한 ARPANET이다. ARPA는 네 기관에서 연구 프로젝트를 수행하기 위해 미니컴퓨터Minicomputers를 연결해 구성하고 이를 IMPInterface Message Processors라고 명명했다. 초기의 ARPANET은 네 개의 IMP가 서로 연결되는 형태로 구성되었다. ARPANET은 1970년대 초에 본격적으로 가동되면서 일반에 공개되었고 미국 내 50여 개 대학과 연구소가 사용했다.

ARPANET은 초기에 NCPNetwork Control Program라는 프로토콜을 사용했으나 1983년 1월 1일을 기해서 TCP/IP를 네트워크 프로토콜로 공식 채택함으로써 NCP는 더이상 사용하지 않게 된다. 이후 유닉스unix 시스템에서 TCP/IP가 구현되며 인터넷이 여러 산업체와 각 기관으로 널리 확산되는 결정적 계기가 되었다.

TIP NCP는 서로 다른 ARPANET의 호스트 사이의 연결과 흐름을 제어하는 프로토콜이다.

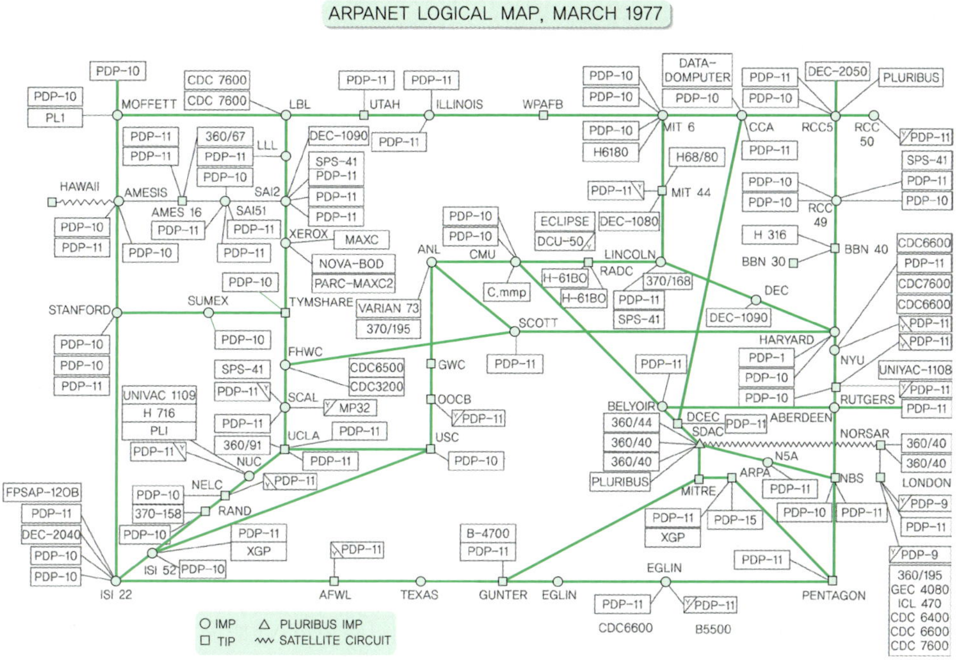

그림 3-1 ARPANET 구성도(출처: 위키피디아)

오늘날과 달리 당시에는 최고의 전문가들만 컴퓨터와 네트워크를 사용할 수 있었다. 1983년 몇몇 과학자가 모여 누구나 쉽게 컴퓨터를 보편적으로 이용할 수 있게 하자는 생각을 담은 제안서를 제출하는데, 여기에는 워크스테이션 개념, 데이터 저장 기술, 소프트웨어 엔지니어링, 다양한 커뮤니티의 동시 협업 등 당시로는 파격적인 내용이 포함되어 있었다. 이를 계기로 NSF(미국국립과학재단)는 과학컴퓨팅국을 창설해 슈퍼컴퓨터센터를 유치할 대학 다섯 군데를 선정하고 NCSA National Center for Supercomputing Applications(미국국립슈퍼컴퓨팅응용연구소)를 설립한다.

TIP NCSA는 NSF의 슈퍼컴퓨터센터 중 하나로 1986년에 설립되었으며, 일반 기업에서 개발하기 힘든 프로그램을 공익을 위해 연구하고 개발하는 것에 중점을 두었다. 텔넷과 FTP도 NCSA에서 만든 것이며, 그래픽 기반의 웹 브라우저인 모자이크도 개발했다.

NCSA의 슈퍼컴퓨터가 처음으로 온라인에 개방된 것은 1986년 1월이었다. NCSA는 이 컴퓨터에 대한 접근권을 텔넷 Telnet 프로토콜을 이용해 전 세계의 과학 커뮤니티에 개방함으로써 인터넷이 국경을 넘어 인류 공통의 문제를 해결하기 위해 협력하는 도구로 쓰여야 한다는 철학을 보여주었다. 인터넷이 오늘날과 같은 형태로 발전하는 계기가 된 NSFNET이 등장한 것이다.

NSFNET은 1986년에 ARPANET과 동일한 TCP/IP 프로토콜을 이용하기로 결정했고, 이로써 여러 가지 그룹으로 각각 구성되었던 네트워크 세상이 하나로 통합되는 일이 본격화되었다.

TCP/IP는 네트워크 간에 서로 정보를 주고받을 수 있게 하는 프로토콜 모음 중 가장 많이 쓰인다. 전송속도가 빠르고 안정적이어서 전 세계 규모의 인터넷을 구성하는 기반이 되었다.

인터넷 사용자가 급증하게 된 것은 월드와이드웹(WWW) 서비스가 상용화되면서부터이다. 월드와이드웹은 세계 최초의 웹 브라우저로, 1991년 팀 버너스리Tim Berners-Lee가 소개했다. 1993년에 소스 코드가 공용 도메인으로 공개되면서 자유 소프트웨어가 되었다. 월드와이드웹은 통신과 컴퓨터 네트워크 중심의 패러다임이 콘텐츠 패러다임으로 전환되게 하는 역할을 했다. 비슷한 시기인 1993년 NCSA의 마크 앤드리슨Marc Andreessen과 에릭 비나Eric Bina는 모자이크Mosaic라는 웹 브라우저를 발표했다. 월드와이드웹이 텍스트 위주였던 것과 달리 모자이크는 이미지를 표시할 수 있는 최초의 그래픽 웹 브라우저였다. 이후 마크 앤드리슨은 1994년 넷스케이프를 개발했고, 마이크로소프트 사에서는 1995년에 모자이크의 소스 코드를 활용해 인터넷 익스플로러 웹 브라우저를 개발했다.

웹 브라우저 출시를 계기로 1990년대 중순 이후 세계적으로 인터넷의 상업화와 대중화가 이루어지면서 인터넷 접속호스트 수가 기하급수적으로 증가했다. 인터넷은 성장과 진화를 거듭하며 경제와 문화 등의 영역에 막대한 영향을 미치게 되었다.

2 인터넷의 발전

오늘날 전 세계는 국가와 기업, 연구단체, 정부기관, 교육기관 등의 네트워크가 인터넷으로 서로 연결되어 있다. 컴퓨터 관련 종사자뿐만 아니라 일반인도 전자상거래와 스마트폰을 통해 인터넷을 일상생활에서 쉽고 편리하게 사용하고 있다. 이제 모든 나라의 개인, 대학, 기업, 정부가 하나의 통신망 안에 있으면서 서로 영향을 주고받게 되었다. 제공되는 서비스의 종류도 다양해져 대용량의 정보 전송이 필요한 온라인 뉴스, 주문형 비디오, 화상 회의, 전자 쇼핑, 홈뱅킹 등의 실시간 복합 미디어 서비스로 확대되고 있다.

ITU의 발표에 따르면 세계 인터넷 이용자 수는 2018년 말 기준으로 세계 인구의 절반을 넘어섰다. 2005년에 10억 명을 넘어선 이후 13년 사이에 네 배 증가한 것이다. 2019년 6월 기준으로는 44억 명이 넘으며 하루 평균 수천만 명이 인터넷에 접속하는 것으로 추산된다. 이것은 전 세계 인구를 77억 명으로 볼 때 57.1%에 해당한다. 세계 243여 개국에 수십억 대의 호스트 컴퓨터가 연결되어 있으며 웹 사이트 수는 1억 7천만 개가 넘는다. 매일 10억 명 이상이 구글에 접속하고 3억 명 이상이 블로그를 읽으며 유튜브에 등록된 20억 개 이상의 비디오를 시청한다. 유튜브 코리아에 따르면 1분마다 400시간이 넘는 분량의 새 동영상이 업로드되고, 전 세계인은 매일 10억 시간 이상을 유튜브 영상을 시청하는 데 쓴다.

2018년부터 5세대 이동통신 즉 5G가 채용되면서 인터넷 환경은 또 한 번 도약할 것으로 기대된다. 5G는 광대역을 구현하기 위해 주로 밀리미터 파를 사용하는 무선 네트워크 기술이다. 2018년 12월 1일, 한국에서 상용화를 위한 5G 무선 이동통신을 세계 최초로 개통한 이래 2019년 말 기준 전 세계 5G 가입자 수는 1,300만 명에 이르렀다. 한국의 가입자 수는 500만 명 정도로 전 세계의 38% 수준이다. 각국의 5G 상용화가 이루어지면서 2025년에는 약 26억 명이 5G를 이용해 인터넷을 이용할 것으로 추산된다.

에릭슨 모빌리티 보고서에 따르면 모바일 데이터 트래픽이 폭발적으로 증가하고 있는 상황에서 트래픽의 35%가 5G 네트워크에서 발생할 것으로 예상되는 2024년에는 월별 모바일 데이터 트래픽이 131엑사바이트EB에 이를 것이라고 한다. 5G의 본격 상용화와 더불어 2035년까지 세계 규모의 경제효과는 최대 12조 3,000억 달러에 달할 것으로 추정된다. 또한 2019년 기준으로 10억 개에 이르는 셀룰러 사물인터넷Cellular IoT도 2024년에는 41억 개까지 증가할 것으로 보이며, 이 중 45%는 스마트 미터링을 결합한 유틸리티, 의료용 웨어러블 형태의 헬스케어, 추적 센서를 통한 운송업 등의 산업에 사용되는 매시브 사물인터넷Massive IoT이 차지할 것으로 예상된다.

TIP 셀룰러 사물인터넷은 스마트폰이나 모바일 네트워크의 피기백을 통해 물리적 대상을 인터넷에 연결하는 방식이고, 매시브 사물인터넷은 사람이 휴대하는 디바이스뿐 아니라 생활 속의 모든 디바이스를 네트워크에 연결해 정보를 생성하고 공유하는 초연결 네트워크 환경을 말한다.

3 국내 인터넷 현황

국내에서는 1982년에 서울대학교와 전자통신연구소가 SDNSystem Development Network을 구성하며 인터넷 이용이 시작되었다. 그 후 SDN은 미국, 유럽 등의 네트워크와 연결해 전자우편 서비스를 제공하기 시작했고, 1990년 3월 한국과학기술원KAIST과 하와이 대학University of Hawaii이 HANA 네트워크로 연결되면서 본격적인 인터넷 시대가 열렸다.

국내의 인터넷 연결은 비영리 네트워크인 KREONETKorea REsearch Open NETwork(연구전산망), KRENKoREa Education Network(한국교육전산망), 그리고 한국통신이 소수의 일반인으로부터 가입 신청을 받아 시범 운영한 HANA 네트워크가 있었다. 1993년 6월에 한국통신이 일반인을 대상으로 인터넷 상용 서비스인 KORNETKORea inter NET(코넷)을 발표한 이후 우리나라의 인터넷은 급격한 발전을 이루게 된다. 한국정보화진흥원의 자료에 따르면 1999년 국내 인터넷 이용자 수는 900만 명을 돌파했고 2000년에는 1,900만 명으로 급증했으며, 2004년에는 3,000만 명을 넘겼다. 2018년 7월 기준으로 대한민국 인터넷 이용자 수는 46,124,694명으로 이용률 측면으로 보면 91.5%에 달한다. 만 3세 이상 인구 100명 당 91명 이상이 인터넷을 이용한다는 뜻이다.

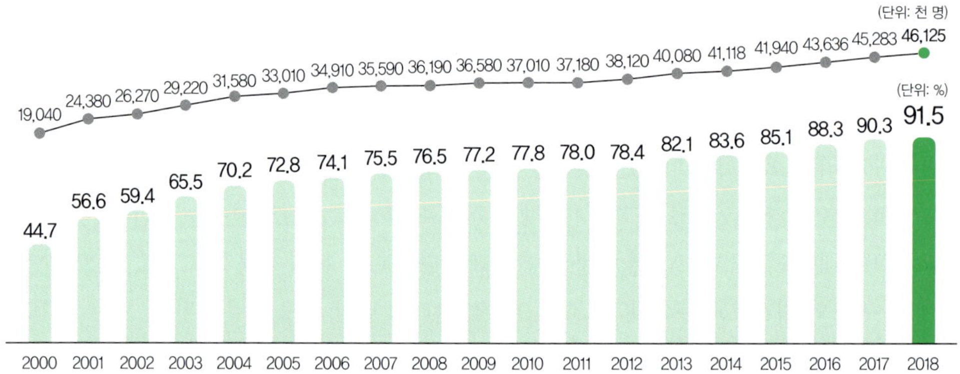

그림 3-2 국내 인터넷 이용률 및 이용자 수 추이(출처: 한국정보화진흥원)

2018년을 기준으로 연령별 인터넷 이용 격차가 감소하여 전연령대가 인터넷을 이용하는 것으로 나타난다. 특히 40대 이상의 인터넷 이용률은 지난 10년 간 큰 폭으로 상승했다.

국내의 인터넷 현황을 통계자료로 살펴보면 2019년 7월 기준으로 국내 IPv4 주소 보유 수는 112,467,200개이며 IPv6 주소 보유 수는 5,258(/32)개에 이른다(통계항목에 따라 조사 기준시점에 다소 차이가 있음에 유의).

TIP /32에서 32는 프리픽스(prefix)의 길이로 네트워크를 구분하기 위해 128비트 중 32비트를 사용하는 네트워크 주소를 기준으로 하는 네트워크 개수를 나타낸다.

[그림 3-3]은 kr 도메인 수와 초고속인터넷 가입자 수의 변이를 나타낸 것이다. kr 도메인 수는 2019년 7월 기준으로 1,375,074개에 이르렀고 초고속인터넷 가입자 수는 2018년 기준으로 21,286,000명에 이른다.

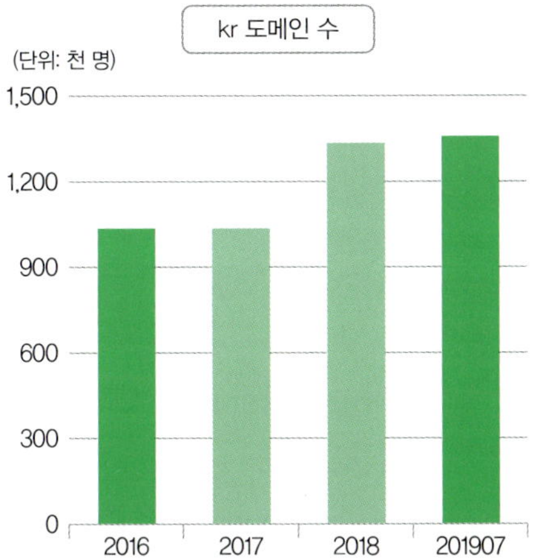

그림 3-3 kr 도메인 수와 초고속인터넷 가입자 수의 변이(출처: 과학기술정보통신부의 통신사업자 보고자료)

확인문제 3-1

국내에서 본격적인 인터넷 시대로 접어들게 된 시기에 대해 알아보고, 비슷한 시기에 인터넷의 발전 과정에서는 어떤 일이 있었는지 찾아보시오.

풀이 1990년 3월에 한국과학기술원과 하와이 대학이 HANA 네트워크로 연결되면서 국내에서 본격적으로 인터넷 시대가 열렸으며, 1993년에 한국통신이 일반인을 대상으로 인터넷 상용 서비스인 KORNET을 발표한 이후 급격한 발전을 이루었다.

비슷한 시기인 1991년 세계 최초의 웹 브라우저인 월드와이드웹이 발표되었고, 1993년에는 최초의 그래픽 웹 브라우저인 모자이크가 발표되었다. 웹 브라우저 출시를 계기로 세계적으로 인터넷의 상업화와 대중화가 이루어졌다.

02 IoT(사물인터넷)

1 IoT의 개념

사물인터넷 즉 IoTInternet of Things는 각종 사물에 센서와 통신 기능을 내장하고 무선통신을 통해 인터넷에 연결하는 기술을 의미한다. 인터넷으로 연결된 사물들을 사용자가 원격조종하거나 각 사물이 데이터를 주고받으며 스스로 분석하고 학습한 정보를 사용자에게 제공하는 인공지능 기술이다. 여기서 사물이란 가전제품, 모바일 장비, 웨어러블 디바이스 등 다양한 임베디드 시스템을 의미한다. 고유하게 식별 가능한 사물이 인간의 직접 개입 없이도 네트워크를 통해 스마트하게 연결되어 정보를 교환함으로써 보다 나은 삶을 위한 서비스를 제공하는 기반 인프라 기술이라 할 수 있다. IoT 기술은 4차 산업혁명의 중심기술 역할을 하게 되었다.

IoT란 용어는 1999년 MIT의 오토아이디 센터AutoID Center 소장인 케빈 애시턴Kevin Ashton이 처음 사용한 것으로 알려져 있다. 재고관리 시스템의 효율화 방안을 찾다가 모든 물건에 RFIDRadio-Frequency Identification(전자태그)를 부착해 서로 정보를 교환하게 하는 방법을 생각했는데 이를 IoT의 시초로 보고 있다.

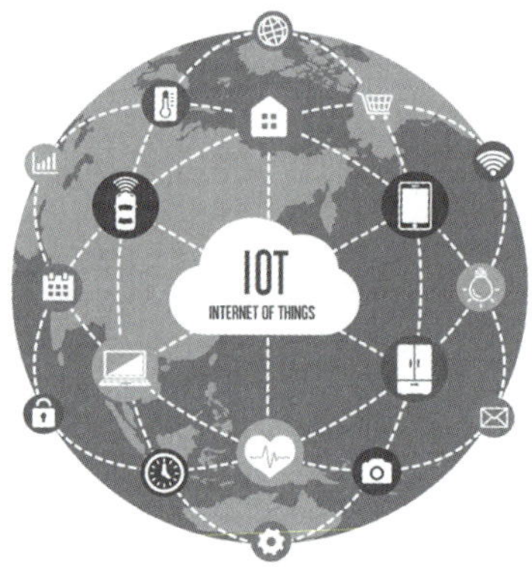

그림 3-4 IoT의 개념

IoT는 유비쿼터스Ubiquitous나 M2MMachine to Machine과 유사한 개념이지만 애플리케이션이 다양해지면서 서로 간의 연결에 주목하던 것에서 인터넷에 연결된 정보를 활용하고 상호작용이 가능한 응용서비스까지 포괄하는 개념으로 확대되었다. 스마트폰을 중심으로 휴대형 단말기가 보편화되고 개인 이동통신 기술이 발달한 데다 저전력 칩, 소형 센서 등의 대량 생산으로 활용이 급격히 확대되면서 만물인터넷Internet of Everything, IoE으로 불리기도 한다.

수많은 사물이 연결되면 인터넷을 통해 방대한 데이터가 모이게 되는데 이렇게 모인 데이터를 빅데이터라고 한다.

TIP 빅데이터에 대해서는 Chapter 16에서 구체적으로 다룬다.

세계경제포럼World Economic Forum, WEF 회장인 클라우스 슈밥Klaus Schwab은 2016년 제46차 세계경제포럼 연차총회인 다보스포럼Davos Forum에서 제4차 산업혁명Fourth Industrial Revolution을 설명하면서 우리 사회의 변혁을 예고하였다. 이러한 변혁과정을 통해 ICT 기술과 과학기술 등 각종 기술의 융합을 핵심개념으로 하여 CPSCyber Physical System(가상 물리 시스템) 혹은 디지털 트윈Digital Twin이라는 새로운 개념이 출현했다. 이는 모든 물리적인 시스템인 사물 또는 객체들이 데이터로 표현되고 이 데이터가 정보로 교환되면서 모든 사회 현상에 속도를 더하게 될 것임을 의미한다.

2 IoT의 핵심 기술

IoT를 구축하기 위한 기술은 크게 사물 신원 확인, 네트워크 구축, 사물에 감각 부여, 컨트롤 가능성으로 나누어 볼 수 있다.

■ 사물 신원 확인

사물 신원 확인 기술은 IoT에 참여하는 각각의 개체가 다른 개체들이 자신을 식별하게 하는 기술이다. 근거리에 있는 사물의 신원을 나타내는 것은 RFID 기술이지만 넓은 범위의 네트워크에서 개별 사물의 신원을 확인하려면 IP 주소를 부여해야 한다. 또한 사물은 스스로 취합한 정보를 필요에 따라 다른 사물과 교환 후 취합해 새로운 정보를 창출할 수 있어야 한다.

■ 네트워크 구축

사물 신원 확인을 위해서는 네트워크 구축이 필수이다. 사물들 사이의 일관된 정보 전달 방법을 확립하기 위해 HTTPHyperText Transfer Protocol를 대체할 MQTTMessage Queuing Telemetry Transport 프로토콜이 제시되었고 OASISOrganization for the Advancement of Structured Information Standards에서는 MQTT를 IoT의 표준규약으로 사용하고 있다.

TIP MQTT는 ISO 표준 발행–구독 기반의 메시징 프로토콜로, TCP/IP 프로토콜 위에서 동작한다. 네트워크 대역폭이 제한되는 원격 위치와의 연결을 위해 설계되어 있다.

TIP OASIS는 보안, IoT, 에너지, 콘텐츠 기술, 긴급 관리 등의 분야를 위한 표준을 개발하고 컨버전스, 채택을 담당하는 비영리 기관이다.

IoT의 네트워크 구성에는 Wi-Fi, 3G/4G/LTE, 블루투스, 이더넷, 시리얼 통신 외에도 지그비, WPAN, BcNBroadband Convergence Network(광대역 통합망), PLCPower Line Communication(전력선 통신) 등 유·무선으로 정보를 주고받는 기술이 쓰인다.

TIP 이더넷에 대해서는 Chapter 06에서, WPAN, 블루투스, 지그비에 대해서는 Chapter 14에서 자세히 설명한다.

■ 사물에 감각 부여

사물에 감각을 부여하려면 청각, 미각, 후각, 촉각, 시각 등의 정보를 사물에 부여해 주변 환경의 변화를 측정하게 해야 한다. 사물에 부여되는 감각은 오감에 한정되지 않고 RFID, 자이로스코프Gyroscope, 가이거Geiger 계수기 등을 통한 감각으로 확장될 수 있다. 많이 사용되는 센서에는 사물의 유무를 판별하는 광학식 디지털 센서를 포함해 온도, 습도, 거리 등을 판별하는 아날로그 센서가 있다.

TIP 자이로스코프는 방향 측정이나 유지에 사용되는 기구이고, 가이거 계수기는 방사능 측정 장비이다.

■ 컨트롤 가능성

IoT 서비스 인터페이스 기술은 정보를 저장, 처리, 변환하는 역할을 한다. 각종 센서를 이용해 얻은 방대한 정보를 저장, 분석, 처리하는 빅데이터 기술과 과거에 축적된 데이터에서 가치 있는 정보를 추출하는 데이터마이닝Data Mining 기술도 여기에 속한다. 개인의 프라이버시와 정보보안 영역도 인터페이스 기술에서 다뤄야 하며, 사용자가 사물에 행동을 지시할 수 있는 컨트롤 기술도 고려해야 한다.

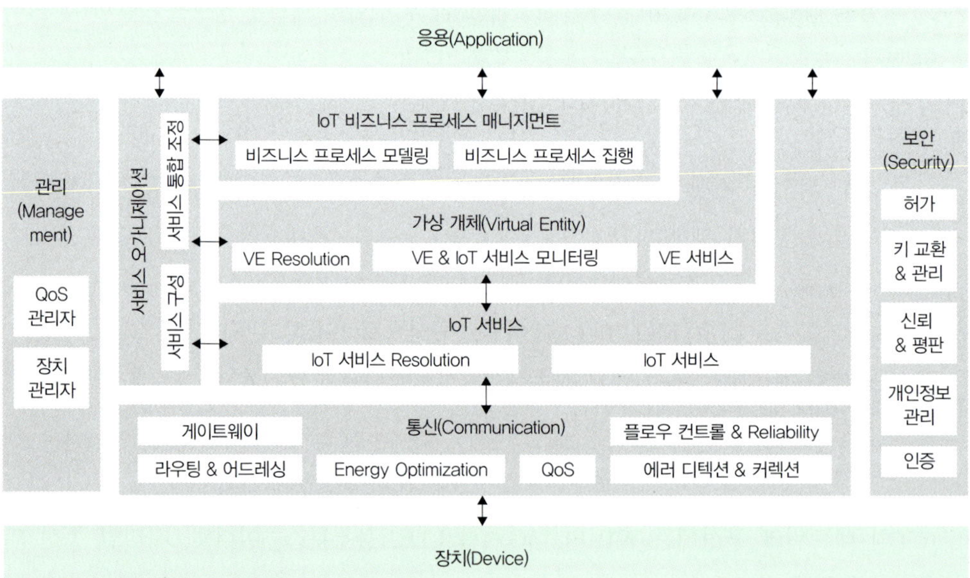

그림 3-5 IoT 플랫폼의 구조(출처: 한국사물인터넷협회)

3 IoT의 활용 사례

■ 커넥티드 카

현재 자동차 기술은 무인자동차를 실현할 수 있는 수준에 이르렀으나 제도의 문제로 당장 실현하기는 어렵다. 하지만 자동차에 스마트 기술을 적용하려는 꾸준히 이뤄지고 있다. 센서와 네트워크 접속을 이용해 편리한 구동환경과 자체 유지보수 기능을 가진 자동차들이 출시되고 있는데, 이를 커넥티드 카Connected car라고 한다.

국내에도 카투홈Car to Home과 홈투카Home to Car 기능이 탑재된 자동차가 출시되고 있다. 카투홈은 자동차 안에서 집 또는 사무실의 스마트플러그, 가스차단기, 조명, 에어컨, 보일러 등의 IoT 기기를 원격으로 제어하는 기능이다. 홈투카는 집이나 사무실에 있는 인공지능 스피커에 음성명령을 내려 자동차 시동, 문 잠금, 경적, 비상등, 실내 온도 등을 원격으로 제어하는 기능이다.

그림 3-6 커넥티드 카(출처: 삼성디스플레이 뉴스룸)

■ 홈 IoT 서비스

홈 IoT 서비스는 기본적인 IoT 응용서비스로 국내 통신 3사 모두 제공하고 있다. 스마트 플러그를 이용하면 스마트폰으로 전기를 On/Off할 수 있음은 물론이고 전기 사용량도 알 수 있으며 가스 밸브도 원격으로 On/Off할 수 있다. 나아가 음성인식 기능과 결합시키면 실내에서 목소리 하나로 모든 것을 원격으로 제어할 수 있다.

그림 3-7 홈 IoT 서비스

■ 버스정보 시스템

버스정보 시스템Bus Information System, BIS은 버스의 운행정보를 실시간으로 전하는 첨단교통 시스템이다. 각 버스에 설치된 GPS 단말장치로 버스 운행상황을 실시간으로 파악해 운수 회사 및 시민에게 알리는 서비스이다. 버스 위치, 운행상태, 배차 간격, 도착 예정시간 등의 정보를 네트워크망을 거쳐 교통정보센터에 전송하고 이를 다시 인터넷 홈페이지, 정류장에 설치된 전광판 등에 전송해 제공하는 방식으로 이루어진다. 주변에서 쉽게 볼 수 있어 익숙해진 IoT 사례라고 할 수 있다.

그림 3-8 서울시 버스정보 시스템(출처: 서울시 교통정보 시스템)

03 인터넷 서비스

1990년대 초에 등장한 월드와이드웹은 인터넷에 대한 일반의 관심과 사용이 급증하는 계기가 되었다. World Wide Web을 줄여 WWW, W3, 웹(Web) 등으로 많이 표현한다. 월드와이드웹(이하 웹)을 사용하면서 인터넷이 쓰기 편리해졌고 활용 범위도 확대되었다. CERNthe European Organization for Nuclear Research의 한 프로젝트로 시작된 웹은 분산 하이퍼미디어 시스템으로 전 세계에 퍼져있는 인터넷 내의 정보를 거미줄처럼 연결하고 있다. 멀티미디어 정보뿐 아니라 FTPFile Transfer Protocol(파일 전송 프로토콜), 고퍼Gopher, 유즈넷Usenet 서버와도 연계되어 전 세계에서 제공되는 인터넷 서비스를 편리하게 이용할 수 있게 한다.

TIP CERN은 1954년에 순수과학과 기술 발전을 위해 유럽 국가들이 공동으로 설립한 세계 최대의 입자물리가속기연구소로 유럽원자핵공동연구소 또는 유럽입자물리연구소라 불린다. CERN은 초기에 사용되었던 명칭인 'Conseil Europeen pour la Recherche Nucleaire'에서 유래했으며, 오늘날에도 그대로 사용하고 있다.

TIP 웹의 구조와 동작, 하이퍼텍스트 개념, 웹 응용 기술 등에 대해서는 Chapter 13에서 자세히 다룬다.

1 웹 서비스

웹의 등장으로 인터넷 이용이 증가하면서 웹 서버가 제공하는 정보의 양 또한 급증했다. 방대한 양의 정보 검색을 위해 아키Archie, 고퍼, 와이즈WAIS 등의 서비스와 구글Google, 야후Yahoo 등의 검색엔진이 등장했다. 국내 검색엔진으로는 네이버Naver, 다음Daum, 네이트Nate 등이 등장했다. 아키는 특정 파일의 저장 장소를 찾아주는 서비스이고 고퍼는 계층구조에 따라 각 디렉터리를 찾아가며 각종 문서와 정보를 제공하는 서비스이며, 와이즈는 문서 색인Index을 가지고 필요로 하는 문서를 제공하는 서비스이다. 하지만 이러한 서비스만으로는 사용자가 필요한 정보를 얻는 게 쉬운 일은 아니다.

인터넷의 매우 중요한 특성 중 하나는 정보의 재활용성이다. 정보의 재활용성을 높이기 위한 기본 요건에는 다양한 형식의 데이터를 사용자가 쉽게 활용할 수 있도록 하는 것과 인터넷상의 어느 곳에 유용한 정보가 있는지를 쉽게 알 수 있도록 서버 주소, 디렉터리 이름, 파일 이름, 접속할 포트 번호 등과 같은 다양한 조건을 일관된 방법으로 명시하는 것이 포함된다. 또한 사용자가 서비스를 요청할 때마다 그에 상응하는 프로그램이 따로 수행되면 효과적이지 못하므로 서비스 요청에 따른 보다 효과적인 활용 방법이 필요하게 되었다.

인터넷의 성장과 함께 사용자 요구도 급속하게 증대되면서 기존의 텍스트 위주 서비스뿐만 아니라 사운드, 이미지, 애니메이션 등 멀티미디어 서비스를 더 쉽고 빠르게 제공할 수 있는 인터넷 서비스가 필요해졌다.

웹은 인터넷 서비스가 요구하는 여러 가지 조건을 가장 잘 충족시킨다. 초기 인터넷 서비스는 FTP나 원격 로그인Remote Login에 의한 정보 공유에 불과했으나, 웹의 등장으로 인터넷을 통한 다양한 멀티미디어 서비스가 가능해졌다. 문서와 문서를 연결하는 하이퍼텍스트Hypertext 개념을 사용하는 웹은 인터넷에 대한 일반 사용자의 관심을 끌어내는 데 핵심적인 역할을 했다.

2 웹의 기능적 특성

웹은 인터넷의 모든 서비스를 통합하여 제공한다. 이전에 사용되던 인터넷 서비스에서는 제공할 수 없던 서비스를 클라이언트와 서버 측면에서 제공하게 된 것이다.

먼저 클라이언트 측면에서 웹의 특성을 정리해보자.

■ **웹 브라우저 인터페이스**

서버가 제공하는 기능을 다양한 서버 인터페이스 방법에 따라 클라이언트에서 기능을 확장할 수 있도록 한다. 이때 웹 브라우저에서 제공하는 APIApplication Programming Interface를 이용하거나 외부에서 구현된 프로그램이 웹 브라우저 내부로 접속되어 동작할 수 있도록 한다.

■ **자바**

실행 가능한 형태의 바이트 코드를 서버에 저장해 두고 HTML 문서를 전달하듯이 웹 브라우저에 전달하면 웹 브라우저에서는 실행 결과를 보여주도록 하고 있다. CGICommon Gateway Interface는 서버에서 실행된 결과를 웹 브라우저에서 보여주지만 자바java는 실행 코드 자체를 웹 브라우저에 전달해 실행한다. 새로운 응용프로그램을 개발하듯이 자바 프로그램을 웹 브라우저에서 실행시키고 사용자가 이용할 수 있도록 하므로 자바는 웹 프로그래밍 개발 환경을 제공한다고 할 수 있다.

■ **자바스크립트**

HTML 문서와 연동해 자바스크립트Javascript 프로그램을 실행시키는 것이 가능하다. 자바스크립트는 CGI 프로그램이나 HTML로 작성된 웹 페이지와 상호작용이 가능하여 HTML과 상호보완적으로 통합 수행이 되도록 설계된다.

서버 측면에서 웹의 특성을 정리하면 다음과 같다.

■ **정보 제공자에 의한 특화 서비스 제공**

정보 제공자는 웹상에서 단순히 문서 정보뿐만 아니라 사용자 요구에 부합하는 서비스 등의 특화된 서비스를 제공할 수 있다. 이를 위해 서버에서 CGI, API, 소스프로그램 확장, 응용프로그램과 서버의 결합 등의 방법이 활용되고 있다. CGI는 간단하게 구현할 수 있으며 기존 프로그램과 연계시켜 웹상에서 서비스를 제공할 수 있다.

■ **쿠키**

쿠키Cookie는 서버의 인터페이스와 클라이언트 사이에서 클라이언트의 상태 정보를 저장해 지속적으로 활용할 때 사용한다.

■ **보안**

사용자와 서버 사이에 정보 교환 시 정보 유출에 대한 대처 방안을 말한다. 보안에는 크게 채널 기반 보안Channel-based security과 메시지 기반 보안Message-based security이 있다. 채널 기반 보안은 SSLSecurity Socket Layer에서 일반적인 채널 보안 방식으로 사용되는 것으로, 인터넷 응용 프로토콜과 TCP/IP 프로토콜 사이에 존재하는 프로토콜이다. SSL은 통신하고자 하는 클라이언트와 서버 사이에 설계된 소켓 루틴을 사용해 먼저 안전한 채널로 정보를 교환할 수 있도록 한다. 메시지 기반 보안은 HTTP 프로토콜에 보안 기능을 추가한 것으로 S-HTTP라고 불린다. HTTP 메시지가 암호화 및 서명이 되어 S-HTTP의 데이터 부분으로 전달되며 S-HTTP 헤더는 암호화되지 않는다.

■ **액티브 X**

윈도우 사용자를 대상으로 인터넷을 보다 쉽고 편리하게 이용하도록 마이크로소프트 사에서 개발한 플랫폼이다. 기존 응용프로그램으로 작성된 문서를 웹과 연결해 그대로 사용할 수 있게 해준다. 공인인증서도 액티브 XActive X를 기반으로 개발된 것이다. 액티브 X는 기존의 OLEObject Linking and Embedding 제어를 인터넷 상황에 적합하도록 개선한 것으로, 클라이언트, 서버, 네트워크 구조 등의 기술적 요소로 구성된 하나의 플랫폼이다.

3 웹 서비스의 종류

웹을 이용해 정보를 제공받을 수 있는 서비스에는 이메일 및 웹메일 서비스, 아키, 고퍼, 와이즈, FTP, 텔넷, 유즈넷, 인터넷 대화형 서비스 등이 있다.

■ **이메일 서비스**

이메일은 편지나 문서를 작성해 인터넷상에서 수신자에게 전송하는 것으로, 파일 전송도 가능하다. 이메일 서비스를 사용하려면 웹 검색기에 내장된 이메일 보조프로그램이나 독립적인 이메일 응용프로그램을 사용한다.

■ **웹 메일 서비스**

웹 메일은 웹 브라우저로 접근하기 위해 고안된 이메일 서비스로, G 메일이 대표적이다. 응용프로그램 기반의 이메일을 통한 웹 메일 서비스의 장점은 인터넷 접속이 가능한 어떤 컴퓨터에서든지 편지함에 접근할 수 있다는 것이다.

■ **파일 및 정보 검색 서비스**

인터넷은 수많은 사이트에서 셀 수 없을 만큼 방대한 양의 파일을 제공하고 있다. 이 중에서 원하는 파일이나 정보를 찾기 위해 아키 서비스를 사용할 수 있다. 아키는 전 세계에 산재되어 있는 파일이나 프로그램 정보를 검색할 수 있는 데이터베이스 검색 서비스이다.

■ **메뉴 방식의 정보 검색 서비스**

고퍼는 미국 미네소타 대학에서 1991년에 개발한 서비스로, 보다 쉽게 사용자가 원하는 정보나 검색 정보를 제공받을 수 있게 한다. 간단한 메뉴 방식이며 상대방의 도메인 이름이나 IP 주소를 모르더라도 검색이 가능하다. 많은 검색엔진이 개발되면서 고퍼 서비스의 사용빈도는 현저히 줄었지만, 전문적인 정보나 특정 주제에 대한 정보를 검색할 경우에는 고퍼 서비스를 활용하는 것도 좋은 방법이 될 수 있다

TIP 고퍼 홈페이지: http://www.gopher.com

■ **와이즈 서비스**

와이즈Wide Area Information Server, WAIS(광역 정보 서버) 서비스는 문서 색인을 사용해 필요한 문서를 제공하는 서비스로, 고퍼 서버에 접속해 이용할 수 있다. 후속 버전인 엑스와이즈XWAIS는 윈도우 기반 인터페이스를 적용해 좀 더 쉽게 이용할 수 있게 되었다.

■ 파일 전송 서비스

일반 텍스트 문서가 아닌 프로그램 파일이나 이진수 형식의 데이터 파일은 특별한 방식의 전송이 필요하다. 전송자가 이진수 파일을 텍스트 형태로 변환해 전송하면 수신자는 수신된 텍스트 파일을 다시 이진수 형식으로 변환해야 하는데, 이러한 작업을 가능하도록 도와주는 것이 FTPFile Transfer Protocol 서비스이다.

■ 원격접속 서비스 텔넷

텔넷Telnet은 물리적으로 원격지에 있는 컴퓨터를 사용할 수 있도록 해주는 서비스이다. 특정 지역의 컴퓨터 사용자가 지리적으로 멀리 떨어진 곳에 있는 다른 컴퓨터를 온라인으로 연결해 사용할 수 있도록 한다.

■ 지구촌 전자게시판 서비스

동일한 관심사를 가진 사람들이 특정 주제에 대해 서로 토론할 수 있도록 공개된 공간을 제공하는 전자게시판 서비스이다. 전 세계 인터넷 사용자 및 서비스 제공 업체들이 각 분야별로 공지사항 및 최신 정보를 게시하고 다른 사람들이 검색할 수 있게 한다. 세계 최대의 뉴스 서비스망인 유즈넷을 통해 정치, 경제, 사회 등의 다양한 뉴스그룹과 정보를 교환할 수 있다.

■ 인터넷 대화 서비스

인터넷 대화 서비스Internet Relay Chat는 전 세계의 인터넷 사용자와 실시간으로 대화 및 토론의 장을 펼칠 수 있도록 해주는 서비스이다. 인터넷상에 접속된 수많은 사용자와 실시간 대화를 하는 것으로 대화방 정도로 생각할 수 있다. 유즈넷이 비동기식 대화의 장이라면 대화 서비스는 실시간, 즉 동기식 대화의 장이 된다. 유닉스 시스템에는 일대일 대화를 위한 토크talk, 여러 사람과 동시에 대화가 가능한 와이토크Ytalk, 전 세계 많은 사람들과 토론 및 대화가 가능한 JIRC, MIRC, 3D_CHAT 등의 기능도 있다.

4 웹 검색엔진

웹 검색엔진Search Engine은 인터넷에 있는 방대한 자료 중 원하는 것을 빨리 찾을 수 있도록 정보를 수집하고 찾아주는 도구이다. 검색 방법에 따라 구분하면 키워드 또는 주제어를 입력해 정보를 검색하는 키워드형 검색엔진, 대분류에서 소분류로 분류 항목을 축소해 순차적으로 검색하는 주제별 목록 검색엔진이 있다. 또는 자동화된 로봇 프로그램이 웹 페이지 문서를 수집하는 웹 페이지 검색엔진과 사람들이 주제별로 웹 사이트 주소록을 정리하는 디렉터리 검색엔진으로 구분하기도 한다. 대부분의 검색엔진 서비스 사이트는 이런 방식을 모두 사용해 운영하고 있다.

검색엔진의 개발과정을 세대별로 정리하면 다음과 같다.

- **1세대: 디렉터리 검색엔진**

  사용자가 직접 좋은 사이트를 선별해 정리하는 검색엔진이다.

- **2세대: 1세대 로봇 검색엔진**

  인터넷 페이지가 수억 단위로 증가함에 따라 사람이 정리하는 데는 한계가 있어 웹봇Webbot 또는 에이전트Agent를 이용한 알타비스타AltaVista와 같은 로봇 형태의 검색엔진이 등장했다. 이런 방식을 통해 많은 양의 검색 결과를 얻을 수 있었지만, 검색 결과 첫 페이지에 적절한 정보가 제대로 노출되지 않는 단점이 있어 큰 호응을 얻지는 못했다.

- **2.5세대: 디렉터리와 로봇의 응용 검색엔진**

  메타 검색엔진을 사용하는 검색엔진이다. 메타 검색엔진은 자체적으로는 정보를 보유하고 있지 않으면서 다른 검색엔진들의 검색 결과를 실시간으로 가져와서 정리해 사용자에게 보여주는 방식으로 동작한다. 국내에서는 네이버, 다음, 엠파스, 파란 등이 디렉터리 검색엔진의 장점과 로봇 검색엔진의 장점을 혼합한 형태로 2.5세대 검색엔진을 사용했다.

- **3세대: 2세대 로봇 검색엔진**

  2세대 로봇 검색엔진을 장착한 구글이 90년대 말에 등장했다. 페이지랭크Page Rank를 통해 첫 페이지에 가장 적합한 정보를 노출하는 논리 구조를 적용했다.

  TIP 페이지랭크는 웹과 같은 하이퍼링크 구조의 문서에 상대적 중요도에 따라 가중치를 부여하는 방법이다. 중요한 페이지일수록 다른 사이트에서 많이 링크한다는 관찰 결과와 사용자가 임의로 방문한 사이트에서 만족하지 못해 다른 페이지로 이동하는 확률 등을 계산해 각 페이지의 최종 페이지랭크를 구하는 알고리즘으로 동작한다.

- **4세대: 3세대 로봇 검색엔진**

  의미 기반의 검색 방법을 사용하는 가장 진화된 형태의 검색엔진으로, 시맨틱랭크Semantic Rank를 사용하는 하키아Hakia와 큐로보Qrobo를 예로 들 수 있다.

  TIP 큐로보는 1996년도부터 뉴텍 기업부설연구소에서 개발을 시작한 시맨틱 기반의 검색엔진 서비스이다. q는 영어 cue 또는 question을 나타내고 robo는 영어 robot을 나타내므로 로봇에게 물어보다는 의미를 가진다.

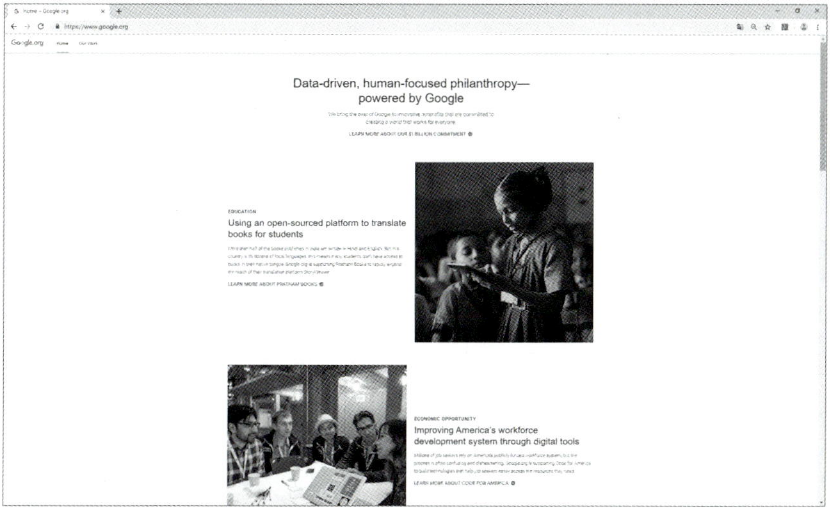

그림 3-9 인터넷 검색엔진의 예(출처: 구글)

그런데 검색엔진이 사용자 활동 기록에 따라 맞춤형 결과를 제공할 때 필터 버블Filter bubble 효과가 발생해 사용자의 과거 관점에 동의하는 정보만 표시하는 경향이 있다. 이로 인해 사용자는 반대 정보 없이 지적 격리 상태에 놓일 수도 있으니 유의할 필요가 있다.

TIP 필터 버블은 인터넷 정보 제공자가 사용자에 맞추어 필터링한 정보를 제공함으로써, 사용자가 이미 필터링된 정보만 접하게 되는 것을 말한다. 사용자의 위치, 과거의 클릭 동작, 검색 이력 등의 정보에 기반해 웹 사이트 알고리즘이 선별적으로 사용자가 보고자 하는 정보를 추측해 개인화한 결과를 제공하므로, 같은 정보를 검색해도 사람에 따라 다른 정보를 접하게 된다. 구글, 페이스북, 아마존, 넷플릭스 등의 수많은 업체에서 제공하는 맞춤 검색 서비스가 이에 해당한다.

확인문제 3-2

정보의 재활용성이 필요한 이유는 무엇인지, 또한 이를 높이기 위한 방법에는 어떤 것이 있는지 설명하시오.

풀이 사용한 정보를 다시 활용하면 정보의 생성과 관리를 보다 효율적으로 할 수 있을 뿐만 아니라 경제성이 향상되므로 정보의 재활용성은 인터넷에서 매우 중요한 특성이다. 정보의 재활용성을 높이기 위해서는 사용자들이 요구하는 다양한 형식의 데이터를 사용자 측면에서 쉽게 활용할 수 있고 인터넷상에 있는 유용한 정보가 어디에 있는지 쉽게 파악할 수 있도록 서버 주소, 디렉터리 이름, 파일명과 같은 다양한 조건을 일관된 방법으로 명시하는 것이 중요하다.

확인문제 3-3

서버 측면에서 쿠키를 사용하는 이유는 무엇인지 설명하시오.

풀이 서버의 인터페이스와 클라이언트 사이에서 클라이언트의 상태 정보를 저장해 지속적으로 활용하기 위해 사용한다.

확인문제 3-4

메타 검색 방식과 페이지랭크 방식의 차이점을 설명하시오.

풀이 메타 검색 방식은 자체적으로 정보를 보유하지 않고 다른 검색엔진의 검색 결과를 실시간으로 가져와서 보여주는 방식이다. 페이지랭크 방식은 첫 페이지에 클릭하고 싶은 정보가 노출되도록 하는 방식이다.

04 IPv6의 구성과 활용

IPv6는 IPv4의 주소 고갈 문제를 해결하기 위해 기존의 IPv4 주소 공간을 128비트 크기로 확장한 차세대 인터넷 프로토콜 주소이다.

IPv6는 기존 인터넷 프로토콜인 IPv4의 대안으로 등장한 것으로, 주소 공간이 IPv4의 32비트보다 네 배 확장된 128비트이다. 인터넷 사용 급증으로 기존 인터넷 구조로는 사용자 요구를 충족시키기에 많은 어려움이 있었다. 다양한 멀티미디어 서비스를 제공하기 위한 기술적 보완이 있었음에도 불구하고 날로 증가하는 인터넷 사용자 수와 높은 수준의 다양한 요구를 충족시키기에는 한계에 이르렀다.

1 IPv6의 패킷 구성

IPv6 패킷은 기본 헤더와 사용자 데이터 영역으로 구성된다. 기본 헤더 영역은 40바이트로 이루어지고 사용자 데이터 영역은 다시 확장 헤더와 상위 계층으로부터 받은 데이터 패킷 영역으로 구분된다.

TIP 패킷이란 데이터의 전송단위로, 프로토콜이 전송하는 메시지를 뜻하는 용어다. IP에서 사용하는 패킷을 데이터그램이라고도 한다. 네트워크 모델의 각 계층에서 주고받는 데이터의 단위를 모두 패킷이라고 부르기도 하지만, 엄밀히 말해 패킷은 네트워크 계층에서 사용하는 데이터 단위이다. 물리 계층에서는 비트, 데이터링크 계층에서는 프레임, 전송 계층에서는 세그먼트를 데이터 단위로 사용한다.

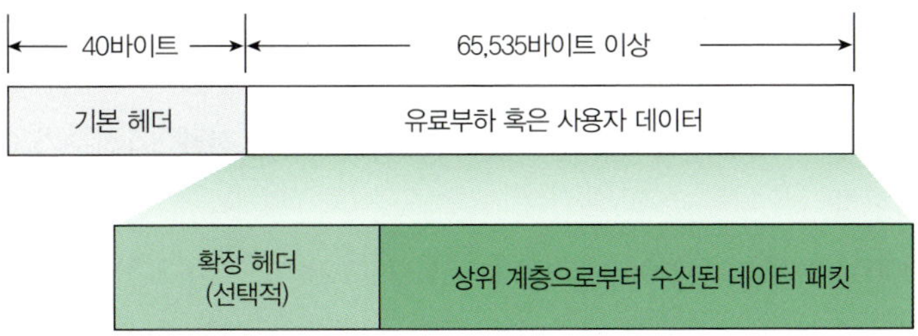

그림 3-10 IPv6의 패킷 구성

■ 기본 헤더

IPv6의 기본 헤더 영역은 40바이트이다. IPv4의 헤더가 20~60바이트로 가변 길이였던 것과 달리 고정되어 있어 더 빠르게 처리된다. 구조 역시 단순하고 유연해졌다. IPv6의 기본 헤더 영역은 버전 영역, 트래픽 클래스 영역, 흐름 라벨 영역, 유료부하 길이 영역, 다음 헤더 영역, 홉 제한 영역, 전송지와 수신지 주소 영역으로 이루어져 있다.

TIP IPv6 패킷의 기본 헤더 구성에 대해서는 Chapter 10에서 자세히 다룬다.

■ 확장 헤더

IPv6는 패킷을 전송할 때 일반적으로 기본 헤더만 사용하다가 필요할 경우 용도에 맞는 확장 헤더를 기본 헤더 뒤에 추가한다. IPv4의 헤더에서 사용하던 주요 옵션들이 확장 헤더 형태로 정의된 것이다. 기본 헤더만 라우터에서 처리하고 확장 헤더는 옵션 종류에 따라 처리 방식이 다르므로 모든 확장 헤더를 처리할 필요가 없어 라우팅 효율이 높아졌다.

TIP IPv6 패킷의 확장 헤더에 대해서는 Chapter 10에서 자세히 다룬다.

2 IPv6의 IP 주소표기법

IPv6에서는 IP 주소로 128비트 이진수를 사용한다. IPv4에서처럼 옥텟(8비트, 즉 1바이트) 표기법을 사용한다면 16개의 옥텟이 필요하다. 하지만 IPv6에서는 표현의 효율성을 고려해 새로운 표기법을 사용한다. 이를 정리하면 다음과 같다.

TIP 초기에는 1바이트가 8비트를 의미하지 않는 경우가 있어 8비트를 명확하게 정의하기 위해 옥텟(octet)이라는 용어를 사용했다. 오늘날에는 옥텟과 바이트가 같은 의미로 쓰인다.

TIP IPv4의 주소표기법과 주소체계에 대해서는 Chapter 10에서 자세히 다룬다.

- 128비트를 16비트씩 나눠서 16진수로 쓰고 콜론(:)으로 구분한다.

  예 ABCD:1234:5678:1234:5678:ABCD:1234:5678
- 콜론으로 구분된 영역이 0으로 시작하면 0을 생략할 수 있다. 하지만 전체 16진수가 0인 경우에는 0으로 표시한다.

  예 1234:0123:0012:0001:0000:0002:0003:0004 → 1234:123:12:1:0:2:3:4
- 8개 영역 중에서 0000인 영역이 연속해서 나타나면 해당 영역을 생략할 수 있다. 단, 한 번으로 제한한다.

  예 11:0:0:0:55:0:0:88 → 11::55:0:0:88

여기서 전체 영역의 개수가 8이어야 하므로 ::은 생략된 세 개의 영역을 의미한다. 그러나 0000인 영역이 두 번 이상 생략되면 원래 영역 형태로 복원이 불가능하므로 사용할 수 없다. 예를 들어 11:0:0:0:55:0:0:88을 11::55::88로 줄이면 생략된 영역을 알 수 없게 된다.

- 네트워크 ID로 '11:11:11:11:11:11:11:11/64'와 같은 표현은 사용 가능하며, 이때 '11:11:11:11' 부분이 네트워크 ID를 뜻한다. 하지만 IPv6에서 서브넷 마스크는 사용하지 않는다.
- IPv4와 IPv6를 함께 사용하는 경우에 IPv4의 주소 'd.d.d.d'는 'x:x:x:x:x:x:d.d.d.d'가 된다. 여기서 x는 16진수, d는 10진수를 나타낸다.

3 IPv6의 주소체계

IPv6에서는 주소 공간이 IPv4의 32비트에서 128비트로 확장되었다. 브로드캐스트 주소는 더 이상 지원되지 않고, 새로운 개념인 애니캐스트 주소가 추가되었다. IPv6에서는 유니캐스트 주소, 애니캐스트 주소, 멀티캐스트 주소가 사용된다.

■ 유니캐스트 주소

유니캐스트Unicast 주소로 보내진 패킷들은 항상 해당 주소로 식별되는 장치로만 전달된다. '0:0:0:0:0:0:0:0'은 무지정unspecified 주소로 어떤 노드에도 할당할 수 없다. 이 주소는 주소가 아직 할당되지 않았을 때, 즉 하나의 노드가 자신의 실제 주소를 알기 전 IPv6 데이터그램을 전송하는 경우에 출발지 주소 영역에 기록하는 주소가 된다. '0:0:0:0:0:0:0:1'은 루프백Loopback 주소로 호스트가 자기 자신에게 데이터그램을 전송할 때 사용하며 호스트 외부에서는 이 주소가 사용되지 않는다.

그림 3-11 유니캐스트 전송

■ 애니캐스트 주소

애니캐스트Anycast 주소는 각기 다른 노드에 속하는 주소의 집합에 대한 식별자이다. 애니캐스트 주소로 보내진 패킷은 해당 주소로 식별되는 노드 중 라우팅 프로토콜에 의해 결정되는 가장 가까운 노드로 보내진다. IPv6에서 새롭게 추가된 애니캐스트 주소는 출발지 주소로 사용할 수 없으며 애니캐스트 주소를 사용할 수 있는 것은 라우터뿐이다.

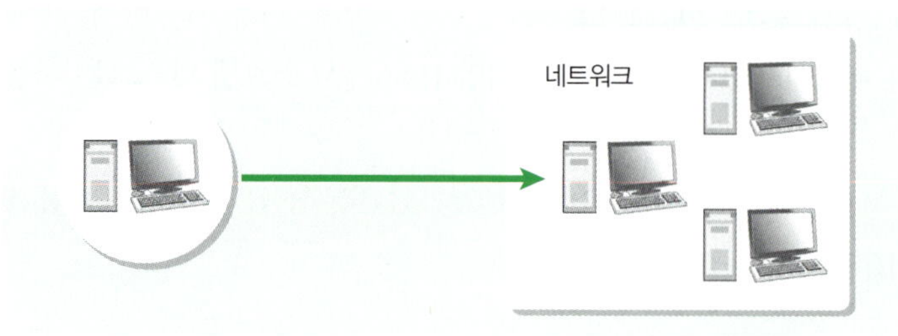

그림 3-12 애니캐스트 전송

■ **멀티캐스트 주소**

멀티캐스트Multicast 주소는 각기 다른 노드에 속하는 많은 수의 노드를 식별할 때 사용된다. 멀티캐스트 주소로 전송된 패킷들은 해당 주소로 식별될 수 있는 모든 노드로 전송된다. IPv4와 마찬가지로 IPv6의 멀티캐스트 주소는 노드 그룹을 나타내기 위해 사용되고 하나의 노드는 다수의 멀티캐스트 그룹의 멤버가 되는 것도 가능하다. 'FF01:0:0:0:0:0:0:1'과 'FF02:0:0:0:0:0:0:1'은 모든 노드의 멀티캐스트 주소All Nodes Multicast Address 용도로 예약되어 있으며 'FF01:0:0:0:0:0:0:2'와 'FF02:0:0:0:0:0:0:2'는 모든 라우터의 멀티캐스트 주소All Routers Multicast Address 용도로 사용된다.

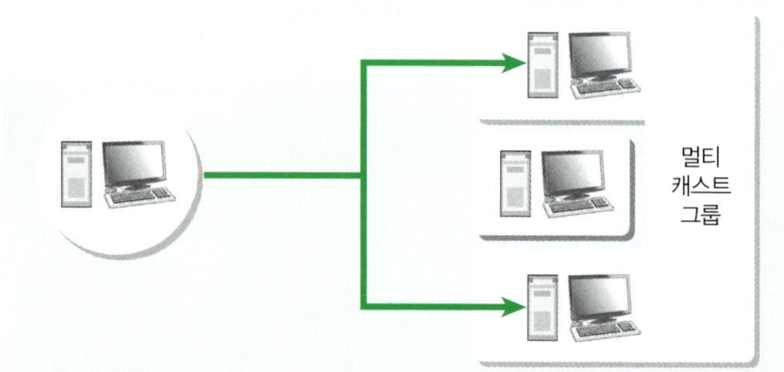

그림 3-13 멀티캐스트 전송

4 IPv6 특성과 응용

지금까지 살펴본 내용을 중심으로 IPv6의 대표적인 특성과 응용을 정리하면 다음과 같다.

■ 확장된 주소 공간

기존의 인터넷 프로토콜이 갖는 주소 부족 문제를 해결하기 위해 IPv6는 128비트의 주소 공간을 사용한다. 따라서 수많은 디바이스에 IP 주소를 할당해도 충분한 여유가 있다. 주소 공간이 확장됨으로 인한 대표적인 장점은 다음과 같다.

첫째, 모든 노드와의 종단간 연결성End-to-End Connectivity을 제공할 수 있다. 둘째, 상시 활성화Always on 상태에서 자기만의 주소를 가질 수 있으며, 능동적 주소 특성Active addressability을 제공함으로써 필요할 경우 복수의 주소나 변경되는 주소를 가질 수 있다. 셋째, 각 단말기가 언제든 다른 단말기로부터의 대화요청을 받아들일 수 있게 된다. 넷째, 참가하는 어떤 노드라도 클라이언트인 동시에 서버가 될 수 있는 특성 동등화Peering를 제공한다.

■ 효율적인 헤더 구성

하나의 헤더로 서비스를 제공하던 IPv4와 달리 IPv6는 서비스 형태에 따라 헤더를 분리해 각 기능에 적합한 형태로 전송함으로써 네트워크 처리시간과 전송 양을 줄였다.

■ 주소 자동설정 기능

IPv6는 IPv4와 달리 주소 자동설정Address Auto Configuration 기능이 있어 각종 단말에 자동으로 IP 주소가 생성되게 한다. 이는 사람의 개입을 최소화하기 위한 기능으로 무상태Stateless 방식과 상태Stateful 방식으로 구분된다. 무상태 방식은 해당 시각의 상황을 관리할 필요 없이 표준에 참여하는 노드가 있으면 그 노드 간의 상호작용에 의해 설정이 완료된다. 주로 설정 대상 노드의 자기 식별에 이용된다. 반면 상태 방식은 설정 대상 노드뿐 아니라 자신이 이용하려는 서비스 대상 설정까지 범위를 확대한다.

■ 단순화, 효율화된 데이터 구조

IPv6는 종단에 있는 노드와 데이터 전송에 참여하는 네트워크 노드 사이의 역할을 분명하게 구분하고 있다. 또한 네트워크 운영 및 구성에 대한 융통성을 향상시켜 보다 단순하고 효율적인 데이터 구조를 취하고 있다.

■ QoS 기능과 보안 기능 강화

IPv4는 보안 기능을 고려하지 않았기 때문에 개방형 온라인 서비스나 트랜잭션Transaction으로 이전하고자 할 때 인증성, 기밀성, 데이터 무결성 지원에 대한 요구가 높았다. IPv6에서는 확장 헤더에 QoSQuality of Service(서비스 품질) 기능과 보안 기능이 포함되어 IPv4의 단점이 보완되었다.

TIP QoS는 다른 응용프로그램, 사용자, 데이터 흐름 등에 우선순위를 정해 데이터 전송에 특정 수준의 성능을 보장하기 위한 능력을 말한다.

IPv6의 특성을 IPv4와 비교해 요약하면 [표 3-1]과 같다.

표 3-1 IPv4와 IPv6 특성 비교

구분	IPv4	IPv6
주소 공간	32비트	128비트
표시 방법	8비트씩 4부분으로 10진수로 표시 202.30.64.22	16비트씩 8부분으로 16진수로 표시 2001:0230:abcd:ffff:0000:0000:ffff:1111
주소 개수	약 43억 개	약 (43억×43억×43억×43억) 개(거의 무한대)
주소 할당	A, B, C, C 등 클래스 구분에 따른 비순차적 할당(비효율적)	네트워크 규모 및 단말기 수에 따른 순차적 할당(효율적)
QoS	최선의 전달 방식으로 품질 보장이 곤란	등급별, 서비스별로 패킷을 구분할 수 있어 품질보장이 용이
보안 기능	IPsec 프로토콜 별도 설치	확장 기능에서 기본으로 제공
Plug & Play	없음	있음(자동 네트워킹 가능)
이동 IP	상당히 곤란(비효율적)	용이(효율적)
웹캐스팅	곤란	용이(유효범위 증가)

5 IPv6와 인터넷의 미래

향후 인터넷과 IoT는 기존의 시스템 문제점을 해결하고 고속의 대용량 대화형interactive 멀티미디어 서비스 제공이 가능해지며 고도화된 연동체계를 갖춘 새로운 형태의 시스템이 될 것이다. 기존 인터넷 환경에서 미흡했던 보안, 품질 등의 요소가 개선되어 QoS, 멀티캐스트, 보안, 유·무선 통합 기능이 실현된다. 이에 따라 새롭고 실용적인 인터넷 비즈니스 모델로 품질별 차등요금을 적용하는 인터넷 비즈니스, 멀티캐스팅 인터넷 전화 관련 비즈니스, 신뢰도가 높은 실시간 원격 교육 등의 비즈니스가 가능해진다.

IPv6의 자동 주소설정 기능으로 많은 불편이 제거되고 이동 IP 기능으로 유·무선 등 이종 네트워크에서도 끊김 없는 통합 서비스가 가능해져서 다양한 인터넷 서비스를 편리하게 이용할 수 있게 될 것으로 전망된다.

향후 인터넷에 대한 연구 활동에는 기존의 문제점을 극복하고 새로운 응용서비스를 구현해 인터넷 기술의 우위를 선점하려는 선진국의 인터넷 관련 연구 및 개발 활동이 포함될 것이다. 미국을 비롯한 캐나다, 유럽, 아시아 태평양 지역의 기술 선진국들은 고성능 초고속 네트워크를 구축해 현재 인터넷 기술의 많은 문제점을 해결하고 분산형 실시간 멀티미디어 서비스를 제공할 수 있는 미래 인터넷 기술을 연구하고 있다. 미래인터넷포럼Future Internet Forum에서는 새로운 인터넷 설계 및 관련 이슈에 대한 최신정보와 지식을 제공하고 전문가들에 의한 미래 인터넷 연구개발 방향을 제시하고 있으며, 사물인터넷융합포럼WF-IoT에서는 IoT과 다양한 융합 분야의 기술 및 서비스 표준화 활동을 진행하고 있다.

확인문제 3-5

IPv6의 확장 헤더 유형과 주소 표기 방식을 간략하게 설명하시오.

풀이 확장 헤더의 유형에는 홉 간 옵션 헤더, 라우팅 헤더, 단편화 헤더, 인증 헤더, 암호화된 보안 유료부하 헤더, 수신지 옵션 헤더가 있다. IPv6에서는 기본적으로 128비트를 16비트씩 나눠 16진수로 쓰고 콜론(:)으로 구분하는 표기법을 사용한다.

확인문제 3-6

IPv6에서 사용하는 애니캐스트 주소와 멀티캐스트 주소의 차이점을 설명하시오.

풀이 애니캐스트 주소와 멀티캐스트 주소는 각기 다른 노드에 속하는 주소 집합에 대한 식별자이다. 애니캐스트 주소로 전송된 패킷은 해당 주소로 식별될 수 있는 노드 중 라우팅 프로토콜에 의해 결정되는 가장 가까운 노드로 전송되며, 멀티캐스트 주소로 전송된 패킷은 해당 주소로 식별될 수 있는 모든 노드로 전송된다.

01 ARPANET이 초기에 서로 다른 호스트 사이의 연결과 흐름을 제어하기 위해 사용했던 프로토콜은?

① IMP ② XMP ③ NCP ④ SSL

02 각종 사물에 센서와 통신 기능을 내장하고 무선통신을 통해 네트워크에 연결하며, 그 사물들이 인간의 직접 개입 없이도 데이터를 교환하고 스스로 분석하며 학습한 정보를 사용자에게 제공하는 인공지능 기술은?

① 블루투스 ② Wi-Fi ③ BcN ④ IoT

03 IoT을 구축하기 위한 핵심 기술과 관련해 다음 (가)에 들어갈 적절한 용어는?

사물들 사이의 일관된 정보 전달 방법을 확립하기 위해 HTTP를 대체할 (가) 프로토콜이 제시되었으며, OASIS에서는 (가)을(를) IoT의 표준규약으로 사용하고 있다.

① CGI ② API ③ S-HTTP ④ MQTT

04 웹의 기능적 특성 중 서버의 인터페이스와 클라이언트 사이에서 클라이언트의 상태 정보를 저장해 지속적으로 활용하고자 할 때 사용하는 것은?

① SSL ② 쿠키
③ 자바스크립트 ④ 웹 브라우저 인터페이스

05 윈도우 사용자가 인터넷을 보다 편리하게 이용할 수 있게 하기 위해 마이크로소프트 사에서 개발한 플랫폼으로, 기존의 응용프로그램으로 작성된 문서 등을 웹과 연결해 그대로 사용할 수 있도록 한 것은?

① S-HTTP ② 자바스크립트 ③ DHTML ④ 액티브 X

06 인터넷의 역사에 대한 다음 설명 중 옳지 않은 것은?

① 최초의 네트워크는 ARPANET이다.
② 월드와이드웹은 세계 최초의 그래픽 웹 브라우저이다.
③ TCP/IP 프로토콜은 전 세계 규모의 인터넷을 구성하는 기반이 되었다.
④ NSFNET의 등장은 인터넷이 오늘날과 같은 형태로 발전하는 계기가 되었다.

07 검색엔진을 세대별로 구분할 때, 의미 기반의 검색 방법을 사용하는 검색엔진은?

① 2세대 검색엔진 ② 2.5세대 검색엔진
③ 3세대 검색엔진 ④ 4세대 검색엔진

08 다음 (가), (나)에 들어갈 적절한 표현은?

> IPv6의 특성 중 (가)는 사람의 개입을 최소화하기 위한 기능으로, 무상태 방식과 상태 방식으로 구분된다. 이 중 (나)는 해당 시각의 상황을 관리할 필요 없이 표준에 참여하는 노드가 있으면 그 노드 간의 상호작용에 의해 설정이 완료된다.

	(가)	(나)
①	주소 자동설정 기능	무상태 방식
②	보안 기능	무상태 방식
③	주소 자동설정 기능	상태 방식
④	보안 기능	상태 방식

09 여기로 보내진 패킷은 해당 주소로 식별되는 노드 중 라우팅 프로토콜에 의해 결정되는 가장 가까운 노드로 보내진다. IPv6에서 추가된 이 주소는 무엇인가?

① 유니캐스트 주소 ② 멀티캐스트 주소
③ 브로드캐스트 주소 ④ 애니캐스트 주소

10 IPv6의 확장 헤더에 해당하지 <u>않는</u> 것은?

① 우선순위 흐름 헤더 ② 인증 헤더
③ 단편화 헤더 ④ 홉 간 옵션 헤더

11 인터넷 서비스에 관한 설명 중 옳지 <u>않은</u> 것은?

① 와이즈는 색인을 사용해 필요로 하는 문서를 제공해주는 서비스이다.
② 고퍼는 간단한 메뉴 방식으로 원하는 정보나 검색 정보를 제공받을 수 있는 서비스이다.
③ 텔넷은 동일한 관심사를 가진 사람들이 특정 주제에 대해 서로 토론이 가능한 공개된 공간을 제공하는 서비스이다.
④ 인터넷 대화 서비스는 전 세계 인터넷 사용자와 실시간으로 대화 및 토론을 할 수 있게 해주는 서비스이다.

12 IoT에 관한 설명 중 옳지 <u>않은</u> 것은?

① 만물인터넷이라고도 한다.
② 4차 산업혁명의 중심기술 역할을 하고 있다.
③ IoT의 시초라고 할 수 있는 기술은 블루투스이다.
④ 각종 사물에 센서와 통신 기능을 내장하고 무선통신으로 인터넷에 연결하는 기술이다.

13 다음 중 IoT를 구축하기 위한 핵심 기술이라고 할 수 없는 것은?

① 사물 신원 확인　② 컨트롤 가능성　③ 역다중화　④ 사물에 감각 부여

14 IoT의 개념을 설명하고 그 특성을 기술하시오.

15 IoT의 핵심적인 기술요소를 각각 구체적으로 설명하시오.

16 IPv6의 특징을 IPv4를 비교해 설명하시오.

17 대표적인 웹 서비스를 세 가지 이상 나열하고, 각 특성을 구체적으로 설명하시오.

18 검색엔진의 세대별 발전 과정에 따른 특징을 설명하시오.

19 채널 기반 보안과 메시지 기반 보안을 비교해 설명하시오.

20 IPv4가 IPv6로 대체됨으로써 인터넷과 IoT의 발전에 어떤 영향을 미칠 것인지 전망하시오.

PART 02

데이터 전송과 네트워크

PART 02

데이터 전송과 네트워크

Part 2에서는 데이터링크 계층에서 수행하는 기능을 구체적으로 알아본다.

Chapter 04에서는 데이터 전송과 신호의 개념, 전송 모드, 전송매체 등에 대해 살펴본다. Chapter 05에서는 데이터링크 계층에서 수행하는 회선제어, 흐름제어, 오류제어에 대해 알아본다. 아울러 다중화와 교환기술의 여러 방식에 대해서도 구체적으로 다룬다. Chapter 06에서는 대표적인 LAN 프로토콜인 IEEE 802.3 이더넷 프로토콜을 중심으로 LAN의 개념과 구조, 동작 등을 알아보고 이를 바탕으로 이더넷의 동작 특성과 성능을 분석한다. Chapter 07에서는 무선 LAN 프로토콜인 IEEE 802.11을 중심으로 무선 LAN의 개념과 구조, 동작 등을 알아본다. Chapter 08에서는 다양한 형태의 정보를 다루는 멀티미디어 정보와 ATM 교환기술의 특성, 트래픽제어, 응용기술 등을 다룬다.

CHAPTER 04

데이터 전송기술과 전송매체

학습목표

- 데이터 전송을 위한 신호의 개념과 표현 방법을 이해한다.
- 효율적인 정보 전송을 위한 기본적인 정보이론을 이해한다.
- 데이터 전송을 위한 동기식과 비동기식 방식을 설명할 수 있다.
- 물리적인 전송링크를 구성하는 전송매체의 다양한 종류를 설명할 수 있다.

01 데이터 전송과 신호의 개념

1 신호의 개념

2008년 4월 우리나라의 첫 우주인 이소연을 태운 우주선 소유즈 호는 신호Signal 전송과 정보이론이 적용된 최첨단 시스템이다. 그러나 소유즈 호와 같이 첨단 장치를 갖추고 있는 우주선도 신호 전송 기능에 문제가 발생한다면 주어진 임무를 수행하는 데 치명적인 장애가 될 것이다.

소유즈 호가 갖춘 장치 중 가장 핵심적인 부분은 통신 시스템이다. 우주선에 필요한 정보는 신호의 형태로 변환되어 통신 시스템을 통해 우주 기지와 우주선 사이를 지속적으로 오간다. 신호 전송 기능에 문제가 생겨 필요한 정보의 교환이 불가능해지면 우주선 발사 자체가 불가능함은 물론이고 우주선 발사 후에 통신 기능에 문제가 생긴다면 지구로의 정상적인 귀환을 기대할 수 없을 정도로 심각한 상황이 된다. 이처럼 첨단 우주선에서도 신호는 필수 요소다.

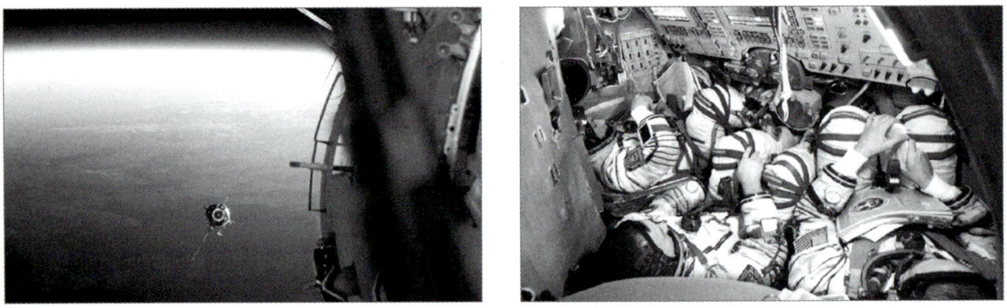

그림 4-1 첨단 통신 시스템을 갖춘 우주선 소유즈 호

그렇다면 신호란 무엇이며 어떻게 다루어야 할까? 정보를 전송하려면 신호의 형태로 바꿔야 한다. 정보 전송은 실제로 신호의 전송 과정이 되는 셈이다. 그렇다면 신호를 효율적으로 표현할 방법이 필요해진다. 일반적으로 신호는 시간에 대한 함수로 나타내는데, 신호는 전자기 신호, 광신호, 음성 신호 등의 다양한 형태를 취한다.

신호란 정보의 전송과 관련된 개념으로, 전자기 신호는 전압이나 전류에 대한 파형으로 나타낸다. 에너지 신호와 전력 신호, 랜덤 신호와 결정 신호, 주기 신호와 비주기 신호 등으로 구분한다.

신호를 쉽게 다루는 또 하나의 방법은 사인sine 함수나 코사인cosine 함수처럼 이미 특성이 잘 알려진 신호를 활용해 원래의 신호 형태를 바꾸어 나타내는 것이다. 이러한 방법의 일반적인 표현은 푸리에Fourier 정리로 요약된다.

신호를 정량적으로 다루기 위해 수학적으로 표현해보자. 코사인 파형을 갖는 전자기 신호를 시간 t의 함수인 $f(t)$로 나타내면 식 (4.1)처럼 간단하게 표현할 수 있다.

$$f(t) = Acos(wt + \theta) \tag{4.1}$$

A : 진폭 θ : 위상
w : 위상변화율 또는 각 주파수

주파수frequency f와 각 주파수 w 사이에는 언제나 $w = 2\pi f$ 관계가 성립한다. 이것은 나타내는 단위의 차이로 구분되는데 f는 [Hz]를, w는 [라디안/초] 단위를 사용한다. 주파수 f와 주기 T는 $T = \frac{1}{f}$ 관계로 표현된다. 즉 시간의 역수가 주파수(단위 시간당 신호의 사이클 수)가 된다. 주기 신호는 한 사이클cycle마다 동일한 파형이 반복된다. 이러한 관계를 이용하면 식 (4.1)을 식 (4.2)처럼 변형할 수 있다. 여기서 θ는 위상값으로 라디안radian, 혹은 도degree를 사용해 나타내는데, 1 라디안$= \frac{180}{\pi}$도임을 기억하자. 물론 $\pi \fallingdotseq 3.1415923$으로 주어지는 상숫값이다. 이 관계를 이용하면 언제든지 단위를 [라디안] 혹은 [도]로 변환해 나타낼 수 있다.

$$\begin{aligned} f(t) &= Acos(wt + \theta) \\ &= Acos(\frac{2\pi}{T}t + \theta) \\ &= Acos(2\pi ft + \theta) \end{aligned} \tag{4.2}$$

그래프를 이용해 식 (4.2)의 특성을 확인해보자. 그래프를 그리기 위해 진폭값을 2(A = 2)로 가정하고, 위상 초깃값을 0.1π(θ = 0.1)로 가정한다. MATLAB 프로그램을 이용하면 이러한 그래프를 [그림 4-2]처럼 쉽게 그릴 수 있다. 그림의 가로축은 시간에 따른 위상의 변화를 라디안으로 나타낸 값이고, 세로축은 신호의 크기를 나타낸 값이다. 결과에서 코사인 파형의 특성은 최댓값 2와 최솟값 −2 사이의 값을 2π 주기로 반복됨을 확인할 수 있다.

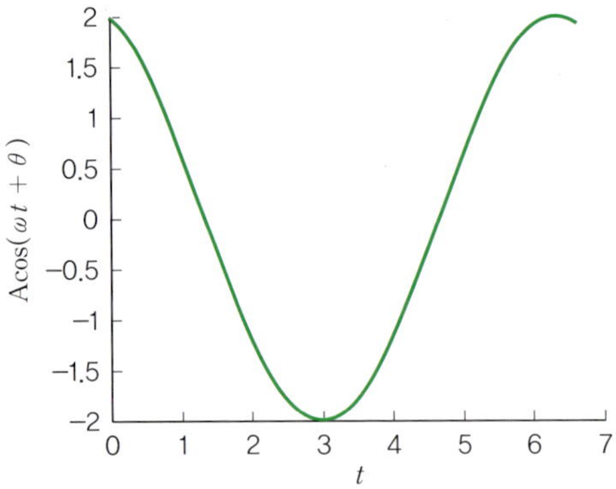


```
% cosine function
clear
x=0 : 2*pi/100:2*pi;
y=2*cos(x+pi/10);
plot(x,y)
xlabel('t')
ylabel{'Acos(wt + theta)'}
title{'cos(2*PI*ft + theta)'}
```

그림 4-2 신호함수 $f(t)=\mathrm{A}\cos(2\pi ft+\theta)$**의 그래프**$(\mathrm{A}=2,\ \theta=0.1\pi)$

신호를 분석할 때 푸리에 원리가 자주 사용된다. 이는 어떠한 신호 형태이든지 이미 특성이 잘 알려진 사인 혹은 코사인 함수들의 합으로 표현된다는 점에서 매우 중요하다. 다시 말해 푸리에 원리는 임의의 신호를 특성이 잘 알려진 사인 혹은 코사인 함수로 변환해 해석할 수 있도록 해주는 매우 중요하고 유용한 원리이다. 따라서 푸리에 원리를 이용하면 주파수에 따른 신호의 에너지나 전력분포 특성 등을 손쉽게 해석할 수 있다.

2 신호의 분류와 신호 표현

앞서 언급한 것처럼 신호는 에너지 신호Energy Signal와 전력 신호를 구분해 사용한다. 에너지 신호는 한정된 시간 구간에만 존재하는 펄스와 같은 신호를 말한다. [그림 4-3]에서처럼 신호가 무한 시간에 걸쳐 존재하더라도 제한된 시간 구간에 대부분의 에너지가 집중되어 있는 경우 에너지 신호로 구분된다. 곧 전기 신호가 이런 형태로 주어지면 에너지 신호가 된다.

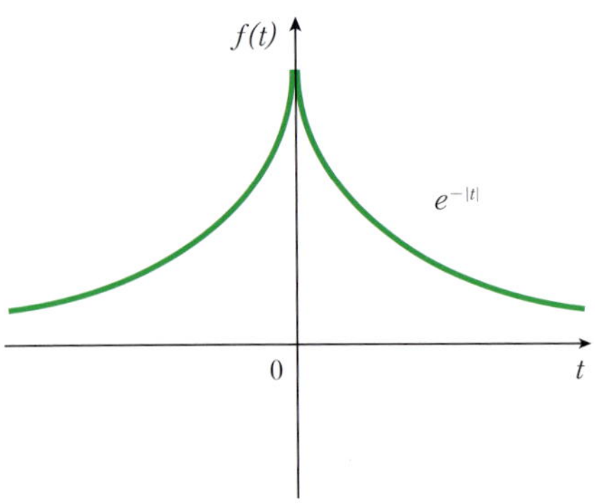

그림 4-3 에너지 신호의 예

전자기Electromagnetic 시스템에서 신호는 전압이나 전류로 주어지므로 시간의 일정 구간에서의 적분값은 곧 에너지가 된다. 식 (4.3)와 같이 계산된 적분값이 유한한 값을 갖는 경우 에너지 신호로 정의된다.

$$E=\int_{-\infty}^{\infty} |f(t)|^2 < \infty \tag{4.3}$$

여기서 잠깐 **푸리에 급수와 푸리에 변환, 신호해석의 관계**

푸리에 급수Fourier series와 푸리에 변환Fourier transform, 그리고 신호해석의 관계를 정리해보자. 19세기 초 프랑스의 수학자 푸리에Jean-Baptiste Fourier는 임의의 특성을 갖는 신호함수는 이미 그 특성이 잘 알려진 사인과 코사인 함수의 합으로 나타낼 수 있다는 것을 증명했다. 함수 $f(t)$에 대해 푸리에 급수는 다음 수식으로 표현된다.

$$f(t)=a_0+\sum_{n=1}^{\infty} a_n \cos nw_0 t+\sum_{n=1}^{\infty} b_n \sin nw_0 t$$

$$a_0=\frac{1}{T}\int_{-\frac{T}{2}}^{\frac{T}{2}} f(t)dt$$

$$a_n=\frac{2}{T}\int_{-\frac{T}{2}}^{\frac{T}{2}} f(t)\cos nw_0 t\, dt$$

$$b_n=\frac{2}{T}\int_{-\frac{T}{2}}^{\frac{T}{2}} f(t)\sin nw_0 t\, dt$$

정보는 신호로 변환되어 전송된다. 따라서 정보의 전송은 신호의 표현과 직결된다. 푸리에 급수는 임의의 특성을 갖는 신호함수를 다루는 방법을 제공한다는 점에서 중요한 의미가 있다. 즉 이미 그 특성이 잘 알려진 사인과 코사인 함수에 대한 표현으로 바꾸어 표현함으로써 임의의 신호를 쉽게 다룰 수 있다.

한 가지 유의할 점은 위 식으로 주어지는 푸리에 급수 표현은 신호함수가 제한된 시간 영역 즉 $t_1<t<t_2$에서 정의될 때만 사용된다는 점이다. 그러나 이 결과는 신호함수에 주기성이 있다면 시간 영역에서의 제한조건이 없어도 동일한 푸리에 급수 표현이 확장되어 적용된다.

그렇다면 한 가지 의문점이 생긴다. 주기성이 없는 일반 함수가 시간 영역의 제한도 없다면 어떻게 다룰 수 있을까? 이러한 경우를 해석하기 위해 더 일반적인 경우로 확장한 개념이 푸리에 변환이다. 그래서 다음과 같은 푸리에 변환을 사용하면 일반적인 함수도 다룰 수 있다.

$$f(w)=\int_{-\infty}^{\infty} f(t)e^{-jwt}dt$$

전력 신호power signal는 에너지 신호와 어떻게 다를까? 식 (4.3)으로 구해지는 값이 비록 유한한 값이 아니라 하더라도, 평균전력이 유한한 값을 갖는 경우가 있다. 이런 경우에는 전력 신

호로 구분해 다룬다. 어느 신호의 평균전력(P_{ave})은 식 (4.4)로 정의된다. 순시전력의 적분값을 취해서 시간 간격으로 나누면 평균전력이 된다. 즉 $t_1<t<t_2$에서 정의되는 신호에 대한 평균전력은 다음과 같다.

$$P_{ave}=\frac{1}{t_2-t_1}\int_{t_1}^{t_2}|f(t)|^2 \tag{4.4}$$

전력 신호는 평균전력을 식 (4.5)와 같이 시간 간격을 $\frac{T}{2}<t<-\frac{T}{2}$로 정하고 T를 충분히 큰 값을 갖도록 변형한 후, 이 값이 유한한 값을 갖도록 정의된 신호다.

$$0<\lim_{T\to\infty}\frac{1}{T}\int_{-\frac{1}{T}}^{\frac{1}{T}}|f(t)|^2<\infty \tag{4.5}$$

다시 말해 전력 신호는 평균전력의 값이 유한한 값으로 존재하는 신호를 의미한다. 평균전력은 신호의 중요한 특성이다. 예를 들어 안테나의 평균전력은 신호가 전송되는 거리에 영향을 준다. 그러므로 어떤 신호가 전력 신호가 된다는 것은 신호의 표현과 해석이 가능해진다는 의미이며, 전력 신호를 사용함으로써 정보 신호의 범위가 보다 확대된다.

신호의 형태 중 사인sine 신호는, 일정한 주기를 갖고 동일한 신호 형태Waveform가 반복되는 신호의 대표적인 예이다. 이러한 신호를 주기 신호라 한다. 이처럼 신호는 주기 신호Periodic signal와 비주기 신호Aperiodic signal로 구분된다. 주기 신호는 일정 시간 후에 정확히 그 신호가 반복되므로, 식 (4.6)과 같이 표현된다.

$$f(t+T)=f(t)\ (\text{모든 } t\text{에 대하여}) \tag{4.6}$$

이러한 주기성을 갖게 되면 동일한 파형이 반복되어 한 주기의 신호 특성만으로 신호 전체에 대한 특성을 알 수 있다.

신호는 랜덤 신호Random Signal와 결정 신호Deterministic Signal로 구분하기도 한다. 랜덤 신호는 과거의 신호를 관측했다 하더라도 예측할 수 없는 신호를 말한다. 예를 들어 방송 신호가 전송 중에 대기 중의 장애에 의해서 혹은 라디오 수신기의 내부 회로에 의해서 잡음이 발생한 경우, 이는 예측할 수 없는 신호이므로 랜덤 신호로 구분된다. 현재 랜덤 신호에 대한 다양한 해석 기법이 개발되어 사용되고 있다. 반면 결정 신호는 불확실성을 포함하지 않는 신호를 말한다.

확인문제 4-1

$f(t)=\cos 2t$로 표현되는 신호는 에너지 신호인가, 혹은 전력 신호인가? 에너지 신호이면 에너지 값을, 전력 신호이면 평균전력값을 구하시오.

풀이 식 (4.5)에 신호함수를 대입해 적분값을 계산하면 결괏값이 유한한 값이 아니므로 이 신호는 에너지 신호가 아닌 전력 신호이다. 이제 전력값을 구해보자.

$w_0=2$이므로 $T=\frac{2\pi}{w_0}=\frac{2\pi}{2}=\pi$가 되고, $\cos^2\theta=\frac{1}{2}(1+\cos 2\theta)$ 이므로

평균전력값은 다음과 같다.

$$P=\frac{1}{T}\int_{-\frac{T}{2}}^{\frac{T}{2}}|f(t)|^2=\frac{1}{T}\int_{-\frac{\pi}{2}}^{\frac{\pi}{2}}\cos^2 2t=\frac{1}{\pi}\int_{-\frac{\pi}{2}}^{\frac{\pi}{2}}\frac{1}{2}(1+\cos 2t)=1[\mathrm{W}]$$

확인문제 4-2

어떤 정보 신호가 $0<t<1$ 구간에서 1의 값을 갖고, $1<t<2$ 구간에서 -1의 값을 갖는다고 가정할 때, 이 신호를 삼각함수를 이용한 푸리에 급수로 변환하여 표현하시오.

풀이 먼저 주기 $t_1=0$, $t_2=0$이므로 w_0 값을 구한다.

$$w_0=\frac{2\pi}{2}=\pi$$

다음으로 각 계수를 구한다.

$$a_0=\frac{1}{t_2-t_1}\int_{t_1}^{t_2}f(t)dt=\frac{1}{2}\int_0^2 f(t)dt=0$$

$$a_n=\frac{1}{t_2-t_1}\int_{t_1}^{t_2}f(t)\cos nw_0tdt=\frac{2}{2}\int_0^2 f(t)\cos n\pi t\,dt$$
$$=\int_0^1(1)\cos n\pi tdt+\int_1^2(-1)\cos n\pi tdt=0$$

$$b_n=\frac{2}{t_2-t_1}\int_{t_1}^{t_2}f(t)\sin nw_0tdt=\frac{2}{2}\int_0^2 f(t)\sin n\pi t\,dt$$
$$=\int_0^1(1)\sin n\pi tdt+\int_1^2(-1)\sin n\pi t\,dt=\frac{4}{n\pi}$$

결과로부터 삼각함수를 이용한 푸리에 급수를 구한다.

$$f(t)=a_0+\sum_{n=1}^{\infty}a_n\cos nw_0t-\sum_{n=1}^{\infty}b_n\sin nw_0t$$
$$=\frac{4}{\pi}\sum_{n=1}^{\infty}\frac{1}{n}\sin n\pi t$$

확인문제 4-3

$f(t)=\sin^2 t$로 표현되는 신호는 주기 신호인가? 만약 주기 신호라면 신호의 주기를 구하시오.

풀이 삼각함수의 표현에 따르면 $\sin^2\theta=\frac{1}{2}(1-\cos 2\theta)$ 이므로,

$4\sin^2 t=\frac{4}{2}(1-\cos 2t)=2-2\cos 2t$ 가 되어, 주어진 신호는 주기 신호임을 알 수 있다.

이제 주기를 구해보면, 위 식에서 이므로 신호의 주기는 다음과 같다.

$$T=\frac{2\pi}{w_0}=\frac{2\pi}{2}=\pi\cong 3.14[\text{초}]$$

확인문제 4-4

신호함수 $f(t)=t^2(0<t<2)$를 삼각함수를 이용한 푸리에 급수로 나타내고 그 의미를 설명하시오.

풀이 먼저 w_0와 주기 T를 구한다.

$$w_0=\frac{1}{t_2-t_1}=\frac{2\pi}{2}=\pi,\ T=t_2-t_1=2 \tag{4.7}$$

다음으로 각 계수를 구한다.

$$a_0=\frac{1}{T}\int_{-\frac{T}{2}}^{\frac{T}{2}} f(t)dt=\frac{1}{2}\int_0^2 t^2 dt=\frac{4}{3}$$

$$a_n=\frac{2}{2}\int_0^2 t^2\cos n\pi t\ dt=\frac{4}{(n\pi)^2} \tag{4.8}$$

$$b_n=\frac{2}{2}\int_0^2 t^2\sin n\pi t\ dt=-\frac{4}{n\pi}$$

결과로부터 삼각함수를 이용한 푸리에 급수를 구한다.

$$f(t)=\frac{4}{3}+\frac{4}{\pi^2}\sum_{n=1}^{\infty}\frac{1}{n^2}\cos n\pi t-\frac{4}{\pi}\sum_{n=1}^{\infty}\frac{1}{n}\sin n\pi t \tag{4.9}$$

신호함수 $f(t)=t^2$이 식 (4.9)처럼 사인과 코사인 함수의 합으로 표현되었다. 각 주파수 성분은 n 값에 따라 결정된다. $nw_0=n\pi$이므로, 기본 주기는 $T=\frac{2\pi}{w_0}=2[\text{초}]$가 된다. 따라서 주기가 2초인 성분에서부터, 2초의 n배를 주기로 갖는 성분들의 합으로 구성됨을 알 수 있다.

각 성분의 계수를 살펴보면 $\frac{1}{n}$ 또는 $\frac{1}{n^2}$이므로 높은 주파수 성분의 크기가 매우 작아짐을 알 수 있다. 곧 주파수 특성이 낮은 주파수의 성분 쪽으로 집중되어 있으므로, 필요에 따라 저역통과 필터를 이용해 대부분의 신호 성분을 추출하는 것이 가능함을 알 수 있다.

02 신호 전송과 정보이론

정보를 한 지점에서 다른 지점으로 전송하기 위해 신호의 형태로 변환한다는 것을 앞 절에서 설명했다. 이제 정보와 신호 전송의 관계를 구체적으로 살펴보자. 효율적인 정보 전송이 이루어지려면 체계적인 이론이 필요하다. 먼저 기본적인 정보이론을 다루고, 실제적인 신호 전송과 전송 방식은 다음 절에서 다룬다.

1 정보이론과 채널용량의 법칙

정보이론information theory은 효율적인 데이터 저장 혹은 전송과 관련된 기본적인 수학적 이론으로, 나이퀴스트Nyquist와 하틀리Hartley에 의해서 기본이론이 정립되었다. 정보이론은 데이터를 저장매체에 가능한 한 많이 저장하거나, 혹은 전송 채널을 통한 데이터통신을 위한 데이터의 정량화를 비중 있게 다룬다.

정보원과 통신 채널에 관한 현대적 정보이론의 통계적 모델은 섀넌Shannon에 의해 기초가 확립되었다. 섀넌의 연구결과는 오늘날 데이터통신 기술을 비약적으로 발전시키는 토대가 되었다. 정보이론은 정보의 수량화, 정보를 전송할 수 있는 통신 채널의 용량, 전송효율의 향상과 에러의 감소를 위한 부호화 기술 등의 기본이론을 포함한다.

1920년대 말, 하틀리는 부호에 의한 정보 전송에 대해 정량적 관계를 인식하고, 정보 전송에 필요한 대역폭은 그 정보의 전송속도에 비례하는 것을 알아냈다. 이를 하틀리의 법칙이라 한다. 하틀리의 법칙에 따르면 잡음이 없는 시스템에서 채널용량은 신호의 대역폭과 부호 레벨의 수에 따라 구해진다. 만일 사용하는 신호가 5V나 −5V와 같은 두 개의 레벨만 갖는다면 부호 레벨의 수는 2가 된다. 즉 두 개의 상태에 의해 신호가 구분되는 경우가 된다. C가 채널용량[bit/s]을, B가 채널 대역폭[Hz]을, N은 부호 레벨의 수를 나타낸다고 가정할 때, 이들은 서로 어떤 관련이 있을까? 그 결과를 하틀리의 법칙에 따라서 수식으로 표현해보자.

$$C = 2B\log_2 N \qquad (4.10)$$

식 (4.10)은 대역폭이 증가하거나 다루는 부호 계열의 레벨 수가 커지면 채널용량이 커진다는 것을 보여준다. 채널용량이 커진다는 것은 어떤 채널을 경유해 전송할 수 있는 정보의 전송속도가 점점 증가한다는 것과 같은 의미이다. 그러므로 정보를 전송하는 통신 시스템을 설계하고자 한다면 채널용량에 대한 분석이 필수적이며, 식 (4.10)은 이에 대한 근거를 제공한다.

이런 관점에서 일정 시간 내에 전송할 수 있는 정보량을 H라고 하면 식 (4.11)으로 표현된다.

$$H=2Bt\log_2 N \tag{4.11}$$

물론 H는 임의의 시간 내에 전송할 수 있는 전체 정보량으로, 단위는 [비트 수]가 되고, t는 시간[초]을 나타낸다. 그러나 잡음이 있는 채널에는 지금까지의 결과 수식을 적용할 수 없다. 잡음Noise이란 원하지 않는 신호를 말한다. 다시 말하면 신호에는 정보를 포함하는 원하는 정보 신호와 정보 신호를 제외한 원하지 않는 신호로 구분되는데, 이처럼 원하지 않는 신호를 잡음이라 한다. 잡음은 보통 정보 신호와 간섭Interference을 일으켜 정보 전송에 장애 요인이 된다.

1948년 섀넌은 잡음이 있는 일반 채널에도 적용할 수 있도록 신호 대 잡음비를 사용해 채널용량과 관련된 수식을 보완했다. 즉 잡음이 있는 통신 채널에서 채널의 용량 C는 식 (4.12)로 수정된다. C는 최대 데이터 전송률Maximum data rate과 같은 개념으로, 단위는 [bps]bits per second이다.

$$C=B\log_2\left(1+\frac{S}{N}\right) \tag{4.12}$$

B는 주파수 범위를 나타내는 변수, 즉 대역폭Bandwidth이다. S/N은 신호 대 잡음비Signal-to-Noise Ratio로, 이는 신호의 전력과 잡음의 전력의 비Ratio에 해당하는 값이며, 단위는 일반적으로 [dB]decibel을 사용한다. [dB]은 주어진 값에 상용로그를 취하고 여기에 10배를 한 값으로, 소리와 같은 신호의 특성을 나타내는 데 주로 사용하는 단위이다.

2 데이터 전송 시 고려사항

데이터는 디지털 신호로 바꾸어 전송하므로 신호의 전송률과 거리는 제한요소에 의해 제한을 받는다. 이러한 제한요소에는 감쇄, 왜곡, 분산, 잡음이 있다.

■ 감쇄

감쇄Attenuation란 전자파의 에너지 손실을 의미하는데, 그 이유는 전송 도중 흡수되거나 열에 의해 변화되기 때문이다. 진공이나 공기 중에서 전달되는 전자기파는 원추나 구형으로 퍼져나가게 되는데, 전자기파는 물리적인 객체에 의해 반사Reflection되거나, 굴절Refraction, 또는 흡수Absorption된다. 감쇄 현상이 일어나면 수신지에서 정보를 검출하기 곤란해져 전파 거리Propagation distance를 감소시키는 결과가 초래된다. 최대 이용할 수 있는 거리는 전파가 전력을 감소하는 비율과 수신지가 전자기파를 감지할 수 있는 전력의 양에 의존하게 된다.

■ 왜곡

왜곡Distortion은 여러 개의 주파수로 구성된 신호의 경우, 링크상에서 상이한 주파수로 인해 서로 다르게 감쇄되고 지연되어 수신 신호가 전송 신호와 다르게 되는 현상이다. 서로 다른 주파수에서 서로 다른 왜곡을 보상하는 장치를 등화기Equalizer라고 하는데, 이 장치는 다양한 주파수를 증폭하는 기능을 수행한다.

■ 잡음

잡음Noise이란 도전체에서 전자의 열 운동Thermal agitation으로 인해 광원이 만드는 광자수의 불확실함 때문에 발생하는 현상이다. 만일 잡음이 없다면 고속으로 비트 정보를 전송할 수 있어서 적어도 회로가 만들어낼 수 있는 비트의 수만큼 전송이 가능해진다.

1km 전화선의 한쪽에서 V 크기의 전압을 가하는 경우를 생각해보자. 이 경우 잡음이 함께 섞여 수신될 수 있다. 수신지에서는 1ms 후에 $X*V$가 수신된다고 가정하면, 여기서 X는 왜곡된 값, 즉 잡음을 의미한다. 만일 잡음을 무시한다면 $V=1$로 놓아 X 값을 계산할 수 있다. 이제 X 값이 구해졌으므로 수신지에서 전압값을 $\frac{V}{X}=V$로 구할 수 있게 되고, V 값에 대해 이진수 확장을 함으로써 전송된 비트를 복구할 수 있다.

$$V=b_1 2^{-1}+b_2 2^{-2}+b_3 2^{-3}+\cdots+b_n 2^{-n}, \quad b_1 b_2 \cdots b_n$$

그러나 잡음이 있다면 V 값을 계산할 수 없으므로 복구할 수 있는 이진 확장의 비트 수가 제한될 수밖에 없다. 잡음의 크기가 커지면 주어진 시간 내에 전송할 수 있는 비트 수는 더욱 줄어든다. 결국 채널이 잡음에 더 많이 노출되어 있을수록 전송률은 감소하는 것이다.

여기서 잠깐 **정보이론의 아버지, 클로드 엘우드 섀넌**

1916년 미국 미시건 주 페토스키에서 태어난 클로드 섀넌Claude Elwood Shannon은 1930년대 후반 디지털 컴퓨터와 디지털 회로 설계이론의 기초를 다지는 데 절대적인 공헌을 해 정보이론의 아버지로 불린다. 특히 1948년에 발표한 논문은 정보이론의 새로운 이정표를 제시했다. 대표적인 연구업적으로 섀넌-파노 코딩Shannon Fano coding 이론, 섀넌 하틀리Shannon Hartley 법칙, 나이퀴스트 섀넌 샘플링 이론Nyquist Shannon sampling theorem, 잡음 있는 채널의 코딩 이론, 섀넌 스위칭 게임, 섀넌 수와 색인, 섀넌 소스코딩 이론 등이 있다.

오늘날과 같은 첨단 IT 기술의 발전에 섀넌의 많은 연구결과가 초석이 되었다. 그는 뛰어난 연구업적을 인정받아 1940년에는 알프레드 노벨상(노벨상Nobel Prize과는 구분됨)Alfred Noble Prize을, 1966년에 IEEE 명예 훈장Medal of Honor을, 1985년에 교토상Kyoto Prize을 수상했다.

확인문제 4-5

S/N=100이라고 할 때, 이는 무엇을 의미하는지 설명하시오. 또한 이 값을 [dB] 단위로 변환해 나타내시오.

풀이 S/N=100은 신호전력 S가 잡음전력 N보다 100배 크다는 의미이고, 이 값을 [dB] 단위로 환산하면 식 (4.13)처럼 20dB이 된다.

$$10\log_{10}\left(\frac{S}{N}\right)=10\log_{10}(100)=20[\text{dB}] \tag{4.13}$$

즉 20dB은 잡음전력보다 100배 크다는 것을 뜻한다.

일반적으로 $S/N=A$[dB]이면 $\frac{S}{N}=10^{\frac{A}{10}}$으로 나타낼 수 있다. 이 S/N 값을 식 (4.13)에 대입해 보면 그 결과가 일치함을 확인할 수 있다.

$$10\log_{10}\left(\frac{S}{N}\right)=10\log_{10}\left(10^{\frac{A}{10}}\right)=10\times\left(\frac{A}{10}\right)=A[\text{dB}] \tag{4.14}$$

확인문제 4-6

300~3400Hz 범위에서 동작하는 전화선이 있다. 이 전화선의 S/N 값이 35dB일 때 채널용량은 얼마인가?

풀이 전화선이 300~3400Hz까지의 범위에서 동작하므로 B = 3100[Hz]이고, S/N 값이 35dB로 주어졌으므로, 식 (4.15)을 이용해 계산하면 된다.

$$C=(3400-300)\times\log_2(1+10^{\frac{35}{10}})=3100\times\log_2(1+3162)=36044[\text{bps}] \tag{4.15}$$

결과로부터 링크가 수용할 수 있는 최대용량은 약 36Kbps임을 알 수 있다. 또한 위 수식은 전송 채널의 대역폭으로 넓은 주파수 범위를 사용할수록 링크의 용량을 더욱 크게 할 수 있다는 것을 뜻한다. 일반적인 전화시스템에서 링크(전화선)의 최대 전송률은 길이가 5.5km일 때 1.5Mbps 정도가 되며, 300m일 때 52Mbps까지 가능한 것으로 알려져 있다.

03 데이터 전송과 전송 모드

데이터통신 시스템에서는 정보를 0과 1만을 사용하는 비트binary digit, bit 정보로 나타내고, 각 비트 정보는 전기 신호 또는 광신호로 변환해 전송한다. 즉 전송할 데이터를 심볼화된 비트 정보(이를 코드로 표현한다)로 바꾼 다음, 이를 다시 전기적 신호로 변환해 전송한다.

전송장치와 수신장치는 물리적인 전송링크로 연결되어 있다. 비트 정보로 표현된 디지털 정보digital data는 정해진 전송규칙에 따라 전송매체를 통해서 전송된다.

비트 정보는 어떻게 전기 신호로 변환될까? 이해를 돕기 위해 간단한 예를 들어보자. [그림 4-4]처럼 이진수 정보 '0'은 음의 전압값을 갖는 신호로 바꾸고, 이진수 정보 '1'은 양의 전압값을 갖는 신호로 변환한다. 이를 부호화Encoding 과정이라고 한다. 비트 정보는 이처럼 전기 에너지를 갖는 신호 형태로 변환되어 전송된다.

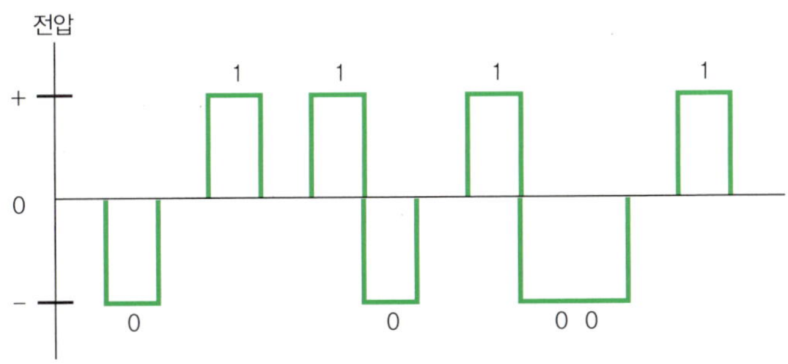

그림 4-4 비트 정보의 신호변환

대표적인 부호화 방식 몇 가지를 살펴보자.

1 부호화 방식

비트 정보를 전기적 신호로 변환하는 부호화 방식 중 대표적인 몇 가지를 소개한다. 각 방식의 파형 변화는 [그림 4-5]와 같다.

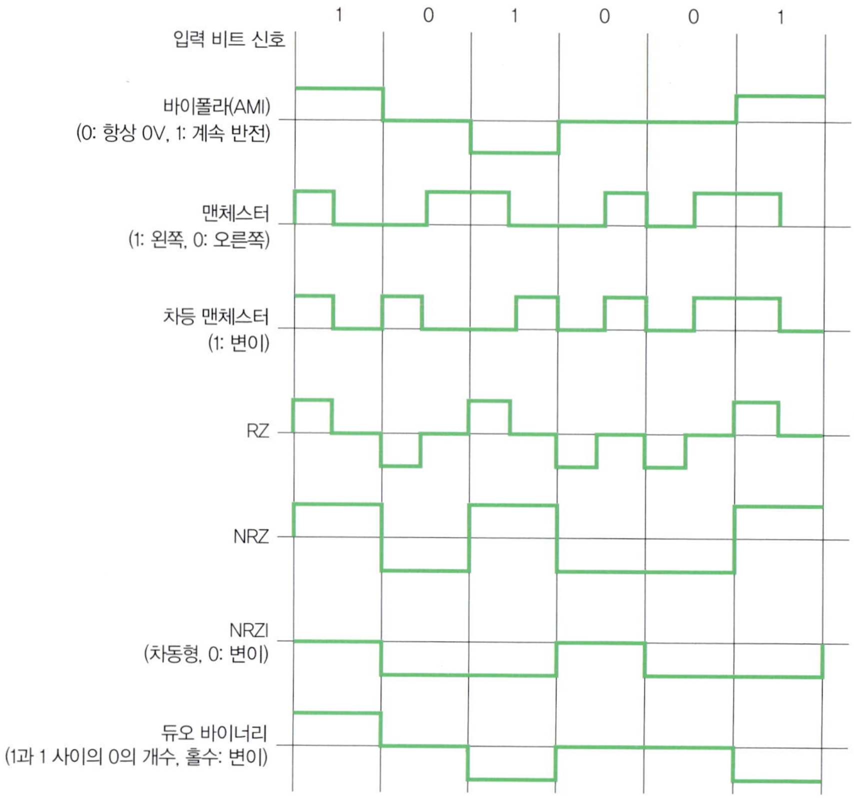

그림 4-5 여러 가지 부호화 방식

■ RZ: 복류

RZReturn to Zero는 가장 단순한 부호화 방식으로 어떤 신호에 대해서도 0V의 전압상태로 복귀한다. 이 방식은 복류가 된다. 복류란 비트 정보 1을 $+V$로, 비트 정보 0을 $-V$로 표시함으로써, 전위의 상태가 $+V$, $-V$, 0과 같이 세 개 이상인 부호화 방식을 말한다. 반면 단류는 비트 정보 1을 $+V$로, 비트 정보 0을 0 전위로 표시해 전위의 상태가 두 레벨인 상태다.

■ NRZ: 복류

NRZNon Return to Zero는 0V의 전압상태로 복귀하지 않으며 하나의 디지털 비트 구간 내에서 전압이 일정한 방식이다. RZ에 비해 파형의 변화가 심하지 않으므로 대역폭이 좁고, 동일한 신호가 계속 반복될 때 오류가 발생할 수 있다는 단점이 있다.

■ NRZI: 단류

NRZINon Return to Zero Inverted는 차등부호화 방식으로 변환하는 방식이다. 차등부호화 Differential Coding란 임의의 신호가 앞단의 신호에 의해 결정되는 코딩 방식이다. 즉, 비트 정보 1은 앞단의 부호를 유지하고, 비트 정보 0에서는 앞단의 부호와 반대 상태(180°)로 변화하는 방식이다. NRZI는 신호에 대한 파형 변화를 적게 할 수 있는 장점이 있는 반면 비트 정보 1이 연속되면 오류가 발생할 가능성이 있다는 단점이 있다. 단점에 대한 해결책은 비트 정보 1이 5개 연속 발생하면 임의의 0을 삽입(비트 스터핑)해 연속된 비트의 발생을 방지하도록 하는 것이다.

■ 맨체스터 코딩

맨체스터 코딩Manchester Coding은 임의의 비트 구간의 절반에만 펄스Pulse가 존재하는 방식으로, 비트 정보 1은 왼쪽 1/2 구간에 펄스가 존재하고, 비트 정보 0은 오른쪽 1/2 구간에 펄스가 존재한다. 맨체스터 코딩은 신호의 발생이 용이해 널리 사용된다.

■ 차등 맨체스터 코딩

차등 맨체스터 코딩Differential Manchester Coding은 비트 정보 1은 앞단의 신호가 존재하는 위치를 반대로 변화시키고, 비트 정보 0은 앞단의 상태를 그대로 유지하는 방식이다. 이 방식은 맨체스터 코딩과 달리 극성이 아닌 천이Transition 여부가 중요하다. 그 결과 전송에 필요한 전력을 줄일 수 있고, 전송라인에서 발생하는 잡음의 영향을 최소화할 수 있는 장점이 있다. 특히 IEEE 802.5 토큰링 방식을 사용하는 LAN에 활용된다.

■ 바이폴라 또는 AMI: 복류

바이폴라 또는 AMIAlternating Mark Inversion는 주로 DSUData Service Unit 장비에 사용되는 코딩 방식이다. 이 방식은 비트 정보 0은 0의 전위를 가지고, 비트 정보 1은 앞단 신호의 반전된 전위를 가지도록 부호화한다.

■ 듀오 바이너리: 복류

듀오 바이너리Duobinary는 두 개의 비트 정보 1 사이에 있는 비트 정보 0의 개수가 홀수인지 짝수인지에 따라 파형을 구성하는 부호화 방식이다. 임의의 비트 정보 1이 발생하면 앞에서 발생한 신호 중 1의 위치를 확인하여, 그 안에 비트 정보 0이 짝수 개 존재하면 앞단의 1 신호와 동일한 상태를 유지한다. 그러나 만일 비트 정보 0이 홀수 개라면 앞단의 1 신호와 반대 상태를 유지하도록 한다. 그 결과 이 방식은 스펙트럼 폭이 좁아서 광섬유를 사용하는 초고속 대용량 데이터 전송에 활용할 수 있다.

2 데이터 전송 방식

데이터 전송 방식은 데이터를 전송하는 방법에 따라 다양하게 구분된다. 먼저 비트 정보, 즉 디지털 정보를 하나의 장치에서 다른 장치로 보내는 전송 방식Transmission method에 따라 직렬전송Serial transmission과 병렬전송Parallel transmission으로 구분된다. 직렬전송은 한 번에 하나의 비트씩 전송하는 방식이다. 전송에 따른 기준 시간은 클록 펄스를 이용한다. 각 클록 펄스마다 하나의 비트 정보를 보내는 방식이 직렬전송인 셈이다. 반면, 병렬전송에서는 각 클록마다 여러 비트 정보를 동시에 전송하도록 한다. 이처럼 전송 방식에 따라 데이터 전송은 직렬, 혹은 병렬로 이루어지는 것이다.

데이터 전송을 구분하는 또 다른 방법이 있다. 데이터 전송 시 전송장치와 수신장치 사이에 동기화가 어떻게 이루어지는가, 즉 전송 모드Mode에 따른 구분이다. 전송 모드에 따라 데이터 전송을 구분하면 비동기식 전송 방식과 동기식 전송 방식으로 구분된다. 동기화Synchronization란 전송장치와 수신장치 사이의 전송률, 전송시간, 간격 등 비트 타이밍 정보를 일치시키는 과정을 말한다. 타이밍이 일치하지 않으면 정확한 정보 전송을 기대할 수 없다. 따라서 데이터 전송에서는 동기화 과정이 요구되는 것이다.

2.1 동기식 전송 방식

동기식 전송 방식은 데이터를 전송하고자 할 때 전송지와 수신지 사이에 클록을 일치시켜 동기화를 수행해 전송하는 방식이다. 이때 비트 정보는 정해진 규칙에 따라 그룹화하여 처리한다. 이렇게 만들어진 데이터 단위를 데이터 프레임Data Frame이라 한다. 그룹화된 정보, 즉 프레임을 단위로 하여 전송한다. 일반적으로 프레임의 첫 부분은 동기화를 위한 SYN 문자코드를 포함하도록 되어 있다. SYN 문자코드는 고유한 비트 패턴을 갖는다. 데이터 프레임은 다양한 형태로 구성할 수 있다. 전형적인 예는 [그림 4-6]과 같다.

SYN	에러체크	데이터	제어비트	SYN	SYN

그림 4-6 데이터 프레임

동기식 방식을 사용하는 시스템의 대표적인 예로, 미국 AT&T 벨 연구소Bell Laboratory에서 연구 개발한 동기식 광통신 시스템인 메트로버스Metrobus 시스템이 있다. 1982년에 제안되어 1987년에 상용시험이 이루어졌다. 뒤이어 벨 통신연구소Bellcore에서 제안하고 북미표준으로 채택된 광통신 시스템의 대표적인 접속 표준인 SONETSynchronous Optical NETwork가 있다. 이들은 전송매체로서 광섬유Optical fiber 사용에 따라 표준 시스템이 필요해지면서 개발된 것이다. 이들을 기반으로 유럽식 방식을 포함해 국제적 통신 표준으로 개발된 것이 SDHSynchronous Digital Hierarchy이다.

동기식 전송 방식은 전송 데이터의 분량이 상당히 큰 경우에 비동기식 전송 방식보다 효율적이다. 이유는 비동기식인 경우 오버헤드(사용자 정보가 아닌 전송제어를 위한 데이터)가 각 문자정보마다 요구되나, 동기식 전송에서는 오버헤드를 줄일 수 있기 때문이다. 동기식 전송 방식의 단점은 비트 정보를 그룹화해 전체 그룹화된 정보를 한꺼번에 보내기 때문에 다양한 요구를 충족시키기 위한 유연한 인터페이스를 제공하기 어렵게 된다는 것이다.

이런 개념을 명확하게 이해하려면 구체적인 데이터 프레임의 구성과 동작을 알아야 한다. 동기식 전송에서 다양한 전송률을 제공하려면 데이터통신 시스템에서 사용하는 스위칭 구조가 매우 복잡해질 수밖에 없다.

동기식 전송 방식이란 데이터 전송 시 전송지와 수신지 사이에 클록을 동기화해 보다 효율적으로 전송하는 방식이지만, 유연한 인터페이스의 제공이 어렵고 스위칭 구조가 복잡해진다.

2.2 비동기식 전송 방식

비동기식 전송 방식에서는 일반적으로 8비트로 구성된 문자코드Character Code를 기반으로 정보를 표현한다. 예를 들어 각 문자는 ASCII 코드를 사용해 표현된다. 전송을 위해서는 하나의 문자정보에 시작비트와 종료비트를 포함시킨다. 물론 시작비트와 종료비트는 동기화를 위한 정보이다. 즉 전송장치에서 한 번에 하나씩 문자정보와 동기화 비트를 함께 전송하고, 수신지에서는 각 문자마다 동기화가 이루어지도록 한다.

그런데 왜 이러한 방식을 비동기식 전송 방식이라고 하는 것일까? 그 이유는 비동기 전송 방식에서는 각 문자정보마다 동기화 비트를 포함하고 있어서 동기식 전송 방식에서처럼 전송지과 수신지 사이에 클록을 일치시키는 과정이 중요하지 않기 때문이다. 즉 클록 신호의 타이밍 정보가 중요한 것이 아니라 표현되는 정보의 패턴에 따라 동기화가 수행되기 때문이다. 따라서 비동기식 전송 방식은 문자 위주의 전송 방식에서 주로 사용한다. [그림 4-7]은 비동기식 전송 방식에서 사용하는 데이터 형식의 예이다. *x*의 값을 가진 시작비트로부터 시작되어 문자 정보가 이어지고 마지막으로 종료비트인 *y*가 전송된다.

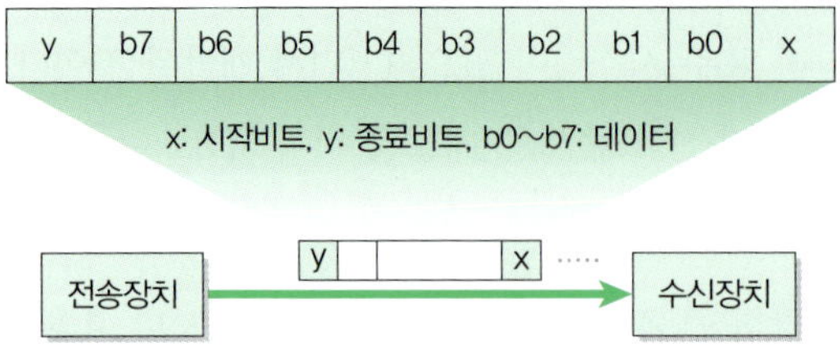

그림 4-7 데이터 형식(비동기식 전송 방식)

비동기식 전송 방식을 사용하는 하나의 예로 RS-232Recommended Standard 232 방식이 있다. 이는 직렬라인 인터페이스Serial line interface로, 약 15m 이내에서 38,400bps의 전송률을 갖는다. RS-232의 단자 규격에는 9핀과 25핀 두 종류가 있다. 이는 물리적 연결의 세부적인 지시 사항을 나타내는 표준으로서 모뎀, 키보드, 터미널 등의 각 장치에 의해 사용되는 표준규격이다. 25핀의 단자 규격은 단말 쪽보다는 모뎀 쪽의 연결 규격으로 규정되어 있어서 일반 PC에서는 모뎀 등에 부착되어 있는 것이 일반적이다. IBM 사가 개발한 9핀 단자 규격에 새로운 규격을 추가하여 만든 것이 ANSI/TIA/EIA-574-90 규격이다.

RS-232 규격은 잡음에 큰 영향을 받지 않고 비교적 원거리(대략 10m 정도까지는 정상적인 데이터통신 가능)에서 신호를 전달하는 단순한 연결로 사용하기에는 아직 유용하다. 하지만 현재 이는 구방식의 인터페이스로 분류된다. 최근 주변기기의 접속에는 범용직렬버스(USB), IEEE1394를, 통신을 위해서는 이더넷Ethernet을 사용하는 등 그 역할이 대체되고 있다.

비동기식 전송 방식은 문자 위주의 전송 방식에서 주로 사용하며, 전송장치에서 한 번에 하나씩 문자코드를 전송하고 수신지에서는 각 문자의 시작점에서 동기화를 수행하는 방식이다.

[그림 4-8]은 RS-232의 구조와 이를 이용해 데이터를 전송하는 과정을 나타낸 것이다. 그림에서 접지선은 직접적으로 다른 장치의 접지선에 연결되어 있고, 또 다른 두 라인은 서로 전송과 수신이 역으로 연결되어 있다. 실제로 25핀 커넥터에서 모뎀은 핀 번호 2번으로 연결하여 전송하고, 수신은 3번 핀을 사용하며 접지선은 7번이다. [표 4-1]은 핀에 대한 상호접속회로의 사용 조건을 보여준다.

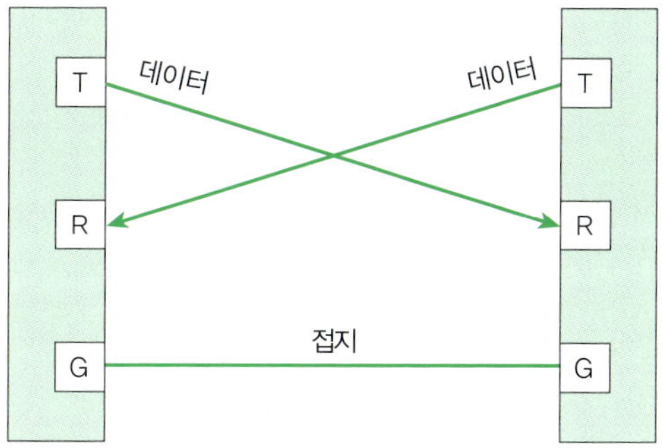

(a) 비동기식 데이터 전송

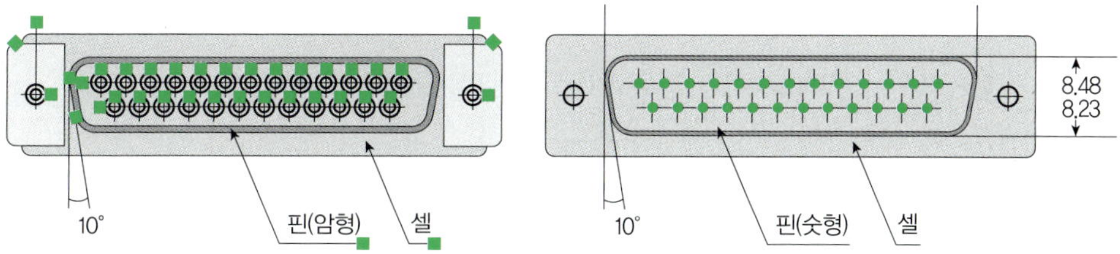

(b) RS-232C 핀 배열

그림 4-8 비동기식 RS-232 전송 과정 및 핀 구조

표 4-1 핀에 대한 상호 접속회로의 사용 조건

종류 / 핀 번호	상호 접속회로 번호					
	음성대역 회선용 DCE			디지털 데이터 회선용 DCE		
	200, 300 (비트/초)	1,200 (비트/초)	2,400, 4,800, 9,600 (비트/초)	200, 300, 1,200 (비트/초)	2,400, 4,800, 9,600 (비트/초)	공중 전화망용 또는 텔렉스용 자동 호출 장치
	비동기식	비동기식	동기식	비동기식	동기식	
1	101	101	101	101	101	212
2	103	103	103	103	103	211
3	104	104	104	104	104	205
4	105	105	105	105	105	202
5	106	106	106	106	106	210
6	107	107	107	107	107	213
7	102	102	102	102	102	201
8	109	109	109	109	109	F
9	N	N	N	N	N	N

10	N	N	N	N	N	N
11	126	N	N*	F	F	F
12	F	122	122	F	F	F
13	F	121	121	F	F	204
14	F	118	118	F	F	206
15	F	114	114	F	114	207
16	F	119	119	F	F	208
17	F	115	115	F	115	209
18	141	141	141	N	N	F
19	F	120	120	F	F	F
20	108.1/108.2	108.1/108.2	108.1/108.2	108.1/108.2	108.1/108.2	F
21	140	140	140**	N	N	F
22	125	125	125	125	125	203
23	N	111	111	N	N	N
24	N	N	113	N	F	N
25	142	142	142	142	142	F
관련 규격 (CCITT 권고)	V.21	V.23	V.26 V.26bis V.27 V.27bis V.27ler V.29	X.20 bis	X.21 bis	V.25 S.16

*회로 136(새로운 신호 회로)으로 사용할 경우가 있다. **회로 110(데이터 신호 품질 검토 회로)으로 사용할 경우도 있다.
N: 향후 새로운 상호접속회로가 사용될 때를 대비한 국가 유보 번호, F: 향후 국제 규격상 유보 번호

USBUniversal Serial Bus(범용직렬버스)는 컴퓨터와 주변기기의 연결에 사용되는 대표적인 입출력 표준규격 가운데 하나로, 키보드, 마우스, 게임패드, 조이스틱, 스캐너, 디지털카메라, 프린터, PDA, 메모리와 같은 다양한 기기를 연결하는 데 사용되고 있다(출처: 위키백과). 현재까지 발표된 버전으로는 USB 1.0, 1.1, 2.0, 3.0, 3.1이 있다. 보통 USB의 주 컨트롤러Host controller는 루트 허브를 통해 두 개의 USB 단자를 제공하는데, 하나의 주 컨트롤러에 주변기기를 최대 127개까지 연결할 수 있다. 또한 USB 방식으로 연결된 주변기기는 대부분 핫 플러그를 지원한다. USB는 PC뿐 아니라 PDA나 게임콘솔 등에서도 채택되어 사용되고 있으며, 전 세계적으로 수십억 개의 USB 장치가 있다.

TIP 핫 플러그는 사용 도중 어느 때라도 주변기기를 연결하거나 제거하는 기능을 말하며, 핫 스왑(hot swap)이라고도 한다.

2010년 이전에는 대부분 USB 2.0을 사용했으나, 그 이후 USB 3.0을 적용한 제품들이 나오면서 연속읽기 속도는 120MB/s, 쓰기 속도는 100MB/s 정도로 향상되었으며, 2013년 7월에는 읽기 및 쓰기 속도가 훨씬 빨라진 USB 3.1 표준이 발표되었다. USB 표준의 이론상 최고 전송속도는 초고속 플러스SuperSpeedPlus인 경우 초당 10GB에 이른다. USB의 속도에 치명적인 제약은 주 컨트롤러에 연결된 디바이스들이 대역폭을 나누어 쓰기 때문에 연결된 디바이스가 많아질수록 속도가 현저히 떨어진다는 점이다. [그림 4-9]는 USB 단자의 예와 연결 단자 형태를 나타낸 것으로, A 타입과 B 타입 단자로 구분해 보였다. [표 4-2]는 USB의 특성을 항목별로 구분해 요약한 것이다.

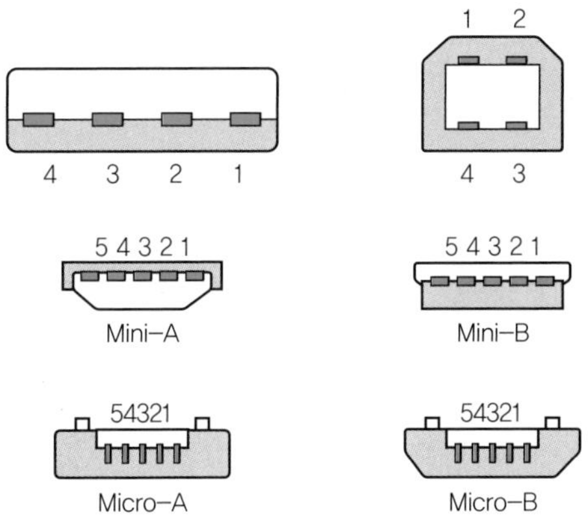

(a) USB 플러그 형태(표준형, 소형, 초소형)

(b) 표준형 USB 단자

그림 4-9 USB 단자의 예와 연결 단자 형태

표 4-2 USB 항목별 특성

항목	특성
길이	5미터(최대)
너비	11.5mm(A 타입 단자), 8.45mm(B 타입 단자)
높이	4.5mm(A 타입 단자), 7.78mm(B 타입 단자, v3.0 이전)
전기	직류 5V
형태	외장식
전기	직류 5V
최대 전압	5V(±5 %)

최대 전류	500~900mA @ 5V(버전에 따라 다름)
데이터 신호	패킷 데이터
대역폭	1.5/12/480/5,000 Mb/s(버전에 따라 다름)
최대 장치 수	127
규약	직렬 포트
핀 수	4개(공급 1, 데이터 2, 접지 1) 또는 8개(USB 3.0 : 초고속 전송을 위해 네 개 추가)
선(cable) 개수	4줄 또는 8줄(USB 3.0)

지금까지 살펴본 바와 같이, 비동기 전송 방식은 간단하고 저렴한 장점이 있는 반면 문자당 2~3비트의 오버헤드(제어를 위한 정보)가 필요해 전송효율이 떨어지는 단점도 있다.

확인문제 4-7

비트 정보를 전기적 신호로 변환하는 방법은 다양하다. 그 중 맨체스터 코딩 방식과 또 다른 변형 방법에 대해 설명하시오.

풀이 맨체스터 코딩은 비트 정보 1은 왼쪽 1/2 구간에 펄스가 존재하고, 비트 정보 0은 구간의 오른쪽 1/2 구간에 펄스가 존재하는 방식이다. 이를 변형하면 비트 정보 1은 왼쪽 1/3 구간에 펄스가 존재하고, 비트 정보 0은 오른쪽 2/3 구간에 펄스가 존재하는 방식이 되며, 이런 방법으로 변형하면 얼마든지 다양한 방법으로 비트 정보를 전기적 신호로 변환할 수 있다.

확인문제 4-8

전송하고자 하는 데이터가 대용량인 경우 동기식 전송 방식이 비동기식 전송 방식보다 효율적인 이유를 설명하시오.

풀이 비동기식 전송에서는 사용자 정보가 아닌 전송제어를 위한 데이터, 즉 오버헤드가 각 문자 정보마다 필요하지만, 동기식 전송에서는 문자가 아닌 데이터그룹 단위마다 오버헤드를 사용하므로 이를 줄일 수 있기 때문이다.

04 전송매체와 전송특성

전송장치와 수신장치는 전송링크로 연결된다. 물리적인 전송링크를 구성하는 전송매체는 종류가 다양한데 여기서는 대표적인 동선, 동축케이블, 광섬유에 대해 살펴본다.

1 동선

동선Copper Wire은 가장 흔히 사용되는 전송매체로 두 가닥의 절연된 동선이 균일하게 서로 감겨 있는 형태를 취한다. 한 쌍이 하나의 전송링크 역할을 하며, 일반적으로 여러 쌍이 다발로 구성된다. 또한 서로 꼬임선Twisted pair이 되도록 구성함으로써 신호 간의 간섭 효과를 최소화한다. 동선의 굵기는 0.016~0.036인치 정도다. 동선은 일반적으로 전화 시스템에서 주로 사용되며, 건물 내 통신수단으로도 유용하게 사용된다. 그러나 동선은 거리, 대역폭, 전송률에 있어서 많은 제약이 있고, 또한 간섭이나 잡음에 매우 민감하다.

[그림 4-10]은 평형 전송(RS-422)에 대한 동선의 길이와 데이터 전송률과의 관계를 나타낸다. 결과로부터 100m 이내의 가까운 거리에서는 1Mbps 이상의 전송률을 보이나, 1km 이상에서는 전송률이 현저히 감소함을 알 수 있다. 따라서 동선은 전송장치와 수신장치의 거리가 멀어지면 사용에 제약을 받게 된다.

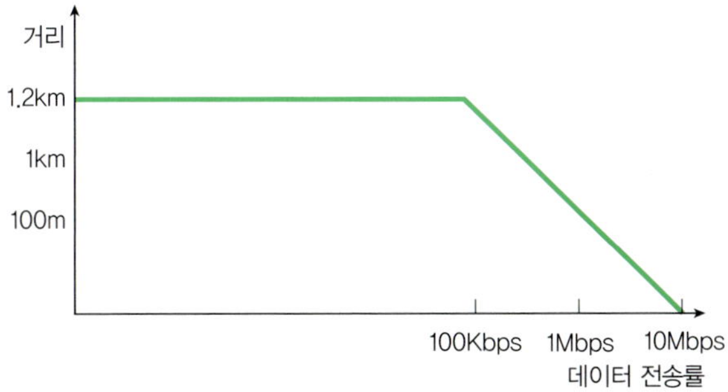

그림 4-10 동선의 길이에 따른 전송률의 변화

TIP 전송률과 전송속도는 같은 의미로 사용되는 용어다.

2 동축케이블

동축케이블Coaxial Cable은 동선과 마찬가지로 두 개의 도체로 구성되나, 두 개의 단일 전선과 그를 감싸고 있는 원통형의 외부도체로 구성된다. 내부도체는 균일한 간격으로 절연체 링이나 고체 유전체로 감싸여 고정된다. 외부도체는 보호막으로 감싸여 있다. 동축케이블은 용도가 다양한 전송매체 중 하나로 장거리 전화 및 영상 전송, 케이블 TV 분배, LAN, RF 및 마이크로파 전송, 컴퓨터와 계측기 데이터 연결Computer and Instrumentation Data Connections 등에 유용하게 사용된다. 이는 동선보다 높은 주파수 효율과 데이터 전송률을 보인다.

그러나 동축케이블도 감쇄, 열잡음, 상호잡음변조 등에 따른 제약이 있어서 장거리 전송 시 수 km마다 리피터Repeater가 필요하다. 리피터란 약한 신호를 복원시키는 장치로, 높은 주파수를 사용할수록 리피터를 더욱 많이 사용하게 된다. 신호 전송에서 약 1km마다 리피터가 필요하며, 데이터 전송률이 높을수록 그 간격은 더욱 좁아진다. 예로 1.6km 간격의 리피터로부터 800Mbps(1초당 8억 비트의 정보 전송률)의 높은 데이터 전송률을 얻은 실험 결과도 있다. [그림 4-11]은 RG-59 동축케이블의 예이다. 그림에서 A 부분은 플라스틱 외피를 나타내며, B 부분은 동으로 만들어진 망사 구조를 이루고 있다. C 부분은 내부 절 전체를 나타내고, D 부분이 동선이다.

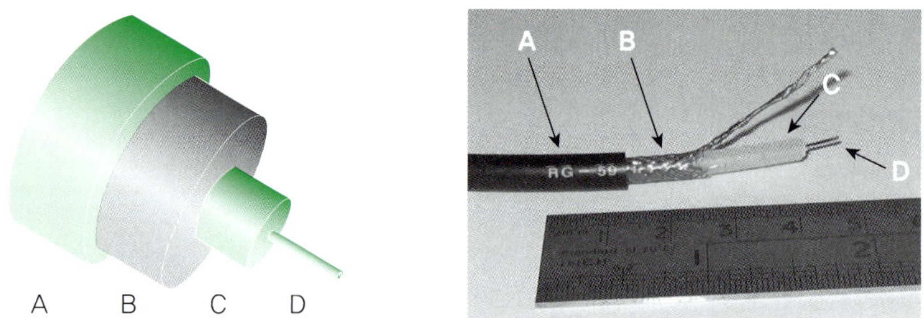

(a) 동축 케이블의 형태 (b) RG-59 동축케이블

그림 4-11 동축케이블의 형태와 실제 모습(출처: 위키피디아)

3 광섬유

데이터 전송기술은 광 전송기술의 발전으로 획기적으로 진보했다. 광원에서 생성된 정보는 광섬유Optical Fiber를 통해 전송한다. 광섬유는 2~125μm 정도의 매우 가느다란 전송매체로, 유리 또는 플라스틱을 이용해 제작한다. 이는 [그림 4-12]와 같은 원통형 구조물로, 코어Core,

클래딩Cladding, 재킷Jacket 등 세 개의 동심 부분으로 구성된다. [그림 4-13]은 실제로 설치할 때 사용되는 광섬유 케이블의 다발 형태이다. 그러나 광을 이용하는 방식에는 기본적인 제약이 따른다. 광이 진행되면서 발생하는 감쇄에 의한 제약과 광의 분산에 따른 제약이 그것이다. 감쇄에 의한 제약은 광을 증폭함으로써 개선한다. 분산에 따른 제약은 산란에 영향이 적은 파장대역으로 천이하는 방법으로 개선한다.

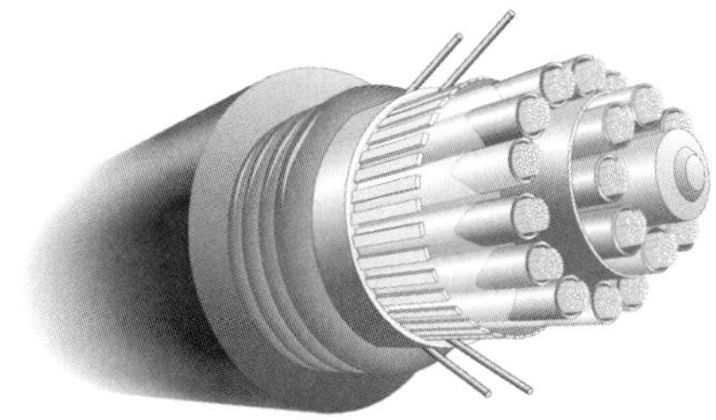

그림 4-12 다발로 이루어진 광섬유 케이블

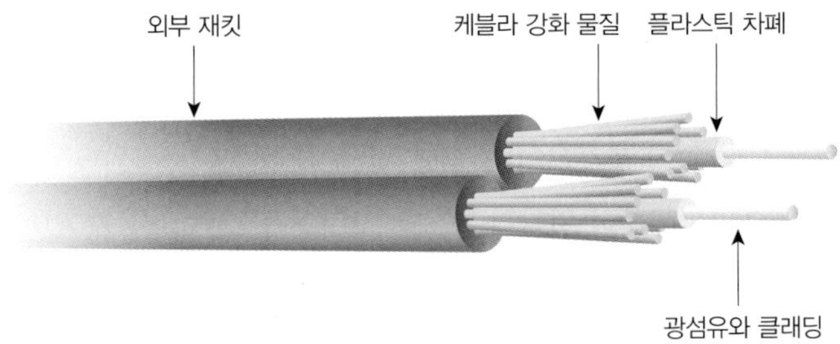

그림 4-13 광섬유의 구성

광섬유는 전파 모드 수에 따라 단일 모드와 다중 모드 광섬유로 분류된다. 빛의 전파 모드가 여러 개이면 다중 모드 광섬유라고 하고, 기본 모드 빛만 통과시키면 단일 모드 광섬유이다. 또한 굴절률에 따라 광섬유를 분류할 때는 다중 모드 광섬유인 경우 계단형과 경사형으로 구분한다.

■ 단일 모드 광섬유

코어 안에서 단일 모드 광섬유는 한 개의 전파 모드만으로 정보를 전송하는 것으로, 넓은 대역으로 정보를 전송할 수 있어 중장거리 트렁크 회선과 국제간 통신선로로 이용되고, 수 Gbps의 전송속도가 가능하다. 코어의 직경은 약 8~10μm 정도로 작아서 접속하기 어렵다.

■ 다중 모드 광섬유

다중 모드 광섬유는 여러 개의 전파 모드로 정보를 전송할 수 있는 선로로, 가장 널리 사용되고 있는 전송매체이다. 전송률은 약 100Mbps 정도이고, 코어의 직경은 약 50mm 정도로 단일 모드에 비해 크며, 위에서 언급한 것처럼 굴절률 분포에 따라 계단형과 경사형으로 나뉜다. 광케이블은 고속 대용량의 전송이 가능하고 장거리 전송, 고품질의 전송이 가능하며 가볍고 내구성이 강한 반면, 비싸고 접속이 쉽지 않다는 특징이 있다.

표 4-3 단일 모드와 다중 모드 광섬유의 비교

단일 모드	6~10μm	장거리 전송에 적합, 지름이 작아 접속 곤란
다중 모드 계단형	40~100μm	접속이 비교적 쉬움
다중 모드 경사형	40~100μm	접속이 비교적 쉬움, 정확한 굴절률을 갖도록 제조하는 것이 어려움

그렇다면 광섬유에서의 정보 전송은 어떻게 이루어질까? 다중 모드는 단일 모드에 비해 전송률 제한을 받는다. 광섬유를 이용하는 정보 전송 시스템은 전기적 신호를 광신호로 만들고 이를 다시 전기적 신호로 바꾸는 장치가 필요하게 된다. 광신호를 만드는 LED Light Emitting Diode(빛 방출 다이오드)는 일정한 전류 소스로 전류에 비례하는 강도의 광빔 Light beam을 만든다. 이때 광자의 재결합 Recombination이 발생하고 전자에 의한 에너지가 손실되면서 광신호가 만들어진다. 재결합 시 전류가 너무 빨리 변하면 효율적으로 작동하지 않을 수 있기 때문에, 변조(주파수의 천이 과정) 주파수를 제한하는 하나의 요소가 된다. 이러한 주파수를 차단 주파수 Cutoff Frequency라 하며, 이는 전력의 70%까지 감소되는 지점에서의 값으로 계산된다. LED의 경우 차단 주파수 범위는 1KHz~100MHz 정도가 된다.

LD Laser Diode(레이저 다이오드)는 몇 개의 광자가 자유전자와 충돌하여 재결합 과정이 일어나도록 함으로써 광자가 방출되도록 하는 연쇄반응 Chain reaction 현상을 이용해 광신호를 발생시킨다. 전송장치로부터 만들어진 이러한 광신호는 광섬유 케이블을 통해 전송된다. 수신장치에서는 수신된 광신호를 다시 전기적 신호로 변환해 정보를 얻는다.

[그림 4-14]는 광섬유 전송매체를 해저에 설치하는 매설장치이다. 이러한 장치를 이용해 태평양, 인도양, 대서양 등 전 세계에 해저 광케이블을 매설했고, 이를 통해 고속, 고품질의 데이터 서비스가 가능해졌다.

그림 4-14 광섬유 매설 장치

광섬유의 특성을 동축케이블이나 동선(꼬임선)과 비교해보자.

- **광대역폭**: 광섬유는 넓은 대역폭의 사용이 가능하여 수 Gbps 이상의 전송률까지 가능하다. 동축케이블은 수백 Mbps까지 가능하며, 트위스트페어인 경우 수 Mbps 정도가 된다.
- **경량구조**: 광섬유는 아주 작고 가벼워서 설치와 지지에 필요한 구조물을 최소화할 수 있어서 유리하다.
- **적은 감쇄 현상**: 동축케이블이나 트위스트페어에 비해 감쇄 현상이 현저히 적다.
- **전자기적 격리**: 외부적 전자기장에 영향을 받지 않으므로 간섭, 충격잡음, 누화Crosstalk 현상 등에 매우 유리하다.
- **넓은 리피터 설치 간격**: 리피터 설치의 수가 적으므로 비용 면에서 유리하다. 이미 독일의 Lorenz AG 사는 111km에서 5Gbps 광섬유 전송 시스템을 개발한 바 있다.

4 마이크로파

지구의 대기는 전자파를 전송하는 데 매우 효과적인 매체이다. 대기의 전리층을 이용한 마이크로파Microwave 통신은 장거리 전송에 널리 이용되고 있다. 마이크로파 통신 시스템은 송신기, 가시관 전송경로 그리고 수신기의 세 가지 구성 형태를 갖는다. 신호를 수신하여 증폭시킨 후 다른 시스템으로 전송하는 기능을 수행하는 재전송 장비Repeater는 두 사용자 간에 양질의 서비스를 제공하기 위해서 매우 중요한 장비이다. 마이크로파를 이용한 통신 시스템의 가장 큰 장점은 산, 바다, 강 등과 같은 자연적인 장애물을 극복하여 통신을 할 수 있다는 것이다. 그러나 수신기로 도착하는 전파의 다중경로 현상인 페이딩Fading 현상에 의해 양질의 서비스를 보장할 수 없는 경우가 발생할 수 있다.

5 위성통신 링크

위성통신 링크는 SHF 이상의 대역을 사용하는 통신 방식으로, 가장 넓은 통신영역을 포함할 수 있는 기술이다. 현재 국내의 무궁화위성을 비롯한 대부분의 통신위성은 Ku 밴드의 주파수 대역을 사용한다. SHF 이상의 주파수 대역을 사용하는 위성통신 링크에 이용되는 구체적인 주파수 대역과 범위는 다음 [표 4-4]와 같다.

표 4-4 위성통신 링크의 주파수 대역과 범위

주파수 대역(Band)	주파수 범위(GHz)
L	1~2
S	2~4
C	4~8
X	8~12
Ku	12~18
K	18~27
Ka	27~40
Militer	40~300

6 주요 전송매체의 비교

다음의 비교표는 동선(꼬임선)과 동축케이블, 광섬유, 그리고 마이크로파와 위성통신 링크의 전송매체로서의 장단점을 비교한 것이다.

표 4-5 매체별의 장단점 비교

전송매체	장점	단점
동선	저비용, 설치가 용이	비교적 협대역, 외부 충격에 취약
동축케이블	차폐성, 넓은 대역폭	감쇄 및 열잡음 등에 따른 제약
광섬유	잡음에 강함, 매우 넓은 대역폭	높은 설치비용
마이크로파	넓은 대역폭, 장애물 극복, 페이딩 현상의 영향을 받음	높은 초기 설치비용
위성통신 링크	넓은 대역폭, 케이블 필요 없음, 광역성	높은 초기 투자비용, 시간 지연

확인문제 4-9

해저 광케이블 설치로 고속 데이터통신이 가능해졌다. 광섬유를 이용한 정보 전송에서 광신호가 생성되는 과정을 설명하시오.

풀이 광신호를 만드는 LED는 일정한 전류 소스로 전류에 비례하는 강도의 광빔을 만들고, 이때 광자의 재결합이 발생하고 전자에 의한 에너지가 손실되면서 광신호가 만들어진다. 또한 LD는 몇 개의 광자가 자유전자와 충돌하여 재결합 과정에서 발생하는 연쇄반응 현상을 이용해 광신호를 발생시킨다. 광섬유를 이용하는 정보 전송 시스템은 전기적 신호를 광신호로 만들고 이를 다시 전기적 신호로 바꾸는 장치를 필요로 한다.

확인문제 4-10

전송매체 중 전리층을 이용한 마이크로파 통신이 장거리 전송에 널리 이용되고 있다. 그러나 전리층의 변화에 따라 페이딩 현상이 발생하여 통신에 영향을 미칠 수 있다. 페이딩 현상이란 무엇이며, 발생 원인은 무엇인지 간략하게 설명하시오.

풀이 페이딩 현상이란 수신되는 전파가 전송경로상 전송매체의 변화에 따라 그 수신전파의 강도가 급격하게 변동되는 현상으로, 이는 전파되는 상태가 변하기 때문에 일어난다. 페이딩의 원인은 매체의 전기적 상수가 시간적으로 변화하거나, 동일한 전송지에서 전송된 전파가 다수의 경로를 거쳐서 수신될 때 위상차의 변화에 의해 발생하기도 한다.

01 임의의 신호를 특성이 잘 알려진 사인 혹은 코사인 함수로 변환해 해석할 수 있도록 해주는 매우 중요하고 유용한 원리는?

① 나이퀴스트 원리
② 라플라스 원리
③ 섀넌 원리
④ 푸리에 원리

02 신호가 전송 링크를 통해 전파될 때, 상이한 주파수로 인해 서로 다르게 감쇄되고 지연되어 수신 신호가 전송 신호와 다르게 되는 현상을 나타내는 용어는?

① 감쇄
② 왜곡
③ 잡음
④ 변조

03 하틀리의 법칙에 따르면, 사용하는 부호의 레벨 수가 증가할 때 채널의 정보 전송속도는 어떻게 변화하는가?

① 점점 증가한다.
② 점점 감소한다.
③ 변화가 없다.
④ 증가하다가 감소한다.

04 S/N를 [dB] 단위로 변환하면?

① 10dB
② 20dB
③ 30dB
④ 40dB

05 잡음이 있는 채널인 경우 채널용량을 표현한 것으로 옳은 것은?(단, S/N은 신호 대 잡음비이다.)

① $C=B\log_2\left(1+\frac{S}{N}\right)$
② $C=2B\log_2\left(1+\frac{S}{N}\right)$
③ $C=B\log_2\left(2+\frac{S}{N}\right)$
④ $C=B+\log_2\left(1+\frac{S}{N}\right)$

06 비트 정보 1은 왼쪽 1/2 구간에 펄스가 존재하고 비트 정보 0은 오른쪽 1/2 구간에 펄스가 존재하는 부호화 방식은?

① NRZ 코딩
② 맨체스터 코딩
③ 바이폴라 코딩
④ 듀오 바이너리 코딩

07 두 개의 비트 정보 1 사이에 있는 비트 정보 0의 개수가 홀수인지 짝수인지에 따라 파형을 구성하는 부호화 방식은?

① NRZ 코딩
② 맨체스터 코딩
③ 바이폴라 코딩
④ 듀오 바이너리 코딩

08 데이터 전송시 전송장치와 수신장치 사이의 전송률, 전송시간, 간격 등 비트 타이밍 정보를 일치시키는 과정을 나타내는 용어는?

① 계층화
② 양자화
③ 동기화
④ 심볼화

09 용도가 다양한 전송매체 중 하나로 두 개의 단일 전선과 그를 감싸고 있는 원통형의 외부도체로 구성되며, 장거리 전화 및 영상 전송, 케이블 TV 분배, LAN 등에 다양하게 사용되는 것은?

① 동선
② 동축케이블
③ 광케이블
④ 코어

10 전송매체 중 광섬유에 대한 설명으로 적합하지 <u>못한</u> 것은?

① 유리 또는 플라스틱을 이용해 제작한다.
② 코어, 클래딩, 재킷 등 세 개의 동심 부분으로 구성된다.
③ 광이 진행되면서 발생하는 감쇄 및 편향에 따른 제약이 발생한다.
④ 감쇄에 의한 제약은 산란에 영향이 적은 파장대역으로 천이하는 방법으로 개선한다.

11 신호를 분석할 때 푸리에 원리가 자주 사용되는 이유를 설명하시오.

12 신호함수 $f(t)=3\cos(3\pi t)+1.5\cos(4\pi t)$를 MATLAB 프로그램을 이용해 그래프로 나타내고, 이 신호의 특성을 분석해 기술하시오.

13 데이터 전송을 전송 모드에 따라 구분하면 크게 비동기식 전송 방식과 동기식 전송 방식으로 구분된다. 동기식 전송 방식은 어떻게 동작하는지 설명하고, 이 방식의 장점을 비동기식 전송 방식과 비교해 설명하시오.

14 정보이론 중 하틀리의 법칙은 섀넌에 의해 보완되었다. 섀넌에 의하면 잡음이 있는 통신 채널에서의 채널 용량은 어떻게 표현되는지 적고 그 의미를 설명하시오.

15 채널의 용량과 관련된 하틀리의 법칙에서 임의 시간 내에 전송할 수 있는 전체 정보량을 나타내고, 그 의미를 설명하시오.

16 에너지 신호와 전력 신호로 구분하는 이유를 설명하고 각각의 특성을 설명하시오.

17 전송매체 중 광섬유의 특성을 5가지 들고, 정보 전송 과정에 대해 설명하시오.

18 데이터 전송 시 사용하는 부호화 방식 중 차등 맨체스터 코딩 방식의 동작과 특성을 설명하시오.

CHAPTER 05
데이터링크와 전송제어

학습목표

- 데이터링크 계층에서 수행하는 회선제어에 대해 이해한다.
- 데이터링크 계층의 흐름제어와 오류제어에 사용하는 방법들을 설명할 수 있다.
- HDLC 프레임의 형식과 종류, 동작 등을 이해한다.
- 데이터통신 네트워크의 프레임 전송 과정을 설명할 수 있다.

01 데이터링크와 회선제어

앞에서 네트워크 프로토콜의 개념과 OSI 참조모델 중 물리 계층에 해당하는 기능에 관해 살펴보았다. 효율적으로 데이터통신이 이루어지게 하려면 물리 계층의 기능에 링크의 제어 및 관리와 관련된 데이터링크 제어 프로토콜이 필요하다. 이제 데이터링크 계층의 기능에 대해 살펴보자.

1 데이터링크

데이터통신은 다양한 종류의 수많은 디바이스 상호 간의 동작으로 이루어진다. 표현의 편의를 위해 여러 종류의 디바이스를 대표해 스테이션Station이라고 통칭하자. 즉 컴퓨터, 터미널 등과 같은 개체는 스테이션으로 표현된다. 데이터링크 제어 프로토콜이 적용되는 스테이션 사이의 회선을 데이터링크Data Link라고 한다.

데이터링크는 데이터 흐름과 타이밍에 따라 구분해서 사용된다. 링크에서의 데이터 흐름이 한 방향으로만 허용되는 경우를 단방향Simplex 전송이라고 하며, 상호 전송 및 수신이 가능한 경우는 양방향Duplex 링크라고 한다. 양방향 링크는 상호 동시 전송이 허용되지 않는 반이중Half Duplex 전송 링크와 동시 전송이 허용되는 전이중Full Duplex 전송 링크로 구분된다. 만일 반이중 전송링크에서 두 개의 스테이션이 동시에 신호를 전송한다면 데이터 충돌을 피할 수 없다. 이와 같은 신호 간의 충돌 현상이 발생하지 않도록 제어해야 하므로 회선의 규칙Line Discipline이 필요하다. 여기에서 회선이란 데이터링크를 의미한다. 이와 같은 회선제어 기능이 바로 데이터링크 계층에서 수행된다.

실제로 전송된 신호가 수신장치에서 정확히 수신될 수 있도록 하려면, 데이터를 받을 준비가 되어있는지, 어느 정도 크기의 데이터를 보내야 하는지, 오류제어가 발생하면 어떻게 처리해야 하는지 등 수많은 상황에 대한 대처가 필요하다. 이를 위해 데이터링크 계층에서는 회선제어뿐만 아니라 흐름제어, 오류제어 등이 수행된다. 먼저 회선제어에 대해 알아보자.

2 회선제어

네트워크 시스템에서 데이터를 전송하려면 링크(회선)에 대한 접근권을 얻어야 한다. 이 접근권을 제어하는 것이 회선제어이다. 점 대 점Point-to-Point 전용 링크를 통한 데이터통신에서 사용되는 회선제어 방식에는 ENQ/ACK 방식, 폴링 방식, 경쟁 방식, 예약 방식 등이 있다. 여기서는 두 스테이션 사이에 사용되는 ENQ/ACK 방식과 주종 간primary-secondary 데이터통신에서 사용되는 폴링 방식에 대해 자세히 설명한다.

TIP 경쟁 방식은 회선을 경쟁적으로 획득하는 것으로, 두 개 이상의 스테이션에서 동시에 전송하면 전송 신호 간 충돌이 발생할 수 있다. 예약 방식은 데이터 전송 전에 링크 접근권을 예약함으로써 충돌을 방지하는 방법이다.

2.1 ENQ/ACK 방식

ENQ/ACKEnquiry/Acknowledgement 방식은 전용 전송링크로 구성된 두 스테이션 사이에 주로 사용된다. 두 스테이션 어느 쪽에서든 전송을 시작할 수 있다. ENQ/ACK 방식을 이용해 데이터링크를 통해 데이터 프레임이 전송되는 과정은 [그림 5-1]과 같다. 스테이션 A가 ENQ 프레임을 보내 연결의 초기화 과정이 진행되면 스테이션 B는 ENQ 프레임에 대한 응답으로 ACK 프레임을 보내 데이터를 받을 준비가 되었음을 알린다. 스테이션 A는 이제 데이터 프레임을 전송하고, 스테이션 B는 이에 대한 ACK 프레임을 보내는 과정이 계속된다. 마지막으로 전송의 끝을 알리는 EOT 프레임을 보냄으로써 작업이 종료된다.

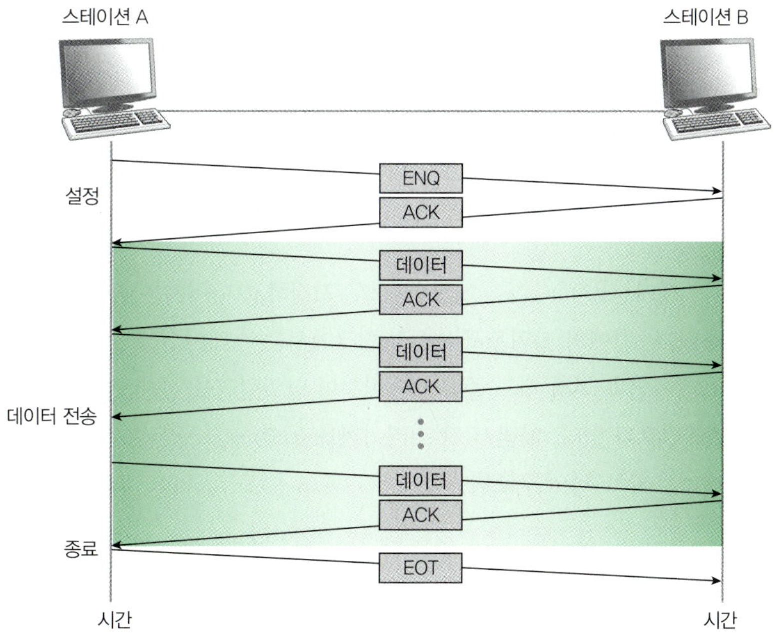

그림 5-1 ENQ/ACK 방식

TIP 프레임(Frame)은 데이터링크 계층에서 사용하는 데이터 단위로 수신지 주소 영역, 전송지 주소 영역, 제어 영역 등을 포함하는 데이터 블록이다.

ENQ/ACK 방식은 ENQ와 ACK 프레임으로 링크를 제어하는 매우 간단한 방법으로, 전용 전송링크로 구성된 점 대 점 데이터통신이 허용되는 경우에는 언제나 사용될 수 있다. [그림 5-1]에서 사용된 EOTEnd of Transmission는 ASCII 표준 코드에서 사용하는 데이터링크 제어문자 표현 중의 하나이다.

[표 5-1]은 데이터링크 제어문자와 그 의미다.

표 5-1 데이터링크 제어문자

제어문자	의미
SOH(Start of Header)	장치의 주소나 혹은 경로 제어정보를 이루는 일련의 문자그룹(헤더)의 앞에 사용하는 통신제어문자
STX(Start of Text)	실제 전송할 데이터그룹의 시작을 의미하는 통신제어문자
EXT(End of Text)	STX로 시작한 전송 데이터그룹의 종료를 의미
EOT(End of Transmission)	전송이 종결되었음을 의미
ENQ(Enquiry)	수신지의 응답을 요청하기 위해 사용
ACK(Acknowledgement)	전송장치에 긍정적인 응답을 보낼 때 사용되는 제어문자
NAK(Negative ACK)	전송장치에 부정적인 응답을 보낼 때 이용하는 제어문자
SYN(Synchronous idle)	동기형 전송 시스템에서 전송 및 수신장치 간에 동기를 이루고 유지하기 위해 이용하는 제어문자
ETB(End of Transmission Block)	한 블록의 마지막을 나타내는 제어문자
DLE(Data Link Escape)	제어문자가 새로운 의미를 갖도록 제어문자 바로 앞에 사용되며, 데이터통신 네트워크에서 보조적인 제어의 목적으로만 사용

2.2 폴링 방식

폴링Polling 방식은 하나의 스테이션을 주Primary 스테이션으로 지정하고 나머지는 종속Secondary 스테이션으로 구성해 사용한다. 앞에서 살펴본 점 대 점 링크에서는 스테이션을 구분할 필요가 없었으나, 하나의 주 스테이션과 여러 개의 종속 스테이션이 단일링크를 통해 연결된 경우에는 각 스테이션을 구별할 필요가 있다. 따라서 각 스테이션을 구별하기 위한 주소체계를 사용하고, 이에 따라 각 프레임은 주소 영역을 포함한다.

선택Select 모드는 주 스테이션이 전송할 데이터가 있을 때 사용한다. 이때 주 스테이션이 링크에 대한 제어 권한을 갖는다. 선택 모드에서 종속 스테이션이 선택되는 과정은 [그림 5-2]와 같다. 주 스테이션이 SEL(선택) 프레임을 보내 전송할 데이터가 있음을 알린다. 이때 SEL 프레임에는 데이터 프레임을 보내고자 하는 종속 스테이션의 주소를 포함하는 영역이 들어 있다. 수신지 종속 스테이션은 수신된 SEL 프레임의 주소 영역을 확인한 뒤 응답으로 ACK 프레임을 전송지인 주 스테이션에 보내 데이터를 받을 준비가 되었음을 알린다. 이 방법으로 선택된 종속 스테이션만이 링크 사용권(접근권)을 획득하고 다른 스테이션은 모두 전송 대기상태가 된다. 이후 주 스테이션으로부터 선택된 종속 스테이션으로 데이터 전송이 이루어진다.

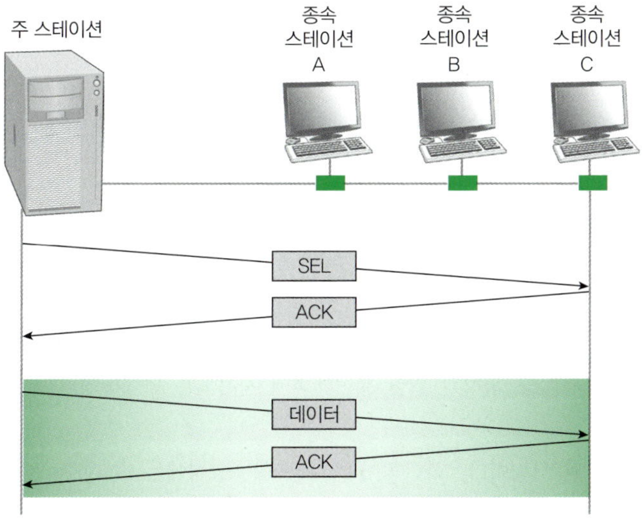

그림 5-2 폴링 방식에서 종속 스테이션 선택 절차

폴Poll 모드에서는 주 스테이션이 다수의 종속 스테이션에 보낼 데이터가 있는지 여부를 확인해 데이터를 전송한다. 이를 다중점Multipoint 폴링 절차라 한다. 주 스테이션에서 폴 프레임을 전송하면 전송할 데이터가 없는 종속 스테이션은 NAKNegative AcK 프레임을, 전송할 데이터가 있는 종속 스테이션은 ACK 프레임을 보낸다.

[그림 5-3]은 이러한 과정을 보여준다. 주 스테이션에서 폴 프레임을 전송하면 스테이션 A과 스테이션 C는 NAK 프레임을 보내 전송할 데이터가 없음을 알리고, 스테이션 B는 ACK 프레임을 보냄으로써 데이터 전송이 이루어진다. 데이터 전송이 끝나면 EOT 프레임을 전송해 종료한다.

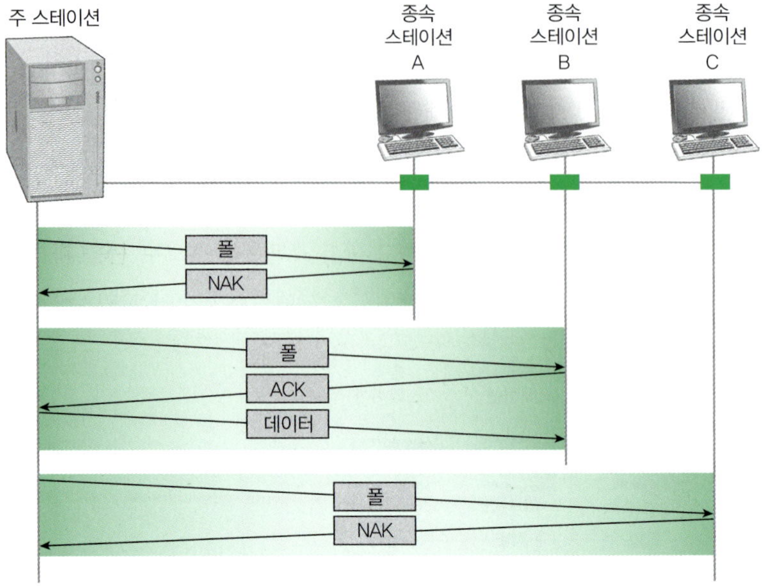

그림 5-3 다중점 폴링 절차

확인문제 5-1

데이터링크 계층에서 전송 신호 간의 충돌을 피하기 위한 회선제어에 사용되는 방식들에 대해 설명하시오.

풀이 회선제어는 링크의 설정과 관련된 기능이다. 회선제어에 사용되는 방식에는 ENQ/ACK 방식, 폴링 방식, 경쟁 방식, 예약 방식 등이 있다. ENQ/ACK 방식은 전용 전송링크로 구성된 두 스테이션 사이에 주로 사용되며, 두 스테이션 어느 쪽에서든 전송을 시작할 수 있다. 폴링 방식은 하나의 스테이션을 주 스테이션으로 지정하고 나머지는 종속 스테이션으로 구성해 각 스테이션이 링크에 대한 접근권을 정해진 규칙에 따라 획득하도록 하는 것이다. 경쟁 방식은 회선을 경쟁적으로 획득하는 것으로, 두 개 이상의 스테이션에서 동시에 전송하면 전송 신호 간 충돌이 발생할 수 있다. 예약 방식은 데이터 전송 전에 링크 접근권을 예약함으로써 충돌을 방지하는 것이다.

02 흐름제어

데이터링크 계층에서 이루어지는 중요한 기능 중 하나는 흐름제어Flow Control다. 일반적으로 수신장치로 들어오는 데이터를 처리할 수 있는 속도와 데이터를 저장할 수 있는 메모리에는 제한이 있다. 그래서 수신장치는 전송장치에 자신의 제한 사항에 대한 정보를 알려 전송장치가 조절할 수 있도록 유도한다. 이와 같은 조절 및 제어 기능이 흐름제어이다. 전송 스테이션이 전송 데이터의 양을 제한하기 위해 사용하는 절차라 할 수 있다.

이미 살펴본 바와 같이 데이터 프레임을 수신한 스테이션은 이에 대한 응답으로 ACK 프레임을 보낸다. 이때 각 프레임마다 하나의 ACK 프레임을 전송하는 방법과 여러 프레임에 하나의 ACK 프레임을 보내는 방법이다. 데이터 프레임이 손상되었다면 이에 대한 오류제어 메시지를 보낸다. 흐름제어를 위한 대표적인 방법에는 정지-대기 방식과 슬라이딩 윈도우 방식 등이 있다.

1 정지-대기 방식

정지-대기stop-and-wait 방식은 [그림 5-4]와 같이 전송지에서 데이터 프레임을 전송한 후 각 데이터 프레임에 대한 ACK 프레임이 도착하면 다음 데이터 프레임을 전송하는 것이다. EOT 프레임이 전송되면 데이터 전송이 종료된다. 정지-대기 방식은 구조가 간단하다는 장점은 있으나 하나의 프레임을 보낸 후 ACK 프레임이 수신되어야만 다음 프레임을 전송할 수 있기 때문에 효율성이 떨어져 활용도가 낮다.

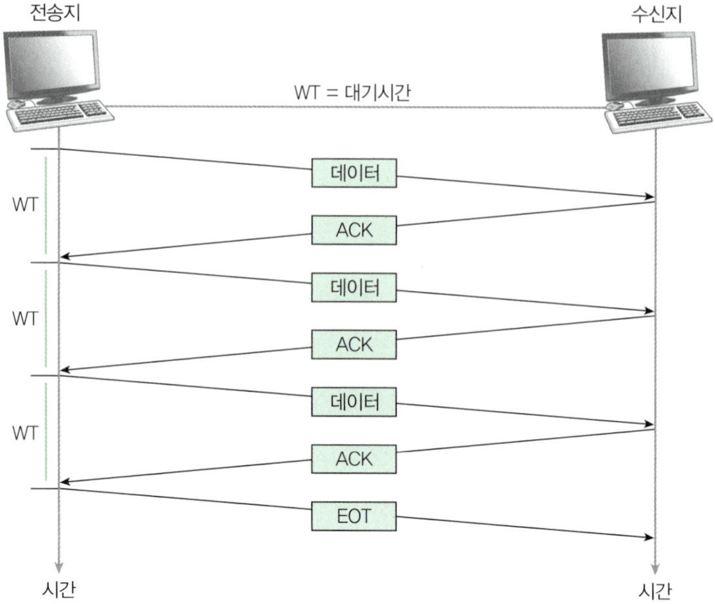

그림 5-4 정지-대기 방식

2 슬라이딩 윈도우 방식

정지-대기 방식의 비효율성을 개선한 슬라이딩 윈도우sliding window 방식에서는 전송한 프레임에 대한 ACK 프레임을 수신하지 않더라도 여러 프레임을 연속으로 전송하도록 허용한다. 정상적으로 전송되었는지에 대한 확인 없이 여러 프레임을 연속적으로 전송하려면 이미 전송했으나 ACK 프레임을 받지 못한 전송 프레임을 보관할 필요가 있다. 이를 위해 윈도우Window라는 개념을 도입한다. 윈도우는 전송 및 수신 스테이션 양쪽에서 만들어진 버퍼Buffer의 크기에 해당하는 용어이다. 윈도우를 사용해 전송지와 수신지 양쪽에서 프레임을 보관하고 관리한다. 전송지와 수신지로 나누어 구체적으로 살펴보자.

2.1 전송지 윈도우

전송되는 프레임의 관리를 위해 각 프레임에 0부터 $(n-1)$까지 번호를 부여한다. 즉 모듈러Modular-n에 의한 번호체계가 된다. 그러므로 전송 초기의 전송지 윈도우Sender Window는 $(n-1)$ 개의 프레임을 포함하고 있다. 프레임이 전송되면 윈도우의 왼쪽 경계가 오른쪽으로 이동해 결과적으로 윈도우 크기가 줄어든다. 윈도우 크기를 W라 하고 프레임 세 개가 전송된다고 가정하면, 윈도우에 남아있는 프레임의 수는 $W-3$이다. ACK 프레임이 도착하면 전송지 윈도우는 도착한 ACK 프레임의 수만큼 오른쪽 경계가 오른쪽으로 이동해 윈도우 크기가 다시 늘어난다.

예를 들어 [그림 5-5]와 같이 윈도우 크기가 7인 경우, 0~4 프레임이 전송되었고 아직 ACK 프레임은 수신되지 않았다고 하자. 전송지의 윈도우는 5와 6만 있는 크기가 되고, ACK 프레임이 네 개 도착하면 윈도우가 오른쪽으로 확장되어 5, 6, 7, 0, 1, 2를 포함하게 된다. 즉 데이터 프레임이 전송되면 전송지 윈도우는 왼쪽 경계가 오른쪽으로 이동해 크기가 줄고, ACK 프레임이 수신되면 오른쪽 경계가 오른쪽으로 이동해 크기가 늘어난다.

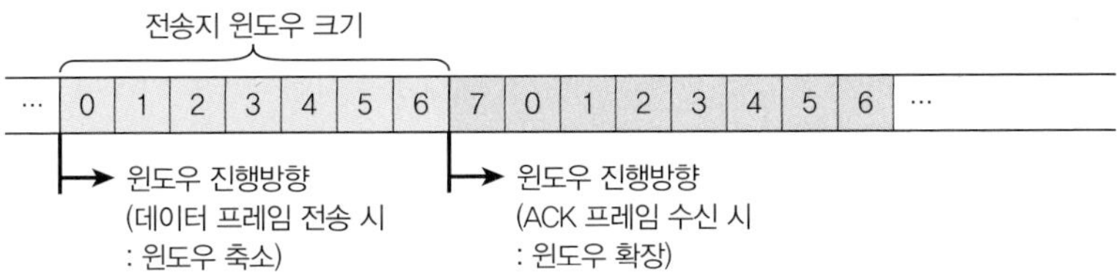

그림 5-5 전송지의 슬라이딩 윈도우

2.2 수신지 윈도우

전송 초기의 수신지 윈도우Receiver Window 크기가 $(n-1)$ 개라고 가정하자. 전송지로부터 프레임이 수신되면 윈도우 크기는 줄어든다. 따라서 수신지의 윈도우는 수신된 프레임의 수가 아니라 ACK 프레임을 전송하기 전에 수신될 수 있는 프레임 수를 나타냄을 알 수 있다. 수신지 윈도우는 ACK 프레임을 전송한 후 오른쪽 경계가 오른쪽으로 이동해 윈도우 크기가 커진다.

예를 들어 [그림 5-6]과 같이 윈도우 크기가 7인 경우, 이전에 프레임 2에 대한 ACK 프레임을 보냈고, 현재 ACK 프레임이 프레임 5에 대한 것이라면 '5-2', 즉 3만큼 윈도우 크기가 커진다. 즉 확장되는 윈도우의 크기는 가장 최근 ACK로 응답한 프레임의 수에서 이전에 ACK 프레임을 보낸 프레임의 수를 뺀 값이 된다.

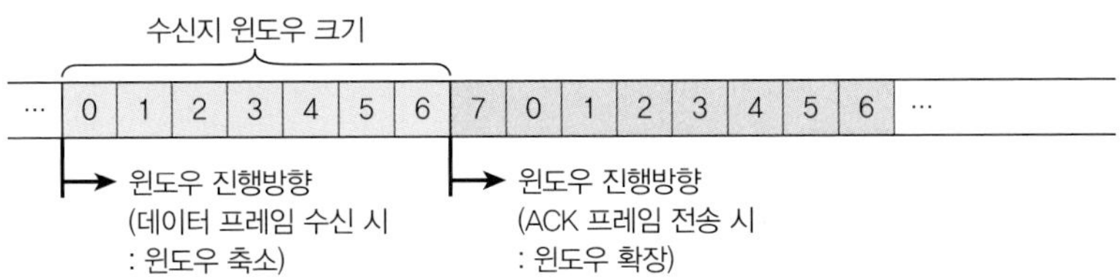

그림 5-6 수신지의 슬라이딩 윈도우

확인문제 5-2

데이터 프레임이 전송될 때 전송지 윈도우는 어떻게 동작하는가? 그리고 전송지 윈도우의 크기가 확장되는 조건은 무엇인가?

풀이 데이터 프레임이 전송되면 전송지 윈도우의 왼쪽 경계가 오른쪽으로 이동해 윈도우 크기가 줄어든다. 윈도우 크기가 커지는 것은 ACK 프레임이 수신되는 경우로, 오른쪽 경계가 오른쪽으로 이동함으로써 이루어진다.

확인문제 5-3

데이터 프레임을 수신했을 때 수신지 윈도우는 어떻게 동작하는지, 그리고 수신지 윈도우의 크기가 확장되는 조건은 무엇인지 설명하시오.

풀이 전송지에서 보낸 프레임을 수신하면 수신지 윈도우의 왼쪽 경계가 오른쪽으로 이동해 윈도우 크기가 줄어든다. 수신지 윈도우 크기가 확장되는 조건은 ACK 프레임을 전송하는 것으로, 오른쪽 경계가 오른쪽으로 이동하면 윈도우 크기가 커진다.

03 오류제어

데이터링크 계층에서의 오류제어는 오류검출Error Detection 과정과 재전송Retransmission 과정을 포함한다. 데이터 전송 시 오류가 발생하면 NAK를 반환하고, 오류제어가 발생한 프레임은 전송지에서 재전송되도록 한다. 즉 프레임이 손상되었거나 분실되었을 때 재전송이 수행되는데, 이러한 재전송 과정을 ARQAutomatic Repeat Request라고 한다. 데이터링크 계층에서 수행되는 ARQ는 흐름제어를 위한 방식과 관련된다. 즉 정지-대기 방식의 오류제어는 정지-대기 ARQ 방식으로 구현되고, 슬라이딩 윈도우 방식의 오류제어는 GBnGo-Back-n ARQ 방식 또는 SRSelective-Repeat 또는 Selective-Reject ARQ 방식으로 구현된다.

1 정지-대기 ARQ 방식

정지-대기stop-and-wait ARQ 방식은 매우 단순하다. 먼저 [그림 5-7]과 같이 손상된 프레임Damaged Frame의 처리를 위해 다음과 같은 재전송 절차를 수행한다.

① 전송지 스테이션은 전송한 프레임에 대한 ACK 프레임을 받을 때까지 프레임의 복사본을 유지한다.

② 식별을 위해 데이터 프레임과 ACK 프레임은 각각 0, 1 값으로 번호를 부여한다. 데이터 프레임 1에 대해 ACK 프레임 1이 전송 스테이션에 수신되는데, 이는 그 다음인 데이터 프레임 0을 보내라는 의미이다.

③ 만약 프레임에서 오류제어가 발견되면 NAK 프레임이 반환되고, 이에 따라 전송지는 복사해 두었던 동일한 프레임을 재전송한다. 이때 NAK 프레임은 번호를 갖지 않는다.

④ 전송장치에는 타이머가 있어서 주어진 시간 내에 ACK이 오지 않으면 재전송을 수행한다.

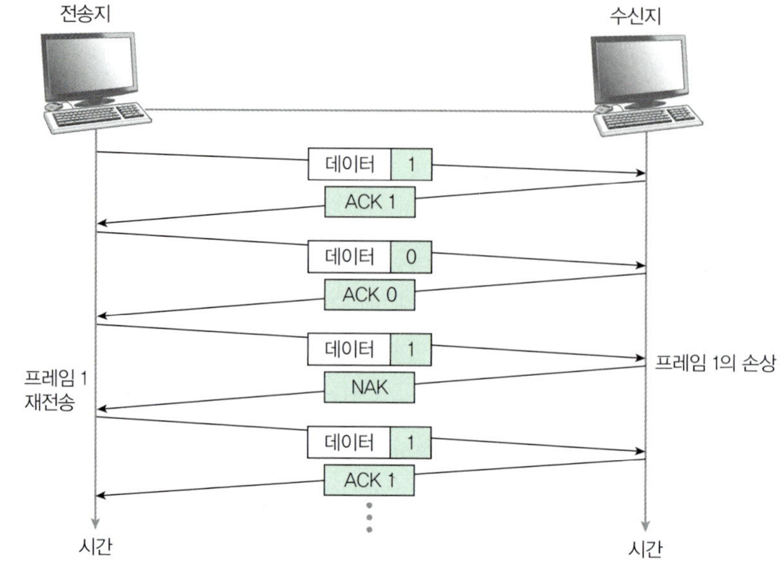

그림 5-7 정지-대기 ARQ 방식에서 손상된 프레임의 처리 절차

[그림 5-8]은 정지-대기 ARQ 방식에서 데이터 프레임이 분실된 경우의 절차다. 타임아웃 이후에 전송지는 복사해 두었던 동일한 프레임을 재전송한다.

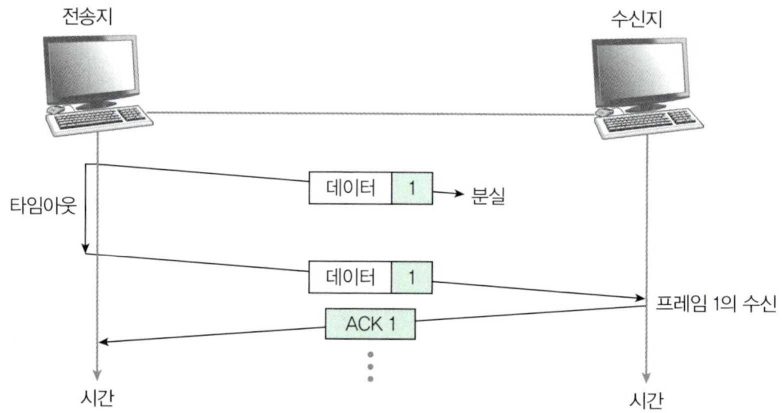

그림 5-8 정지-대기 ARQ 방식에서 분실된 프레임의 처리 절차

[그림 5-9]는 정지-대기 ARQ 방식에서 ACK 프레임이 분실된 경우의 절차다. 데이터 프레임이 분실된 경우와 동일하게 타임아웃 후에 전송지는 복사해 두었던 동일한 프레임을 재전송한다.

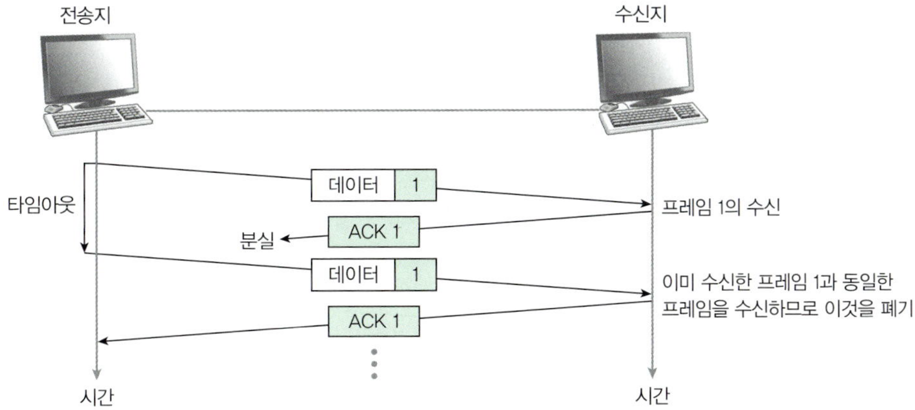

그림 5-9 정지-대기 ARQ 방식에서 분실된 ACK 프레임의 처리 절차

정지–대기 ARQ 방식보다 개선된 GBn ARQ 방식과 SR ARQ 방식은 슬라이딩 윈도우 방식에 기초하고 있으며 재전송을 위한 절차는 정지–대기 ARQ 방식의 절차에서 수정된 내용을 담고 있다.

① 전송 스테이션은 전송된 모든 프레임의 복사본을 갖고 있어야 한다.

② 슬라이딩 윈도우는 연속적인 프레임 전송 방식이므로 ACK, NAK 프레임이 모두 각각 구별되어야 한다. ACK 프레임은 다음 프레임을 보내라는 의미지만 NAK 프레임은 손상된 프레임 그 자체에 대한 번호를 가지고 반환된다.

③ 전송 스테이션은 분실된 ACK 프레임을 다루기 위한 타이머를 갖추고 있다.

2 GBn ARQ 방식

이제 GBn ARQ 방식의 동작을 살펴보기 위해 프레임 3이 손상된 경우를 가정해보자.

[그림 5–10]을 보면 프레임 3에서 오류가 발견되기 전에 6개의 프레임이 전송되었다. 수신지는 ACK 3을 반환해 프레임 0, 1, 2가 잘 도착했음을 전송지에 알린다. 프레임 3은 손상되었기 때문에 곧바로 NAK 3이 전송되고 이후의 프레임 4, 5는 폐기된다. 이때 전송지에서는 NAK 3을 수신함으로써 프레임 3이 잘못되었음을 알고 프레임 3, 4, 5를 재전송한다. 이것이 GBn ARQ 방식이다.

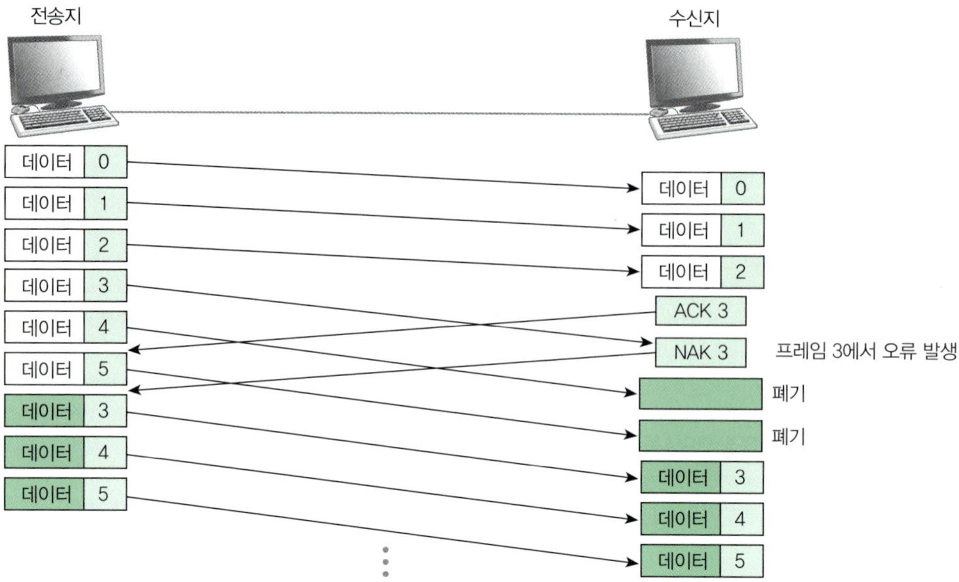

그림 5-10 GBn ARQ 방식에서 손상된 데이터 프레임의 처리 절차

[그림 5-11]은 GBn ARQ에서 데이터 프레임이 분실된 경우의 처리 절차다. 프레임 2가 분실되어 수신지에서는 NAK 2를 반환하고 그로 인해 프레임 2~4가 연속적으로 재전송된다.

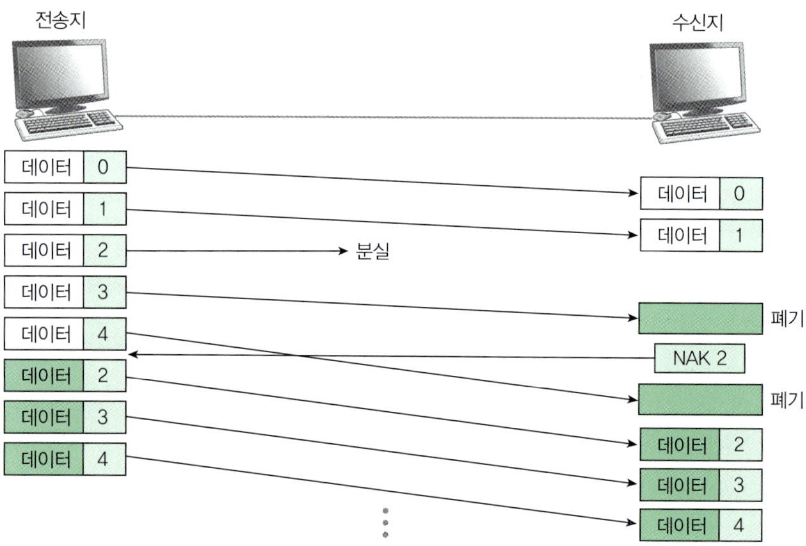

그림 5-11 GBn ARQ 방식에서 분실된 데이터 프레임의 처리 절차

[그림 5-12]는 GBn ARQ에서 ACK 프레임이 분실된 경우의 처리 절차다. 수신지에서 보낸 ACK 3이 분실되어 전송지에서는 프레임 0~2가 연속적으로 재전송된다.

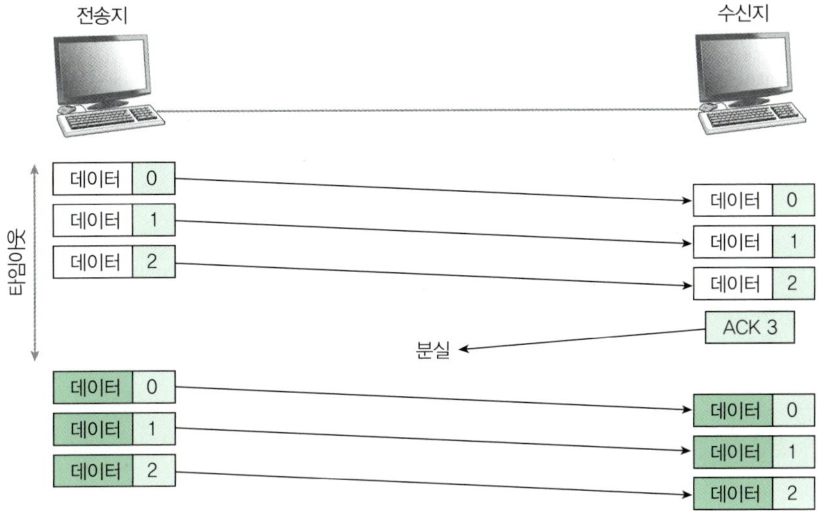

그림 5-12 GBn ARQ 방식에서 분실된 ACK 프레임의 처리 절차

3 SR ARQ 방식

손상된 프레임 이후의 프레임을 모두 다시 보내는 GBn ARQ 방식과 달리 SR ARQ 방식은 손상되거나 잃어버린 프레임만 다시 보낸다. 수신 스테이션은 어긋난 순서로 도착한 프레임을 다시 정렬하고, 전송 스테이션은 정렬 과정을 통해 재전송해야 하는 프레임을 선택해 재전송한다. 수신장치에는 재전송 프레임이 도착해서 정렬될 때까지 프레임들을 저장할 버퍼가 필요하다. ACK 번호는 수신된 프레임을 언급하는 번호가 된다.

여기서 잠깐 **데이터링크 계층의 오류제어 방식 비교**

데이터링크 계층에서 사용하는 오류제어 방식의 특성을 비교하면 다음과 같다.

- 정지-대기 ARQ 방식: 구조가 간단해 구현하기 용이하지만 비효율적이어서 활용도가 낮다.
- GBn ARQ 방식: 구조가 간단하고 효율성이 향상되어 가장 널리 사용된다.
- SR ARQ 방식: 가장 효율적이지만 구조가 복잡해 유지 관리 비용이 높아지므로 필요한 경우에만 사용된다.

확인문제 5-4

GBn ARQ 방식의 동작에서 0, 1, 2, 3, 4, 5의 6개 프레임이 전송되었다고 가정하자. 수신지에서 네 번째 프레임에 오류가 발견되었을 때의 동작을 설명하시오.

풀이 네 번째 프레임에서 오류가 발견되었다면 곧바로 프레임 4에 대한 NAK 4가 전송되고 이후의 프레임 5는 폐기된다. 이때 전송지에서는 NAK 4를 수신함으로써 프레임 4에 오류가 있었음을 알고 프레임 4 이후의 모든 프레임인 프레임 4, 5를 재전송한다.

확인문제 5-5

GBn ARQ 기법의 동작에서 4개 프레임인 0, 1, 2, 3이 전송되었다고 가정하자. 수신지에서 두 번째 프레임에 대한 ACK 2가 전송 중 분실되었을 때의 동작을 설명하시오.

풀이 수신지에서 보낸 ACK 2가 분실되었기에, 전송지에서의 수신이 불가하게 된다. 따라서 전송지에서는 프레임 0~3을 연속해서 재전송하게 된다. 이후 수신지에서 프레임 0~3을 수신하게 되면, 이것은 중복 프레임이 되므로 폐기 처리된다.

04 데이터링크 프로토콜

데이터링크 프로토콜은 문자 방식의 BSCBinary Synchronous Communication와 비트 방식의 SDLCSynchronous Data Link Control, HDLCHigh-level Data Link Control로 구분된다. 문자 방식 프로토콜Byte-oriented, Character-oriented은 전송된 프레임을 1바이트(8비트) 문자로 해석하며 모든 제어정보는 ASCII 코드로 구성된다. 하지만 비트 방식의 프로토콜에서는 전송 프레임을 개별 비트의 전송으로 해석하여 제어정보 또한 일정한 패턴 안에 내장된 비트 묶음이 될 수 있다.

비트 방식 프로토콜의 몇 가지 예는 [그림 5-13]과 같다. 대표적인 데이터링크 프로토콜인 HDLC에 대해 구체적으로 살펴보자. 이 프로토콜에 대한 표준은 현재 ISO 13239 문서로 공표되어 있다.

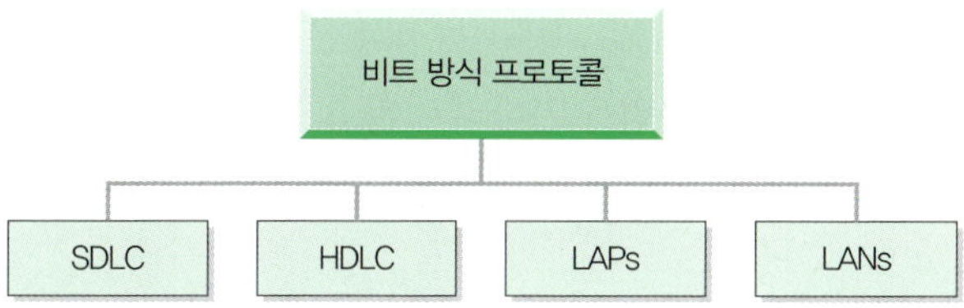

그림 5-13 비트 방식 프로토콜의 예

1 HDLC 프로토콜

HDLC는 1979년에 ISO에서 데이터링크 표준으로 채택한 대표적인 비트 방식 프로토콜로, 1975년 IBM에서 개발한 SDLC 프로토콜에 기초하고 있다. 프로세서의 발전과 더불어 다양한 네트워크 시스템이 개발되는 과정에서 데이터링크 프로토콜도 다양하게 개발되어 표준으로 채택되었다. 1981년에는 ITU-T에서 링크 액세스 프로토콜(LAPs: LAPB, LAPD, LAPM, LAPX 등)이라 불리는 프로토콜들이 표준으로 채택되었는데 이들은 모두 HDLC에 기반한 프로토콜이다. 이외에 프레임 릴레이와 PPP 등의 프로토콜이 ITU-T, ANSI 등에 의해 표준으로 채택되었다. 오늘날 사용되는 대부분의 데이터링크 프로토콜은 HDLC를 기본으로 해서 개발된 셈이다.

HDLC는 세 개의 스테이션, 두 개의 링크 구성 방식, 세 개의 데이터 전달 모드를 정의하고 있다. 먼저 스테이션의 종류에는 주 스테이션, 종속 스테이션, 혼성 스테이션이 있다.

- **주 스테이션**: 명령Command을 전송한다.
- **종속 스테이션**: 명령에 응답Response한다.
- **혼성 스테이션**: 명령과 응답 모두 전송한다.

주 스테이션과 종속 스테이션으로 데이터링크를 구성했다면 이를 불균형 구성Unbalanced configuration 방식이라고 하고 두 개의 혼성 스테이션으로 구성했다면 균형 구성Balanced configuration 방식이라 한다.

이것은 앞에서 살펴본 데이터링크의 회선제어 방식인 ENQ/ACK 또는 폴링 방식을 HDLC에 적용한 것으로 해석할 수 있다. 실제적인 데이터 전달 모드에는 NRM, ABM, ARM 등이 있다. NRMNormal Response Mode은 주 스테이션이 종속 스테이션으로 데이터 전송을 임의로 개시할 수 있으나, 종속 스테이션은 주 스테이션에서 폴을 받아야만 전송할 수 있어서 불균형 구성이 된다. ABMAsynchronous Balanced Mode은 혼성 스테이션 중 한쪽의 허락을 받지 않고도 전송을 개시할 수 있어서 균형 구성이 된다. ARMAsynchronous Response Mode은 종속 스테이션이 주 스테이션의 명확한 허가 없이 전송을 할 수 있다. 명령을 기다리지 않고 응답을 보낼 수 있다는 뜻이다. 그러므로 여전히 주 스테이션이 회선, 전송개시, 오류제어복원, 논리적 분리 등을 책임지며 불균형 구성이 된다.

이들이 적용되는 예를 들어보자. NRM은 다수의 터미널이 한 컴퓨터에 접속되어 있는 멀티드롭Multidrop 링크를 구성하는 경우에 사용된다. 오늘날은 이러한 구성은 거의 사용하지 않으나, 터미널 혹은 다른 주변장치를 컴퓨터에 연결할 때 점 대 점 링크를 구성하는 경우에 사용될 수 있다. ABM은 폴링Polling 오버헤드가 없으므로 전이중full-duplex 점 대 점 링크의 효과적인 적용을 가능하게 해준다. ARM에서는 폴링Polling 오버헤드가 발생하지 않으므로 전이중 점 대 점 링크를 효과적으로 적용할 수 있다.

2 HDLC 프레임 형식

HDLC 프레임은 플래그 영역, 주소 영역, 제어 영역, 정보 영역, FCS 영역으로 구분된다.

플래그	주소	제어	정보	FCS	플래그
01111110	8비트	8비트	임의 길이	16비트	01111110

그림 5-14 HDLC 표준 프레임 형식

■ 플래그 영역

플래그Flag 영역은 프레임의 시작과 끝을 나타내기 위해 사용된다. 8비트로 구성되며 고유의 패턴(01111110)을 갖는다. 수신지 스테이션이 프레임을 수신하는 동안 프레임의 끝이 아닌 중간에 01111110이라는 패턴이 나온다면 어떻게 될까? 이러한 문제를 해결하기 위해 비트삽입Bit Stuffing이라는 절차를 사용한다. 전송 스테이션은 프레임의 중간에 1이 연속해서 5개 발생하면 그 뒤에 0을 첨가한다. 반대로 수신 스테이션은 시작 플래그를 발견한 뒤 비트 스트림을 검사해 1이 연속해서 5개 나타나면 6번째 비트를 검사한 후 그 값이 0이면 이 값을 제거한다. 그러나 6번째 비트값이 1이고 7번째 비트가 0이면 플래그가 된다. 비트삽입을 하므로 1이 연속 5개이고 6번째 비트 값이 1, 7번째 비트가 0이 되는 경우는 플래그밖에 없기 때문이다.

■ 주소 영역

주소Address 영역은 프레임 형식의 두 번째 영역으로, 프레임을 수신하는 종속 스테이션(수신지 스테이션)을 식별할 때 사용한다. 보통 8비트 길이이지만 확장 형식을 사용할 수도 있다. 주 스테이션이 모든 부 스테이션에 프레임을 방송Broadcast할 때는 '11111111' 주소값을 사용한다.

TIP 전송지 호스트로부터 해당 네트워크의 모든 호스트에 정보(패킷/프레임 등)를 전송하는 것을 방송이라고 한다.

■ 제어 영역

HDLC의 제어Control 영역은 정보 프레임(I-프레임), 감시 프레임(S-프레임), 그리고 번호가 붙지 않은 프레임(U-프레임) 등 세 종류의 프레임을 정의한다. 정보 프레임은 사용자 프레임을 전송하며 ARQ 메커니즘을 사용하는 오류제어 프레임이 정보 프레임에 실려 전송된다. 이러한 방법을 피기백Piggyback이라 한다. 피기백이 사용되지 않을 때는 감시 프레임이 ARQ 메커니즘을 제공하며 번호를 갖지 않은 프레임이 보조링크 제어 기능을 제공한다. 제어 영역의 첫 번째 비트 한 개 혹은 두 개로 프레임의 종류를 식별한다. S-프레임과 I-프레임을 위한 기본적인 제어 영역은 3비트의 연속 숫자를 사용한다.

■ 정보 영역

정보Information 영역은 I-프레임과 U-프레임에만 있다. 이 영역은 임의의 순서로 된 비트 패턴을 가질 수 있다. 길이는 정해져 있지 않으나 구현 방법에 따라 특정한 최댓값을 갖는다. 일반적으로 길이는 8비트의 배수가 되어야 한다.

■ FCS 영역

FCSFrame Check Sequence 영역은 플래그 영역을 제외한 정보 영역 이후부터 적용된다. 정규 FCS는 16비트 CRC CCITT가 된다. 하지만 프레임 길이나 회선의 신뢰성을 위해 CRC-32를 사용하는 32비트 FCS를 사용할 수도 있다.

3 HDLC 프레임의 종류와 동작

제어 영역에서 살펴보았듯이 HDLC 프레임은 용도에 따라 세 가지 종류로 나뉜다. 사용자 정보를 전송하는 I-프레임, 오류제어를 관리하고 감시하는 S-프레임, 그리고 링크의 연결과 해제에 관련해 쓰이는 U-프레임이다.

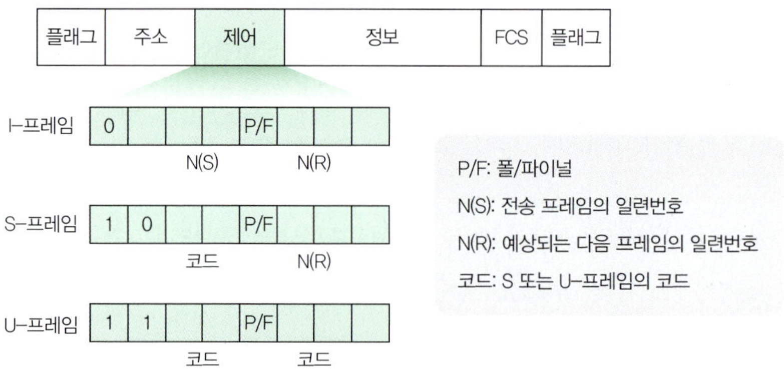

그림 5-15 제어 영역의 세 가지 프레임 형식

■ 정보 프레임(I-프레임)

HDLC의 기본적인 동작은 사용자 데이터를 갖는 정보 프레임 즉 I-프레임Information Frame의 교환에 있다. 각각의 I-프레임은 피기백된 양(+)의 ACK 프레임과 전송 프레임의 순차 번호를 포함하고 있다. ACK는 다음에 기대되는 순차번호이다. 최대 윈도우의 크기는 127까지 가능하다. I-프레임은 P/F 영역을 가지고 있다. 주 스테이션으로부터의 명령을 위한 비트는 P_{Poll} 비트이고, 종속 스테이션으로부터의 응답을 위한 비트는 F_{Final} 비트이다. ARM에서 주 스테이션은 P 비트를 1로 놓음으로써 전송을 허가하고, 부 스테이션은 응답의 마지막 I-프레임에 F 비트를 1로 설정한다. ARM과 ABM에서 P/F 비트는 때때로 S-프레임과 U-프레임의 교환을 지시하는 데 사용되기도 한다.

■ **감시 프레임(S-프레임)**

감시 프레임 즉 S-프레임Supervisory Frame은 흐름제어나 오류제어를 위해 사용되며, GBn ARQ와 SR ARQ를 허용한다. 피기백을 하는 I-프레임이 없을 때 RRReceive Ready로 양(+)의 ACK를 나타낸다. RNRReceive Not Ready은 RR이 올 때까지 더 이상의 I-프레임을 보내지 말 것을 요청하는 데 사용된다. RR, RNR, REJ 프레임에서 N(R)은 다음 기대되는 I-프레임의 순차번호를 표시하며, SR에서 N(R)은 거절된 프레임의 순차번호가 된다.

감시 프레임 내의 P/F 비트는 어떻게 사용될까? 주 스테이션은 종속 스테이션에 대한 폴을 하기 위해 RR 프레임 내의 P 비트를 설정한다. 종속 스테이션은 I-프레임이 있으면 I-프레임을 전송하고, 그렇지 않으면 보낼 데이터가 없다는 표시로 F 비트를 설정하여 RR을 보낸다. 주 스테이션(이 경우 혼성 스테이션)은 종속 스테이션/혼성 스테이션의 수신 상태를 알기 위해 RNR 명령의 P 비트를 설정해 전송한다. 그 스테이션이 I-프레임을 수신할 수 있으면 F비트를 설정해 RR로 응답하고 수신할 준비가 되어있지 않은 경우는 F 비트를 설정해 RNR로 응답한다.

■ **번호가 붙지 않은 프레임(U-프레임)**

번호가 붙지 않은 프레임 즉 U-프레임Unnumbered frame은 링크의 연결과 해제 등 여러 가지 제어 기능을 위해 사용된다. 이 프레임에는 순차번호가 없으며, 번호를 가진 I-프레임의 순서나 흐름을 바꾸지 않는다.

이제 HDLC 프레임의 동작을 살펴보자. S-프레임과 U-프레임은 제어 및 관리 감시 목적으로만 사용되므로 정보 영역은 포함하지 않는다. 이 세 가지 프레임 중 어떤 형식의 프레임이 전송되는지를 결정하는 것이 8비트의 제어 영역이다. 프레임 IDIDentifier를 위해 할당된 영역이 제어 영역의 처음 두 비트인데, 제어 영역의 첫 번째 비트가 0이면 I-프레임을 나타내고, 1, 2번째 비트가 10과 11이면 각각 S-프레임과 U-프레임을 나타낸다. S-프레임의 세 번째와 네 번째 비트는 네 가지의 S-프레임 종류를 분류할 수 있게 하며, U-프레임에 위치한 5개의 M비트는 32가지 종류로 세분화한다.

모듈러-8 순차번호 매김 방식이 HDLC의 표준이므로 순차번호를 위해 3비트 영역이 할당되어야 한다. I-프레임의 3비트 N(S)는 현재 I-프레임의 순차번호를 나타내며, 뒤이어 보내지는 I-프레임은 하나 더 증가한 순차번호 N(S)를 갖는다. 모듈러-8의 유한 순차번호가 실제 HDLC에 쓰이므로 전송지에서 N(S)가 최대 순차번호에 이르면 전송을 중지해야 한다.

TIP 모듈러-8은 순차번호를 8로 나눈 나머지인 0, 1, 2, 3, 4, 5, 6, 7로 구분하는 방법이다.

전송지는 수신지로부터 정상적인 수신을 알리는 ACK 프레임을 받은 후에야 다시 전송을 시작한다. I-프레임과 S-프레임 안에 있는 N(R) 영역은 I-프레임의 정상적 수신을 알리고자 할 때 쓰인다. 즉, N(R)의 숫자는 N(R)-1 이하의 모든 프레임은 정상적으로 수신했으며, 이제 N(R) 번호의 정보 프레임 수신을 원한다는 것을 나타낸다. 예를 들어 N(R)=5(비트 패턴은 101)는 4번 I-프레임을 정상적으로 수신했다는 것에 대한 ACK이며(5, 6, 7…프레임은 아직 ACK를 받지 못한 상태), 5번 I-프레임의 수신을 원하고 있다는 뜻이다.

HDLC에서 데이터 전송, 오류검출 및 복원은 I-프레임과 S-프레임을 사용함으로써 이루어진다. U-프레임은 데이터링크 순차의 연결과 해제 시에 사용되며, 필요하다면 확장된 순차번호 매김을 할 수도 있다. I-프레임에는 N(R) 영역이 있다. N(R) 영역은 N(R)-1과 그 이하의 모든 프레임에 대해 ACK을 전송하는 데 사용되므로 HDLC에서는 역방향으로 I-프레임 속에 ACK 기능까지 함께 실어 보내는 피기백과 같은 기능을 제공할 수 있게 된다. 또한 HDLC는 RR 프레임이라는 개별적 ACK를 사용한다. 이것은 전송할 I-프레임이 없는 경우에 정상적인 ACK 프레임을 보내거나 혹은 ACK 프레임 하나를 신속히 보내야 하는 경우에 사용된다.

REJ REJect 프레임은 비정상적 수신을 알리는 NAK 기능이 필요할 때마다 사용된다. HDLC에서 ABM은 GBn 프로토콜을 사용한다. 이 경우 REJ 프레임으로 인해 N(R)부터 그 이하 I-프레임 전체가 거절되어 모든 프레임이 재전송되어야 한다. S-프레임 중 SR에는 어느 특정 I-프레임만 재전송할 것을 요청하는 기능도 있다.

[표 5-2]는 프레임의 기능을 정리한 것이다.

표 5-2 프레임의 기능(ID=S)

ID 번호	기능 코드	기능
00	RR(Receive Ready)	N(R)-1을 포함해 순차번호까지 모든 프레임에 ACK를 보낸다.
10	RNR(Receive Not Ready)	일시적인 과부하 상황에 대처할 흐름제어 기능을 제공한다. N(R)-1과 N(R)-1까지 모든 프레임은 ACK나 N(R)을 받을 준비가 되어있지 않음을 알린다.
01	REJ(REJect)	N(R)과 N(R) 다음의 모든 프레임에 대한 NAK가 된다. N(R)-1과 그 이전의 모든 프레임은 정상 수신되었음을 의미한다.

확인문제 5-6

HDLC 프레임은 플래그 영역, 주소 영역, 제어 영역, 정보 영역, FCS 영역 등으로 구분된다. 제어 영역에 의해 구분되는 프레임의 종류를 설명하고 이 중 U-프레임은 어떤 경우에 사용되는지 설명하시오.

풀이 프레임의 종류에는 정보 프레임(I-프레임), 감시 프레임(S-프레임), 번호가 붙지 않은 프레임(U-프레임)이 있다. 이 중 U-프레임은 링크의 연결과 해제 등과 같은 제어 기능에 사용한다.

확인문제 5-7

HDLC에서는 세 종류의 프레임을 사용하는데, 이 중에서 사용자 정보를 포함하는 프레임을 모두 설명하시오.

풀이 S-프레임과 U-프레임은 제어 및 관리 감시 목적으로만 사용되므로 정보 영역을 포함하지 않으며 정보 프레임 즉 I-프레임만이 사용자 정보를 포함한다.

05 다중화와 교환기술

데이터통신 시스템에서는 원활하게 데이터 전송을 하기 위해 주로 다중화Multiplexing, MUX와 교환기술Switching Technology을 사용한다.

1 패킷 전송의 개념과 다중화

다중화란 데이터링크의 공유에 관한 총괄적인 표현 정도라고 생각하면 된다. 그렇다면 링크를 공유한다는 의미는 무엇일까? [그림 5-16]을 보면 다중화를 위한 장치와 역다중화Demultiplexing, DeMUX를 위한 장치가 단일 데이터링크로 연결되어 있고 링크는 n개 채널로 구성되어 데이터 전송이 이루어지고 있다. 다중화기Multiplexer는 n개의 입력 디바이스가 동시에 하나의 데이터링크를 상호 공유하도록 해주는 특별한 장치이다. 역다중화기Demultiplexer는 다중화기의 역과정을 수행한다.

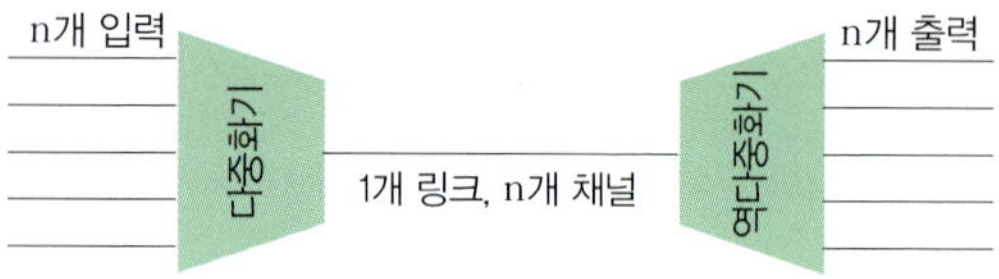

그림 5-16 다중화와 역다중화

다중화는 데이터링크의 효율성을 극대화하기 위해 다수의 디바이스가 단일 데이터링크를 공유해 전송하는 효율적인 데이터 전송 기술이다. 일반적으로 데이터통신 시스템은 다수의 디바이스로부터 나오는 데이터 신호를 하나의 전송링크로 전송되도록 하는 다중화 과정과 링크를 통해 수신된 신호를 출력 디바이스에 일치시키는 역다중화 과정을 포함한다.

2 다중화 기술의 종류

다중화 기술은 구현 방식에 따라 주파수 분할 다중화, 시분할 다중화, 통계적 시분할 다중화로 구분된다. 이 중에서 시분할 다중화를 동기식 시분할 다중화, 통계적 시분할 다중화를 비동기식 시분할 다중화로 구분하기도 한다.

2.1 주파수 분할 다중화

주파수 분할 다중화Frequency Division Multiplexing, FDM는 데이터링크(채널)의 주파수 대역폭을 몇 개의 작은 주파수 대역으로 나누어 각각 부채널Sub Channel로 재구성한 후 각 부채널을 여러 디바이스에 할당함으로써 각 디바이스로부터 나오는 신호를 동시에 전송하는 방식이다. 데이터링크의 대역폭을 나누어서 만든 부채널상의 신호는 서로 다른 주파수 대역으로 변조Modulation되어 전송된다. 수신지는 적절한 필터Filter를 통해 각 부채널의 신호를 구분한 후 각 부채널별로 복조Demodulation해 본래의 신호로 재구성한다. [그림 5-17]은 주파수 분할 다중화의 개념을 나타낸 것으로, 채널의 주파수 대역폭을 부채널 6개로 구분한 예이다.

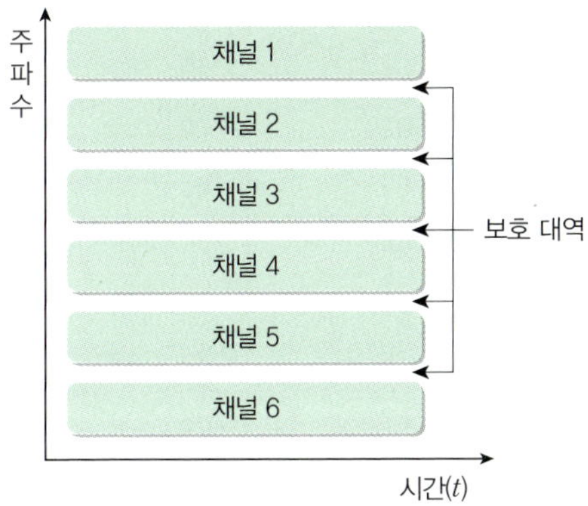

그림 5-17 주파수 분할 다중화

부채널 간의 상호 간섭을 방지하기 위해 보호 대역Guard Band을 사용하는데 이는 대역폭을 낭비하는 결과를 가져와 채널 이용률을 낮추는 요인이 된다. 주파수 분할 다중화의 장점은 비교적 간단한 구조로 구현되므로 가격이 저렴하고 그 자체가 주파수 편이 변복조기 역할을 하므로 별도의 변조기나 복조기가 필요하지 않다는 것이다. 사용 예로는 TV 방송, 케이블 TV 등이 있다.

[표 5-3]은 한국을 비롯한 북남미 대부분 국가와 대만, 필리핀 등에서 사용하는 TV 방송용 채널에 할당된 주파수를 정리한 것이다. TV 방송에서는 영상 신호, 컬러 정보 신호, 음성 신호를 전송해야 하므로 6MHz의 주파수 대역이 필요하다. 각 채널은 주파수 분할 다중화를 사용해 6MHz 간격으로 할당된다. 2번 채널은 54~60MHz까지 사용하고 3번 채널은

50~66MHz까지 사용해 TV 방송 신호를 동시에 전송한다. 73번 채널에서 83번 채널의 주파수는 1982년 지상 이동라디오 시스템Land Nobile Radio System과 이동전화Mobile Phones를 위해 재할당된 것이고, 2009년에 디지털 TV로 전환되어 52번에서 68번 채널의 주파수가 재할당되었다. TV 수신기는 적절한 필터를 통해 2번 혹은 3번 채널의 신호를 구분해 복조 과정을 거쳐 각 채널별로 본래의 신호로 만든다. 이와 같은 방법으로 2~83번까지 84개 채널을 사용해 TV 방송 신호의 동시 전송이 가능해진다.

표 5-3 TV 방송 채널 주파수 할당 (VHF: 2~13, UHF: 14~83)

채널 번호	주파수대(MHz)	채널 번호	주파수대(MHz)	채널 번호	주파수대(MHz)
2	54~60	30	566~572	58	734~740
3	60~66	31	572~578	59	740~746
4	66~72	32	578~584	60	746~752
5	76~82	33	584~590	61	752~758
6	82~88	34	590~596	62	758~764
7	174~180	35	596~602	63	764~770
8	180~186	36	602~608	64	770~776
9	186~192	37	608~614	65	776~782
10	192~198	38	614~620	66	782~788
11	198~204	39	620~626	67	788~794
12	204~210	40	626~632	68	794~800
13	210~216	41	632~638	69	800~806
14	470~476	42	638~644	70	806~812
15	476~482	43	644~650	71	812~818
16	482~488	44	650~656	72	818~824
17	488~494	45	656~662	73	824~830
18	494~500	46	662~668	74	830~836
19	500~506	47	668~674	75	836~842
20	506~512	48	674~680	76	842~848
21	512~518	49	680~686	77	848~854
22	518~524	50	686~692	78	854~860
23	524~530	51	692~698	79	860~866
24	530~536	52	698~704	80	866~872

25	536~542	53	704~710	81	872~878
26	542~548	54	710~716	82	878~884
27	548~554	55	716~722	83	884~890
28	554~560	56	722~728		
29	560~566	57	728~734		

2.2 시분할 다중화

시분할 다중화Time Division Multiplexing, TDM는 채널에 할당된 데이터 전송 허용시간을 일정한 시간 슬롯Time Slot으로 나누고 채널도 다시 부채널로 나누어 각 시간 슬롯을 부채널에 순차적으로 할당해 사용하는 방식이다. 시분할 다중화를 사용하는 각 부채널은 주기적으로 돌아오는 시간 슬롯을 이용해 자신의 데이터를 전송한다. 동기식 시분할 다중화Synchronous Time Division Multiplexing, STDM라고도 한다.

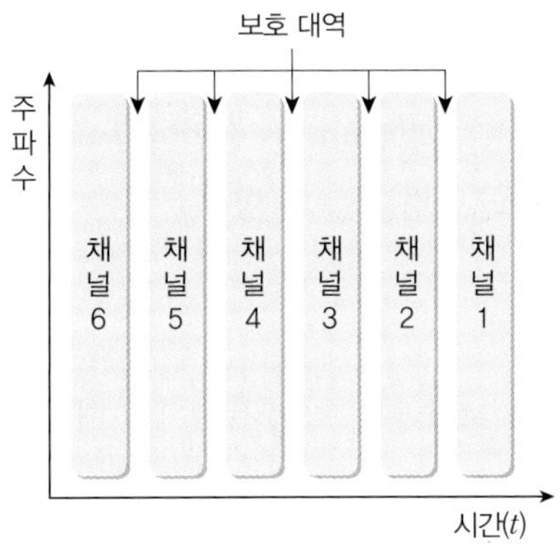

그림 5-18 시분할 다중화

시분할 다중화의 기본 동작은 [그림 5-19]와 같다. 각 단말기는 입출력 채널 어댑터I/O Channel Adapter에 연결되는데 이러한 어댑터는 버퍼 역할을 수행하며 동시에 다중화기가 단말기와 데이터를 주고받기 위해 필요한 제어 기능도 수행한다. 그래서 각 어댑터에는 단말기와 시분할 다중화기의 내부 동작 속도 차이를 보상하기 위한 버퍼 기억장치가 있다.

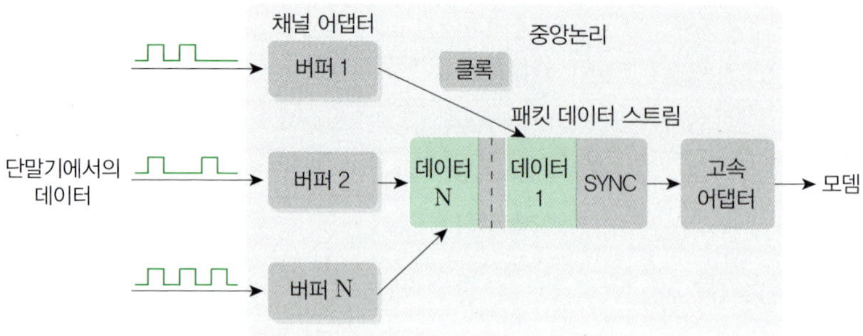

그림 5-19 시분할 다중화의 기본 동작

시분할 다중화기는 각 부채널을 차례로 스캔scan하는 동작을 수행해 시간 슬롯을 각 부채널에 할당한다. 이때 부채널에 전송할 데이터가 없는 경우에도 시간 슬롯이 할당되는데, 이는 낭비되는 시간이다. 시분할 다중화를 적용하는 대표적인 예로 24개의 채널을 시분할 다중화하여 사용하는 DS-1 전송 형식이 있다. 각 프레임은 채널당 8개의 비트와 1개의 프레임구성 비트로 구성되어 24채널×8비트+1비트=193(비트)를 포함하게 된다. 즉 24개 부채널이 시간 슬롯을 순차적으로 할당받아 데이터 전송이 이루어진다.

시분할 다중화는 구조가 비교적 간단해 구현이 용이하고 비용이 저렴하다는 장점이 있다. 또한 데이터 전송률의 조절이 가능하다. 단점으로는 시간 슬롯의 낭비를 들 수 있다.

2.3 통계적 시분할 다중화

통계적 시분할 다중화Statistical TDM는 시분할 다중화의 단점을 보완한 것으로, 동적으로 대역폭을 각각의 부채널에 할당하는 방식이다. 시분할 다중화는 시간 슬롯을 각 부채널에 무조건 할당하지만, 통계적 시분할 다중화는 데이터 전송을 하고자 하는 부채널에만 시간 슬롯을 할당하는 동적 할당 방식을 통해 대역폭의 낭비를 최소화한다. 단점은 회로가 복잡해지고 비용이 증가한다는 것이다. 비동기식 시분할 다중화Asynchronous TDM, ATDM라고도 한다.

[그림 5-20]은 시분할 다중화와 통계적 시분할 다중화를 비교한 것이다. 네 개의 데이터 소스와 네 개의 시간 간격(t_0, t_1, t_2, t_3, t_4)에서 출력된 데이터를 볼 수 있다.

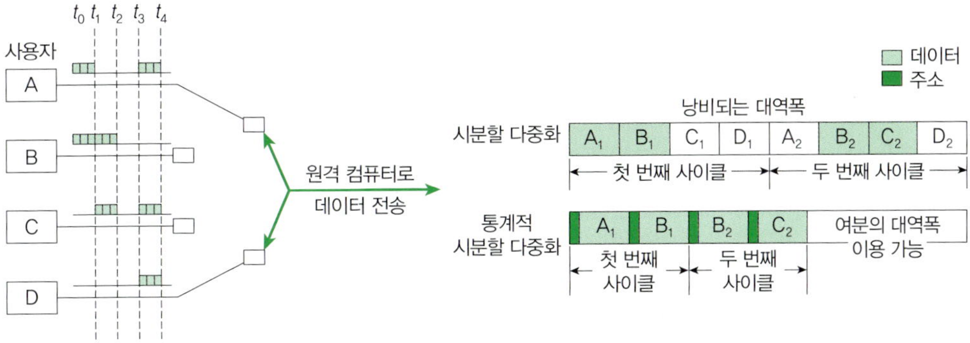

그림 5-20 시분할 다중화와 통계적 시분할 다중화의 비교

3 교환기술

데이터 전송을 원하는 디바이스들이 각각 서로 데이터 전송을 하려면 연결이 필요하다. 예를 들어 디바이스 10개를 모두 서로 연결하려면 10×9÷2=45(개)의 점 대 점 연결이 필요하다. 이러한 연결법을 메시Mesh형 연결이라 한다. 그러나 이렇게 점 대 점으로 연결하는 방법은 디바이스가 멀리 떨어져 있으면 효율적이지 않다. 10개의 디바이스가 수백 km씩 떨어져 있는 경우를 생각해보라. 또한 디바이스가 많아질수록 연결 수 또한 급격히 늘어나므로 실제로 구현하기에는 비현실적이다. 이 경우 교환기술이 좋은 해결책이 된다. 교환기술은 다수의 디바이스 상호 간에 최적의 연결성을 제공한다.

[그림 5-21]은 이러한 개념을 보여준다. 우선 데이터통신을 하고자 하는 디바이스의 집합을 스테이션으로 표현한다. 스테이션은 컴퓨터는 물론 전화, 터미널 등 데이터통신이 가능한 모든 디바이스를 포함한다. 각 스테이션은 데이터통신 네트워크를 구성하는 노드Node에 연결된다. 네트워크 노드는 라우터, 브릿지 등과 같은 디바이스에 대한 총칭으로, 스테이션 간 교환되는 데이터의 내용에는 관계하지 않고, 전송지에서 수신지까지의 데이터 이동에만 관여한다.

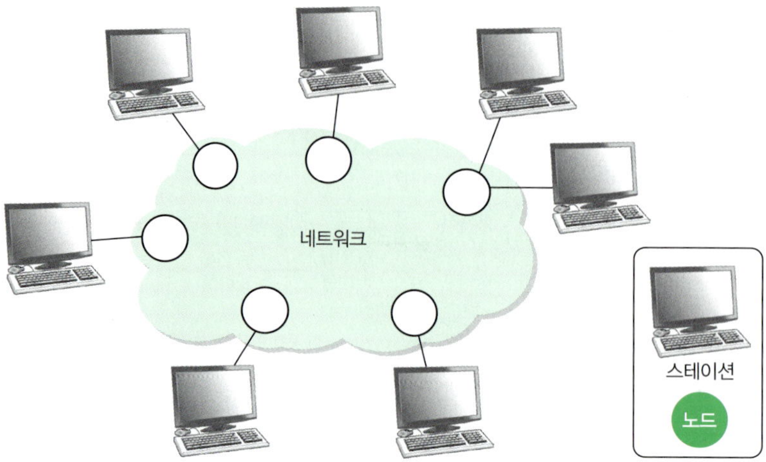

그림 5-21 데이터통신 네트워크를 통한 디바이스 상호 간의 연결

데이터통신 네트워크는 데이터를 전송하는 데 사용되는 기술과 구조에 따라 교환 데이터통신 네트워크Switched Data Communication Network와 방송 데이터통신 네트워크Broadcast Data Communication Network로 구분된다. 교환 데이터통신 네트워크는 다시 회선교환 네트워크, 메시지교환 네트워크, 패킷교환 네트워크 등으로 구분되며, 방송 데이터통신 네트워크는 패킷 라디오 네트워크, 위성통신 네트워크, 지역 네트워크 등으로 구분된다.

교환 데이터통신 네트워크의 구성요소는 상호 연결된 노드들의 집합이다. [그림 5-22]는 교환 데이터통신 네트워크의 개념을 보여준다. 교환 네트워크는 6개의 노드로 구성되고 각 노드는 다수의 데이터링크로 연결된다. 데이터링크를 적절히 선택하면 몇 가지 데이터 전송로Transmission Path를 구성할 수 있다.

예를 들어 스테이션 A에서 스테이션 E로 데이터를 전송하는 경우를 고려해보자. 스테이션 A에서 출발한 데이터는 먼저 노드 1에 보내진다. 노드 1에서는 네 개의 데이터링크 조합이 가능하다. 스테이션 A에서 출발한 데이터는 다음과 같은 데이터 전송로를 거쳐 스테이션 E로 전송된다.

- 노드 1→노드 3→노드 5
- 노드 1→노드 2→노드 4→노드 6→노드 5
- 노드 1→노드 2→노드 4→노드 3→노드 5
- 노드 1→노드 3→노드 4→노드 6→노드 5

이처럼 하나의 스테이션에서 교환 네트워크에 들어간 데이터는 노드에서 노드로 교환되면서 수신지에 도달한다.

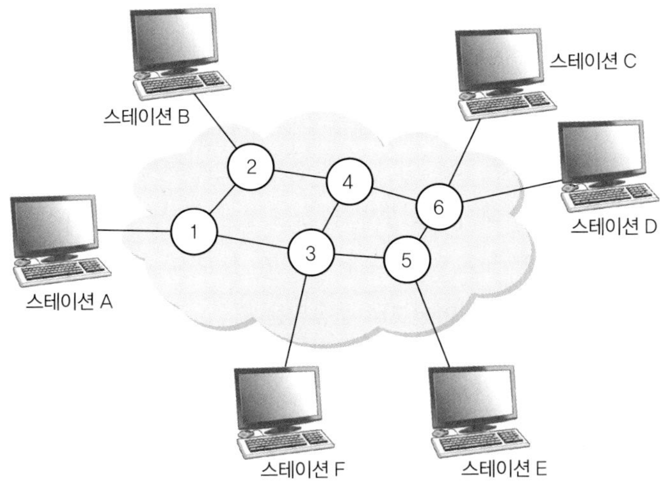

그림 5-22 교환 데이터통신 네트워크의 개념도

데이터링크를 선택해 데이터 전송로를 구성하는 방식으로는 회선교환, 메시지교환, 패킷교환이 널리 사용되고 있다. 반면 방송 데이터통신 네트워크에는 중간 교환 노드가 없다. 각 스테이션은 다른 스테이션과 전송매체를 통해 직접 접속된다. 인공위성 네트워크에서 어느 하나의 스테이션으로부터의 전송은 방송 형태로 이루어지고 다른 모든 스테이션에서 수신된다.

3.1 회선교환

회선교환Circuit Switching은 두 지점 사이에 데이터통신이 이루어지기 전에 먼저 전용 전송로Dedicated Transmission Path를 설정하는 방식이다. 전용 전송로는 데이터링크들로 구성되며, 이 전송로를 회선circuit이라 한다. 즉 회선을 미리 설정한 후 데이터 전송이 이루어지는 것이다. 회선교환 방식을 사용하는 대표적인 예는 전화 네트워크 시스템으로, 미리 설정된 전화 회선을 통해 음성 데이터가 전송된다.

회선교환 방식은 회선을 할당받아 사용하기 때문에 안정적이고 실시간 데이터 서비스가 가능하다. 그러나 연결이 설정된 회선은 데이터가 전송되지 않을 때도 다른 사용자가 사용할 수 없으므로 효율성이 떨어진다. 전화, 센서, 원격측정 등과 같이 비교적 데이터 흐름이 연속적인 경우에 널리 사용된다.

회선교환 방식을 이용한 데이터통신은 회선 설정, 데이터 전송, 회선 해제의 3단계로 진행된다.

■ [1단계] 연결설정

데이터가 전송되기 전에 스테이션 사이에 회선의 연결을 설정해야 한다. 교환 데이터통신 네트워크의 개념도인 [그림 5-23]을 통해 연결설정 단계를 알아보자. 스테이션 A에서 스테이션 E로 데이터를 전송하고자 하는 경우, 스테이션 A는 전용선으로 연결된 노드 1에 스테이션 E와 연결을 요구하는 요청Request 데이터를 보낸다. 노드 1은 라우팅을 통해 노드 5로 가는 경로를 찾는다. 그 결과 〈노드 1–노드 3–노드 4–노드 6–노드 5〉으로 결정되었다고 가정하면, 이 경로가 스테이션 A에서 스테이션 E로 전송되는 회선으로 설정된다.

TIP 경로를 배정하는 라우팅에 대해서는 Chapter 09에서 자세히 다룬다.

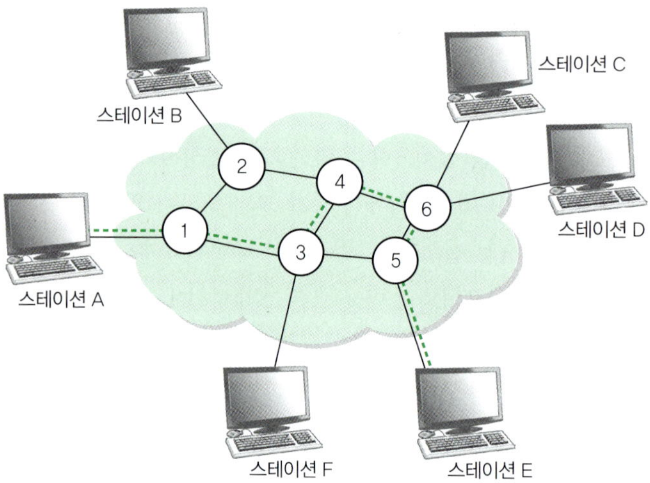

그림 5-23 회선교환 방식

■ [2단계] 데이터 전송

이제 1단계에서 설정된 〈노드 1–노드 3–노드 4–노드 6–노드 5〉 전송로를 따라서 스테이션 A에서 스테이션 E로 데이터 전송이 이루어진다.

■ [3단계] 연결종료

데이터 전송이 완료되면 두 스테이션 중 한쪽 스테이션의 동작으로 회선 연결을 종료한다.

3.2 메시지교환

메시지교환Message Switching은 데이터의 논리적 단위를 교환하는 방식이다. 두 스테이션 사이에 전용 전송로를 설정할 필요가 없으며, 메시지에 수신지 주소를 첨부해 전송한다. 메시지는 노드에서 노드로 네트워크를 통해 전송되는데 각 노드에서는 메시지를 수신하면 잠시 저장해 그 다음 노드로 보낸다. 이를 축적 후 전달Store and Forward이라고 한다.

[그림 5-24]를 보면 스테이션 A에서 스테이션 C로 메시지를 전달할 때 스테이션 A는 메시지에 수신지 주소를 첨부해 노드 1로 보낸다. 노드 1은 메시지를 저장하고 라우팅을 통해 다음 노드를 결정한다. 다음 경로가 노드 3으로 결정되었다고 가정하면 노드 3으로 메시지를 보낸다. 노드 3은 메시지를 저장하고 그 다음 노드 4를 결정한다. 마지막으로 스테이션 C로 메시지가 전달된다.

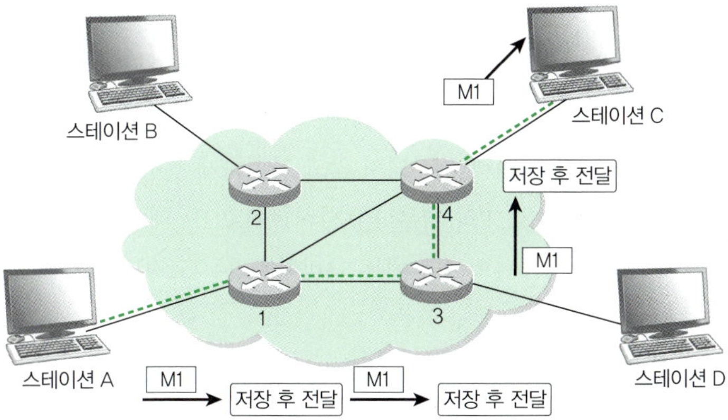

그림 5-24 메시지교환 방식

메시지교환 방식은 메시지를 축적하는 기능이 있으므로 회선교환 방식과 비교했을 때 다음과 같은 장점이 있다.

- 메시지를 축적한 후 전송하기 때문에 전송로를 효율적으로 이용할 수 있어 회선교환 방식보다 적은 비용으로 네트워크 설계가 가능하다.
- 상대 스테이션이 다른 스테이션과 데이터교환 중이거나 고장 등의 이유로 메시지를 수신할 수 없을 때도 메시지를 수신했다가 수신 가능한 상태일 때 전송할 수 있다.
- 데이터 전송량이 폭주할 때도 축적 기능을 이용해 교환 네트워크의 혼란 상태를 피할 수 있다.

- 동일한 내용의 메시지를 동시에 다수의 스테이션에 보낼 수 있는 방송 형태의 전송이 가능하다.
- 필요에 따라 우선순위 전송이 가능하다.
- 메시지 분실을 방지하기 위해 번호를 부여하거나 전송 날짜, 시간 등을 추가해 전송할 수 있다.
- 코드와 속도가 서로 다른 단말기끼리도 메시지교환이 가능하다.

3.3 패킷교환

패킷교환Packet Switching은 메시지교환 방식과 회선교환 방식의 장점을 결합하고 단점을 최소화한 방식이다. 패킷이란 소화물을 뜻하는 패키지package와 덩어리를 뜻하는 버킷bucket의 합성어로, 데이터 전송 시 정해진 크기와 형식에 맞도록 구성한 데이터 블록을 말한다. 분할된 각각의 패킷에는 번호가 붙고 수신지 주소가 기록되며, 오류검출 비트도 포함된다. 메시지교환 방식과 매우 유사하나 데이터 길이에 제한요소가 추가된 셈이다. 이해를 돕기 위해 패킷을 데이터가 들어 있는 하나의 편지봉투라고 생각해보자. 편지봉투에는 수신지 주소 등 여러 가지 제어정보가 적혀 있다. 편지봉투 속의 데이터가 전혀 손상되지 않고 안전하게 전송되어야 함은 물론이다. 패킷의 크기는 ARPANET, TELENET의 경우 1,024비트이고 IP 패킷의 경우 가변적인 크기로 최대 65,535바이트가 된다. ATM의 경우에는 53바이트라는 고정된 크기를 갖는다.

패킷교환은 이러한 패킷 형태로 만들어진 데이터를 패킷교환기가 수신지 주소에 따라 적절한 경로를 선택해 전송하게 하는 방식이다. 노드가 교환기Switch의 역할을 수행하는 점에서는 메시지교환 방식과 비슷하나, 메시지교환 방식처럼 노드가 메시지를 축적하지는 않는다. 따라서 빠른 응답시간이 요구되는 응용에도 사용할 수 있다.

[그림 5-25]는 패킷교환 방식의 개념도이다. 메시지교환 방식과 유사하게 속도와 코드가 서로 다른 디바이스 사이에서도 데이터교환이 가능하다. 교환기 통신 회선 등의 장애가 발생할 경우에도 대체 경로를 선택할 수 있어 네트워크의 신뢰성이 향상된다. ARPANET은 처음으로 패킷교환 방식을 사용한 데이터통신 네트워크이다.

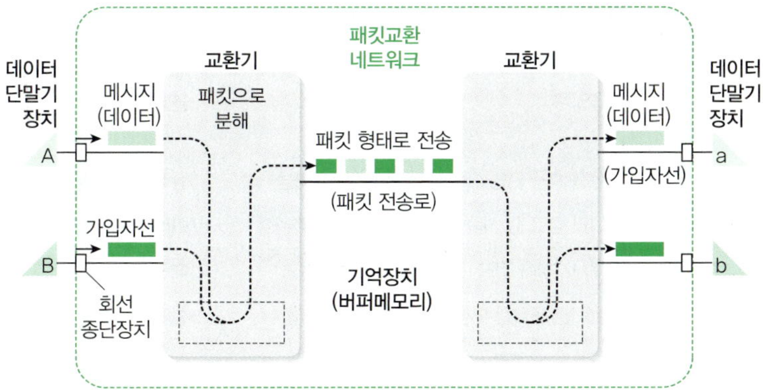

그림 5-25 패킷교환 방식 개념도

패킷교환 방식은 패킷 스트림stream을 어떻게 처리하느냐에 따라 데이터그램 패킷교환 방식과 가상회선Virtual Circuit 패킷교환 방식으로 구분된다. 데이터그램 패킷교환은 패킷 스트림을 독립적으로 처리하는 방식으로, 연결설정 단계가 불필요하고 혼잡을 피해 경로 구성을 할 수 있는 융통성이 커진다. 가상회선 패킷교환은 논리적 연결설정Logical Connection을 하는 방식으로, 에러제어와 흐름제어가 가능해 신뢰성이 높아진다.

[표 5-4]는 지금까지 살펴본 데이터교환 방식의 특징을 비교해 정리한 것이다.

표 5-4 교환 방식의 특성

방식 / 특징	회선교환	메시지교환	패킷교환	
			가상회선 패킷교환	데이터그램 패킷교환
전용 전송로	유	무	무	무
전송단위	연속적인 데이터	메시지	패킷	패킷
메시지 저장 여부	저장하지 않음	저장, 필요 시 검색	일시적 저장, 검색 기능 없음	일시적 저장, 검색 기능 없음
이용에 적합한 전송 형태	길이가 긴 연속적 전송	저속전송	순간적인 대량 데이터의 고속전송	순간적인 대량 데이터의 고속전송
전송경로의 형태	동일한 전송경로	메시지마다 경로설정	전체 패킷 전송을 위해 경로설정	각 패킷마다 경로설정
지연시간 영향	연결호출 설정 지연, 전송 지연은 무시	메시지 전송 지연	연결호출 설정 지연, 패킷 전송 지연	패킷 전송 지연
과부하 시	연결호출 설정 중단	메시지 전송 지연 증가	연결호출 설정 중단 : 연결설정 후에는 패킷 전송 지연 증가	패킷 전송 지연 증가

코드 및 속도 변환	무	유	유	유
전송 데이터와 수신 데이터의 순서 일치 여부	일치	불일치	일치	불일치
대역폭	고정	동적 사용 가능	동적 사용 가능	동적 사용 가능
회선 에러 발생 시	다른 회선 재설정	여러 경로 중 선택	다른 회선 재설정	여러 경로 중 선택
오버헤드	연결설정 후 불필요	메시지마다 필요	패킷마다 필요	패킷마다 필요
응용 분야	실시간 대화형	실시간 대화형 부적합	실시간 대화형	실시간 대화형

확인문제 5-8

데이터통신 시스템에서 효율적인 데이터 전송을 위해 어떤 방법을 사용하는가? 대표적인 두 가지 방법을 들고 각각의 특성을 설명하시오.

풀이 데이터통신 시스템에서 데이터 전송의 효율성을 높이기 위해 사용하는 방법으로 다중화와 교환기술이 있다.

- 다중화: 링크를 공유하는 방법으로, 디바이스 간의 데이터 전송이 링크를 통해 이루어진다. 다중화는 구현 방법에 따라 크게 주파수 분할 다중화, 시분할 다중화, 통계적 시분할 다중화로 구분된다. 주파수 분할 다중화의 장점은 비교적 저렴하며 별도의 변복조기가 필요 없다는 것이고 단점은 대역폭 낭비로 채널 이용률이 저하된다는 점이다. 시분할 다중화의 장점으로는 구현의 용이성과 저렴한 비용 등을 들 수 있으나 시간 슬롯의 낭비라는 단점이 있다. 통계적 시분할 다중화는 시분할 다중화의 단점을 보완한 기술로, 동적으로 대역폭을 각각의 부채널에 할당함으로써 대역폭의 낭비를 최소화한다.

- 교환기술: 다수의 디바이스 상호 간 데이터 전송 시 최적의 연결성을 제공하는 기술이다. 데이터링크를 선택해 데이터 전송로를 어떻게 구성하는가에 따라 회선교환 방식, 메시지교환 방식, 패킷교환 방식 등으로 구분된다.

연습문제

01 회선제어를 위한 기술 중에서 하나의 스테이션을 주 스테이션으로 지정하고 나머지는 종속 스테이션으로 구성하며 주 스테이션이 전송할 데이터가 있을 때 선택 모드를 사용하는 방식은?

① ENQ/ACK 방식　　② ARQ 방식
③ 폴링 방식　　④ 피기백 방식

02 데이터링크의 효율성을 극대화하기 위해 다수의 디바이스가 단일 데이터링크를 공유해 전송하는 기술은?

① 흐름제어 기술　　② 다중화 기술
③ 교환 기술　　④ 오류제어 기술

03 다음은 슬라이딩 윈도우 방식에서 전송지 윈도우의 동작에 대한 설명이다. (가)와 (나)에 각각 들어갈 표현으로 옳은 것은?

ACK 프레임이 도착하면 전송지 윈도우는 ACK 프레임에 따른 프레임의 수만큼 (　가　) 경계가 (　나　)으로 이동하여 윈도우 크기가 커진다.

① 왼쪽 - 왼쪽　　② 왼쪽 - 오른쪽　　③ 오른쪽 - 왼쪽　　④ 오른쪽 - 오른쪽

04 데이터링크 계층에서의 오류제어는 주로 오류검출과 재전송을 사용한다. 프레임이 손상되었거나 분실되었을 때 수행되는 재전송 과정을 나타내는 용어는?

① ENQ/ACK　　② ARQ　　③ LAP　　④ NAK

05 데이터링크 계층에서의 오류제어를 위한 기술 중 손상되거나 잃어버린 프레임만 재전송하는 방식은?

① 정지-대기 ARQ 방식　　② GBn ARQ 방식
③ SR ARQ 방식　　④ ENQ/ACK 방식

06 ISO에서 데이터링크 표준으로 채택한 대표적인 비트 방식 프로토콜로, IBM에서 개발한 SDLC에 기초하고 있는 프로토콜은?

① HDLC　　② BSC　　③ ATM　　④ ARQ

07 다음은 HDLC에서 사용하는 프레임에 관한 설명이다. (가)와 (나)에 각각 들어갈 표현으로 옳은 것은?

> (　가　)은 흐름제어나 오류제어를 위해 사용되며, (　나　)은 링크의 연결과 해제 등 여러 가지 제어 기능을 위해 사용된다.

① I-프레임, S-프레임　　② S-프레임, U-프레임
③ U-프레임, P-프레임　　④ S-프레임, P-프레임

08 HDLC 프레임 형식에 대한 설명으로 옳지 않은 것은?

① 플래그는 8비트로 고유의 패턴(01111110)으로 프레임의 시작과 끝을 나타내기 위해 사용된다.
② 정보 프레임은 사용자 프레임을 전송하며, ARQ를 사용하는 오류제어 프레임은 정보 프레임과는 별도로 전송된다.
③ 정보 영역은 I-프레임과 U-프레임에만 있다.
④ 주 스테이션이 모든 부 스테이션에 프레임을 전송할 때는 '11111111' 주소 값을 사용한다.

09 채널에 할당된 데이터 전송 허용시간을 일정한 시간 슬롯으로 나누고 채널도 다시 부채널로 나누어 각 시간 슬롯을 부채널에 순차적으로 할당해 사용하는 방식은?

① 주파수 분할 다중화　　② 시분할 다중화
③ 통계적 다중화　　④ 코드 분할 다중화

10 회선교환 방식에 관한 설명으로 옳지 않은 것은?

① 두 지점 사이에 데이터통신이 이루어지기 전에 먼저 통신에 사용할 전용 전송로가 결정된다.
② 회선교환 방식을 이용한 데이터통신은 연결설정, 데이터 전송, 연결종료의 3단계로 이루어진다.
③ 이미 설정된 회선은 데이터가 전송되지 않을 때도 다른 사용자가 사용할 수 없으므로 효율성이 떨어진다.
④ 회선을 할당받아 사용하기 때문에 안정적이나, 실시간 데이터 서비스 제공에는 부적합하다.

11 다음은 패킷교환 방식에 대한 설명이다. (가)와 (나)에 각각 들어갈 표현으로 옳은 것은?

패킷교환 방식 중 (가) 패킷교환 방식은 패킷 스트림을 독립적으로 처리하는 방식으로 연결설정 단계가 불필요하나 (나) 패킷교환 방식은 논리적 연결설정을 하는 방식으로 에러제어, 흐름제어가 가능하여 신뢰성이 높아진다.

① 데이터그램 - 회선
② 가상회선 - 데이터그램
③ 데이터그램 - 가상회선
④ 메시지 – 회선

12 데이터링크 계층에서 수행되는 회선제어 기능은 무엇인지 ENQ/ACK 방식을 중심으로 기술하시오.

13 슬라이딩 윈도우 방식에서 전송지 윈도우의 동작과 수신지 윈도우의 동작을 구분해 설명하시오.

14 다음 예를 가정하여 GBn ARQ 방식의 구체적인 동작을 설명하고, SR ARQ 방식과 비교해 그 차이점을 설명하시오.

전송지에서 수신지로 7개 프레임을 연속해서 전송하고 있다고 가정한다. 수신지에서 프레임 4의 오류가 발견되어 수신지는 전송지로 ACK 4를 반환했다.

15 데이터링크 프로토콜인 HDLC에서 링크를 구성하는 방식을 간략하게 설명하시오.

16 HDLC 프로토콜에서 데이터 전달 모드의 예를 들고, 각각에 대하여 설명하시오.

17 통계적 시분할 다중화를 시분할 다중화와 비교해 설명하시오.

18 HDLC 프로토콜에서 사용하는 프레임 중 번호가 붙지 않은 프레임은 어떤 경우에 사용하는지 구체적으로 설명하시오.

19 다중화가 필요한 이유를 설명하시오. 또한 다중화 방식 중 주파수 분할 다중화의 개념과 특성을 설명하시오.

20 회선교환 방식과 패킷교환 방식의 차이점을 기술하시오.

CHAPTER 06

이더넷과 LAN 프로토콜

학습목표

- LAN 프로토콜의 개념과 특성을 설명할 수 있다.
- IEEE 802.3 이더넷 프로토콜을 이용해 LAN의 구조와 동작 원리를 이해한다.
- 이더넷의 동작 특성과 성능을 분석할 수 있다.
- 고속 이더넷 및 고속 이더넷 리피터의 구조와 동작 원리를 이해한다.

01 LAN 프로토콜의 특성

1 LAN 프로토콜의 구조

인터넷 사용자들은 호스트 컴퓨터 또는 모바일 단말장치를 이용해 인터넷에 접속한다. 그런데 단말장치를 통해 어떻게 인터넷에 접속할 수 있는 것일까? 인터넷의 사용자 측(최종단)을 살펴보면 컴퓨터나 모바일과 같은 단말장치가 LANLocal Area Network에 연결된 형태를 취하고 있다. 이렇듯 대부분 LAN의 도움을 받는다.

LAN은 빌딩이나 대학 캠퍼스 정도 범위로 규모와 거리를 제한한 채 PC, 서버, 프린터, 라우터, 워크스테이션 등을 연결해 구성한 네트워크 시스템이다. 전송지 호스트 컴퓨터와 수신지 호스트 컴퓨터 사이의 거리를 수 km 이내로 제한함으로써 고속의 데이터 전송이 가능하고 데이터 전송률도 높다.

TIP LAN은 다수의 호스트 컴퓨터와 서버, 그리고 이들을 연결하는 장치인 교환기 혹은 라우터 등으로 구성된다.

가장 널리 사용되는 LAN 기술은 이더넷Ethernet이다. 전 세계적으로 수억 대 이상의 이더넷 인터페이스 장치가 PC, 서버, 워크스테이션, 케이블 TV의 셋톱 박스 등에 설치되어 사용되고 있다. 이더넷 기술은 IEEEInstitute of Electrical and Electronics Engineers 802.3 표준안으로 승인된 기술이다. LAN 프로토콜에는 이더넷 표준인 IEEE 802.3 CSMA/CD 외에도 IEEE 802.5 토큰링Token Ring 표준, IEEE 802.4 토큰버스Token Bus 표준 등이 있다.

IEEE 802 LAN 표준의 계층구조는 [그림 6-1]과 같다.

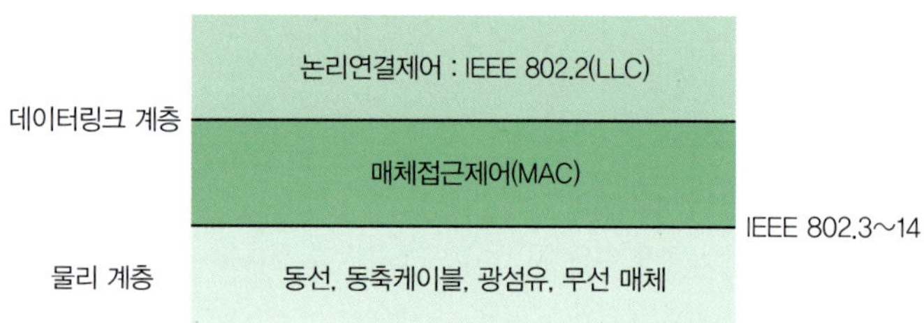

그림 6-1 IEEE 802 LAN 표준의 계층구조

물리 계층에서는 사용하는 동선이나 신호의 형태, 코드화 비트의 형태처럼 전기적 · 기계적 특성에 대한 표준을 정의한다. 데이터링크 계층은 오류 없이 패킷을 전송하는 계층으로, MACMedia Access Control(매체접근제어) 부계층과 LLCLogical Link Control(논리연결제어) 부계층으로 구분된다. LAN 프로토콜의 거리 제한성으로 인해 물리 계층, 데이터링크 계층, 응용 계층의 3계층만으로 구성하는 것이 일반적이어서 보완책으로 데이터링크 계층을 좀 더 구체적으로 정의할 수 있도록 MAC과 LLC 부계층으로 나누어 구현하는 것이다.

MAC 부계층은 공유매체에 대한 접근 조정 기능을 담당하고 LLC 부계층은 공유매체에 대한 접근 감독 기능을 담당한다. 물리 계층과 MAC 부계층의 기능에 대한 표준은 IEEE 802.3~802.14 표준안에서, LLC 부계층의 기능에 대한 표준은 IEEE 802.2 표준안에서 자세하게 기술하고 있다.

이더넷 인터페이스 장치의 데이터 처리율도 점점 향상되어 10Mbps, 100Mbps(고속 이더넷), 1/10/100Gbps(기가비트 이더넷) 등이 널리 사용되고 있다. 그리고 FDDIFiber Distributed Data Interface는 전송률이 100Mbps인 고속 네트워크 프로토콜로 사용되고 ATM 프로토콜도 LAN 환경에서 사용되기 시작했다. 이들은 이더넷이나 토큰링 네트워크를 상호 연결하기 위한 고속 백본Backbone 네트워크에도 사용된다.

TIP FDDI는 LAN 사이 혹은 호스트 컴퓨터 사이를 광섬유로 연결하는 고속 통신 네트워크 구조이다. 토큰링 방식을 개선하여 이중링 구조를 취하며 ANSI의 X3T9.5로 표준화되었다.

LAN의 특성은 네트워크의 전송매체와 토폴로지에 의해 결정된다. 전송매체에 대해서는 Chapter 04에서 살펴보았으므로, 여기서는 토폴로지에 대해 알아보자.

2 LAN 토폴로지

토폴로지Topology는 LAN의 특성을 결정짓는 중요한 요소 중의 하나로, 성형, 버스형, 링형 토폴로지 등이 가능하다. 이더넷에서는 주로 버스형을 사용한다.

2.1 성형 토폴로지

성Star형 토폴로지는 각 노드가 허브와 같은 장치로 구성된 중앙 노드에 직접 연결되는 형태이다. 어느 한 노드의 데이터 전송은 중앙 노드로 전송되고 중앙 노드에서 다시 다른 모든 링크로 재전송된다. 이러한 이유로 물리적 구조는 성형이지만 논리적으로는 버스형 토폴로지와 유사하다.

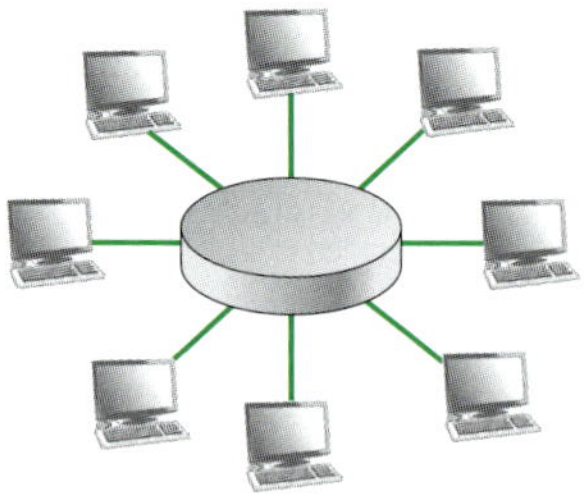

그림 6-2 성형 토폴로지

■ 장점

- 각 노드 연결에 하나의 링크와 I/O 포트만 필요하므로 설치비용이 저렴하다.
- 링크 하나가 끊어져도 다른 링크에 영향을 주지 않으므로 안정성이 높다.
- 접속하는 링크가 독립적이므로 노드 확장성에 유리하다.

■ 단점

- 제어장치인 중앙 노드에 문제가 발생하면 네트워크 전체에 영향을 준다.
- 버스형이나 링형보다 연결에 필요한 링크 수가 많다.
- 데이터의 양이 많아지면 지연시간이 길어진다.

2.2 버스형 토폴로지

버스Bus형 토폴로지는 모든 노드가 선형의 링크에 직접 연결되는 형태이다. 각 노드는 탭과 유도선Drop Line에 의해 링크에 연결된다. 링크의 시작과 끝에는 터미네이터Terminator라는 장치가 전송 신호의 순환을 방지한다. 링크에 연결된 노드가 전송을 하면 방송 형태가 되어 연결된 모든 노드에서 수신된다.

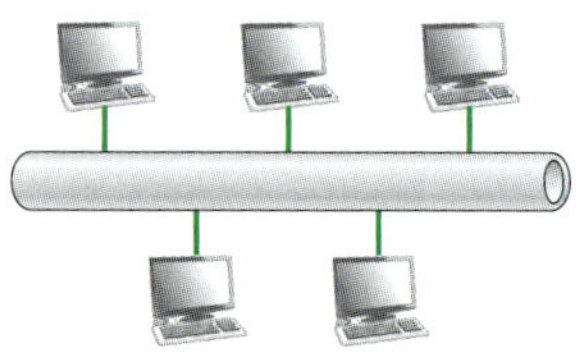

그림 6-3 버스형 토폴로지

■ 장점

- 설치가 간단하고 비용이 저렴하다.
- 확장성이 양호하고 한 노드의 오류가 다른 노드에 영향을 주지 않아 안정성이 우수하다.
- 연결에 필요한 링크의 길이를 최소화할 수 있다.

■ 단점

- 노드 수가 증가하면 네트워크 성능이 떨어진다.
- 유도선이 아닌 링크에 문제가 발생하면 네트워크 전체에 문제가 발생한다.
- 링크 길이가 길어지면 신호의 감쇄 현상으로 중계기를 사용해야 한다.
- 둘 이상의 노드가 동시에 신호를 전송하면 충돌 현상이 발생한다. 데이터 양이 많거나 노드 수가 증가하면 충돌 현상이 빈번해져서 네트워크 성능이 떨어진다.

2.3 링형 토폴로지

링Ring형 토폴로지는 닫힌 원의 형태로 구성되는데, 한쪽 방향으로만 전송이 가능하도록 링크를 설정하는 것이 일반적이다. 전송지와 수신지 주소, 그리고 여러 제어정보가 들어있는 데이터 패킷이 링을 따라 순환하다가 수신지 노드에 도착하면 해당 노드는 패킷의 데이터 영역 값을 버퍼에 복사해 처리한다. 패킷은 링을 따라 계속 돌다가 전송지 노드에서 제거된다.

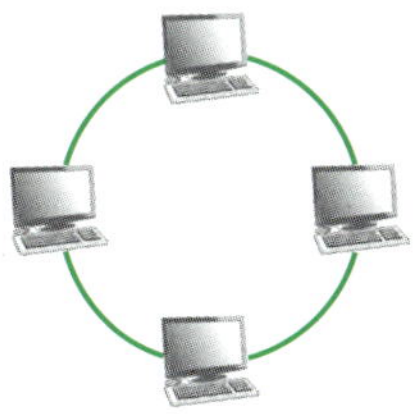

그림 6-4 링형 토폴로지

■ 장점

- 구조가 간단해 설치와 재구성이 쉽다.
- 성형보다 링크 길이를 줄일 수 있어 경제적이다.
- 링크로 보내진 신호는 순환되어 모든 노드를 거치므로 노드에 문제가 발생하면 위치를 파악하기 쉽다.
- 문제가 발생했을 때 링을 신속하게 복구할 수 있다.

■ **단점**

- 제어 절차가 복잡하다.
- 한 노드의 오류가 링 전체에 영향을 미친다(FDDI에서는 이중링 구조를 사용해 이러한 단점을 보완하고 있다).

3 LAN의 정량적 특성

LAN의 정량적 특성을 처리율, 시간 지연성, 보안성 및 신뢰성 측면에서 살펴보자.

■ **처리율**

처리율Throughput은 단위시간당 링크가 처리할 수 있는 데이터 양이다. 전송지의 전송률이 10Mbps이고 MAC 프로토콜의 효율을 80%로 가정하면 LAN 처리율은 8Mbps가 된다. 이때 5개의 컴퓨터가 사용 중이라면 두 호스트 컴퓨터 사이에서 10Mbyte 파일을 전송하는 데 걸리는 시간은 얼마일까? 10Mbyte는 $10\times10^6\times8$(bits)=8×10^7(bits)가 되고 5개의 컴퓨터가 링크를 공유해 사용하므로 다음과 같이 계산해 약 67초가 걸린다.

$$\frac{8\times10^7 \text{ bits}}{(6\times10^6 \text{ bps})/5}\approx67(\text{sec})$$

■ **시간 지연성**

시간 지연성Latency은 하나의 패킷이 전송지의 네트워크 인터페이스로부터 수신지 컴퓨터까지 전송될 때 걸리는 시간으로, 일반적으로 네 개의 시간 지연 요소에 의해 결정된다.

- **매체접근시간**Media Access Time: 한 노드가 패킷을 전송하기 위해 기다려야 하는 시간이다.
- **전송시간**Transmission Time: 전송률로 나누어진 패킷 내의 비트 수와 같다. 예를 들어 10Mbps 이더넷에서 한 패킷의 크기가 500~12,000비트일 때 전송시간은 0.05ms~1.2ms가 된다.
- **대기시간**Queueing Time: 네트워크 인터페이스에 먼저 도착한 패킷이 전송되기 위해 기다려야 하는 시간이다.
- **전파시간**Propagation Time: 매체에 따라 신호가 전송되는 데 걸리는 시간이다. 신호 전송로의 길이를 L, 전파속도를 C라고 하면 전파시간은 L/C(초)로 표현한다.

■ 보안성과 신뢰성

데이터 보안성은 외부의 사이버 위협이나 공격으로부터 시스템을 보호하거나 데이터 유출에 대처하는 것을 말한다. 예를 들어 전송케이블에 직접 연결해 데이터를 유출하는 탭핑 Tapping에 대해서는 동선보다 광섬유의 보안성이 높다. 신뢰성은 노드나 링크에 이상이 발생할 때 동작이 중지되지 않고 계속 유지되도록 하는 특성이다.

확인문제 6-1

LAN을 구성할 때 비용과 안정성, 확장성을 고려하면 어떤 토폴로지를 선택하는 것이 최적인지 그 이유와 함께 설명하시오.

풀이 성형 토폴로지를 선택하는 것이 최적이다. 성형 토폴로지는 설치비용이 저렴하고 하나의 링크에 장애가 발생해도 다른 링크에 영향을 주지 않아 안정성을 확보할 수 있으며 접속하는 링크가 서로 독립적이기 때문에 확장성이 뛰어나다. 다만 중앙 노드에 문제가 발생하면 네트워크 전체에 영향을 준다는 점과 버스형이나 링형에 비해 연결에 필요한 링크 수가 증가한다는 점은 고려해야 한다.

확인문제 6-2

이더넷 처리율이 10Mbps이고 컴퓨터 10대가 사용 중이라고 가정할 때 두 호스트 사이에서 5Mbyte 파일을 전송하는 데 걸리는 시간을 구하시오.

풀이 5Mbyte는 $5\times10^6\times8(\text{bits})=4\times10^7(\text{bits})$가 되고 컴퓨터 10대가 링크를 공유해서 사용하므로 다음과 같이 계산할 수 있다.

$$\frac{4\times10^7\text{bits}}{(10\times10^6\text{bps})/10}\approx40(\text{sec})$$

따라서 파일을 전송하는 데 약 40초가 걸린다.

02 IEEE 802.3 LAN 프로토콜

대표적인 LAN 기술인 이더넷 표준은 IEEE 802.3 표준안을 의미한다. 이더넷은 MAC 계층의 프로토콜로 CSMA/CD 방식을 사용한다. CSMA/CD 방식은 CSMA 방식의 단점을 보완하기 위해 개발된 것이므로 CSMA 방식이 무엇인지 먼저 알아야 한다.

1 CSMA 방식

CSMA 방식에서는 데이터 전송을 원하는 호스트 컴퓨터(이하 스테이션)가 전송매체를 감지해 사용 가능 여부를 진단한다. 현재 또 다른 스테이션이 데이터를 전송 중이라면 전송매체에 신호의 크기(전압 또는 전류)가 감지되고 어떤 스테이션도 전송매체를 사용하지 않아 신호가 감지되지 않는 휴지Idle 상태일 때는 스테이션이 전송되도록 동작한다. CSMA 방식은 경쟁을 기반으로 하는 방식으로, 전송 채널이 사용 중인 분주busy 상태라면 잠시 기다렸다가 다시 전송을 시도한다.

데이터를 전송한 후에는 확인 응답인 ACK를 받을 때까지 기다린다. 이때 최대 왕복 전파지연시간과 수신 스테이션이 ACK를 전송하기 위해 채널에 접근하는 시간을 고려해야 한다. 이 방식은 전파지연시간 내에 두 개 이상의 스테이션이 동시에 전송을 개시하는 경우에 전송 패킷 간 충돌이 발생할 수 있다. 둘 이상의 노드가 동시에 반송파 감지Carrier Sensing 프로세스를 수행하면 둘 이상의 노드 모두 전송매체가 휴지 상태라고 판단, 프레임을 동시에 전송함으로써 충돌 현상이 발생한다. [그림 6-5]는 스테이션 A와 스테이션 Z가 동시에 프레임을 전송해 충돌이 발생한 상황을 나타내고 있다.

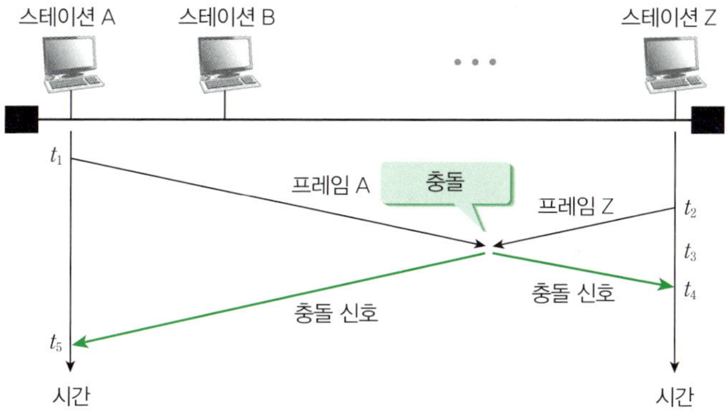

그림 6-5 CSMA 방식에서의 충돌 현상

2 CSMA/CD 방식

CSMA 방식에서 발생하는 충돌 현상을 보완한 것이 CSMA/CDCarrier Sense Multiple Access/Collision Detection 방식이다. CSMA/CD 방식은 LWTListen While Talk 방식으로 설명할 수 있다. CSMA 방식에서 두 데이터 패킷 사이에 충돌이 발생하면 전송 지연이 발생해 처리율이 저하된다. 따라서 CSMA/CD 방식에서는 데이터 전송 중에 전송매체를 계속 검사하는 LWT 방식으로 충돌에 의한 전송 지연을 줄인다. 이처럼 데이터 전송 중에도 충돌 탐지 프로세스를 수행하면 충돌을 신속하게 감지할 수 있다. 충돌이 감지되면 프레임 전송을 중단해 효율성을 향상시킨다. 이를 위해 CSMA/CD 프로토콜은 CSMA 프로토콜에 다음과 같은 규칙을 추가한다.

[규칙 1]
데이터를 전송하는 도중 충돌을 감지하면 짧은 신호를 보내 모든 스테이션에 충돌이 일어난 것을 알린다.

데이터를 전송하는 도중 충돌을 감지한 스테이션은 프레임 전송을 중단하고 충돌 신호를 보내 모든 스테이션에 알린다. 충돌 발생을 확실하게 알리기 위해 32비트 크기의 임의의 데이터를 전송하는데 이것을 충돌 신호Collision Signal 또는 재밍 신호Jamming Signal라고 한다. 만약 프리앰블Preamble 및 SFD 부분이 전송되는 중에 충돌이 발생하면 이들의 전송이 종료된 후에 충돌 신호를 전송한다.

TIP 프리앰블 및 SFD에 대해서는 뒤에서 IEEE 802.3 프레임 구조를 살펴볼 때 다시 설명한다.

[규칙 2]
충돌 신호를 보내고 임의의 대기시간 후에 CSMA를 사용해 재전송을 시도하므로 충돌을 감지할 때까지만 시간 낭비가 발생한다.

이때 프레임 간 대기시간InterFrame Gap, IFG은 어떻게 계산하는지 알아보자. 충돌이 n번 연속해서 발생했다고 가정하고 16번 연속 충돌이 발생하면 전송을 포기한다. m 값을 n 값과 10 중에서 작은 값($m=min\{n, 10\}$)으로 선택하고 $\{0, 1, 2, 3, \cdots, 2m-1\}$에서 하나의 값을 임의의 값이 되도록 선택한다. 선택한 값을 k라 하면 $k \times 512$ 비트 타임 동안 기다린 후에 데이터 전송을 다시 시작한다. 이와 같은 재전송 스케줄링 과정을 이진지수 백오프Binary Exponential Backoff라 한다. 즉 충돌이 감지되면 충돌 신호를 통해 모든 스테이션에 알리고 각 스테이션은 임의의 시간 동안 기다린 후에 이진지수 백오프에 의한 재전송을 시도한다. 임의의 값이 되도록 선택하는 이유는 고정된 값을 선택하면 충돌이 발생한 노드가 모두 동일한 값을 선택하고 결과적으로 동일한 시각에 재전송을 시도해 다시 충돌이 발생할 수 있기 때문이다. 따라서 임의의 값이 되도록 선택해 충돌이 발생한 노드들이 서로 다른 값을 선택할 수 있도록 한다.

여기서 잠깐 **프레임 간 대기시간**

어느 한 노드가 계속해서 매체의 사용 권한을 갖고 프레임을 전송하면 다른 노드들은 전송의 기회조차 받지 못한다. 이를 방지하고 모든 노드에 공평하게 프레임 전송 기회를 주기 위해 사용하는 것이 프레임 간 대기시간InterFrame Gap, IFG이다. 프레임 전송을 완료한 스테이션이 있다면 IFG 시간(96비트 시간)만큼 지난 후에 다시 전송을 시도하는 것이다.

CSMA/CD 방식은 재전송 횟수가 증가할수록 선택 범위가 넓어진다. 재전송 횟수가 증가한다는 것은 현재 프레임을 전송하려는 노드가 많다는 의미이므로 어떤 구간에서 임의로 값을 선택하더라도 동일한 값을 선택하는 노드가 생길 확률이 커진다. 따라서 재전송 횟수가 증가할수록 선택 구간을 넓게 하여 동일한 값을 선택할 확률을 줄이는 것이 효율적이다.

[규칙 2]에 따르면, 충돌을 감지하기까지의 시간이 중요한 요소이다. 최대 충돌감지시간은 최대 전파지연시간의 두 배가 된다. 그 이유는 무엇일까? 가장 바람직하지 못한 것이 [그림 6-6]의 경우다. 그림에서는 네트워크상에서 가장 멀리 떨어진 스테이션 A와 스테이션 Z가 각각 프레임을 전송해 충돌이 발생한 경우를 보여주고 있다. 이처럼 두 개의 스테이션이 네트워크상에서 가장 멀리 떨어져 있을 때 충돌이 발생하면 최대 충돌감지시간은 최대 전파지연시간의 두 배가 된다.

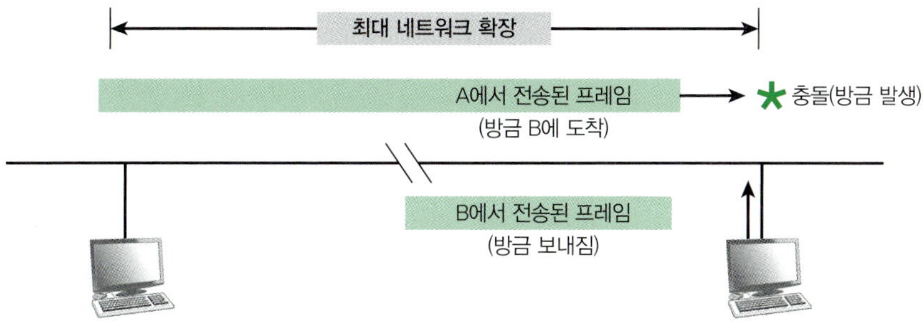

그림 6-6 최대 충돌감지시간이 발생한 경우

3 IEEE 802.3 프레임 구조

CSMA/CD 방식에서 사용하는 프레임 구조는 [그림 6-7]과 같다.

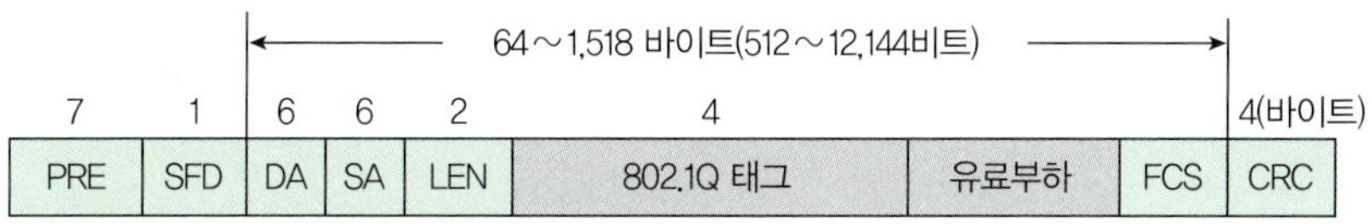

그림 6-7 CSMA/CD에서 사용하는 프레임 구조

- **PRE**PREamble**(프리앰블)**: 프레임의 처음에 위치하며 각 MAC 장치의 수신회로가 실제 프레임의 내용을 수신하기 전에 비트 동기화를 수행한다. '10101010'과 같은 패턴의 일련번호를 갖는다.
- **SFD**Start of Frame Delimiter: 프레임 동기화를 위한 식별용 문자이다. 비트 패턴은 '10101011'로 프레임 시작을 수신지에 알린다.
- **DA(수신지 주소), SA(전송지 주소)**: 48비트로 구성되어 있다. 수신지 주소의 첫 번째 비트는 개별 주소인지 그룹에 속한 주소인지를 알려주는데, 만약 방송형인 경우에는 주소 영역의 모든 비트가 1이 되도록 한다.
- **LEN**Length: 데이터 영역의 바이트 수를 표시하는 길이 표시자이다.
- **유료부하**Payload: 사용자 데이터로 채워진다. 선택사항option인 801.1Q 태그가 사용될 때 유료부하의 최솟값은 42바이트가 되고, 801.1Q 태그가 사용되지 않을 때는 46바이트가 된다. 최댓값은 1500바이트이다.
- **FCS**Frame Check Sequence: 오류검출을 위한 CRCCyclic Redundancy Check 코드값이다.

LLC 부계층에서 LLC 프레임이 만들어지면 MAC 부계층에서 DA, SA, LEN 영역이 첨부되고 물리 계층에서 PRE, SFC, CRC 영역이 첨가된다. MAC 주소는 48비트 크기를 갖는 이더넷 인터페이스 값이다. 이 값은 이더넷 인터페이스 장치마다 유일한 값을 갖도록 하여 구분한다.

IEEE 802.3의 전송라인으로는 10 BASE-T, 100 BASE-T4, 100 BASE-TX, 100 BASE-F 등이 정의되어 있는데 여기서 10과 100은 대역폭이다. BASE는 베이스밴드 전송, T는 동선Twisted pairs, F는 광섬유Fiber를 의미한다. 10 BASE-T의 구조는 [그림 6-8]과 같다.

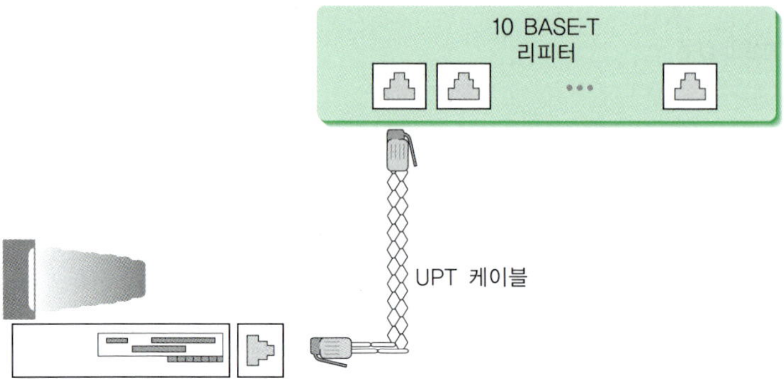

그림 6-8 10 BASE-T의 구조

확인문제 6-3

CSMA/CD 프로토콜을 사용해 데이터를 전송할 때 충돌이 5번 연속해서 발생하면 대기시간이 어떻게 결정되는지 이진지수 백오프를 이용해 설명하시오.

풀이 먼저 m 값을 구한다. m 값은 충돌 횟수인 5와 10 중에서 작은 값(5=min{5, 10})인 m=5로 결정된다. 이제 {0, 1, 2, 3, ⋯ , 9} 중에서 하나의 값인 3(k=3)을 임의로 선택한다. 대기시간은 3×512=1,536 비트 타임이 되어 이 시간 동안 기다린 후에 데이터 전송 과정을 다시 시작한다.

03 고속 이더넷 기술

고속 이더넷 기술은 기존의 이더넷 전송속도를 100Mbps로 향상시킨 것이다. 1992년경에 시작된 고속 이더넷에 관한 연구는 1995년에 표준화가 완료되었고 이후 더욱 발전된 형태의 초고속(기가비트) 이더넷이 개발되었다.

전송속도를 높이기 위해 대역폭을 향상시키려면 ① 빠른 컴퓨터 시스템이나 기능이 향상된 브릿지, 라우터, 스위치를 가진 시스템을 개발하거나 ② 빠르고 효율적인 데이터링크를 설계하는 방법이 있다. 고속 이더넷은 빠르고 효율적인 데이터링크 계층의 기능을 다시 설계해 구현하는 방법을 사용한다.

고속 이더넷에서는 세 쌍의 라인이 데이터 전송에 사용된다. 맨체스터 방식의 경우 100Mbps를 기준으로 한 33.3Mbps 비트율은 케이블에서 사용해야 할 30MHz 범위를 초과한다. 고속 이더넷 케이블을 나타내는 다음 그림에서 카테고리 3과 카테고리 5가 있는데 3과 5의 차이는 단위거리당 케이블의 꼬인 횟수 차이이며 카테고리 5의 전송률이 더 높다.

TIP 맨체스터 방식은 인코딩 방식의 하나로 간격의 중앙점을 기준으로 위에서 아래로 전이가 발생하면 0을 나타내고 간격의 중앙점을 기준으로 아래에서 위로 전이가 발생하면 1을 나타내는 방식이다.

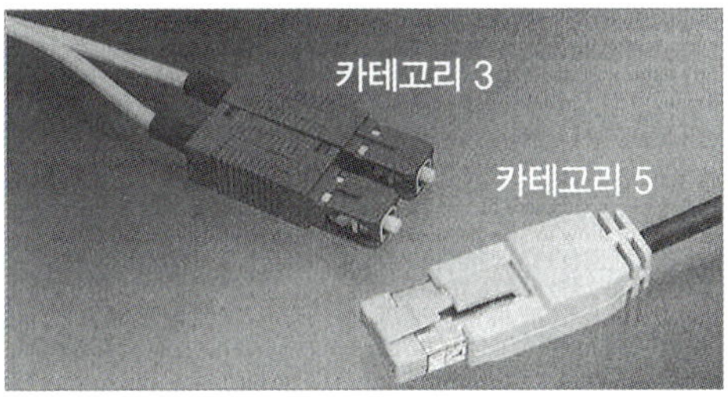

그림 6-9 고속 이더넷 케이블

1 프레임의 구성요소

고속 이더넷에서 사용하는 프레임은 주소 영역, L/T 영역, 사용자 데이터 영역, FCS 영역으로 구성된다.

수신지 주소	전송지 주소	L/T	사용자 데이터	FCS
6바이트	6바이트	2바이트	46~1,500바이트	4바이트

그림 6-10 고속 이더넷 프레임 구성

- **수신지 주소**: 프레임을 받는 노드의 주소
- **전송지 주소**: 프레임을 보내는 노드의 주소
- **L/T**Length/Type: 데이터의 형태
- **FCS**: 프레임을 확인하는 일련번호로 프레임이 수신지 노드에 정확하게 전송되었는지를 확인하는 역할

고속 이더넷의 각 노드는 48비트로 구성된 유일한 번호를 부여받는데, 이것이 MAC 주소 또는 노드 주소가 되어 개별 컴퓨터를 식별한다.

I/G	U/L	OUI	주소(OUA)
1비트	1비트	22비트	24비트

그림 6-11 MAC 주소 형식

- **I/G 비트**Individual/Group Address Bit: 개별 주소인지 그룹 주소인지를 표시하는 영역이다. 개별 주소(유니캐스트 주소)이면 0을, 그룹 주소(멀티캐스트 주소)이면 1을 표시한다.
- **U/L 비트**Universally/Locally Administered Address Bit: 범용 관리인지 지역 관리인지를 표시하는 영역이다. 범용 관리이면 0을, 지역 관리이면 1을 표현한다. 실제로는 거의 0만 쓰인다.
- **OUI**Organizationally Unique Identifier: IEEE에서 네트워크 어댑터 제조업자와 인터페이스 제조업자에게 할당한 영역이다.
- **OUA**Organizationally Unique Addresses: 제조회사가 노드에 지정할 수 있는 주소를 나타내는 숫자이다.

제조회사는 OUI와 OUA를 결합해 하나의 MAC 주소를 생성하며 이것을 UAAUniversally Administrated Address 또는 IEEE 주소라고 한다. OUA 부분이 여러 개의 네트워크에 할당되더라도 OUI를 서로 다르게 하면 MAC 주소가 유일한 값을 갖는다.

MAC 주소체계는 사용자가 쉽게 관리할 수 있도록 여러 부분으로 구분하고 있으나 실제 하드웨어는 I/G 비트와 그 외 영역으로 네트워크 주소를 인식한다.

1비트	47비트
I/G	네트워크 주소

그림 6-12 하드웨어가 인식하는 MAC 주소 형식

2 프레임 세부사항

이더넷과 고속 이더넷에서는 L/T 길이가 1,500보다 작으면 802.3프레임이라 하고 1,500보다 크면 이더넷-II, DIX 프레임이라고 한다. L/T 영역 옆의 데이터 영역은 한 노드에서 다른 노드로 정보를 운반하는 것으로 길이는 46~1,500바이트이다. 만약 데이터 영역이 46보다 작으면 LLC 부계층에서 패드 데이터라는 값을 추가해 46바이트보다 크게 한다.

프레임을 확인하는 일련번호인 FCS는 고속 이더넷 하드웨어에서 오류 없이 데이터를 전송하도록 한다. 하지만 임의 비트 오류Random Bit Errors, 케이블상의 오류Bad Cables, 네트워크 인터페이스 오류Flaky Network Interface, 전기적 인터페이스로 인한 전송상 오류 등이 발생할 수 있다. 따라서 FCS는 프레임의 정상 수신 여부를 확인한다. 하나의 노드에서 프레임을 전송할 때 MAC은 32비트 값을 계산하기 위해 CRC를 사용한다. CRC는 수신지 주소의 처음 바이트부터 데이터 영역의 마지막 바이트 사이의 프레임 바이트 값을 입력으로 받는다.

수신지의 MAC 부계층에서도 이러한 프레임을 받으면 즉시 CRC를 계산하고 전송된 CRC 값과 비교해 값이 일치하면 정상적으로 전송된 것으로 판단하고 같지 않으면 그 프레임은 무시한다. 그 밖에 수신된 패킷의 프레임 길이가 전체 옥텟의 수가 아닐 때 발생하는 프레임 오류, L/T 영역이 프레임의 물리적 길이와 일치하지 않을 때 발생하는 길이 오류 등이 있다.

2.1 동작 원리

고속 이더넷의 MAC 부계층은 프레임을 전송하기 전에 미리 전송매체의 신호 상태를 살핀다. 어떤 노드가 데이터를 전송하면 신호가 발생하는데 이를 반송파Carrier라고 한다. 물리 계층에서 반송파를 감지하면 이를 MAC 부계층으로 알린다. MAC 부계층에서는 다음 프레임이 전송되기 전 마지막으로 전송된 프레임 사이에 해당하는 최소시간 동안만 기다리게 된다. 기존의 이더넷과 마찬가지로 이 시간을 IPGInter-Packet Gap(인터 패킷 간격)라고 한다.

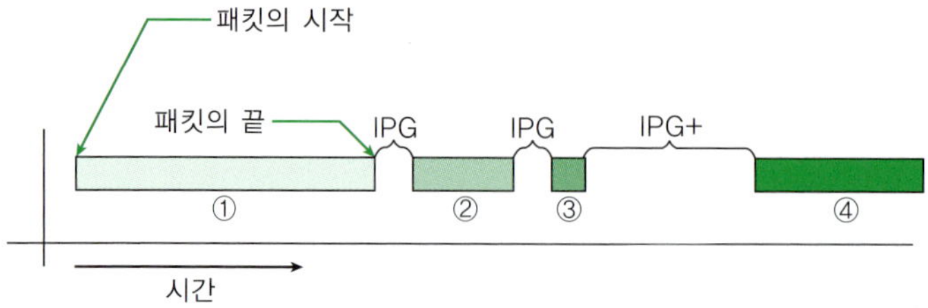

그림 6-13 IPG

[그림 6-13]에서 ①번 프레임이 전송된 후에 LAN 상의 모든 노드는 전송하기 전 IPG 시간을 기다린다. ③번 프레임이 끝난 후 IPG 시간이 지나서야 다른 노드에서 프레임을 보낼 수 있다. 이러한 규칙은 고속 이더넷 매체접근 규칙의 CSMA 프로토콜 부분에 해당한다.

그러나 여기에도 문제점이 있다. 두 개의 노드가 프레임을 전송하기 위해 IPG 시간이 경과되기를 기다리고 있다고 생각해보자. IPG 시간이 지나고 두 노드가 동시에 프레임을 전송하는 경우가 발생할 수 있다. 이런 경우에는 두 노드에서 보내는 프레임에 충돌이 발생하여 프레임에 저장된 정보가 잘못되거나 수신지에 정상적으로 도착하지 못할 것이다. 이러한 충돌을 피하기 위해 간단한 명령/응답 메커니즘Command Response Mechanism을 사용하게 된다. 패킷은 명령과 응답 부분으로 나눌 수 있는데 각각의 명령/응답을 필요로 하는 노드에 의해 전송된다. 만약 일정시간이 지나도 명령이 전송되지 않으면 원본 명령이 재전송된다.

고속 이더넷은 초당 100×106비트로 패킷을 전송하는데 전송 여부는 설치된 케이블의 종류와 제조업자에 의해 설계된 네트워크 어댑터 및 리피터에 의해 결정된다. 최대 처리율과 최대 효율에 따라 초당 전송되는 패킷의 수가 결정된다. LAN상에서 프레임 충돌은 많은 노드가 LAN을 공유하려고 할 때 자주 발생한다.

[표 6-1]은 처리율과 효율의 관계를 보여주는 예다. 첫 번째 예를 보면 사용자 데이터 영역이 1,500바이트이므로 프레임의 크기가 1,518바이트(1,500바이트+18바이트)이다. 최대 처리율이 12,191,157바이트/초이고 사용자 데이터가 1,500바이트이므로 초당 최대 프레임 수는 12,191,157/1500=8127.44로 계산된다. 초당 8127.44 프레임이 전송되고 고속 이더넷의 최대 처리율은 100Mbps이므로 초당 12,500,000바이트를 처리한다는 의미이다. 따라서 효율은 12,191,157/12,500,000=97.53으로 계산되어 97.53이 된다.

표 6-1 고속 이더넷의 처리율과 효율

프레임 크기 (바이트)	사용자 데이터 (바이트)	초당 최대 프레임 수	처리율 (바이트/초)	효율
1,518	1,500	8127.44	12,191,157	97.53
1,280	1,262	9615.38	12,134,615	97.08
1,024	1,006	11973.18	12,045,019	96.36
512	494	23496.24	11,607,143	92.86
256	238	46289.24	10,778,986	86.23
128	110	84459.46	9,290,541	74.32
64	46	148809.52	6,845,238	54.76
64	32	148809.52	4,761,905	38.10
64	24	148809.52	3,571,429	28.57
64	16	148809.52	2,380,952	19.05
64	8	148809.52	1,190,476	9.52
64	3	148809.52	446,429	3.57

2.2 고속 이더넷 리피터

리피터Repeater는 거리가 증가함에 따라 감쇄되는 신호를 재생시키는 장치로 서로 분리된 동일 LAN에서 거리를 연장하거나 접속되는 세그먼트 수를 증가시키기 위해 사용한다. 리피터의 동작은 OSI 참조모델의 제1계층인 물리 계층의 기능에 해당하며 동일한 네트워크 구조를 가진 LAN을 연결할 때만 사용된다. 고속 이더넷의 하나의 네트워크에서는 하나 혹은 두 개의 리피터만 존재해야 하며 이는 네트워크 직경 200~205m 이내에서만 허용된다.

리피터에서 데이터 전송 과정을 살펴보자. 먼저 노드에서 프레임을 전송하기 위해 패킷 단위로 변환된다. 다음으로 변환된 패킷을 전기신호를 사용해 리피터로 보내고 마지막으로 리피터는 이 패킷을 받아서 연결된 다른 포트로 보낸다. 리피터의 각 포트는 해당 물리 계층에 연결되어 있고 케이블상의 전기 또는 광신호와 표준 디지털 신호 등으로 상호 변환되도록 한다.

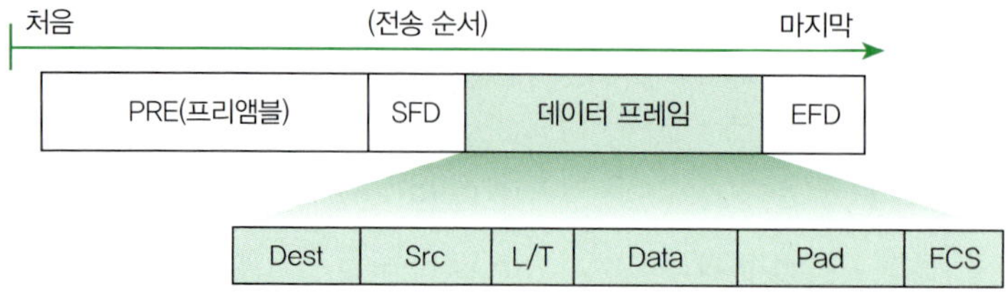

그림 6-14 패킷의 형태

고속 이더넷에서는 다음 표와 같이 세 가지 형태의 매체를 제공한다.

표 6-2 고속 이더넷에서 제공하는 매체의 형태

물리 계층	매체의 종류
100Base-TX	카테고리-5 TP 동축케이블(두 쌍 사용)
100Base-T4	카테고리-3과 4 TP 동축케이블(네 쌍 사용)
100Base-FX	광섬유

물리 계층의 주된 기능으로는 리피터 포트와 노드 사이에서 동작하는 링크를 감지하는 링크 상태 기능, 충돌을 감지하는 충돌감지 기능, 노드에 허락된 것보다 더 많이 전송되었을 때 발생하는 재버Jabber 기능, 양쪽 링크의 물리 계층이 연결 형태를 절충하는 자동협상Autonegotiation 기능이 있다. 노드에서 프레임은 패킷이라는 형태로 변환되어 전송된다는 점도 유의하자.

리피터의 기능은 다음과 같다.

- **전송 기능**Transmit Function: 각각의 포트에 접근할 수 있도록 매체에 적합한 형태로 신호를 출력한다.
- **수신 기능**Receive Function: 표준 방법으로 전송되는 신호를 수신한다.
- **데이터 처리 기능**Data Handling Function: 충돌이 발생하지 않을 경우 포트 사이에서 신호를 전송한다.
- **수신 이벤트 처리 기능**Received Event Handling Function: 어느 한 노드에서 데이터를 전송하는 것을 감지한다.
- **신호복구 기능**Signal Restoration: 전송받은 신호에서 이상이 있을 경우 재전송하여 신호를 정상으로 복구한다.
- **오류 처리 기능**Error Handling Function: 링크상 오류와 데이터 충돌을 감지한다.
- **분리 기능**Partition Function: 어느 한 노드에서 계속 발생하는 충돌을 제거한다.

- **수신 재버 기능**Receive Jabber Function: 어느 노드가 장시간 데이터를 전송할 때 노드의 전송을 중지한다.

고속 이더넷은 특정한 매체에 의존하지 않고 CSMA/CD 매체접근 규칙을 만족시키는 MAC에 의해 동작하므로 독립적 매체라고도 불린다. 하나의 예로 클래스 II 고속 이더넷 리피터의 사용을 들 수 있는데 다음 그림에서 보듯이 각 노드는 리피터를 통해 연결된다.

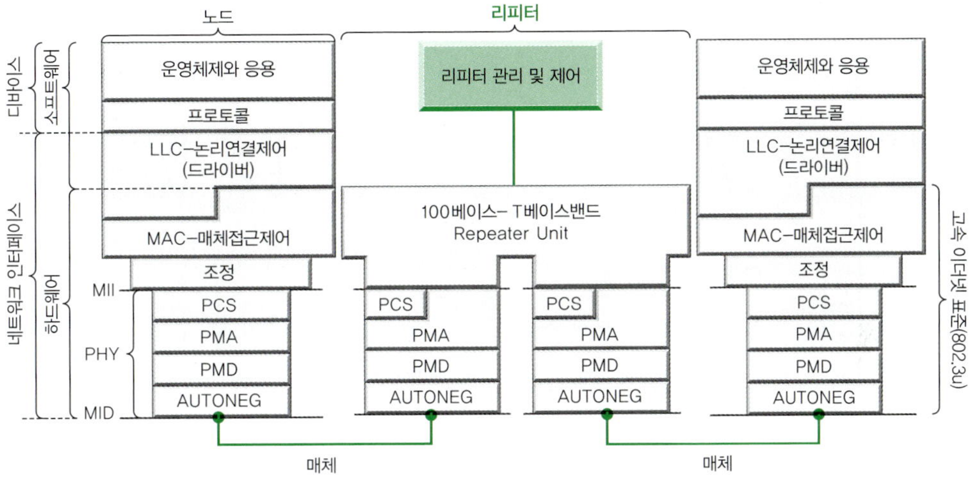

그림 6-15 리피터와 고속 이더넷의 연결

고속 이더넷은 프레임을 동시에 주고받지 못하는 CSMA/CD 방식을 사용하기 때문에 반이중 방식이지만 실제 100Base-TX와 100Base-FX의 네트워크 인터페이스와 리피터 사이의 물리적 접속은 [그림 6-16]과 같이 전이중 방식으로 구성되어 있다. 그림에서 보듯이 하나의 케이블은 노드에서 리피터로 전송하기 위해 사용되고 다른 케이블은 리피터에서 노드로 전송하기 위해 사용되므로 전이중 방식을 사용하는 셈이다. 다시 말해서 전송지와 수신지의 PMD, PCS, REC, MAC가 분리되어 전이중 방식으로 전송이 가능하다.

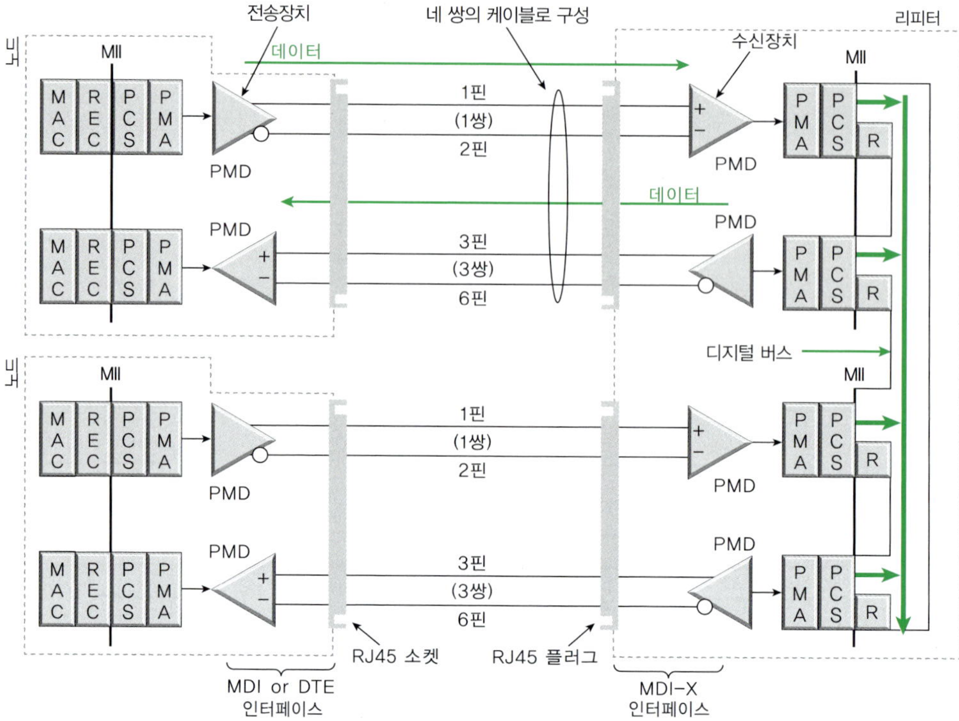

그림 6-16 리피터의 물리적 접속

확인문제 6-4

고속 이더넷에서 사용자 데이터 영역이 1,006바이트이고 최대 처리율이 12,045,019(바이트/초)라고 할 때 전송되는 초당 최대 프레임 수와 효율을 구하라.

풀이 사용자 데이터 영역이 1,006바이트이므로 프레임 크기는 1,024바이트이다. 이때 초당 최대 프레임 수를 계산해보자.

최대 처리율이 12,045,019(바이트/초)이고 사용자 데이터가 1,006바이트이므로 12,045,019/1006=11,973.18(바이트)로 계산되어 초당 최대 11,973.18 프레임이 전송된다. 또한 고속 이더넷의 최대 처리율이 100Mbps로 12,500,000바이트/초가 되므로 12,045,019/12,500,000=96.36으로 계산된다. 따라서 효율은 96.36이다

확인문제 6-5

리피터를 사용하는 이유는 무엇인가? 또한 어느 노드가 장시간 동안 계속해서 데이터를 전송할 경우에 어떻게 해결하는지 설명하시오.

풀이 전송거리가 증가하면 신호의 크기가 감쇄하므로 감쇄된 신호를 재생하는 장치인 리피터가 사용된다. 즉 서로 분리된 동일 LAN에서 거리를 연장하거나 접속되는 세그먼트 수를 증가시키기 위해 사용된다. 또한 어느 노드가 장시간 동안 계속해서 데이터를 전송하고 있으면 리피터의 수신 재버 기능을 이용해 해당 노드의 전송을 중지한다.

연습문제

01 다음은 IEEE 802.3 LAN 표준에 관한 설명이다. 옳지 않은 것은?

① 물리 계층에서는 전기적 · 기계적 특성에 대한 표준과 관련된다.
② LLC 부계층은 공유매체에 대한 접근 감독 기능을 담당한다.
③ MAC 부계층은 공유매체에 대한 접근 조정 기능을 수행한다.
④ 네트워크 계층은 MAC 부계층과 LLC 부계층으로 나누어 구현된다.

02 다음 중 LAN 프로토콜에 속하지 않는 것은?

① IEEE 802.15 블루투스 표준
② IEEE 802.5 토큰링 표준
③ IEEE 802.4 토큰버스 표준
④ IEEE 802.3 이더넷 표준

03 다음은 성형 토폴로지에 대한 설명이다. 이중 옳지 않은 것은?

① 제어장치인 중앙 노드에 문제가 발생하면 네트워크 전체에 영향을 준다.
② 접속하는 링크가 서로 종속적이어서 노드의 확장성 측면에서 불리하다.
③ 데이터 양이 많아지면 지연시간이 길어진다.
④ 각 노드 연결에 하나의 링크와 I/O 포트만 필요하므로 설치비용이 저렴하다.

04 버스형 토폴로지의 특성으로 옳지 않은 것은?

① 노드 수가 증가하면 네트워크 성능이 떨어진다.
② 설치가 간단하고 비용이 저렴하다.
③ 확장성이 양호하다.
④ 링크 길이가 길어도 신호의 감쇄 현상이 없어서 중계기 사용이 불필요하다.

05 모든 노드가 선형의 링크에 직접 연결되는 형태로 구성되고 각 노드는 탭과 유도선에 의해 링크에 연결되는 구조를 갖는 토폴로지는?

① 성형 ② 버스형 ③ 링형 ④ 메시형

06 이더넷에서 사용하는 프레임 형식에서 프레임을 수신하기 전에 비트 동기화를 수행하는 영역은?

① SFD ② FCS ③ 프리앰블 ④ 옵션

07 링형 토폴로지의 특성으로 옳지 않은 것은?

① 성형보다 링크 길이를 줄일 수 있어 경제적이다.
② 설치와 재구성이 용이하나, 제어 절차가 복잡하다.
③ 어느 노드에 문제가 발생했을 때 위치를 파악하기가 어렵다.
④ 한 노드의 오류는 링 전체에 영향을 준다.

08 LAN의 특성과 관련된 다음 설명 중 옳지 않은 것은?

① 보안성은 외부로부터 시스템을 보호하거나 데이터의 유출에 따른 대처 방안을 말한다.
② 신뢰성은 노드나 링크에 이상이 발생할 때 동작이 중지되지 않고 계속 유지되도록 하는 특성을 의미한다.
③ 매체접근 시간은 네트워크 인터페이스에 먼저 도착한 패킷을 처리하는 데 필요한 시간을 의미한다.
④ 전파시간은 매체에 따라 신호가 전송되는 데 걸리는 시간으로, 신호 전송로의 길이와 전파속도의 비로 표현된다.

09 IEEE 802.3 프레임 형태와 기능에 대한 설명 중 옳은 것은?

① 프리앰블 영역은 프레임 시작을 수신지에 알린다.
② SFD 영역은 MAC 장치의 수신회로가 실제 프레임의 내용을 수신하기 전에 비트 동기화를 수행한다.
③ 전송지/수신지 주소 영역은 전송 및 수신 노드의 주소를 나타내며, 48비트이다.
④ FCS 영역은 32비트로 패킷의 데이터 오류를 정정하기 위한 코드값이다.

10 고속 이더넷에서 사용하는 프레임의 영역에 대한 설명으로 옳지 않은 것은?

① 수신지 주소 영역은 프레임을 받는 노드의 주소를 나타낸다.
② 전송지 주소 영역은 프레임을 보내는 노드의 주소를 나타낸다.
③ U/L은 IEEE에서 네트워크 어댑터의 제조업자와 인터페이스 제조업자에게 할당하는 식별자이다.
④ OUA는 제조회사가 노드에 지정할 수 있는 주소를 나타내는 숫자이다.

11 CSMA/CD 프로토콜에서는 충돌 신호를 보내고 임의의 대기시간 동안 기다린 후에 재전송을 시도한다. 이때 대기시간의 계산과정을 기술하시오.

12 LAN 토플로지 중 링형과 성형의 특성을 각각 구체적으로 설명하시오.

13 LAN 특성 중에서 시간 지연성은 일반적으로 네 가지 지연 요소에 의해 결정된다. 이들 각 요소의 의미를 설명하시오.

14 CSMA 방식과 CSMA/CD 방식의 동작의 차이점을 비교해 설명하시오.

15 고속 이더넷에서 리피터가 필요한 이유와 동작 원리를 구체적으로 설명하시오.

CHAPTER 07

무선 LAN과 IEEE 802.11 프로토콜

학습목표

- 무선 LAN의 구조와 동작, 구성 방식을 설명할 수 있다.
- 무선 매체의 특성을 설명할 수 있다.
- 무선 LAN의 기술표준과 최근 기술을 설명할 수 있다.

01 무선 LAN과 무선 매체

1 무선 LAN

오늘날 무선 네트워크 기술은 하루가 다르게 발전하고 있다. 와이파이Wi-Fi로 대표되는 무선 LAN 기술, 와이브로WiBro와 와이맥스WiMAX 같은 무선 휴대인터넷 기술, 블루투스와 지그비 같은 WPAN 기술 등 무선 네트워크 관련 기술의 발전과 성장은 실로 눈부시다.

무선 LAN 기술이란 무선접속장치인 APAccess Point가 설치된 곳에서 일정 거리 안에 있는 다수의 컴퓨터를 무선으로 연결하는 것이다. 전자기파 기반의 FHSSFrequency Hopping Spread Spectrum(주파수 도약 확산 스펙트럼) 방식, DSSSDirect Sequence Spread Spectrum(직접 시퀀스 확산 스펙트럼) 방식, OFDMOrthogonal Frequency Division Multiplexing(직교 주파수 분할 다중화) 방식 등을 사용해 제한된 지역 안에 있는 디바이스끼리 데이터통신을 할 수 있다.

TIP OFDM은 기본적으로는 FDM(주파수 분할 다중화) 방식과 동일하나 모든 부대역(sub band)이 주어진 시간 동안 하나의 전송지에 의해 사용되는 변조기술 방식이다.

무선 LAN 기술은 무선 주파수를 사용하므로 물리적 회선은 필요 없으며 디바이스에 무선 LAN 카드가 장착되어 있어야 한다.

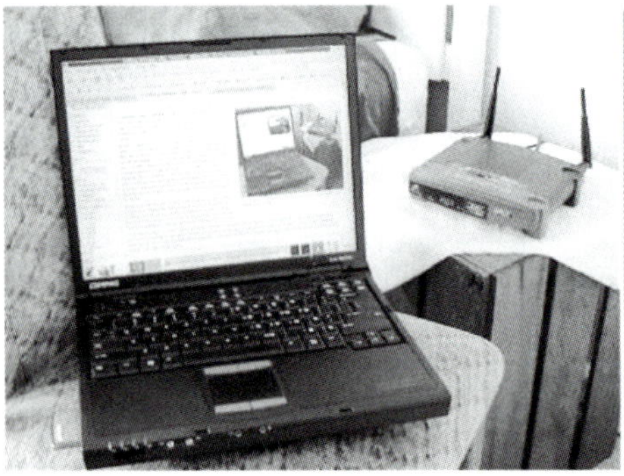

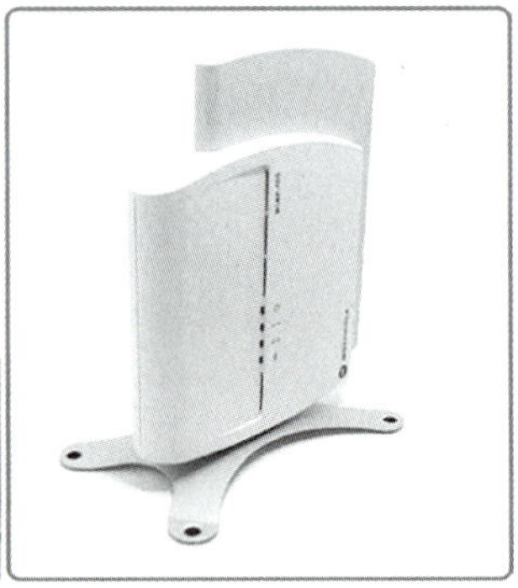

그림 7-1 무선 LAN의 사용 예

1.1 무선 LAN 기술의 발전

무선 LAN 기술을 도입한 최초의 컴퓨터 네트워크 시스템은 알로하넷ALOHAnet이다. 1971년 하와이 대학교에서 개발한 알로하넷은 전화선을 사용하지 않고 무선 주파수로 네 개의 인접 섬과 오아후 섬의 중앙 컴퓨터를 연결함으로써 무선 패킷 데이터 네트워크를 공개 입증했다. 1979년에는 그펠러F.R. Gfeller와 밥스트U. Bapst가 적외선을 사용한 LAN의 실험 결과를 보고했고, 1980년에는 페렛P. Ferret이 무선 터미널 데이터통신을 위한 단일 코드의 확산 분광 무선 주파수에 관한 응용을 발표하했다. 1985년 5월 미국 연방통신위원회FCC는 분광기술의 응용과 활용을 위해 ISMIndustrial Scientic and Medical 주파수 대역을 선언했다.

1991년에 개최된 무선 LAN IEEE 워크숍은 무선 LAN 기술 발전을 촉진하는 계기가 되었다. 이후에 무선 LAN 제품이 속속 등장했고 IEEE 802.11 위원회의 무선 LAN에 대한 표준화 활동도 활발히 진행되었다. 그리고 1999년 9월 미국 무선 LAN 협회인 WECAWireless Ethernet Capability Alliance가 표준으로 정해진 IEEE 802.11b와 호환되는 제품에 Wi-Fi 인증을 부여하며 무선 LAN 기술이 급속도로 발전하게 된다. IEEE 802.11n 표준을 따르는 100Mbps 정도의 무선 LAN에 대한 표준화가 2009년 10월에 완료되었으며, 데이터 전송률이 최대 866Mbps까지 가능한 IEEE 802.11ac 표준이 2013년 12월에 완료되었다.

TIP WECA는 2002년에 Wi-Fi로 변경되었다.

여기서 잠깐 **ISM 대역과 FCC**

ISM 대역Industrial Scientific and Medical band은 산업, 과학, 의료용으로 특별히 허용된 주파수 대역이다. 허용된 장치를 사용하는 한 ISM 대역은 FCC로부터 주파수 대역에 대한 사용 허가를 받을 필요가 없다. 다음은 주파수 대역별 세부 명칭이며 전송 시 전력은 1W(와트)로 제한한다.

- 902MHz~928MHz: I-대역Industrial band
- 2.4GHz~2.4835GHz: S-대역Scientific band
- 5.725GHz~5.850GHz: M-대역Medical band

FCCFederal Communications Commission(연방통신위원회)는 연방통신법에 따라 유 · 무선을 통한 통신 산업을 공익 측면에서 규제할 목적으로 1934년 7월에 설립되었다. FCC는 미국 내 모든 주의 통신 및 국제 통신을 관장하며, 각 주의 공익위원회는 주 내의 통신을 감독한다. 일반적인 행정 권한뿐만 아니라 규칙을 제정하는 준입법권, 면허 갱신 가부를 재정하는 준사법권을 가지며 방송계의 변화에 따라 규제를 탄력적으로 행할 수 있다(출처: 네이버 백과사전).

무선 LAN 활용이 급속도로 확산된 이유는 무엇일까? 바로 사용자 편의성 때문이다. 기술적인 어려움이 있음에도 사용자 편의성은 기술개발에 동기를 부여했고 과감한 투자로 이어져 오늘날처럼 다양한 무선통신 기술이 등장하는 계기가 되었다. 그 결과 무선 LAN 장비가 있는 곳이라면 가정이나 사무실 어디에서도 무선 LAN을 쉽게 이용할 수 있도록 편의성이 높아졌다.

또 다른 이유로는 휴대성과 확장성을 들 수 있다. 무선 LAN을 통해 어디서든 무선인터넷 접속이 가능해지고 장소를 옮겨 다녀도 접속을 유지할 수 있으며 기존 장비만으로도 무선 LAN을 쉽게 확장할 수 있다.

1.2 무선 LAN의 구성 형태

무선 LAN을 구성하는 방식에는 하부구조Infrastructure 방식과 애드혹Ad-hoc 방식이 있다.

■ **하부구조 방식**

하부구조 방식은 유선 LAN과 연결된 서버에 접속하기 위해 무선접속장치인 PAUPortable Access Unit 또는 무선 APWireless Access Point, WAP 장치를 사용한다. PAU의 수렴 반경은 50~100m인데 서비스 커버리지Coverage(유효범위)가 넓어지면 다수의 PAU를 사용한다. 휴대용 단말기나 컴퓨터 등은 PAU 장치를 이용해 무선 LAN에 접속하게 된다.

그림 7-2 IEEE 802.11g용 무선 AP

■ **애드혹 방식**

애드혹 방식은 AP와 같은 장치 없이 무선장치를 직접 연결해 구성한다. 고정된 PC로 이루어진 SOHOSmall Office/Home Office 방식의 무선 LAN도 애드혹 방식으로 구성할 수 있다.

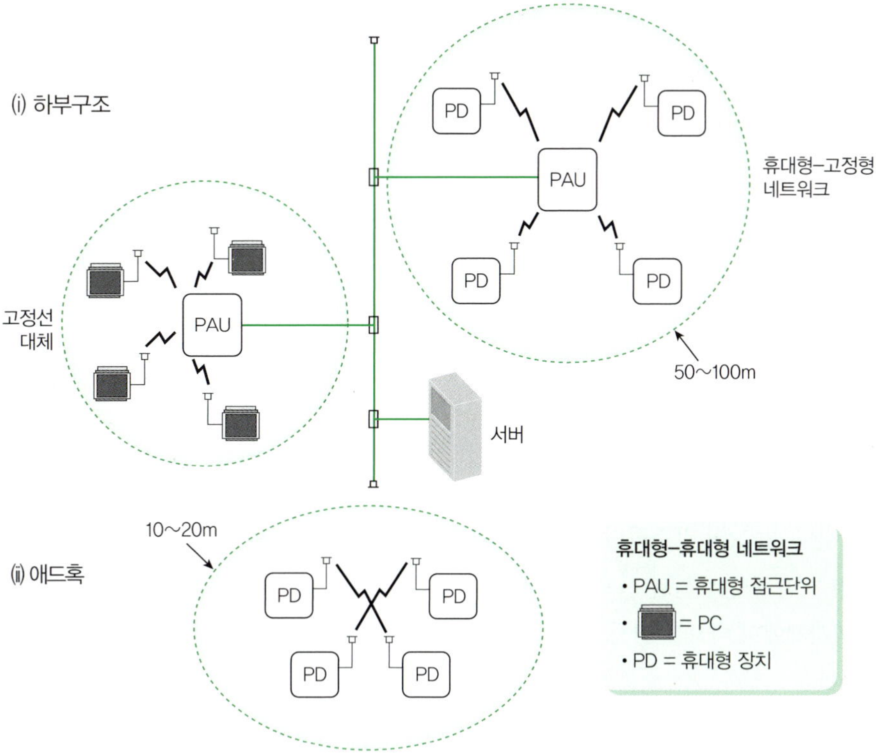

(a) 무선 LAN의 구성

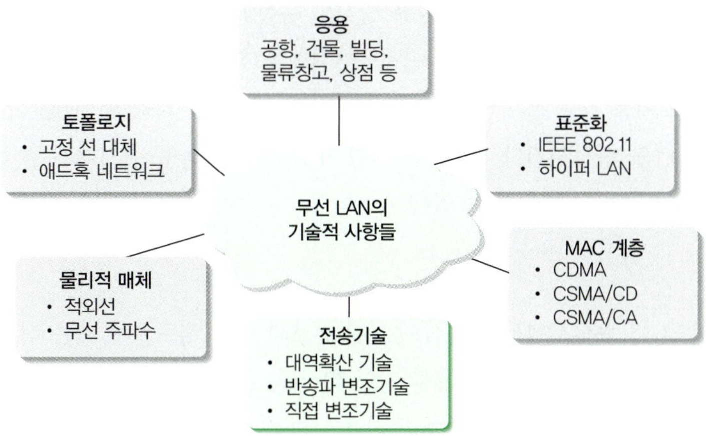

(b) 기술적 사항

그림 7-3 무선 LAN의 구성과 기술적 사항

2 무선 매체

무선 LAN에서 사용하는 매체에는 전자기파 기반의 무선 주파수Radio Frequency, RF와 광학 신호 형태의 적외선 등이 있다.

TIP 무선 매체는 [그림 7-3]의 기술적 사항 중에서 물리적 매체에 해당한다.

2.1 무선 주파수

라디오 방송, TV, 휴대전화와 같은 응용 시스템에서 광범위하게 사용되는 무선 주파수의 특성을 살펴보자.

■ **SNR과 경로 손실**

무선 수신장치는 SNRSignal to Noise Ratio(신호 대 잡음비)가 어느 정도 이상이 되어야 정상적으로 동작한다. SNR이 감소하면 신호 성분이 약해져서 신호 검출에 필요한 수신지의 비용이 증가한다. 따라서 무선 수신지의 SNR은 가능한 한 높은 값으로 설정한다. 가구나 사람과 같은 피사체에서 나오는 반사 신호로 발생하는 간섭 효과에 의해 무선 채널의 경로 손실도 발생한다.

■ **인접 채널 간섭**

무선 LAN은 다수의 이용자가 동일 주파수 대역을 사용함으로써 간섭 효과가 발생할 수 있다. 이러한 문제점을 해결하기 위해 하부구조 방식의 무선 LAN에서는 이용 가능한 대역폭을 여러 종속 대역으로 나누어 사용한다. 이것을 3셀 반복 패턴Three-cell Repeat Pattern이라고 하며 각 셀 내에서 이용 가능한 대역폭의 크기를 선택할 때 예측 가능한 실제 이용자 수를 고려해 주파수 효율을 향상시킨다. 그 결과 인접 채널 간섭 효과를 현저하게 감소시킬 수 있다. [그림 7-4]의 (a)에서 확인할 수 있다.

■ **다중경로**

무선신호가 전송될 때 수신지에서는 직접 수신된 신호와 다른 경로로 들어온 신호를 함께 수신하게 되는데 이를 다중경로 분산 혹은 지연 확산Delay Spread이라고 한다. 다중경로 분산은 비트/기호 체계와 관련 있는 전 단계의 신호가 다음 단계의 신호와 서로 간섭해 일어나는 것으로 심볼 간 간섭InterSymbol Interference, ISI 현상이라고 한다. 여기에 대해서는 [그림 7-4]의 (b)에서 확인할 수 있다.

그리고 수신한 신호의 경로 길이 변이는 주파수 선택적 페이딩Frequency-Selective Fading이라는 손실을 발생시킨다. 이는 무선 주파수에서 다른 수신 신호 간의 위상 이동 현상을 일으켜서 직접 전송되는 신호가 다른 경로에서 반사된 신호에 의해 감쇄되다가 한계 상황에 도달할 수도 있다. 이러한 현상을 레일레이 페이딩Reyleigh Fading이라 한다. [그림 7-4]의 (c)는 레일레이 페이딩 현상을 보여주고 있다.

실제 반사파의 진폭은 직접 전송된 신호의 일부분이며 감쇄량은 반사 물질에 따라 결정된다. 따라서 페이딩 문제를 해결하려면 무선 주파수와 관련된 파장의 길이가 매우 짧다는 사실을 이용해야 한다. 짧은 파장은 안테나의 작은 위치 변화 정도에도 민감하게 반응하므로 1/4 파장마다 두 대의 안테나를 설치하고 양쪽 안테나에서 수신한 신호는 합성한 수신 신호를 만들기 위해 재결합한다. 이 기술을 공간 다이버시티Space Diversity라고 한다.

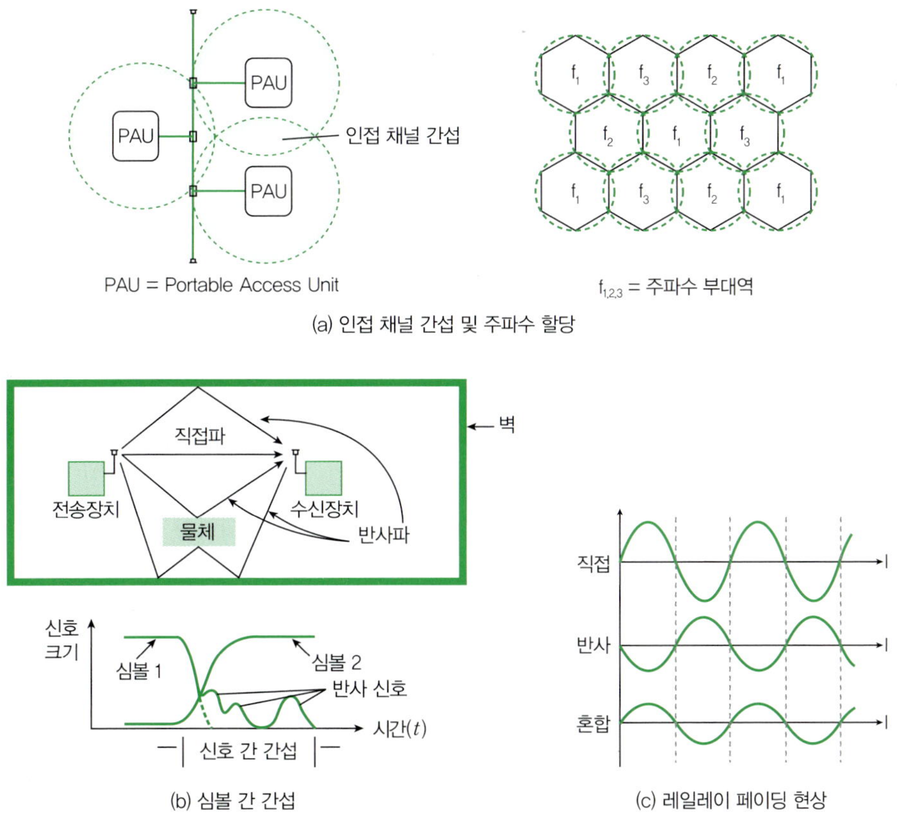

(a) 인접 채널 간섭 및 주파수 할당

(b) 심볼 간 간섭

(c) 레일레이 페이딩 현상

그림 7-4 무선 LAN의 구성과 기술적 사항

2.2 적외선 장치

적외선Infrared 방출기와 검출기는 광섬유 전송 시스템, 텔레비전, VCR 등과 같은 원격제어 응용 시스템에서 다양하게 이용되고 있다. 적외선 방출은 무선 주파수 파장보다 더 높은 주파수대(1,014Hz 이상)에서 발생한다. 파장의 단위는 nm(1nm10−9m)로 신호의 한 주기 동안 빛에 의해 전송되는 거리를 의미한다. c를 광속도(3×108m/sec), f를 신호의 주파수(Hz)라고 하면 파장은 $\lambda=\frac{f}{c}$ 식으로부터 구할 수 있으며 이렇게 구한 파장은 적외선 장치를 구분하는 데 사용된다. 적외선 장치는 800nm나 1,300nm의 파장을 주로 이용한다.

적외선은 투명한 물체에서 반사되고 벽과 같이 불투명한 사물은 통과하지 못한다. 물리적 매체로 적외선을 이용할 때는 주변에 둘러싸인 빛에서 발생하는 빛에 적외선 층이 포함되어 있다. 검출기는 방출기에서 나오는 적외선도 수신할 수 있는데 이를 위해 적절한 SNR을 갖추려면 높은 신호전력이 필요하다. 적외선 방출기는 전기−광Electrical-to-Optical 전환 효율이 낮으므로 보다 큰 전력이 필요하다. 잡음층을 줄이기 위해 전송 신호의 주파수 대역이 아닌 외부의 적외선 신호를 감쇄하는 광−대역통과 필터Optical Bandpass Filter를 통해 합성한 수신 신호를 통과시키는 것이 일반적인 방법이다.

적외선 장치의 사용 예로 무선 LAN 장치가 있다. 무선 LAN의 작동 모드로 전기적인 변조 신호를 이용해 방사체Emitter의 적외선 강도를 조절하는 방식이 있는데 적외선 신호의 강도 변이는 동급의 전기적 신호로 전환하는 검출기에 의해 직접 수신된다. 이와 같은 방식의 작동 모드를 IMDDIntensity Modulation with Direct Detection라고 한다.

적외선 방사체에는 LDLaser Diode와 LEDLight Emitting Diode가 있다. 광섬유 전송 시스템에서 광범위하게 이용되는 LD는 약 1~5nm의 작은 주파수 대역을 가진 빛을 생성하고 빛이 적은 장소에서 사용할 때 높은 전력밀도를 얻을 수 있다. LED는 주파수 대역이 25~100mm 사이인 빛을 만들어낸다. LED의 이용 가능한 변환 주파수는 20MHz로 제한되는데 이 수치는 10Mbps까지의 최대 비트 전송률을 얻을 수 있는 값이다. 10Mbps까지는 비교적 적은 비용이 드는 LED를 사용하고 10Mbps 이상의 높은 비트율이 필요할 때는 LD를 사용한다. LD가 이용할 수 있는 변환 대역폭은 몇백 MHz까지이다.

확인문제 7-1

무선 LAN의 구성 형태 중 애드혹 방식은 무엇인지 설명하시오.

풀이 무선 LAN을 구성하는 형태에는 하부구조 방식과 애드혹 방식이 있다. 애드혹 방식은 서버와 접속할 때 AP와 같은 장치를 사용하지 않고 무선장치를 직접 연결해 구성한다.

확인문제 7-2

무선 LAN에서 사용하는 무선신호는 다중경로의 영향을 받는다. 그 영향을 분석하고 해결방안을 설명하시오.

풀이 무선 LAN의 수신지에서는 직접 수신한 신호와 다른 경로로 들어온 신호를 함께 수신해 다음 단계의 신호와 서로 간섭하는 ISI 현상이 발생한다. 신호의 경로 길이 변이로 인해 주파수 선택적 페이딩이 발생하기도 하며 무선 주파수에서 다른 수신 신호 간의 위상 이동 현상을 일으켜서 직접 전송되는 신호가 다른 경로에서 반사된 신호로 인해 감쇄되는 레일레이 페이딩 현상이 발생하기도 한다. 이러한 문제를 해결하기 위해 짧은 파장의 특징을 이용한다. 짧은 파장은 안테나의 작은 위치 변화 정도에도 무척 민감하게 반응하므로 1/4 파장마다 두 대의 안테나를 설치한 뒤 양쪽 안테나에서 수신한 신호를 재결합하는 공간 다이버시티 기술을 사용한다.

02 무선 LAN의 전송기술

무선 LAN에서 사용하는 전송기술을 물리 계층과 MAC 계층으로 구분해 살펴보자.

1 IEEE 802.11 물리 계층

IEEE 802.11 물리 계층은 각 비트를 신호로 변환하는 것에 대한 명세Specification를 적외선 주파수와 무선 주파수에 대한 것으로 구분해서 정의한다. IEEE 802.11의 물리 계층은 802.11 FHSS, 802.11 DSSS, 802.11a OFDM, 802.11b HR-DSSS, 802.11g OFDM 등 5개 기술표준으로 나뉜다.

그림 7-5 물리 계층

■ 802.11 FHSS

802.11 FHSS는 2.4GHz ISM 대역에서 전송 신호를 만드는 주파수 도약 확산 스펙트럼 방식의 표준이다. 전송지에서는 하나의 반송파 주파수Carrier Frequency를 사용해 일정 시간 동안 데이터를 생성 및 전송한 후 또 다른 반송파 주파수로 도약해 변경된 주파수로 데이터를 만들고 첫 번째와 같은 시간 동안 데이터를 전송한다. 이러한 방법을 n번 반복한 후 첫 번째 과정부터 다시 반복한다. 데이터 전송률은 1 또는 2Mbps까지 가능하다.

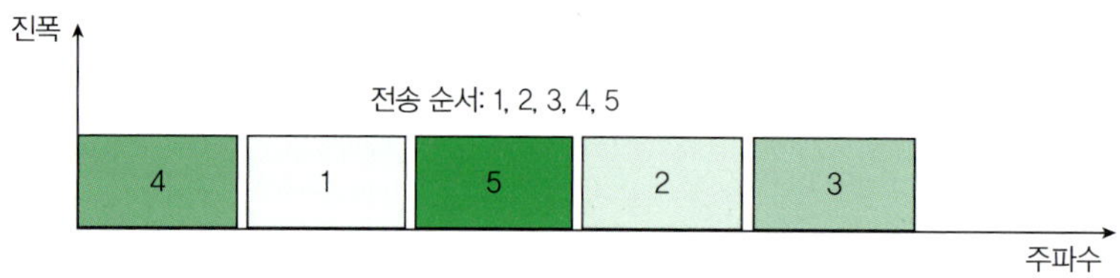

그림 7-6 FHSS 방식

[그림 7-6]을 보면 신호의 전송 순서는 1, 2, 3, 4, 5이고 FHSS는 1번 신호를 전송하기 위

해 두 번째 반송파 주파수를 이용해 일정 시간 동안 데이터를 생성한다. 이렇게 만들어진 데이터를 전송하고 2번 신호를 전송하기 위해 다시 네 번째 반송파 주파수를 이용해 일정 시간 동안 데이터를 생성 및 전송한다.

■ 802.11 DSSS

802.11 DSSS는 2.4GHz ISM 대역에서 신호를 생성하기 위한 직접 시퀀스 확산 스펙트럼 방식에 관한 표준이다. 이러한 변조기술을 사용해 제한된 지역 안에 있는 장치나 디바이스끼리 데이터통신이 가능해진다. 스마트기기를 통해 초고속인터넷을 이용하려면 FHSS 방식이나 DSSS 방식과 같은 변조기술로 변조된 신호를 만들고 이 신호를 AP와 교환하는 과정이 필요하다.

전송지의 소스 데이터는 PRBSPseudo-random Bit Sequence(의사 랜덤 이진 시퀀스)와 배타적 논리합eXclusive OR, XOR을 수행한다. PRBS란 완전히 랜덤하지는 않지만 의사적으로 랜덤하게 만들어진 패턴의 비트열을 말한다. 짧은 주기의 펄스로 구성되며 칩핑 시퀀스Chipping Sequence 혹은 의사 잡음Pseudo-noise 시퀀스라고도 한다. 소스 데이터와 PRBS의 배타적 논리합은 보다 넓은 주파수 대역을 갖는 신호로 만든다.

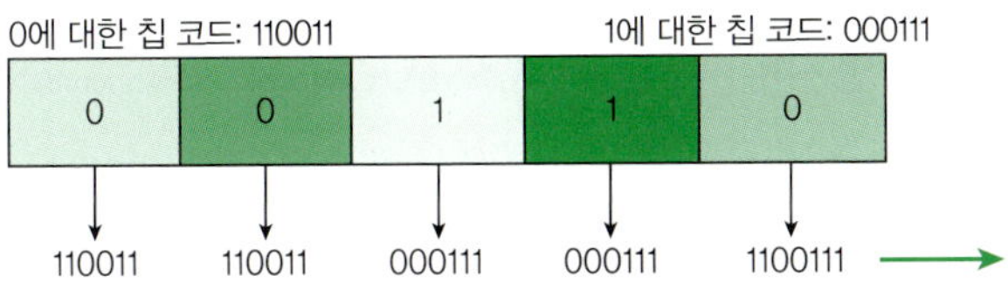

그림 7-7 DSSS 방식

[그림 7-7]을 보면 이진수 0에 대한 칩 코드는 '110011'이고 이진수 1은 '000111'이므로 의사 랜덤 이진 시퀀스는 6비트이다. 따라서 DSSS 결과로 전송 데이터 스트림이 원시 데이터 스트림의 6배가 되어 넓은 주파수 대역을 갖는 신호를 생성 및 전송하게 된다. DSSS 표준은 1 또는 2Mbps까지 데이터 전송률을 지원한다.

■ 802.11a OFDM

802.11a OFDM은 5GHz ISM 대역에서 신호를 만들어내기 위한 직교 주파수 분할 다중화 방식에 대한 표준이다. 기본 사항은 FDM과 동일하나 모든 부대역이 주어진 시간 동안 하나의 전송지에서 사용된다. 5GHz ISM 대역을 52개 부대역으로 나누어 48개 부대역은

비트그룹을 전송하는 데 사용하고 4개 부대역은 제어정보를 전송하는 데 사용한다. 이 방식으로 18Mbps와 54Mbps 데이터 전송이 가능하다.

■ 802.11b HR-DSSS

802.11b HR-DSSSHigh-Rate DSSS는 2.4GHz ISM 대역에서 신호를 생성하기 위한 고속의 DSSS 방식에 대한 표준이다. CCKComplementary Code Keying(상보적 코드 변조) 부호화 방식을 사용하는 것 외에는 DSSS와 유사하다. CCK는 M-ary 직교 키잉keying 방식을 개선한 것으로 칩 기호Chip Symbol라는 8개의 CCK 기호로 부호화한다. 1, 2, 5.5, 11Mbps의 네 가지 데이터 전송률을 정의한다.

■ 802.11g OFDM

802.11g OFDM은 2.4GHz ISM 대역에서 OFDM을 이용하며 54Mbps 데이터 전송률을 정의하는 표준이다.

2 IEEE 802.11 MAC 계층

IEEE 802.11 MAC 계층은 물리 계층에 대한 지원, 접근제어, 프레임에 대한 단편화, 프레임 암호화, 로밍 기능을 수행한다. 무선 LAN에 접근하는 방식으로 CSMA/CACarrier Sense Multiple Access with Collision Avoidance(반송파 감지 다중접속 및 충돌 회피)를 정의한다.

TIP CSMA/CA 방식은 이더넷에서 사용하는 CSMA/CD 방식과 유사하다.

2.1 CSMA/CA 방식

CSMA/CA 방식으로 숨겨진 노드 문제와 노출된 노드 문제를 해결할 수 있다.

■ 숨겨진 노드 문제

[그림 7-8]에서 B는 기지국을 나타내며 APAccess Point라고도 부른다. 그림을 보면 단말기 A와 단말기 C는 기지국 B의 신호감지 영역 내에 있지만 단말기 A와 단말기 C는 서로 신호감지 영역 밖에 있다. 단말기 A가 기지국 B와 데이터를 교환하고 있는데 단말기 C가 기지국 B로 데이터를 전송한다면 어떻게 될까? 기지국 B가 단말기 A로 데이터를 전송할 때는 단말기 C가 기지국 B의 신호를 감지할 수 있으므로 무선 매체 사용이 가능할 때까지 기다린다. 그러나 단말기 A가 기지국 B로 데이터를 전송할 때는 단말기 C가 단말기 A의 신

호를 감지할 수 없으므로 무선 매체 사용이 가능한 상태로 판단하고 데이터를 전송해 충돌이 발생한다. 단말기 C의 입장에서 단말기 A는 숨겨진 상태로, 이를 숨겨진 노드 문제Hidden Terminal Problem, Hidden Node Problem라고 한다.

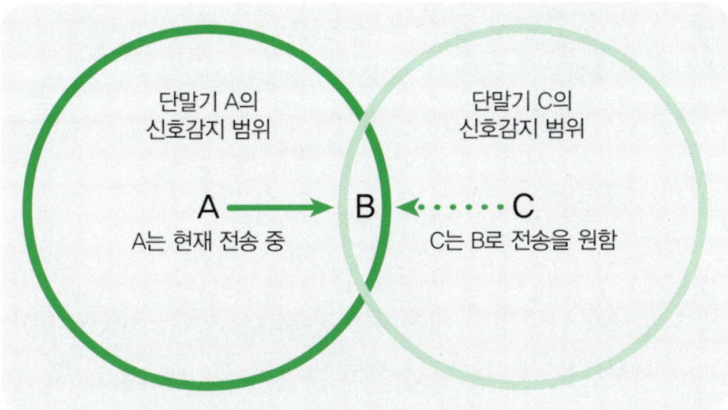

그림 7-8 숨겨진 노드 문제와 CSMA/CA의 동작

CSMA/CA는 숨겨진 노드 문제를 해결하기 위해 RTSRequest To Send와 CTSClear To Send라는 신호를 사용한다. 기지국 B로 데이터를 전송할 때 단말기 A는 먼저 무선 매체를 살핀다. 사용 가능한 상태라면 기지국 B로 RTS라는 짧은 메시지를 보낸다. 여기에는 수신지와 전송지의 주소, 데이터의 크기와 같은 정보가 포함되어 있다. 기지국 B는 단말기 A와 데이터를 주고받을 준비가 되면 CTS 신호를 보낸다. 이 CTS 신호를 감지한 단말기 C는 데이터 전송이 지속될 것인지를 예상해 NAVNetwork Allocation Vector(네트워크 할당 벡터) 시간을 계산한다. 단말기 C는 NAV 타이머를 설정해 스스로 매체를 사용 불가능한 상태로 처리함으로써 데이터 충돌을 방지한다.

■ 노출된 노드 문제

반대의 경우도 있다. [그림 7-9]를 보면 단말기 B와 단말기 C는 서로 신호감지 영역 내에 있고 단말기 B가 단말기 A로 데이터를 전송하고 있다. 단말기 D는 현재 데이터의 전송과 수신이 가능한 상태이고 단말기 C는 단말기 D로 데이터를 전송하려고 한다. 그러나 단말기 C는 단말기 B의 신호를 감지할 수 있으므로 전송을 하지 못한다. 단말기 C의 입장에서 단말기 B는 노출된 상태이고 이러한 문제를 노출된 노드 문제Exposed-Terminal Problem라고 한다.

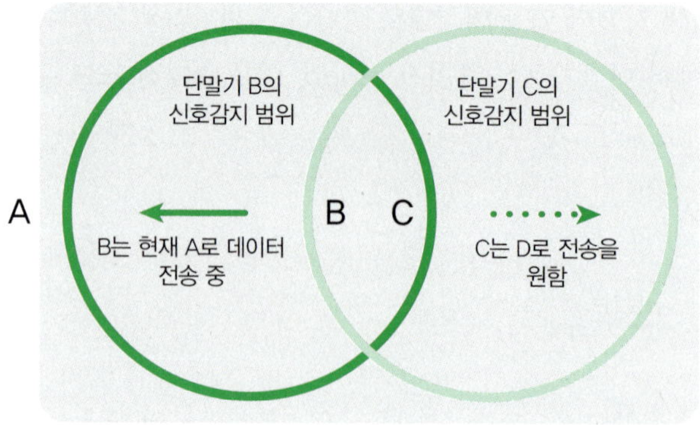

그림 7-9 노출된 노드 문제

[그림 7-10]을 보면 전송지 단말기가 수신지 단말기로 데이터를 전송하고 있다. 전송지 단말기는 무선 매체의 상태를 확인해 사용 가능으로 판단되면 수신지 단말기로 RTS 메시지를 보낸다. 수신지 단말기가 데이터를 전송할 수 있는 준비가 되면 CTS 신호를 전송지 단말기로 보낸다. 이때 RTS나 CTS 신호를 감지한 다른 모든 단말기는 데이터 전송 지속시간을 예상해 NAV 시간을 계산하고 타이머를 설정해 스스로 매체 사용을 제한한다. 이처럼 데이터 충돌을 방지하는 방법이 CSMA/CA이다.

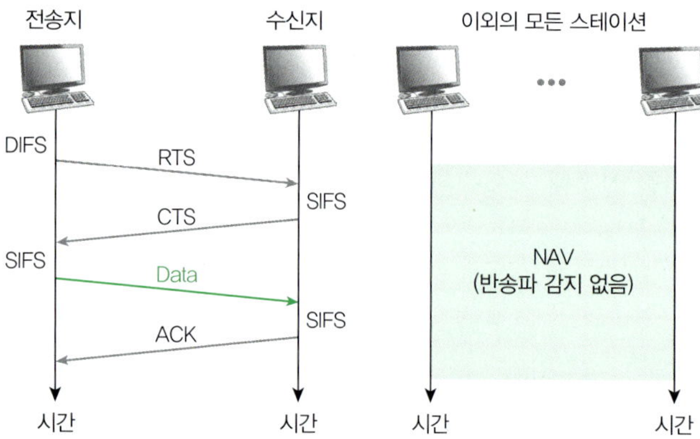

그림 7-10 일반화한 CSMA/CA의 동작

2.2 MAC 계층의 기능

MAC 계층에는 DCFDistributed Coordination Function(분산 조정 기능)과 PCFPoint Coordination Function(포인트 조정 기능)이 있다.

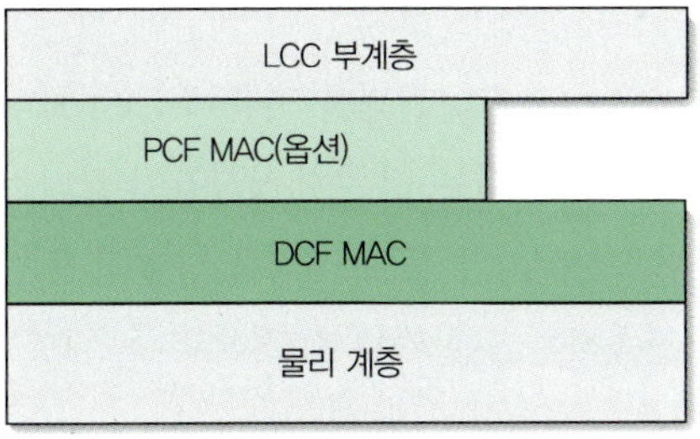

그림 7-11 MAC 계층의 기능

■ DCF

DCF는 IEEE 802.11의 가장 기본적인 매체접근제어 기능으로 CSMA/CA 방식으로 동작한다. 전송 데이터가 있을 경우에 DCF의 각 노드는 NAV와 반송파를 감지해 매체의 상태를 확인한다. 매체가 DIFSDistribute Inter-frame Space 시간 동안 미사용 상태이면 즉시 프레임을 전송하고 그렇지 않으면 백오프Backoff 프로세스를 수행한다. DIFS 시간 동안 기다린 후 백오프 시간 값을 무선 채널 미사용 시간만큼 줄여나간 뒤 0이 되는 순간 데이터 프레임을 전송한다.

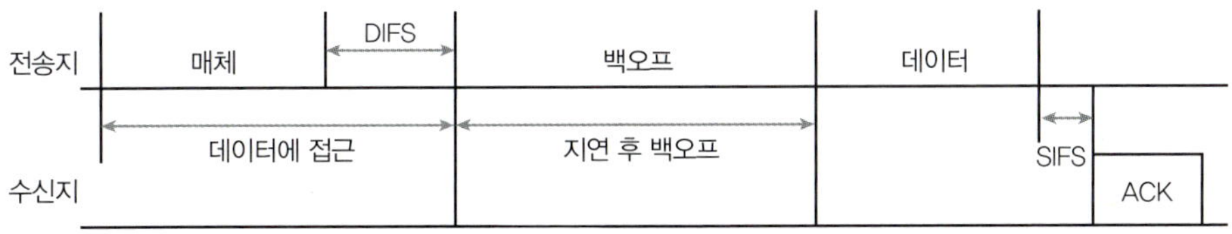

그림 7-12 IEEE 802.11 DCF 데이터 전송 과정

IEEE 802.11에서는 물리적으로 충돌 여부를 감지할 수 없어서 데이터 프레임에 대한 ACK 프레임으로 충돌 여부를 확인한다. 데이터 프레임을 성공적으로 수신한 무선 노드는 SIFS 시간 이후 데이터 프레임을 전송한 무선 노드에 ACK 프레임을 전송한다. ACK 프레임을 성공적으로 수신하면 전송지 무선 노드는 전송이 성공했다고 판단하고, 수신하지 못하면 충돌 또는 채널 오류로 판단해 데이터 프레임을 재전송한다.

■ PCF

PCF는 중앙집권식 채널접근제어 기능으로 CFContention-Free 프레임 전송을 제공한다. CF 프레임 전송은 폴링 프로세스를 채택해 경쟁 없이 전송한다는 뜻이다. PCF는 시간제한 서비스Time-Bounded Service를 지원하기 위해 설계되었으며 제한적으로 고품질 서비스를 제공할 수 있는 선택적 기능이다. 폴링은 차례로 기회를 주어 경쟁을 하지 않고 채널에 접근하는 방식이다. PCF는 PIFSPoint Inter-Frame Space라는 짧은 프레임 간격을 사용해 DCF보다 더 높은 우선순위를 갖도록 한다. 짧은 프레임 간격을 사용한다는 것은 대기시간이 짧다는 의미로, 그만큼 채널접근에 우선권을 가진다. PCF에서는 AP가 폴 프레임을 단말기에 전송해 프레임을 전송할 것인지 확인한다. 프레임을 전송하는 단말기는 SIFSShort Inter-Frame Space 시간 이후에 프레임을 전송할 수 있다.

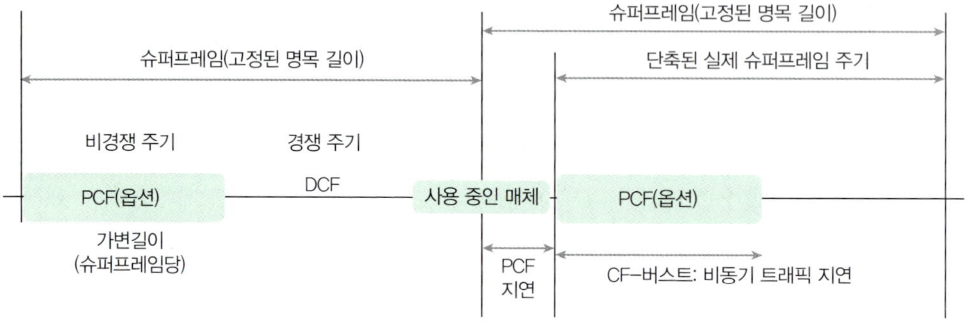

그림 7-13 PCF 프레임과 CF 프레임 전송

3 IEEE 802.11 프레임 구성

IEEE 802.11 무선 LAN의 데이터 프레임은 프레임 제어Frame Control, FC 영역, 기간Duration 영역, 주소 영역, 시퀀스 제어Sequence Control, SC 영역, 프레임 본체, FCSFrame Check Sequence(프레임 검사 시퀀스) 영역으로 구성된다.

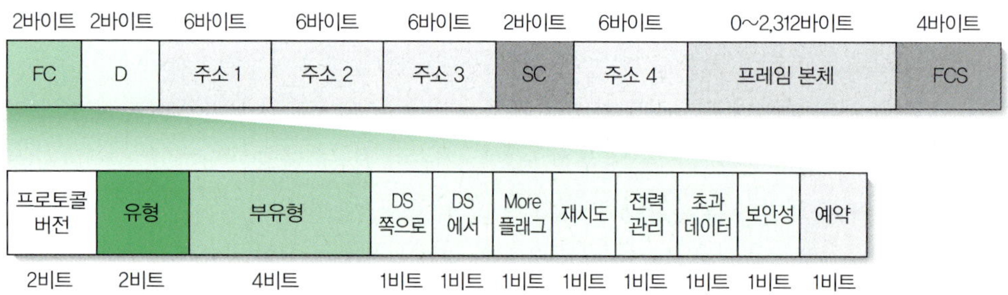

그림 7-14 IEEE 802.11 무선 LAN의 프레임

프레임 제어 영역의 세부 유형에 대한 설명은 [표 7-1]과 같다.

표 7-1 프레임 제어 영역의 유형

유형	설명
프로토콜 버전(Protocol version)	현 버전은 0
유형(Type)	프레임의 유형: 관리 프레임(00), 제어 프레임(01), 데이터 프레임(10)
부 유형(Subtype)	각 부 유형 정의
DS쪽으로(To DS)	주소 영역 네 개와 연동해 다시 정의됨
DS에서(From DS)	주소 영역 네 개와 연동해 다시 정의됨
More 플래그(More Flag)	1로 설정되면 단편이 더 있음의 의미, 마지막 단편인 경우 0으로 설정
재시도(Retry)	이전 프레임의 재전송일 경우 1로 설정
전력 관리(Power Management)	1로 설정되면 전력 절감 모드, 0로 설정되면 활성화 모드
초과 데이터(More Data)	1로 설정되면 전송 데이터가 더 있음을 의미
보안성(Protected Frame)	WEP(Wired Equivalent Privacy) 알고리즘을 이용함 1로 설정되면 암호화되었음을 의미
예약(Order)	향후 사용을 위해 예약됨

기간 영역은 NAV 값을 설정할 때 사용하는 전송 기간과 관련이 있다. 주소 영역에는 각각 6바이트 길이의 주소 영역 네 개(주소 1, 주소 2, 주소 3, 주소 4)가 있다. 시퀀스 제어 영역에는 흐름제어에 사용되는 프레임의 순차번호가 들어간다. 프레임 본체 영역은 0에서 2,312바이트 길이로 구성되는데 프레임 제어 영역의 유형에 따라 정보가 들어간다. FCS 영역은 CRC-32 오류검출 시퀀스를 포함한다.

무선 LAN의 제어 프레임에는 RTS, CTS, ACK 등이 있다. 프레임 제어 영역의 부 영역 값이 '1011'이면 RTS 프레임이고 '1100'이면 CTS 프레임, '1101'이면 ACK 프레임임을 의미한다.

그림 7-15 무선 LAN의 제어 프레임: RTS, CTS, ACK

확인문제 7-3

숨겨진 노드 문제란 무엇을 의미하는지, 또 해결방안은 무엇인지 설명하시오.

풀이 단말기 A와 단말기 C가 기지국 B의 신호감지 범위에 있고 단말기 A와 단말기 C는 서로 신호감지 영역 밖에 있는 경우를 예로 들어보자. 단말기 A가 기지국 B로 데이터를 전송하는데 단말기 C도 기지국 B로 데이터를 전송한다면 단말기 C는 단말기 A의 신호를 감지할 수 없다. 그래서 무선 매체가 사용 가능한 상태라고 판단하고 데이터를 전송해 충돌이 발생한다. 이러한 현상을 숨겨진 노드 문제라고 한다.

이를 해결하기 위해 RTS와 CTS라는 신호를 사용한다. RTS나 CTS 신호를 감지한 모든 단말기는 데이터 전송 지속시간을 계산해 NAV 시간을 설정하고 그 시간 동안 스스로 채널 사용을 제한해 문제를 해결한다.

03 IEEE 802.11 무선 LAN 표준화

1 무선 LAN 표준화 절차

IEEE 802.11은 LAN을 위한 컴퓨터 무선 네트워크에 사용되는 기술로, IEEE의 LAN/MAN 표준 위원회(IEEE 802)의 11번째 WGWorking Group에서 개발된 기술표준이다. IEEE의 LAN/MAN 표준위원회의 회의는 정기적으로 열리는 출석 회의와 비정기적으로 열리는 전화 회의로 진행된다.

무선 LAN 기술의 표준화 절차에 대해 알아보자. 새로운 표준에 대한 요구나 연구에 대한 의견이 있으면 SGStudy Group를 구성해 논의를 시작하고 WG 및 TGTask Group 구성을 위해 표준의 목적과 범위 등을 정의한 PARProject Authorization Request 문서를 작성한다. PAR 문서가 이사회의 승인을 얻으면 WG가 구성되고 본격적인 활동이 개시된다. WG 내에서 연구 내용을 나누어 특성화하는 그룹인 TG에서 각 그룹의 목적에 맞는 표준 초안을 작성하는데, 이때 참여 회사에서 제안한 여러 기술이 경쟁을 하게 된다. 완성된 TG 초안은 WG 내에서 LBLetter Ballot 형식의 전자 투표를 거쳐 WG 표준 초안으로 인정되고, 다른 WG들의 참여가 추가된 검토위원회의 투표와 IEEE SAStandard Association에서 실시하는 SBSponsor Ballot 형태의 전자 투표를 거친다. 모든 단계에서 75% 이상의 지지를 얻어 통과하면 정식 표준안을 출판해 일반에 공개된다.

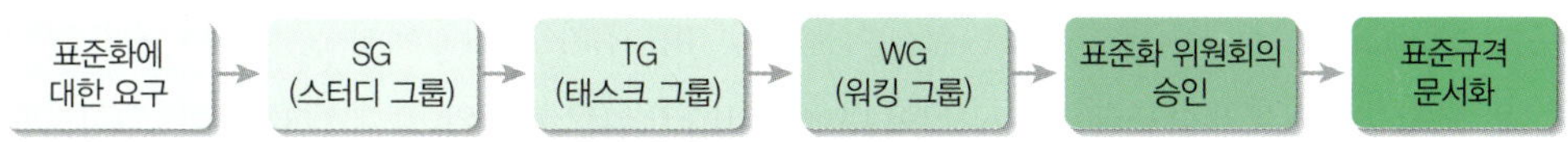

그림 7-16 표준화 절차

IEEE 802.11 무선 LAN 기술표준은 상호 간섭이 없도록 2.4GHz 대역을 1~14개 채널로 구분한다. 미국은 1~11채널, 우리나라를 포함한 유럽은 1~13채널, 일본은 14채널을 사용한다.

2 IEEE 802.11 무선 LAN 기술표준

IEEE 802.11 무선 LAN의 기술표준에는 다양한 버전이 있다. 1997년에 발표된 IEEE 802.11은 최초의 무선 LAN 표준으로, 이후에 발표되는 기술표준들의 모체가 되었다. 처음으로 널리 적용된 표준안은 1999년에 발표된 IEEE 802.11b이며, 2003년 6월에 802.11g, 2009년 10월에 802.11n, 2014년 1월에 802.11ac, 그리고 2019년 12월에 802.11ax가 발표되었다. 이외의 표준은 이전의 서비스를 개정 또는 확장하거나 단순히 수정한 것이 대부분이다. IEEE 802.11의 여러 가지 버전에 대해 알아보자.

여기서 잠깐 **Wi-Fi의 세대 구분**

2018년 10월 Wi-Fi 연합Wi-Fi Alliance은 차세대 Wi-Fi 규격인 IEEE 802.11ax의 명칭을 Wi-Fi 6로 정하고, 이전 세대 Wi-Fi 이름도 숫자를 붙여 알아보기 쉽게 변경했다. 사용자가 최신 Wi-Fi 환경을 제공하는 디바이스를 쉽게 식별할 수 있도록 세대 이름을 도입한 것이다.

Wi-Fi 4는 IEEE 802.11n, Wi-Fi 5는 IEEE 802.11ac, Wi-Fi 6은 IEEE 802.11ax로 정리되었으며, Wi-Fi 7은 2023년 발표 예정인 IEEE 802.11be가 될 것으로 보인다. 1~3세대는 정해지지 않았으나 Wi-Fi 1은 IEEE 802.11, Wi-Fi 2는 IEEE 802.11b, Wi-Fi 3은 IEEE 802.11g로 보는 것이 일반적이다.

■ IEEE 802.11b(Wi-Fi 2)

2.4GHz 대역에서 1Mbp와 2Mbp에 불과했던 IEEE 802.11의 전송속도를 보완한 규격으로 1999년 9월에 발표되었다. IEEE 802.11의 DSSS 방식을 확장 개선한 HR-DSSSHigh-Rate DSSS 방식을 사용한다. CCK라는 새로운 변조 방식을 이용해 2.4GHz ISM 대역에서 전송속도를 5.5Mbps와 11Mbps로 올렸다. 발표 이후 한동안 널리 사용되었으며, 2006년까지도 스마트폰의 기본사양으로 쓰였다.

■ IEEE 802.11a

5GHz UNIIUnlicensed National Information Infrastrure RF 주파수 대역에서 동작하는 물리 계층과 MAC 계층의 표준규격으로, 1999년 9월에 IEEE 802.11b와 함께 발표되었다. OFDM 방식을 이용해 최소 6Mbps에서 최대 54Mbps까지 데이터 전송이 가능하다. 주파수 특성상 유효범위가 IEEE 802.11b보다 좁아 출시 당시에는 많이 쓰이지 않았다.

다음 표는 IEEE 802.11b와 802.11a의 차이점을 비교한 것이다.

표 7-2 IEEE 802.11b와 IEEE 802.11a의 비교

구분	동작 주파수	최대 전송률	유효범위
IEEE 802.11b	2.4GHz	11Mbps	~38m
IEEE 802.11a	5GHz	54Mbps	~35m

■ IEEE 802.11g(Wi-Fi 3)

EEE 802.11b가 보급되기 시작한 이후 IEEE 802.11a보다 낮은 전송속도에 대한 대안이 필요해졌다. 그래서 IEEE 802.11b가 사용하는 2.4GHz 대역에서 OFDM 방식을 사용하는 IEEE 802.11g 규격이 2003년 6월에 발표되었다. 이로써 IEEE 802.11b와 공존할 수 있으면서 IEEE 802.11a의 높은 전송률이 가능해졌다. 실내에서의 유효범위는 38m이다.

■ IEEE 802.11n(Wi-Fi 4)

IEEE 802.11g 규격이 완성될 무렵 물리 계층의 높은 전송속도에 비해 상대적으로 낮게 나타나는 사용자 체감속도에 대한 논의가 진행되었다. 실제로 54Mbps로 동작하는 IEEE 802.11a와 IEEE 802.11g에서 사용자 체감속도는 약 25Mbps 정도로 낮은 수준이었고, 다양한 응용프로그램 사용 증가에 따라 무선 LAN 환경에서 사용자 체감속도에 대한 개선이 요구되었다. 2009년 10월에 발표된 IEEE 802.11n은 2.4GHz, 5GHz 대역을 사용하며 최고 600Mbps의 전송속도를 지원하고 MAC 계층에서의 처리속도도 100Mbps 이상이 되도록 하는 새로운 규격이었다. 전송 유효범위도 두 배 이상 넓어졌고, 스마트 안테나 기술인 MIMOMultiple-Input Multiple-Output를 적용해 전송 및 수신 효율을 높였다.

■ IEEE 802.11e

IEEE 802.11의 MAC 계층은 매체접근제어에 DCF를 사용했는데, 전송 우선순위에 대한 개념이 없어 충돌이 많이 일어났고 QoS를 보장하지 못했다. 2005년에 발표된 IEEE 802.11e는 음성 통신이나 화상 통신, 그리고 스트리밍과 같은 실시간 서비스의 QoS를 안정적으로 제공하기 위한 표준이다. 새로운 기능인 HCFHybrid Coordination Function(하이브리드 조정 기능)를 사용해 기존의 DCF와 PCF를 향상시켜 EDCAEnhanced Distributed Channel Access(향상된 분산채널접근)와 HCCAHCF Controlled Channel Access(HCF 제어채널접근)를 규정하고 있다.

■ IEEE 802.11h

유럽 지역의 5GHz 비면허 대역license-exempt band에서의 동작을 위한 규격으로 2003년에 발표되었다. 5GHz 대역을 사용하는 위성통신이나 레이더 통신과의 간섭을 줄이는 것이 주목적이다. 채널의 에너지 측정과 보고, DFSDynamic Frequency Selection(동적 주파수 선택), TPCTransmit Power Control(전송전력제어) 등을 정의하고 있다. DFS는 AP로 하여금 레이더

통신을 하는 채널을 피해 위성통신에서 전달되는 간섭을 줄이기 위해 사용하며, TPC는 평균 전송전력이 그 지역의 최댓값보다 작게 하여 위성통신에서 전달되는 간섭을 줄이기 위해 사용한다.

■ IEEE 802.11i

MAC 계층에서의 보안 및 인증 메커니즘을 확장한 표준이다. 이 규격의 최종본은 Wi-Fi 연합에서 인증하여 WPA2Wi-Fi Protected Access 2로 불리기도 한다. 기존에 데이터 보안을 위해 사용하던 WEPWired Equivalent Privacy 방식의 문제점을 보완해 AESAdvanced Encryption Standard 방식을 채택했다.

■ IEEE 802.11k

무선 LAN의 자원 정보를 측정하고 보고하는 방법을 정의하는 표준이다. 기존에 내부 정보로만 사용되던 무선 자원 정보를 AP 등에 전달하는 방법을 정의한다. 이 정보는 단말의 로밍이나 인접한 AP 간의 협력을 위해 사용된다.

■ IEEE 802.11p

차량 간 통신이나 차량과 노변의 다른 기기와의 통신을 위한 규격으로 최대 200km/h로 이동하는 차량에 대한 데이터통신을 정의한다. 5.9GHz 대역(5.85~5.925GHz)을 사용하며 2010년 10월에 발표되었다.

■ IEEE 802.11r

동일한 네트워크 내에서 단말기가 움직이는 환경에서 셀 간 이동을 정의한다. 이 규격은 단말기가 셀을 이동할 때도 VoIP 등의 서비스를 안정적으로 제공하는 Fast BSSFast Basic Service Set 트랜지션을 정의하며 2008년 7월에 발표되었다.

■ IEEE 802.11s

무선 LAN 환경에서 WDSWireless Distribution System(무선 분산 시스템)를 이용해 AP 간 무선 LAN으로 통신을 하는 메시Mesh 네트워크 구성을 목표로 2011년 6월에 최종 수정되었다.

■ IEEE 802.11u

무선 LAN과 외부 네트워크의 연동Interworking을 정의한다. 이 규격은 IETF, 3 GPP, 3

GPP2와 같은 외부 네트워크와 무선 LAN이 상호 연동하는 경우에 사용할 수 있는 범용 인터페이스를 제공하며, 2011년 2월에 발표되었다.

■ IEEE 802.11v

수집된 정보를 이용해 무선 네트워크를 관리하는 데 중점을 둔 버전으로, 2011년 2월에 발표되었다. 참고로, IEEE 802.11k에서는 단말에서 측정한 다양한 정보를 AP가 수집하는 것은 정의하고 있으나 수집된 정보를 이용하는 것은 정의하고 있지 않다.

■ IEEE 802.11w

IEEE 802.11i는 데이터 프레임의 보안은 정의하고 있으나 관리 프레임Management Frame에 대한 보안을 정의하고 있지 않아서 악의적인 공격으로부터 안전하지 못하다는 취약점이 있다. IEEE 802.11w는 이를 극복하기 위한 표준으로 2009년에 발표되었다.

■ IEEE 802.11y

2008년 9월에 승인되었으며 IEEE 802.11a의 주파수 대역을 3.7GHz까지 확장한 버전이다. 미국 지역에서 사용이 허가된 3,650~3,700MHz 대역의 무선 LAN이 동작할 수 있는 방법을 정의한다. 이러한 주파수 구간은 무선 LAN 단말 외의 다른 기기들도 사용되는 영역이므로 기존 무선 LAN에서 사용하는 기술 외에도 전송전력제어, 동적 주파수 선택, 다른 전송장치 감지 등의 기술이 추가로 필요하다.

■ IEEE 802.11ac(Wi-Fi 5)

일명 '기가급 와이파이'라고 하는 IEEE 802.11ac는 2013년 12월에 발표되었다. 5GHz 대역에서 6Gbps 전송속도를 목표로 하며, 3.7Gbps 속도의 무선 기가 네트워크를 구현한다. IEEE 802.11n을 기반으로 하며 5GHz 대역에서 광대역 채널(80MHz, 160MHz)을 포함하고 높은 밀도의 변조 방식인 256-QAM과 MU-MIMOMulti-user MIMO(다중 사용자 MIMO) 기술을 추가했다. 특정 단말들의 위치로 무선 출력을 집중하는 빔포밍Beamforming 기술도 적용되었고, 저전력, 거리, 장애물에 따른 성능 저하도 개선되었다.

■ IEEE 802.11ad

2.4GHz, 5GHz뿐만 아니라 60GHz의 대역에서도 동작하는 새로운 물리 계층을 정의한다. 2012년 12월에 승인되었으며 최대 7Gbps 속도로 Wi-Fi 통신이 가능하다. 대용량의

데이터나 무압축 HD 비디오 등 높은 비트레이트 동영상 스트리밍에 적합하지만 60GHz는 장애물 통과가 어려워 10m 이내의 공간에서만 사용이 가능하다.

■ IEEE 802.11af

2014년 2월에서 승인된 개정 버전으로, TV 방송용으로 분배되어 사용하지 않는 주파수 대역을 이용해 전송하는 무선 인지 기술Cognitive Radio Technology을 사용한다. 54~790MHz의 VHF와 UHF 대역에 있는 화이트 스페이스White Space 대역에서 동작한다. 슈퍼 와이파이Super Wi-Fi, 화이트-파이White-Fi 등으로 불린다. 물리 계층에서는 OFDM을 사용하고 802.11ac에 기초한다. 6~7MHz 채널의 경우 최대 데이터 전송률은 426.7Mbps이며 8MHz 채널의 경우에는 568.9Mbps가 된다.

■ IEEE 802.11ah

화이트 스페이스를 제외한 1GHz 이하의 비면허 대역에서 동작하는 무선 LAN 시스템을 정의하며 2016년에 승인되어 2017년 5월에 상용화됐다. 저주파 대역에 따른 유리한 전파 특성으로 전송 영역이 향상되어 1km까지 전달되며 전력 소모가 매우 적다. 사용 가능한 대역폭은 비교적 협소하지만 대규모 센서 네트워크와 확장된 범위를 갖는 핫스팟Hotspot 및 실외 무선인터넷 등을 포함하는 다양한 목적으로 사용할 수 있다. 아주 간단한 데이터만 보내도 충분한 IoT용으로 개발되었으며, 와이파이 헤일로Wi-Fi HaLow라고도 불린다.

■ IEEE 802.11ax(Wi-Fi 6)

IEEE 802.11ac의 후속 버전으로, 무선 LAN 네트워크의 효율성 향상을 목적으로 한다. 2019년 9월에 배포되었으며, MU-MIMO, OFDM 등의 기술을 적용해 10Gbps의 전송 속도를 지원한다. 사용자 계층에서 IEEE 802.11ac의 네 배 성능을 제공할 수 있다.

■ IEEE 802.11ay

전송속도가 20~40Gbps에 이르고 주파수 대역은 60GHz, 전송거리는 300~500m에 달하는 새로운 물리 계층을 정의한다. IEEE 802.11ad의 확장 버전으로, 속도와 범위 등이 향상되며 실내 작동, 실외 백홀 및 단거리 통신을 포함한다. 2020년 승인 예정이다.

■ IEEE 802.11az

802.11az 프로젝트는 IEEE 802.11 WG 내 NGP SGNext Generation Positioning Study Group의

스테이션에 대한 절대 및 상대 위치 식별과 관련된 활동을 포함한다. 이러한 활동은 2015년에 시작되어 2021년 3월에 완료될 예정이다. 결과적으로 IEEE 802.11 물리 계층의 HEWHigh Efficiency WLAN 기술, NG60Next Generation 60GHz 기술, FTMFine Timing Measurement 프로토콜과 관련해 높은 정확도로 스테이션의 절대 및 상대 위치를 결정할 수 있게 된다.

■ IEEE 802.11be(Wi-Fi 7)

채널당 최대 320MHz의 대역폭을 사용해 30Gbps의 전송 속도를 구현하는 것을 목표로 개발 중이다. 2023년 발표 예정으로 Wi-Fi 7로 인증될 가능성이 큰 잠재적 차세대 버전이다. IEEE 802.11ax를 기반으로 한다.

[표 7-3]은 주요 IEEE 무선 LAN 표준의 특성을 정리한 것이다.

표 7-3 주요 IEEE 무선 LAN 표준의 특성

표준안	공개	특성
802.11b	1999년 9월	• 2.4GHz 대역에서 11Mbps의 전송속도 • HR-DSSS 방식, 표준 802.11 MAC 구조에 기반 • 35m 유효범위
802.11a	1999년 9월	• 5GHz 대역에서 6~54Mbps의 전송속도 • FDM 방식, 멀티미디어 지원 • 35m 유효범위 • 주파수 간섭이 상대적으로 적음
802.11e	2005년 11월	• QoS 지원
802.11g	2003년 6월	• 2.4GHz 대역에서 54Mbps의 전송속도, OFDM • 38m 유효범위
802.11h	2003년 10월	• 5GHz 대역에서 전파 간섭을 방지하는 DFS와 TPC 기능 지원
802.11i	2004년 7월	• 보안 기능 향상, AES 방식 채택
802.11n	2009년 10월	• 600Mbps의 전송속도, OFDM • 2.4GHz 또는 5GHz 대역에서 70m 유효범위
802.11ac	2013년 12월	• 5GHz 대역에서 광대역 채널(80 또는 160MHz) 포함 • 256-QAM 변조 방식 사용 • MU-MIMO(다중 사용자 MIMO) 기술 추가 • 1,300Mbps의 무선 데이터 전송속도 지원 가능
802.11ax	2019년 9월	• 802.11ac의 후속 버전으로, 802.11ac 처리량의 네 배 성능 제공 • 10Gbps의 무선 데이터 전송속도 지원 가능
802.11be	2023년	• 802.11ax를 기반으로 최대 30Gbps의 전송속도 구현을 목표로 개발 중 • 2.4GHz, 5GHz, 6GHz 대역에서 동작

01 다음은 IEEE 802.11 무선 LAN에 관한 설명이다. 옳지 않은 것은?

① 무선 LAN 기술은 일정 범위 내의 사용자가 물리적인 연결 없이도 네트워크에 접속할 수 있게 한다.
② 최대 800Mbps 정도까지 데이터 전송이 가능한 IEEE 802.11ac 표준이 2013년 12월에 완료되었다.
③ 미국 연방통신위원회는 1985년에 분광기술의 응용과 활용을 위해 ISM 주파수 대역을 선언했다.
④ 무선 LAN을 구성하는 애드혹 방식은 서버와 접속하기 위해 AP와 같은 장치가 필요하다.

02 PAU 또는 무선 AP와 같은 장치를 통해 무선 장치들을 연결해 무선 LAN에 접속하는 구성 방식은?

① 하부구조 방식　② CSMA 방식　③ DSSS 방식　④ 애드혹 방식

03 IEEE 802.11g에 대한 다음 설명 중 옳은 것은?

① CCK라는 변조 방식을 이용한다.
② DSSS 방식으로 11Mbps의 전송속도를 제공한다.
③ IEEE 802.11b와 공존할 수 있으면서 IEEE 802.11a의 전송속도가 가능해졌다.
④ 5GHz 구간을 사용하는 위성통신이나 레이더 통신과의 간섭을 줄이는 것이 주목적이다.

04 다음은 무엇에 관한 설명인가?

> 차량 간 통신이나 차량과 노변의 다른 기기와의 통신을 위한 규격으로, 최대 200km/h로 이동하는 차량에 대한 데이터통신을 정의한다. 5.9GHz 대역을 사용하고, 2010년 10월에 발표되었다.

① 802.11i　② 802.11g　③ 802.11p　④ 802.11u

05 IEEE 802.11 무선 LAN의 데이터 프레임에 관한 설명으로 옳지 않은 것은?

① 시퀀스 제어 영역은 NAV 값을 설정할 때 사용하는 전송 기간과 관련이 있다.
② 주소 영역에는 각각 6바이트 길이의 주소 영역 네 개가 있다.
③ 프레임 본체는 0~2,312바이트 길이로 구성되고, 프레임 제어 영역의 유형에 따라 정보가 들어간다.
④ FCS는 CRC-32 오류검출 시퀀스를 포함한다.

06 무선 주파수에서 다른 수신 신호 간의 위상 이동 현상을 일으켜서 직접 전송되는 경로 신호가 다른 경로에서 반사된 신호에 인해 감쇄되는 현상은?

① IMDD 현상 ② 경로 손실 현상
③ 레일레이 페이딩 현상 ④ 주파수 도약 현상

07 무선신호가 전송될 때 수신지에서 직접 수신된 신호와 다른 경로로 들어온 신호를 함께 수신하게 되는 현상은?

① 경로 손실 현상 ② 다중경로 분산 ③ 인접 채널 간섭 ④ 주파수 도약

08 다음은 무엇에 대한 설명인가?

짧은 파장은 안테나의 작은 위치 변화 정도에도 민감하게 반응하므로 1/4 파장마다 두 대의 안테나를 설치하고 양쪽 안테나에서 수신한 신호는 합성한 수신 신호를 만들기 위해서 재결합한다.

① 경로 보상 기술 ② 채널 간섭 기술 ③ 페이딩 기술 ④ 공간 다이버시티 기술

09 무선 LAN 기술 중 FHSS(주파수 도약 확산 스펙트럼) 방식에 대해 간략하게 설명하시오.

10 1985년 FCC의 ISM 대역 선언과 1991년에 개최된 무선 LAN IEEE 워크숍은 무선 LAN 기술 발전을 촉진하는 계기가 되었다. ISM 대역이란 무엇인지 구체적으로 설명하시오.

11 무선 LAN에서 발생하는 전자기파 기반의 무선 주파수의 경로 손실과 인접 채널 간섭 현상에 대해 각각 설명하시오.

12 무선 LAN 기술 중 DSSS(직접 시퀀스 확산 스펙트럼) 방식에 대해 설명하시오.

13 무선 LAN의 숨겨진 노드 문제를 해결하기 위해 사용하는 CSMA/CA 방식은 어떻게 동작하는지 구체적으로 설명하시오.

14 무선 LAN의 노출된 노드 문제란 무엇인지, 또 이를 해결하는 방안은 무엇인지 설명하시오.

15 무선 LAN을 구성하는 방식을 두 가지로 구분하고, 차이점을 비교해 설명하시오.

16 IEEE 802.11a와 802.11b의 다른 점은 무엇인가?

17 IEEE 802.11ac 표준과 IEEE 802.11ax의 기술적 특성을 비교해 설명하시오.

18 IEEE 802.11k 표준에서 정의하고 있는 내용은 무엇인가?

19 무선 LAN 표준화 활동은 물리 계층의 전송속도를 높이는 데 주력하던 시기와 데이터 보안, 네트워크 관리 등 다양한 응용을 위한 성숙기를 거쳐 지속적으로 발전해왔다. 무선 LAN의 표준화는 어떤 절차를 거쳐 인정되는지 설명하시오.

20 IEEE 802.11 무선 LAN의 데이터 프레임에서 프레임 제어(FC) 영역의 유형을 구체적으로 설명하시오.

CHAPTER 08
멀티미디어와 ATM 전송기술

학습목표

- ATM 방식의 전송 원리와 특성을 설명할 수 있다.
- ATM 프로토콜의 구조와 교환기술의 특성을 설명할 수 있다.
- ATM 트래픽제어를 위한 방법과 응용 기술을 구체적으로 나열할 수 있다.

01 멀티미디어 정보와 ATM

1 멀티미디어 정보

멀티미디어란 컴퓨터나 가전제품, 통신 등에서 정보처리를 위해 데이터, 화상, 동영상, 음성 등 여러 가지 형식의 정보를 조합하여 대화식으로 이용하는 기술 또는 통합해서 처리할 수 있는 미디어로 정의할 수 있다(출처: 한국정보통신기술협회 IT 용어사전). 따라서 멀티미디어 정보는 음성, 영상, 이미지, 그래픽, 텍스트 데이터 등 다양한 형태의 정보를 포괄적으로 일컫는다.

멀티미디어는 연속적 미디어와 이산적 미디어로 구분된다. 연속적 미디어Continuous Media는 오디오, 비디오 정보처럼 시간에 따라 변하는 특성이 있다. 이산적 미디어Discrete Media는 텍스트, 정지 이미지, 그래픽 정보처럼 시간에 독립적인 특성을 갖는다. 물론 정보 전송을 위해 멀티미디어 정보는 디지털 신호로 변환된다.

멀티미디어 서비스의 수준은 네트워크 운영체제Network Operating System, NOS 기술, 고성능 프로세서, 인터페이스의 고속화 등 관련 기술이 발전할수록 높아진다. 향상된 네트워크 구조 및 기술은 멀티미디어 정보에 등시성 서비스Isochronous Service를 제공한다.

TIP 등시성 서비스란 전송지에서 보낸 타이밍 신호를 그대로 유지해 수신지까지 데이터 프레임을 보내는 방식으로 연속해서 발생하는 트래픽에 실시간 서비스를 하는 전송 방식이다. 음성이나 동화상처럼 실시간 전송이 필요한 데이터에 활용한다.

디지털 방식을 사용하는 데이터 전송기술이 발전하면서 음성, 영상, 그래픽 등의 데이터를 서비스하는 통합 네트워크로 모든 정보 서비스를 통합하는 ISDNIntegrated Service Digital Network(종합 정보통신 네트워크) 개념이 확립되었다. 여기에 필요한 세부적인 기술사항은 1988년에 CCITT(현재의 ITU-T)에 의해 표준화 권고안으로 확정되었다.

TIP CCITT(Consultative Committee on International Telephone and Telegraphy)는 국제전신전화자문위원회로 스위스 제네바에 본부를 둔 국제 표준화 기구이다. 통신장비 및 시스템에 대한 표준화 활동을 수행하며 1993년에 ITU-T로 개명했다.

ISDN은 컬러 동화상 서비스를 포함했으나 기본 전송속도(64Kbps) 제한으로 화상의 품질 문제를 보완하기 위해 확장된 개념의 B-ISDNBroadband-ISDN(광대역 종합 정보통신 네트워크) 개념이 제안되었고 구현 방법으로 비동기식 데이터 전송 방식인 ATMAsynchronous Transfer Mode

기술을 채택하였다. ATM 기술은 BcNBroadband Convergence Network(광대역 통합망)에서 효율적인 데이터 전송 방식이 되었다.

TIP 기존의 ISDN은 협대역 종합 정보통신 네트워크(Narrowband-ISDN, N-ISDN)로 구분한다. 음성과 같이 실시간 전송이 필요한 서비스는 대역폭이 고정된 회선교환 방식으로 처리하고 비음성 데이터 서비스는 시간 지연은 있지만 대역폭의 유연성을 고려해 패킷교환 방식으로 처리한다.

멀티미디어 정보 서비스가 원활하게 이루어지려면 고속성, 확장성, 유연성, 그리고 효율성을 갖춘 광대역 네트워크 시스템이 필요하다.

- 고속성: 실효 전송속도 유지
- 확장성: 네트워크 시스템 확장
- 유연성: 각 네트워크에 대해 가변적 전송속도 처리
- 효율성: 멀티미디어 정보의 효율적인 전송

2 ATM 기술

동기식 전송 방식은 전송지와 수신지의 클럭Clock을 정확하게 일치시켜 전송지에서 보낸 정보를 수신지에서도 동일하게 얻게 한다. 비동기식 전송 방식을 사용하는 ATM 기술에서는 클럭의 동기 문제를 어떻게 해결할까? ATM은 발생하는 클럭의 차이를 공백Empty 혹은 미지정 셀Unassigned Cell을 추가하거나 제거해 해결한다.

TIP 클럭이란 동작하는 순간을 제어하기 위한 시간 정보를 의미한다. 두 개 이상의 디지털 회로의 동작을 동기화하는 데 사용한다.

2.1 ATM 기술의 원리와 특성

ATM 기술에서는 53바이트 크기로 고정된 패킷을 사용하는데 이를 셀cell이라고 한다. 고정된 크기의 셀을 사용하는 이유는 길이가 가변적이고 대용량인 사용자 데이터를 그대로 처리하기보다 작고 일정한 크기로 분할하면 다루기 쉽기 때문이다. ATM 전송기술의 기본 원리는 사용자 정보 데이터를 내용이나 형태와 무관하게 일정한 53바이트 크기의 셀로 분할해 수신지로 전송하는 것이다.

[그림 8-1]은 전송속도가 서로 다른 데이터가 한 개의 ATM 디지털 파이프로 들어가서 동일한 53바이트 크기의 셀로 분할되는 것을 보여준다. 이때 분할된 셀은 통계적 다중화Statistical Multiplexing, SM 방식으로 최적화된다. ATM 기술은 고정된 크기의 셀 형태를 사용하므로 데이

터의 전송속도, QoS, 트래픽 특성 등이 서로 다른 경우에도 그다지 영향을 받지 않고 데이터를 전송할 수 있다.

TIP 통계적 다중화는 통계적인 기법으로 전송 채널의 자원(대역폭)을 공유하는 방식이다. 전송매체의 트래픽 양을 분석해 이를 복수의 독립된 채널로 분할, 다양한 종류의 트래픽을 하나의 전송 채널로 공유한다.

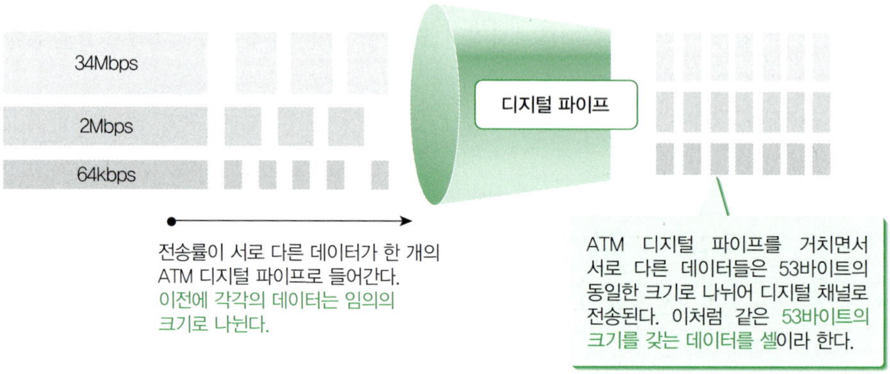

그림 8-1 ATM 기술의 개념도

다음은 ATM 기술의 특징이다.

- 고정된 크기의 셀 형태로 전송하므로 다양한 서비스 요구를 효율적으로 수용할 수 있다.
- 가용 자원을 효율적으로 사용할 수 있다.
- 네트워크가 정상적으로 동작하는지 감시, 관리, 유지하는 비용이 줄어든다.
- 통계적 다중화 방식을 사용하므로 동적으로 대역폭 할당이 가능해 데이터 전송비용을 줄일 수 있다.
- 기존 서비스와 추가될 서비스 사이의 융통성이 확보된다.
- 다양한 정보에 대한 통합 서비스가 가능하다.

2.2 ATM과 동기식 전송 방식의 비교

대역폭의 효율성 측면에서 ATM의 전송 방식과 동기식 전송 방식을 비교해보자. 시분할 다중화Time Division Multiplexing, TDM를 사용하는 동기식 전송 방식은 대역폭을 데이터의 형태에 따라 분할한 후 동일한 시간 간격으로 전송하므로 전송 데이터가 없어도 대역이 할당되어 대역폭이 낭비된다. 반면에 ATM은 데이터를 셀의 형태로 변환하고 통계적 다중화를 통해 여분의 대역폭을 효율적으로 할당함으로써 대역폭 낭비를 줄일 수 있다.

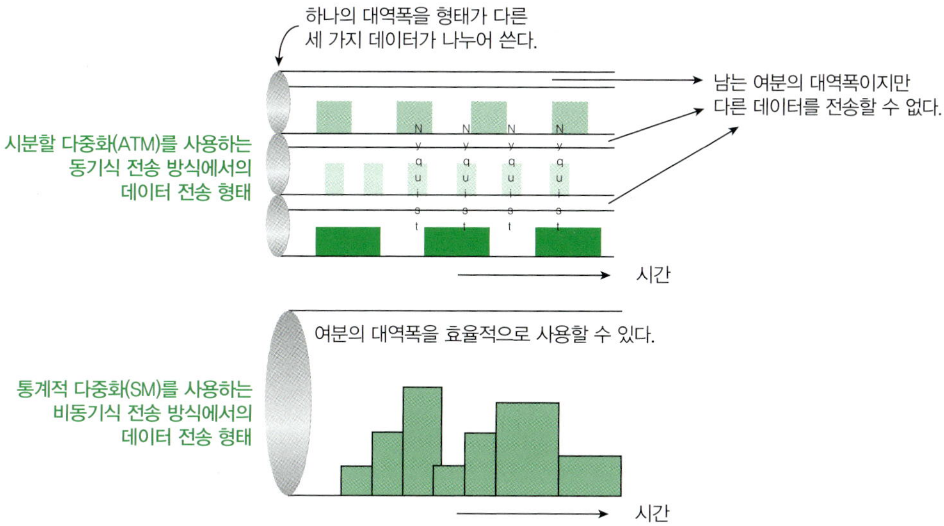

그림 8-2 TDM 방식과 SM 방식의 비교

3 ATM 프로토콜 구조

ATM 프로토콜은 물리 계층, ATM 계층, AAL 계층 등으로 구성되며, AAL 계층은 다시 SAR 부계층과 수렴 부계층으로 구분된다.

3.1 계층별 기능

■ 물리 계층

물리 계층의 표준은 CCITT 권고안 i.432에 기술되어 있다. B-ISDN에서 사용자 네트워크 인터페이스의 전송속도는 155.52Mbps 혹은 622.08Mbps이다. 전송매체로 동축케이블이나 광섬유를 사용하며 물리매개 부계층, 전송수렴 부계층으로 구분된다.

■ ATM 계층

ATM 계층의 표준은 CCITT 권고안 i.361에 기술되어 있다. ATM 계층의 가장 중요한 기능은 ATM 셀의 헤더를 생성하고 관리하는 것이다. 상위 계층에서 데이터를 수신하면 5바이트 헤더를 첨가하고 이를 다시 물리 계층으로 전달하면 물리 계층에서 전송매체를 통한 실제 전송이 이루어진다. 수신지의 ATM 계층은 53바이트 셀에서 5바이트로 구성된 헤더를 제거하여 사용자 정보 데이터 부분을 상위 계층인 AAL 계층으로 전달하는 역할을 한다.

■ AAL 계층

AAL ATM Adaptation Layer(ATM 적응 계층)은 상위 계층에서 전달된 사용자 데이터를 48바이트의 고정된 크기로 분할한다. 이렇게 만들어진 48바이트의 사용자 데이터에 ATM 계층에서 5바이트의 헤더가 부가되어 53바이트인 ATM 셀이 만들어진다. AAL 계층은 다시 SAR 부계층과 수렴 부계층으로 구분된다.

SAR Segmentation and Reassembly(분할 및 재조합) 부계층은 전송지에서 상위 계층에서 생성된 길이가 일정하지 않은 데이터를 48바이트의 고정된 데이터로 만들면 수신지에서 전송지와 반대 과정으로 데이터를 재조합해서 전송 전의 형태로 복원하는 기능을 담당한다. 이때, 상위 계층에서 전달된 데이터 중 ATM 계층에서 제공하지 못하는 서비스를 요구하는 경우가 있다. 수렴 부계층 Convergence Sublayer, CS은 이러한 요구에 대한 해결책을 제공한다.

[그림 8-3]은 ATM 프로토콜의 계층구조와 각 계층에서 사용하는 데이터 단위를 구분해 나타낸 것이다. 이는 ATM 계층의 셀 형식으로 AAL 계층 중 수렴 부계층에서의 데이터 단위인 CS-PDU CS-Protocol Data Unit와 SAR 부계층의 데이터 단위인 SAR-PDU SAR-Protocol Data Unit를 구분해 상호 관련성을 보여준다.

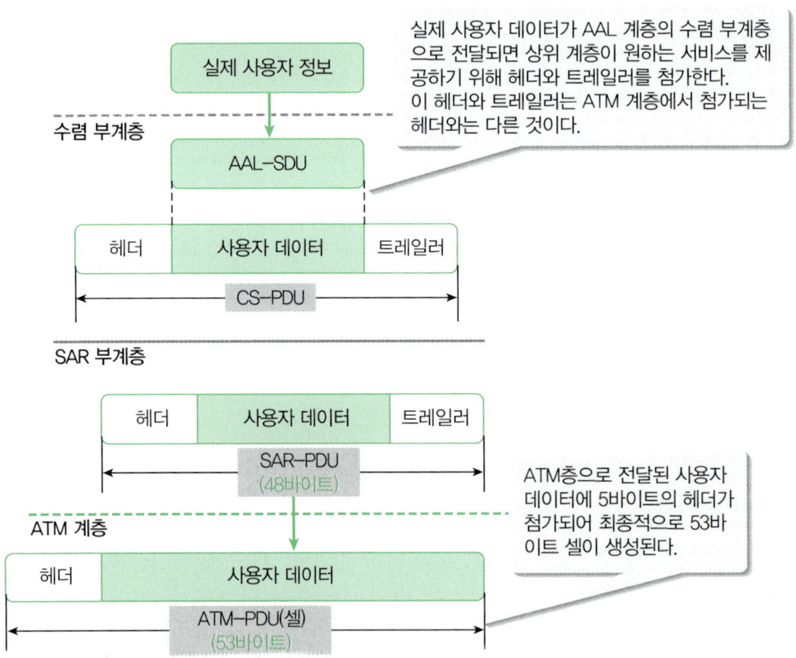

그림 8-3 ATM 프로토콜 계층구조의 데이터 단위 교환

3.2 ATM 셀 구조

ATM 셀은 48바이트의 사용자 정보 데이터Payload와 셀이 수신지까지 정상적으로 전송되는 데 필요한 제어정보를 포함한 5바이트의 헤더로 구성된다.

[그림 8-4]는 ATM 셀의 형식을 간략히 나타낸 그림이다.

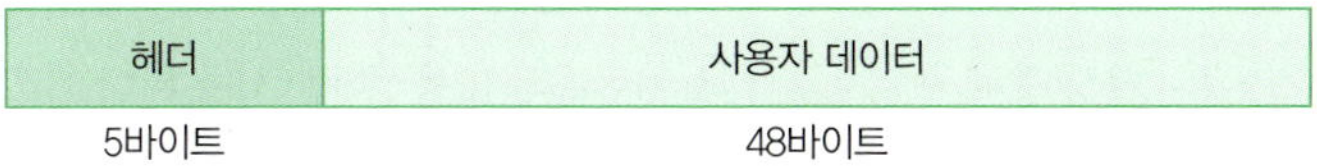

그림 8-4 ATM 셀의 간략한 구조

ATM 셀 구조는 [그림 8-5]와 같이 7부분으로 구분해서 자세히 나타낼 수 있다.

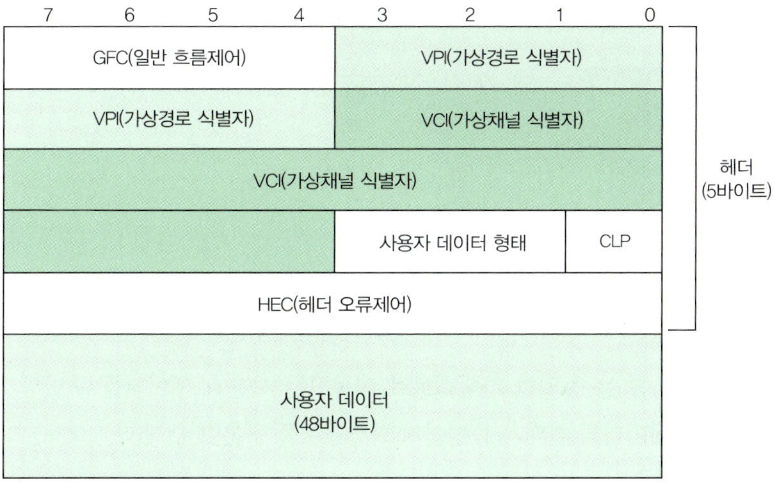

그림 8-5 ATM 셀 구조(헤더)

■ GFC(일반 흐름제어 영역)

GFCGeneric Flow Control(일반 흐름제어) 영역은 네트워크에서 흐름제어를 위해 사용한다. 전송매체를 다수의 전송지에서 사용하면 회선 경쟁에 따른 트래픽 혼잡 문제가 발생하는데 이를 해결하기 위한 흐름제어 기능과 관련된 영역이다.

■ VCI(가상채널 식별자)

ATM 셀은 수신지로 가는 도중 ATM 스위치를 거치게 된다. ATM 스위치 내에는 입력채널 번호를 출력채널 번호로 변환하는 테이블이 있다. 이때 사용되는 것이 가상채널이며 이를 식별하기 위해 VCIVirtual Channel Identifier(가상채널 식별자)를 사용한다. 이 값을 이용해 회선을 구축하는 것을 가상회선Virtual Circuit이라 하고 VCI를 이용해 전송지와 수신지가 접속하는 것을 가상채널 접속Virutual Channel Connection이라 한다.

■ VPI(가상경로 식별자)

VPIVirtual Path Identifier(가상경로 식별자)는 여러 개의 가상채널을 모아 하나의 가상경로Vitual Path를 구성한다. 가상경로는 가상경로 접속Virtual Path Connection을 위해 사용된다. [그림 8-6]은 다수의 가상채널을 모아 가상경로를 만들고 다시 다수의 가상경로가 모여 전송라인을 구성하는 것을 보여준다.

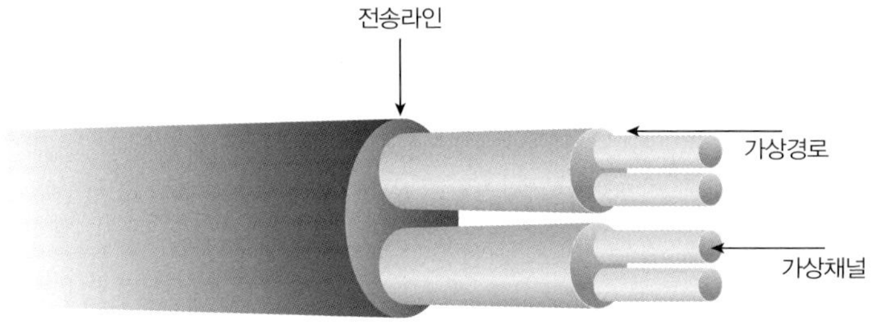

그림 8-6 가상채널과 가상경로

■ 사용자 데이터 형태

사용자 데이터 형태Payload Type는 동일한 가상회로로 이동하는 사용자 데이터를 구별하기 위해 사용하는 영역으로, 데이터의 형태가 음성인지 화상인지를 구분할 수 있다.

■ CLP(셀 손실 우선권)

CLPCell Loss Priority(셀 손실 우선권)은 부득이한 상황으로 셀을 폐기해야 할 때 어떤 셀을 우선 폐기할 것인가를 나타내는 영역으로, 1비트 크기로 할당되어 있다. 예를 들어 '1'로 설정되어 있다면 이것은 우선순위가 낮은 셀이니 먼저 폐기될 것임을 나타낸다.

■ HEC(헤더 오류제어)

HECHeader Error Control(헤더 오류제어)는 ATM 셀의 헤더에서만 오류제어 기능을 수행한다. 사용자 데이터의 오류검출과 수정작업을 수행하는 것은 아니다.

확인문제 8-1

멀티미디어 정보에 필요한 등시성 서비스란 무엇이며 왜 필요한지 그 이유를 설명하시오.

풀이 등시성 서비스란 전송지에서 보낸 타이밍 신호를 그대로 유지해 수신지까지 데이터 프레임을 보내는 방식이다. 음성이나 동화상 등과 같이 실시간 전송이 필요한 서비스를 효율적으로 제공하기 위해 필요하다.

확인문제 8-2

ATM 기술에서 고정된 크기의 셀을 사용하는 이유를 설명하시오.

풀이 가변 길이를 가지면서 크기가 큰 사용자 데이터보다 길이가 일정하고 비교적 작은 크기의 셀이 다루기 쉽기 때문이다.

확인문제 8-3

ATM 프로토콜의 계층구조는 어떻게 구성되는지 나열하고 가상채널, 가상경로, 전송라인의 관계를 설명하시오.

풀이 ATM 프로토콜의 계층구조는 물리 계층, ATM 계층, AAL 계층으로 구성되며 AAL 계층은 다시 SAR 부계층과 수렴 부계층으로 세분화된다. 다수의 가상채널을 모으면 가상경로가 되고 다수의 가상경로를 모으면 전송라인이 된다.

02 ATM 교환기술

회선교환 방식은 전송지와 수신지가 데이터 전송을 시작하기 전에 전용회선(또는 채널)을 미리 설정하는 방식이고 패킷교환 방식은 사용자 정보를 패킷 단위로 나누고 제어정보를 사용해 전송하는 방식이다. ATM 교환 방식은 회선교환 방식과 패킷교환 방식을 결합해 장점을 취한 형태이다.

1 ATM 교환 방식의 동작

ATM 교환 방식은 패킷교환 방식처럼 셀 라우팅을 위한 제어정보가 5바이트 헤더에 들어있다. 회선교환 방식과 유사하게 셀이 전송되기 전에 전송지와 수신지 사이에 셀이 전송될 경로를 VPI(가상경로 식별자)와 VCI(가상채널 식별자)로 미리 정해 놓고 데이터는 가상경로 속에 나누어져 있는 가상채널을 이용해 전송된다.

[그림 8-7]은 VCI 값이 변환되는 예를 나타낸 것이다. ATM 교환기가 셀 헤더의 VCI 값을 1→2→5로 순차적으로 변환해 전송하는 것을 알 수 있다.

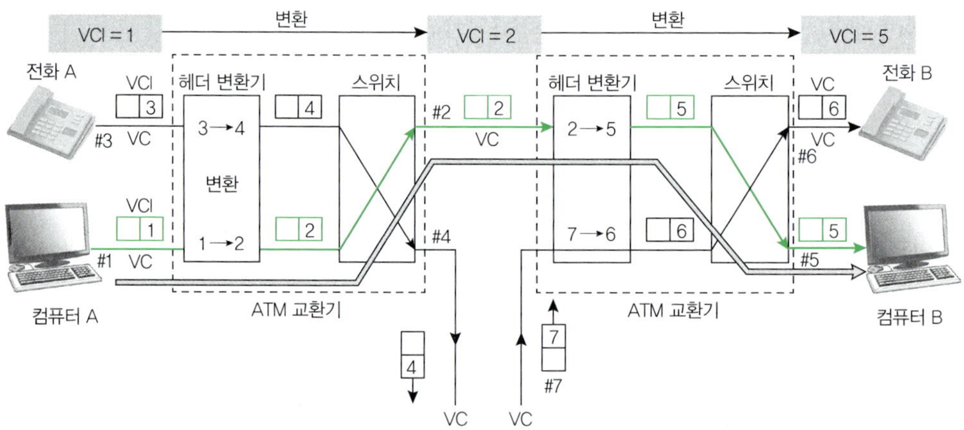

그림 8-7 ATM 교환 방식의 동작

ATM 교환 방식과 패킷교환 방식의 차이점은 무엇일까? 패킷교환에서는 패킷의 크기가 가변적이지만 ATM 교환에서 사용하는 ATM 셀은 53바이트로 고정되어 있다. 패킷교환 방식은 소프트웨어로 경로설정을 하므로 전송속도에 제한이 있으나 ATM 교환 방식은 하드웨어로 경로설정을 수행하므로 고속전송이 가능하다.

2 ATM 서비스 범주

ATM 포럼에서는 ATM에서 제공하는 서비스 범주를 다음과 같이 5가지로 정의하고 있다.

■ CBR 서비스

CBRConstant Bit Rate(고정 전송속도)은 지정된 속도의 트래픽에 대한 서비스이다. ATM 네트워크는 사용자의 용량을 넘지 않는 범위에서 변함없는 처리율을 보장해야 한다.

■ rt-VBR 서비스

rt-VBRreal-time Variable Bit Rate(실시간 가변 전송속도)은 데이터 전송속도가 일정하지 않고 가변적인 트래픽을 지원하는 서비스이다. 평균 전송속도와 최대 전송속도를 설정해 망의 상태에 가변적으로 지원하며 실시간 전송을 보장한다.

■ nrt-VBR 서비스

nrt-VBRnon-real-time Variable Bit Rate(비실시간 가변 전송속도)은 실시간 전송을 보장하지 않는다는 것만 제외하면 rt-VBR과 동일한 서비스이다. 전송량은 많지만 지연이 문제되지 않을 때 주로 사용하며, 셀 손실률이 낮다는 특성이 있다.

■ UBR 서비스

UBRUnspecified Bit Rate(무지정 전송속도)은 최대 전송속도만 정하고 망의 상태에 따라 가변적으로 대응하는 서비스이다. 평균 전송속도를 보장하지 않으며, 이 서비스로 제공되는 셀은 언제라도 폐기될 수 있다.

■ ABR 서비스

ABRAvailable Bit Rate(이용 가능 비트 속도)은 최대 전송속도 범위 내에서 최소 전송속도를 보장하는 서비스이다. UBR 서비스와 달리 셀 손실 위험을 최소화할 수 있다.

이상의 5가지 ATM 서비스는 다음과 같은 속성을 지정해 구체적으로 구분할 수 있다.

2.1 트래픽 서술자

트래픽 서술자Traffic Descriptors는 전송지와 수신지를 연결하는 트래픽의 특성을 설명한다. 해당 트래픽을 지원할 수 있을 때만 전송지 연결을 설정한다.

■ **전송지 트래픽 서술자**

ATM 셀의 흐름에서 전송지에 대한 트래픽 특성을 파악하기 위해 사용한다.

■ **PCR**

PCRPeak Cell Rate(최대 셀 전송률, 최대 전송속도)은 ATM 연결에서 소스로 제공될 수 있는 트래픽의 상한값을 정의하는 것으로 CBR과 VBR 서비스에서 반드시 필요하다.

■ **SCR**

SCRSustainable Cell Rate(평균 셀 전송률, 평균 전송속도)은 ATM 연결의 평균 전송속도에 대한 상한값을 정의하며 VBR 서비스의 소스를 규정하기 위해 필요하다.

■ **MBS**

MBSMaximum Burst Size(최대 버스트 크기)는 PCR로 연속해서 보낼 수 있는 최대 트래픽으로, VBR 서비스에서는 반드시 SCR과 MBS를 규정한다.

■ **MCR**

MCRMinimum Cell Rate(최소 셀 전송률, 최소 전송속도)은 전송지에서 보낼 수 있는 최소 트래픽으로, ABR 서비스에 사용된다.

■ **CDVT**

CDVTCell Delay Variation Tolerance(셀 지연 변이 허용량)는 ATM의 슬롯, 물리층 오버헤드, 셀 다중화와 같은 ATM 계층 기능에 의한 지연 가변성의 한계를 나타낸다.

■ **연결 트래픽 서술자**

소스 트래픽 서술자를 포함하고 CDVT와 승인Conformance에 대한 정의를 포함한다.

■ **적합성 규정**

적합성 규정Conformance Definition, CD은 UNIUser-Network Interface(사용자 망 인터페이스)에서

연결 승인 셀을 명확하게 규정하기 위해 사용한다.

2.2 QoS 파라미터

서비스 품질이라는 의미의 QoS는 시스템의 전송 품질과 서비스 이용도를 나타내는 성능 단위이다. 네트워크의 전송속도나 오류 발생률 등을 측정하고 개선할 수 있으며 어느 정도는 미리 보증할 수 있다는 개념이다. 사용자가 특정 연결에서 특정 QoS를 요구할 때 사용하는 파라미터로 이해하면 된다. QoS 파라미터Parameters는 ATM 연결의 기능과 관련되는 서비스 품질면의 속성으로, 다음 세 가지가 정의되어 있다.

■ CLR

CLRCell Loss Ratio(셀 손실률)은 총 전송된 셀의 수에 대해 손실되거나 너무 늦게 전달된 셀의 비율을 말한다.

■ peak-to-peak CDV

peak-to-peak CDVpeak-to-peak Cell Delay Variation(피크 대 피크 셀 지연 변이)는 최대로 용인될 수 있는 셀 지연의 편차를 말한다.

■ maxCTD

maxCTDmaximum Cell Transfer Delay(최대 셀 전송 지연)는 셀이 전달되는 데 걸리는 시간을 말한다.

2.3 그 밖의 속성

그 밖의 속성에는 피드백 속성이 있다.

표 8-1 ATM 서비스 범주와 속성

속성	ATM 서비스 범주				
	CBR	rt-VBR	nrt-VBR	UBR	ABR
트래픽 서술자					
PCR, CDVT	지정				
SCR, MBS, CDVT	N/A	지정		N/A	
MCR	N/A				지정

QoS 파라미터					
peak-to-peak CDV	지정		미지정		
maxCTD	지정		미지정		
CLR	지정			미지정	지정
그 밖의 속성					
피드백	미지정				지정

3 ATM 트래픽 혼잡제어

ATM 네트워크는 일반적으로 수 Mbps에서 수 Gbps에 이르는 대용량을 요구하는 넓은 범위의 응용을 지원한다. ATM 네트워크 응용은 CBR, VBR 등과 같이 다양한 특성을 갖는 트래픽 형태를 다룬다. 따라서 ATM에서는 교환과 전송이 매우 빠른 속도로 이루어져야 하므로 일반적인 혼잡제어 및 트래픽제어 방식을 적용하기에 어려움이 있다. 또한 ATM에서 발생하는 트래픽에 흐름제어를 적용하는 것도 비효율적이다. 음성이나 비디오 트래픽 소스는 네트워크에 혼잡이 발생해도 셀 생성을 멈추지 않는다. 네트워크를 지나는 전파지연과 비교해서 셀 전송시간이 급속히 감소하므로 피드백 정보의 신속한 전송에도 어려움이 있다.

이제 시간 지연성과 전송속도의 영향을 살펴보자. 예를 들어 전송거리가 9,000km인 ATM 네트워크의 전송속도를 150Mbps라고 가정해보자. 셀 크기가 53바이트=53×8비트이고 전송속도는 150Mbps=150×10^6bps이므로 하나의 셀이 네트워크에 접근하는 데 필요한 시간은 다음과 같다.

$$53\times8(\text{bits})/150\times10^6(\text{bps})\fallingdotseq3\times10^{-6}(\text{초}) \tag{8.1}$$

ATM 네트워크에서 교환Switching 시간은 무시할 정도로 작고 전송속도는 빛의 속도와 같다고 할 때 거리(9,000km)를 고려한 전송 지연은 최대 약 30×10^{-3}(초)가 된다.

만약 네트워크가 혼잡해서 버려진 셀과 그 후의 모든 셀을 전송해야 한다면 재전송 정보가 도착하기 전에 전송지에서는 N개의 셀을 더 보낸다.

$$N=\frac{30\times10^{-3}\text{sec}}{30\times10^{-6}\text{sec/cell}}=10^4\text{cells}=4.24\times10^{-6}\text{bits} \tag{8.2}$$

전송지에서 혼잡을 인식해 응답하기까지 4Mbps 이상의 데이터가 더 보내진다. 이제 CDV(셀 지연 변이)의 영향을 살펴보자.

ATM에서 전송 오버헤드를 작게 설계하면 매우 빠른 셀 교환과 라우팅이 가능하다. 하지만 지연시간 변이가 필연적으로 발생하는데 이 과정을 나타낸 것이 [그림 8-8]이다.

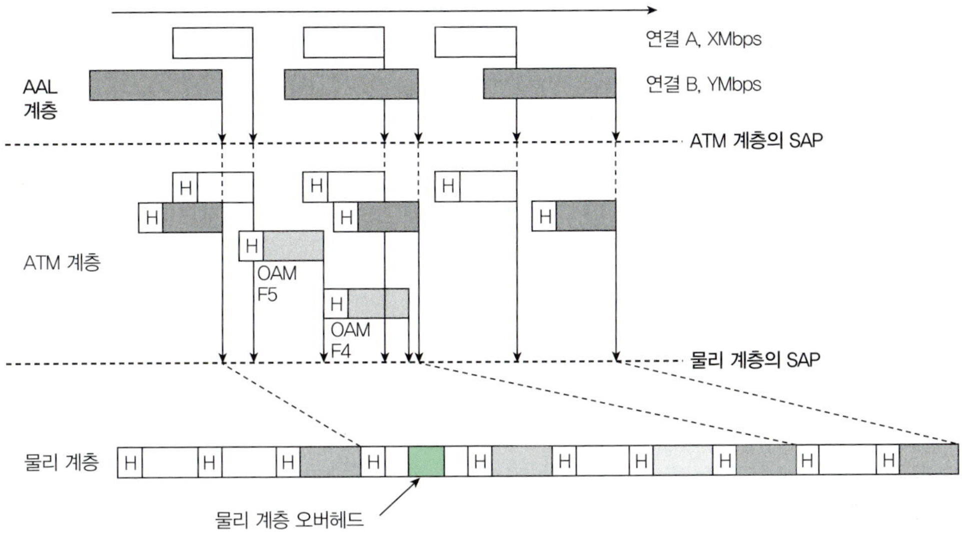

그림 8-8 CDV 발생 과정

그림을 보면 각 중간 교환 노드의 큐잉Queuing 시간과 패킷 헤더Packt Header 분석에 필요한 시간과 라우팅을 수행하는 데 필요한 처리시간이 다르므로 지연시간 변이가 발생한다. 일정한 속도로 전송되어야 하는 트래픽에서는 이와 같은 CDV가 큰 문제가 될 수 있다. 그러나 ATM 네트워크의 CDV는 패킷교환 네트워크의 CDV보다 작다. ATM은 중간 교환 노드에서 오버헤드의 처리를 최소화하고 셀은 헤더의 고정된 형태와 크기로 인해 오류제어나 흐름제어의 영향이 최소화되며 또한 고속의 ATM 네트워크를 구성하기 위해 ATM 스위치가 매우 높은 처리속도를 제공하도록 설계되었기 때문이다.

네트워크 내에서 주목할 만한 CDV는 혼잡으로 발생한다. 네트워크에서 혼잡이 발생하면 셀이 버려지거나 영향을 받는 교환기에서 큐잉 지연이 발생한다. 따라서 어느 순간에 네트워크에 의해 수용되는 총 트래픽 부하를 고려해 최소한 혼잡이 발생하지 않도록 하는 것이 혼잡제어이다.

[그림 8-9]는 실시간 서비스 범주에서 CTD(셀 전송 지연)에 대한 확률밀도함수를 나타낸 것이다. CTD가 maxCTD(최대 셀 전송 지연)보다 커지면 셀이 손실되거나 정상 전송이 어려워짐을 알 수 있다.

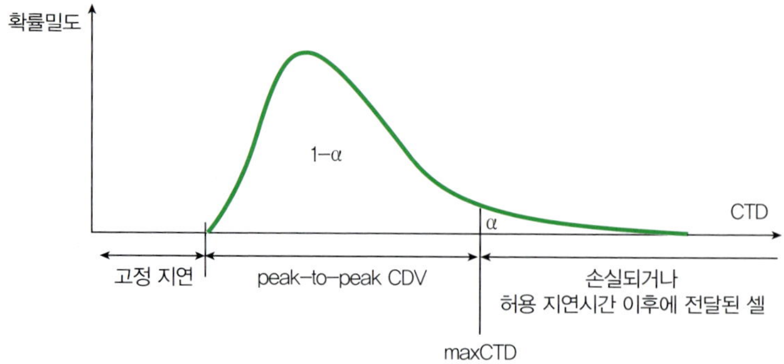

그림 8-9 실시간 서비스 범주에 대한 CTD 확률밀도함수

확인문제 8-4

UBR 서비스의 속성을 [표 8-1]을 이용해 설명하시오.

풀이 UBR 서비스의 속성을 [표 8-1]에서 살펴보면 먼저 PCR과 CDVT 속성은 지정되어 있고 SCR, MBS, CDVT, MCR 등의 속성은 유용하지 않으며, peak-to-peak CDV, CLR, maxCTD, 피드백 등은 미지정 속성을 지니고 있다.

확인문제 8-5

[그림 8-8]을 참고해 ATM 네트워크에서 CDV가 발생하는 이유를 설명하시오.

풀이 ATM 네트워크에서 CDV가 발생하는 이유는 중간 교환 노드의 큐잉 시간과 패킷 헤더 분석에 필요한 시간, 라우팅을 수행하는 데 필요한 처리시간 등이 서로 다르기 때문이다.

03 ATM 트래픽제어

ATM 네트워크에서 QoS를 유지하려면 트래픽제어 기능이 필요하다. 트래픽제어는 트래픽 혼잡 상태를 피하거나 영향을 최소화하기 위해 네트워크에서 수행하는 기능으로 ITU-T와 ATM 포럼에서 정의한다.

1 가상경로를 이용한 자원관리

자원관리Resource Management, RM란 서비스 특성에 따라 트래픽 흐름을 분리해 네트워크 자원을 할당하는 것이다. VPCVirtual Path Connection(가상경로 연결)은 비슷한 VCCVirtual Channel Connection(가상채널 연결)을 그룹화하고 네트워크는 가상경로Virtual Path, VP에 대한 통합적인 용량을 제공해 가상연결에 의해 공유된다.

- **사용자와 사용자 간 응용**: VPC는 UNI(사용자 망 인터페이스)를 사용해 범위를 확장한다. 이 경우 네트워크는 VPC 내에서 각 VCC의 QoS 정보를 갖지 않는다.
- **사용자와 네트워크 간 응용**: VPC를 사용해 UNI와 네트워크 노드를 연결한다. 네트워크는 VPC 내에서 VCC의 QoS 파라미터를 인식한다.
- **네트워크와 네트워크 간 응용**: VPC를 사용해 두 개의 네트워크를 연결한다. 네트워크는 VPC 내의 VCC가 갖는 QoS 파라미터를 인식해 네트워크 자원을 제어한다.

[그림 8-10]은 VCC와 VPC의 관계를 세부적으로 나타낸 것이다.

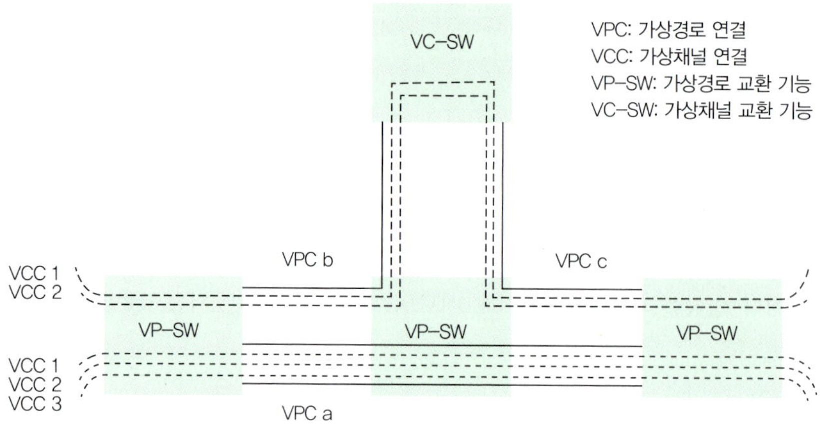

그림 8-10 VCCs와 VPCs의 구성

그림에서 VCC 1과 2의 성능은 VPC b와 c에 따라 달라진다. VPC 내의 모든 VCC가 유사하게 설정되면 VCC는 CLR, CTD, CDV 관점에서 비슷한 네트워크 성능을 보이게 된다. 같은 VPC 내의 VCC가 서로 다른 QoS 속성을 요구하면 네트워크나 사용자에 의해 허용되는 VPC 성능도 적절하게 설정된다.

2 연결수락 제어와 사용 파라미터 제어

CACConnection Admission Control(연결수락 제어)는 추가 사용자 트래픽으로부터 네트워크 자신을 보호하기 위한 첫 번째 보호막이다. 사용자가 새로운 VPC나 VCC를 필요로 할 때 양방향에 요구되는 서비스를 암묵적 또는 명시적으로 규정해야 하는데, 이를 위해 서비스 범주(CBR, rt-VBR, nrt-VBR, UBR, ABR), 연결 트래픽 서술자, QoS 파라미터(CLR, Peak-to-Peak CDV, maxCTD)의 값 등이 필요하다.

UPCUsage Parameter Control(사용 파라미터 제어)는 트래픽이 계약을 따르는지 판단하기 위해 연결을 감시한다. UPC의 주요 목적은 할당된 파라미터의 변동을 감지하고 적절한 동작을 취해 다른 연결의 QoS에 악영향을 끼치는 과부하로부터 네트워크 자원을 보호하는 것이다. [그림 8-11]은 세 가지 경우에 대한 UPC의 동작을 나타낸 것이다.

A는 VCC 교환 기능이 실행되기 전에 입력 셀에서 UPC가 수행되는 경우이다. B는 VCC가 네트워크 내의 VCC 스위칭 포인트로 연결되기 전에 하나 또는 그 이상의 VPC 스위칭 포인트를 통과할 때 UPC 기능이 VPC 스위칭 포인트의 가상경로 기준에 따라 입력 셀에서 수행

되는 경우이다. C는 VCC가 사용자 또는 다른 네트워크 제공자와 연결되었을 때 네트워크가 가상경로 레벨에서만 UPC를 제공하는 경우이다.

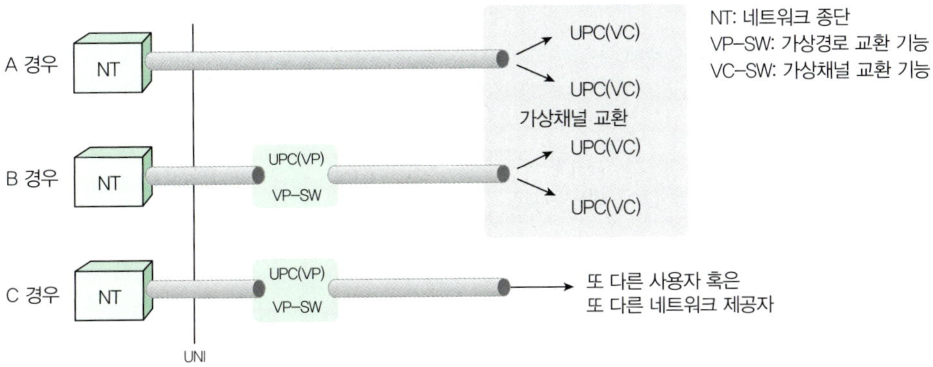

그림 8-11 UPC 기능

확인문제 8-6

ATM 네트워크에서 UPC 기능을 사용하는 이유를 설명하시오.

풀이 할당된 파라미터의 변동을 감지하고 적절한 동작을 통해 다른 연결의 QoS에 악영향을 끼치는 과부하로부터 네트워크 자원을 보호하기 위해서이다.

04 ABR 트래픽 관리

1 피드백 메커니즘

전송지의 셀 전송률은 다음과 같이 네 가지로 구분할 수 있다.

- **ACR**Allowed Cell Rate(허용 셀 전송률): 전송지가 셀을 전송할 수 있도록 허용된 현재 전송률이다.
- **MCR**Minimum Cell Rate(최소 셀 전송률): ACR이 가질 수 있는 최솟값으로 네트워크는 MCR보다 작은 흐름을 제한하지 않는다.
- **PCR**Peak Cell Rate(최대 셀 전송률): ACR이 가질 수 있는 최댓값이다.
- **ICR**Initial Cell Rate(초기 셀 전송률): ACR에 할당된 초깃값이다.

ABR 서비스는 사용자에게 최소 용량을 보장하는 것으로 셀 흐름을 제어하기 위한 피드백 메커니즘Feedback Mechanism을 사용한다. 피드백 메커니즘의 동작을 살펴보면 초기에 전송지는 ACR=ICR로 설정해 전송한다. 그리고 네트워크로부터 피드백이 들어오면 이 값을 기반으로 ACR을 제어한다. 피드백은 RMResource Management(자원관리) 셀의 형태로 주기적으로 제공된다.

2 셀의 흐름

ABR 연결에서 ATM 셀은 데이터 셀과 자원관리 셀의 두 가지 형태로 구분된다. ATM 스위치가 전송지로 제공하는 전송률 제어 피드백 방식에는 다음 세 가지가 있다.

- **명시적 전방위 혼잡지시 표시**: 스위치는 셀이 전방위로 지나갈 때 ATM 데이터 셀 헤더의 EFCIExplicit Forward Congestion Indication를 설정한다.
- **상대적 전송률 표시**Relative Rate Marking: 스위치는 지나가는 RM의 CI와 NI 비트를 직접 설정한다.
- **명시적 전송률 표시**Explicit Rate Marking: 스위치는 FRM 또는 BRM의 ER 필드값을 줄일 수 있다.

이와 같은 방식을 통해 ATM 교환기가 혼잡이 발생한 장치에 피드백 신호를 보내 셀 전송률 감소와 같은 혼잡에 대처할 수 있다.

3 ABR 용량할당

ATM 스위치가 ABR 서비스를 지원하려면 혼잡제어와 함께 공정한 용량할당이 반드시 수행되어야 한다. ABR 서비스는 셀 손실 위험을 최소화하기 때문에 ABR의 전송률 제어 메커니즘은 네트워크에 의한 혼잡제어를 요구한다. 이렇게 도착한 패킷의 전송률을 네트워크로 처리될 수 있는 전송률로 제한한다.

이진 피드백 기법Binary Feedback Schemes의 동작은 어떻게 이루어질까? ATM 스위치는 자신의 출력 포트에서 버퍼 이용률을 감시한다. 만일 혼잡이 발생하면 ATM 스위치는 전방위 데이터에 EFCI를 설정하거나 전방위/후방위 RM에 CICongestion Indication(혼합지시) 혹은 NINo Increase(증가금지)를 설정해 이진수 통보를 수행한다. 명시적 전송률 피드백 기법Explicit Rate Feedback Schemes은 제공하는 각 VC의 용량을 공정하게 공유하기 위해 '공정 공유치Fair share'를 계산한다. 이것은 현재 트래픽 부하나 혼잡 정도를 결정하는 값이다. 각 연결에 대한 ER 값을 계산해 전송지로 보낸다.

ABR 트래픽 관리를 위한 공정 용량할당 교환 알고리즘에는 EPRCA, ERICA, CAPC 등이 있다. 향상된 비례전송률 제어 알고리즘인 EPRCAEnhanced Proportional Rate Control Algorithm는 모든 VC가 동일한 명시적 전송률로 감소되므로 용량 감소에서 공정성이 확보된다. 특히 출력 포트에서 큐 길이가 처리율을 초과하면 포트를 지나는 연결의 모든 RM 값은 새로운 값으로 갱신된다. 혼잡회피를 위한 명시된 전송률 지시기법인 ERICAExplicit Rate Indication for Congestion Avoidance는 VC 용량의 공정 공유치를 낭비하는 VC에 대한 ER 값을 혼잡에 반영한다. 비례제어를 사용한 혼잡회피 기법인 CAPCCongestion Avoidance using Proportional Control는 공정 공유치로 계산된 값이 RM 셀의 명시적 전송률 값보다 작을 경우, RM 셀의 명시적 전송률 영역을 공정 공유치로 설정해 혼잡을 피하도록 하는 방식이다.

확인문제 8-7

ABR 서비스의 피드백 메커니즘과 관련하여 셀 전송률을 구분해 설명하시오.

풀이 ACR은 전송지가 셀을 전송할 수 있도록 허용된 현재 전송률이고, MCR은 ACR이 가질 수 있는 최솟값, PCR은 ACR이 가질 수 있는 최댓값, ICR은 ACR에 할당된 초깃값이다.

01 전송지에서 보낸 타이밍 신호를 그대로 유지해 수신지까지 데이터 프레임을 보내는 방식으로 연속해서 발생하는 트래픽에 대해 실시간 서비스가 가능하도록 하는 전송 방식을 무엇이라 하는가?

① 다중화 전송 ② 등시성 서비스
③ 동기식 전송 ④ 가상채널 서비스

02 여분의 대역폭을 효율적으로 할당해 대역폭의 낭비를 줄일 수 있도록 ATM에서 사용하는 방식은?

① 주파수 분할 다중화 ② 시분할 다중화
③ 통계적 다중화 ④ 코드 분할 다중화

03 다음은 ATM 기술의 원리와 특성에 관한 설명이다. 옳지 않은 것은?

① 고정된 크기의 53바이트 셀 형태를 사용한다.
② 기존의 서비스와 추가로 요구되는 서비스의 융통성을 확보하기 어렵다.
③ 다양한 서비스 요구를 효율적으로 수용할 수 있다.
④ 네트워크의 감시, 관리, 유지 비용이 감소한다.

04 ATM 프로토콜 구조에 관한 설명으로 옳지 않은 것은?

① AAL 계층은 SAR 부계층과 수렴 부계층으로 구분된다.
② SAR 부계층의 역할은 ATM 계층에서 제공하지 못하는 상위 계층 요구를 해결하는 것이다.
③ ATM 계층에서는 ATM 셀의 헤더를 생성하고 관리한다.
④ AAL 계층에서는 상위 계층에서 전달된 사용자 데이터를 고정된 크기로 분할한다.

05 ATM 셀 구조에 대한 설명으로 옳은 것은?

① CLP(셀 손실 우선권) 영역은 부득이한 상황으로 셀을 폐기해야 할 때 어떤 셀을 폐기할 것인지를 나타낸다.
② 여러 가상채널을 모아 하나의 가상경로를 구성하고, 이 경로를 구별하기 위해 가상채널 식별자를 사용한다.
③ GFC(일반 흐름제어) 영역은 사용자 데이터를 구별하기 위해 사용된다.
④ HEC(헤더 오류제어) 영역은 ATM 셀의 헤더와 사용자 데이터에 대해 오류제어 기능을 수행한다.

06 ATM 네트워크의 전송속도가 300Mbps라고 가정할 때, 하나의 셀이 네트워크에 접근하는 데 필요한 시간은?

① 0.7×10^{-6}(초) ② 1.4×10^{-6}(초) ③ 2.4×10^{-6}(초) ④ 2.8×10^{-6}(초)

07 ATM에서 제공하는 서비스 중 셀 손실 위험을 최소화하고 최소 전송속도 이상으로 데이터 전송이 가능한 서비스는?

① CBR 서비스 ② VBR 서비스 ③ UBR 서비스 ④ ABR 서비스

09 ATM 방식의 서비스 범주에서 QoS 파라미터의 속성에 포함되는 것은?

① PCR(최대 셀 전송률) ② MCR(최소 셀 전송률)
③ CLR(셀 손실률) ④ SCR(평균 셀 전송률)

09 ATM의 트래픽제어 기법 중 할당된 파라미터의 변동을 감지하고 적절한 동작을 취해 다른 연결의 QoS에 악영향을 끼치는 과부하로부터 네트워크 자원을 보호하기 위해 사용되는 것은?

① 연결수락 제어 ② 세션 제어
③ 사용 파라미터 제어 ④ 혼잡 제어

10 ABR 트래픽 관리를 위한 공정 용량할당 교환 알고리즘으로 적합하지 <u>못한</u> 것은?

① ACR ② ERICA ③ CAPC ④ EPRCA

11 ATM 네트워크에서 사용하는 통계적 다중화 방식은 시분할 다중화 방식과 어떻게 다른지 비교해 설명하시오.

12 ATM의 전송 방식과 동기식 전송 방식을 비교해 그 차이점을 기술하시오.

13 AAL 계층의 역할을 구체적으로 기술하시오.

14 ATM 셀의 구조와 각 영역의 기능에 대해 설명하시오.

15 ATM 셀은 48바이트의 사용자 데이터와 제어정보를 포함하는 5바이트의 헤더로 구성된다. ATM 셀 헤더에서 사용하는 VCI와 VPI의 개념을 각각 설명하시오.

16 ATM 네트워크에서 사용하는 혼합제어 방식은 다른 네트워크와는 차이가 있다. 그 이유는 무엇인지 설명하시오.

17 ATM에서 제공하는 서비스는 5가지로 범주로 구분된다. 이들 각각의 특성을 구체적으로 설명하시오.

18 ATM 네트워크에서 사용하는 CAC와 UPC의 기능과 동작을 기술하시오.

19 ABR 서비스의 용량할당을 위한 이진 피드백 기법의 동작을 기술하시오.

20 ATM 네트워크에서 지연시간의 변이가 발생하는 이유는 무엇인지 기술하시오. 또한 패킷교환 네트워크의 지연시간 변이와는 어떤 차이가 있는지 비교하시오.

PART 03

네트워크 계층과 전송 계층

PART

03

네트워크 계층과 전송 계층

Part 3에서는 IP 프로토콜과 TCP/IP 네트워크 기술을 살펴본다.

Chapter 09에서는 네트워크 계층과 라우팅에 대해 알아보고 Chapter 10에서는 IP 패킷 형식과 각 영역별 기능, 클래스를 고려한 IP 주소체계와 주소표기법, 서브넷 구성 등을 살펴본다. Chapter 11에서는 IP 패킷의 전달 방식과 모바일 IP 기술을 함께 소개하고 큐잉 모델과 큐잉분석 기법을 간략하게 설명한다. Chapter 12에서는 TCP의 흐름제어, 혼잡제어, 오류제어, UDP와 SCTP의 구조 및 특성을 살펴본다.

CHAPTER 09

네트워크 계층과 라우팅 프로토콜

학습목표

- 네트워크 계층의 기능과 라우팅의 기본 개념을 설명할 수 있다.
- 라우팅 알고리즘의 종류와 특성을 구체적으로 설명할 수 있다.
- 도메인 내 라우팅 프로토콜의 구조 및 동작을 설명할 수 있다.

01 네트워크 계층과 라우팅

앞에서 데이터링크 계층의 기능과 동작을 살펴보았으니 이제 다음 계층인 네트워크 계층의 기능을 라우팅 중심으로 살펴보자. 라우팅의 기본 개념과 다양한 라우팅 프로토콜의 구현 사례, 동작 특성까지 구체적으로 알아본다.

1 네트워크 계층과 라우팅

네트워크 계층의 주된 역할은 데이터 패킷을 전송지에서 수신지까지 보내는 것이다. 송수신 호스트 사이의 패킷 전달 경로를 결정하는 기능을 라우팅Routing이라고 한다.

TIP 데이터링크 계층에서 사용하는 데이터 단위는 프레임이고, 네트워크 계층에서 사용하는 데이터 단위는 패킷이다. 패킷의 구조와 기능에 대해서는 Chapter 10에서 자세히 다룬다.

라우팅을 수행하는 장치는 중계 라우터Intermediate Router이고, 네트워크 구성 형태에 관한 정보를 관리하는 공간은 라우팅 테이블Routing Table이다. 라우팅 테이블은 라우터가 패킷이 경유할 최적의 경로를 찾기 위한 가장 기본적인 도구로, 수신지 주소, 수신지 주소까지 소요되는 비용인 메트릭Metric, 다음 라우터 혹은 게이트웨이, 그리고 인터페이스에 관한 내용 등이 들어 있다.

[그림 9-1]은 라우팅의 개념을 보여준다. 라우터는 라우팅 테이블에 있는 정보를 참조해 경로를 설정한 후 데이터 패킷을 중계해 서로 다른 네트워크를 연결하며, 도착한 패킷의 수신지 주소와 라우팅 테이블의 값을 비교한 뒤 그 후에 보낼 경로를 고려해 해당 인터페이스에 패킷을 내보낸다.

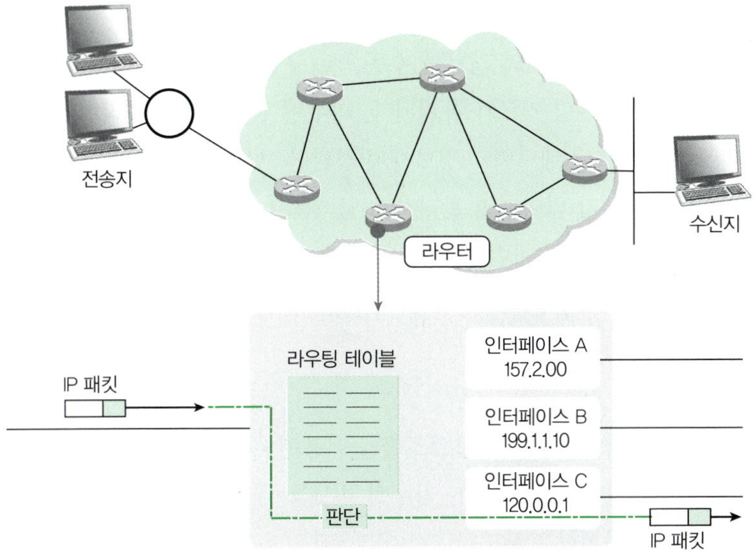

그림 9-1 라우팅의 개념

2 라우팅 방식

라우팅을 수행하는 방식은 라우팅 알고리즘에서 요구하는 사항을 살펴본 후 특성에 따라 선택할 수 있다. 라우팅 알고리즘을 설계할 때 충족해야 하는 기본 요구사항은 다음과 같다.

- **최적성**: 라우팅 프로토콜에 따라 메트릭의 가중치를 계산하는 방식이 다르지만, 네트워크 상태를 잘 나타낼 수 있도록 최적으로 계산해야 한다.
- **단순성**: 라우팅 알고리즘은 한정된 환경(자원, 메모리, CPU 등)에서 운영되어야 하므로 필요한 최소의 소프트웨어와 오버헤드를 갖도록 설계해야 한다.
- **안정성**: 라우팅 알고리즘은 하드웨어 문제, 네트워크 에러 발생, 과부하 등과 같이 예측 불가능한 환경에서도 정확하고 안정적으로 운영되어야 한다.
- **유연성**: 라우터 이상 등 네트워크에 변화가 발생하면 필요한 정보를 신속하게 업데이트하고 모든 디바이스에 신속하게 알려야 한다.

라우팅 프로토콜은 라우터 사이에서 라우팅 테이블을 작성하고 제어하는 절차를 규정하며 라우팅 정보를 인접한 다른 라우터와 주고받을 수 있게 한다. 라우팅 방식은 크게 정적 라우팅Static Routing과 동적 라우팅Dynamic Routing으로 구분할 수 있다.

■ **정적 라우팅**

정적 라우팅은 네트워크 관리자가 패킷의 경로를 수동으로 구성하는 방식이다. 네트워크 환경의 변화와 무관하게 같은 라우팅 경로가 유지된다. 라우팅 정보를 수정하려면 수동으로 작업해야 한다. 라우터에 연결된 네트워크 정보가 변경되면 모든 라우터에 알려야 하므로 네트워크 규모가 커져 라우터가 많아지면 관리자가 입력해야 하는 정보도 함께 늘어나며, 네트워크 변경에 따른 대응이 다소 어렵다. 고정 라우팅Fixed Routing이라고도 한다.

정작 라우팅 방식은 트래픽 패턴이 예측가능하고 규모가 작은 네트워크에서 주로 사용한다.

■ **동적 라우팅**

동적 라우팅은 이웃 라우터 사이에서 라우팅 프로토콜을 이용해 네트워크 정보를 교환하고 라우팅 테이블을 자동으로 생성하는 방식이다. 라우팅 정보를 네트워크 관리자가 일일이 입력하는 정적 라우팅 방식의 불편함을 해결한 방식이다. 적응적 라우팅Adaptive Routing이라고도 한다.

여기서 잠깐 **디폴트 라우팅**

임의의 라우터가 패킷을 수신하면 라우팅 테이블의 네트워크 주소를 검색해 수신된 패킷을 어디로 보낼 것인지 결정한다. 만약 라우팅 테이블에 등록되지 않은 주소의 패킷을 수신한다면 어떻게 해야 할까? 이에 대한 해결책으로 디폴트 라우터Default Router를 설정하는 방법이 있다. 디폴트 라우터가 설정되어 있으면 라우팅 테이블에 등록되지 않은 주소의 패킷도 지정된 경로로 전송할 수 있다.

[그림 9-2]는 디폴트 라우팅의 예이다. 그림에서 A 라우터가 C 라우터로 패킷을 전송하려면 반드시 B 라우터를 통과해야 한다. 이런 경우에 B 라우터를 디폴트 라우터로 정해 놓으면 네트워크에서 주소가 식별되지 않는 모든 패킷이 디폴트 라우터인 B 라우터로 전송된다.

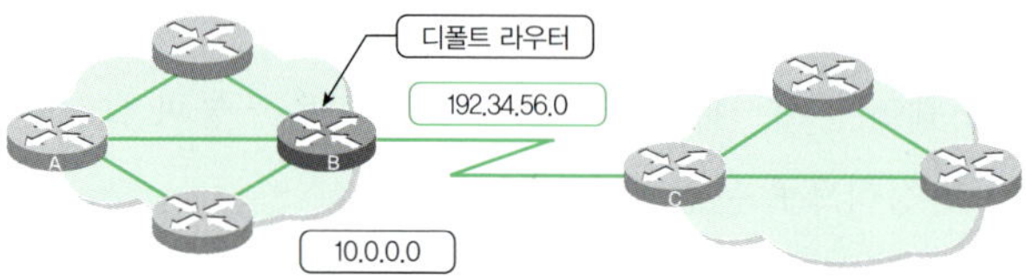

그림 9-2 디폴트 라우팅의 예

3 라우팅 프로토콜

라우팅 프로토콜은 라우터 사이에 라우팅 정보를 교환하고 라우팅 테이블의 유지관리를 동적으로 수행하는 프로토콜이다. 라우팅 프로그램은 공유 정보의 종류 및 영역에 따라 다음과 같이 구분할 수 있다.

3.1 영역에 따른 구분

네트워크의 규모가 커지고 전체 네트워크 정보가 급증하면 일괄적인 네트워크 관리가 어려워진다. 그래서 네트워크 경로를 계층화하고 AS Autonomous System(자치시스템)의 내부와 외부로 구분해 경로설정을 제어하며 효율적으로 관리하는 방법이 개발되었다. AS는 동일한 라우팅 프로토콜을 사용하며 하나의 체제로 관리되는 네트워크를 의미한다. 인터넷은 수많은 AS로 구성되어 있다.

- **IGP** Interior Gateway Protocol(내부 라우팅 프로토콜): AS 내부에서만 이루어지는 라우팅 프로토콜이다.
- **EGP** Exterior Gateway Protocol(외부 라우팅 프로토콜): 다른 AS 상호 간에 경로정보를 교환하기 위한 라우팅 프로토콜이다.

[그림 9-3]은 IGP와 EGP의 개념을 보여준다. IGP는 AS 내부의 라우터끼리 정보를 교환할 때 사용되고, EGP는 AS 상호 간에 정보를 교환할 때 사용되는 것을 알 수 있다. AS는 내부 네트워크를 외부 네트워크와 연결할 때 내부에서 발생한 라우팅 정보와 외부에서 발생한 라우팅 정보를 구분하는 역할을 한다.

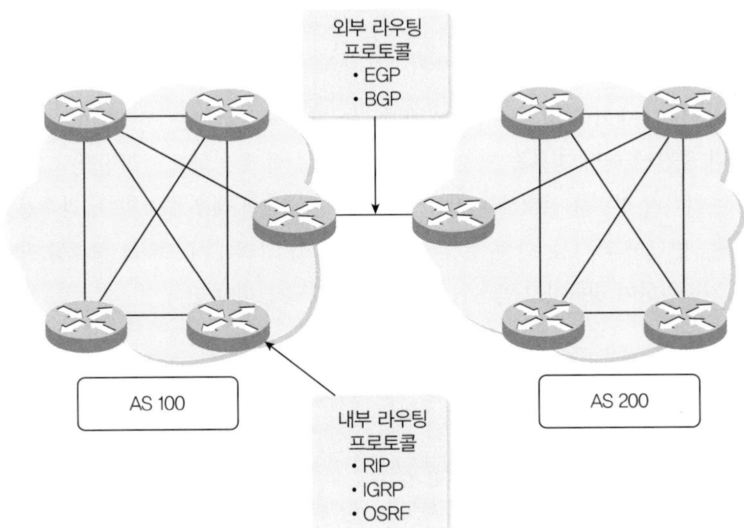

그림 9-3 IGP와 EGP

3.2 알고리즘에 따른 구분

라우팅 프로토콜은 알고리즘 또는 라우터가 서로 네트워크 정보를 전달하는 방식에 따라 다음과 같이 구분할 수 있다.

■ 거리벡터 라우팅 프로토콜

거리벡터 라우팅 프로토콜Distance Vector Routing Protocol, DVRP은 전체 네트워크의 토폴로지에 대해서는 알지 못하고 이웃 라우터와 주기적으로 갱신정보를 주고받으며 전송지까지의 경로를 결정하는 프로토콜이다. 전체 라우터가 동일한 정보를 갖기까지 많은 시간이 걸리며, 비교적 규모가 작은 네트워크에 적용된다. 내부 라우팅 프로토콜에 속하는 RIPRouting Information Protocol, 시스코Cisco 사의 IGRPInterior Gateway Routing Protocol와 EIGRPEnhanced IGRP, 외부 라우팅 프로코톨에 속하는 BGPBorder Gateway Protocol 등이 대표적이다.

■ 링크상태 라우팅 프로토콜

링크상태 라우팅 프로토콜Link State Routing Protocol은 주기적으로 이웃 라우터와 갱신정보를 주고받는 거리벡터 라우팅 프로토콜과 달리 링크상태에 어떤 변화가 있을 때만 갱신정보를 보내면서 최선의 경로를 찾는다. OSPFOpen Shortest Path First 라우팅 프로토콜과 IS-ISIntermediate System to Intermediate System 라우팅 프로토콜이 대표적이다.

확인문제 9-1

네트워크 계층의 중요한 기능인 라우팅의 필요성과 라우팅 알고리즘을 설계할 때 반드시 고려해야 하는 사항을 설명하시오.

풀이 네트워크 계층의 역할은 데이터 패킷을 전송지에서 수신지까지 전달하는 것이다. 패킷이 수신지에 도착하기까지 중간에 어떤 경로를 거치는가에 따라 전송의 효율성이 달라진다. 그러므로 패킷이 거쳐 가는 최적의 경로를 선택하고 배정하는 라우팅 기능이 매우 중요하다. 라우팅 알고리즘을 설계할 때는 반드시 최적성, 단순성, 안정성, 유연성을 고려해 네트워크 상태를 잘 반영하고 오버헤드를 최소화하며 정확하고 안정된 상태로 운영되도록 해야 한다.

확인문제 9-2

라우팅 테이블에 들어가는 항목을 나열하고, 라우팅 테이블에 등록되지 않은 주소의 패킷을 수신했을 때의 해결방안은 무엇인지 설명하시오.

풀이 라우팅 테이블에 들어가는 항목은 수신지 주소, 메트릭, 다음 라우터와 인터페이스에 관한 내용 등이다. 라우터가 자신의 테이블에 등록되지 않은 주소를 가진 패킷을 수신할 때는 해당 패킷을 디폴트 라우터에서 지정된 경로로 전송하여 문제를 해결한다.

확인문제 9-3

라우팅 프로토콜을 구분하는 기준을 제시하고, 각 기준에 따라 분류하시오.

풀이 라우팅 프로토콜을 구분하는 기준은 영역과 알고리즘이 있다. 영역에 따라 구분하면 AS의 내부에 있는지 외부에 있는지에 따라 IGP(내부 라우팅 프로토콜)와 EGP(외부 라우팅 프로토콜)로 나눌 수 있고, 알고리즘에 따라 구분하면 거리벡터 라우팅 프로토콜과 링크상태 라우팅 프로토콜로 나눌 수 있다.

02 라우팅 알고리즘

라우팅 알고리즘Routing Algorithm이란 수신지까지의 최적 경로를 산출하며 라우팅 테이블을 만들고 유지 · 관리하는 데 사용되는 법칙을 말한다. 라우팅 정보를 취하는 범위에 따라 거리벡터 알고리즘과 링크상태 라우팅 알고리즘으로 구분한다. 이 분류에 따라 라우팅 프로토콜을 거리벡터 라우팅 프로토콜과 링크상태 라우팅 프로토콜로 구분할 수 있다.

1 거리벡터 알고리즘

거리벡터 알고리즘Distance Vector Algorithm은 각 라우터가 이웃 라우터와 경로설정 정보를 교환하여 네트워크의 구성이나 장치 배치에 관한 네트워크 토폴로지 정보를 교환하는 구조이다.

TIP 네트워크 토폴로지란 다수의 디바이스가 통신 링크로 연결되어 있는 방식 즉 통신 노드의 외형적인 연결 모양을 말한다. 성형, 버스형, 링형, 망형, 트리형 등이 있으며, Chapter 06에서 자세히 다루었다.

경로설정의 기준으로 사용되는 라우팅 메트릭 값을 결정하기 위해 [그림 9-4]와 같이 네트워크 지연시간, 대역폭Bandwidth, 신뢰성Reliability, 부하율Load 등을 고려한다. 결정된 메트릭 값은 링크 비용에 해당하므로 경로설정 시 가장 작은 값이 되도록 하는 것이 일반적이다.

- **네트워크 지연시간**: 하나의 패킷이 네트워크를 통해 전송지에서 수신지까지 가는 데 걸리는 시간이다. 링크의 대역폭, 실제 거리, 포트의 큐, 네트워크 과부하 등에 의해 결정된다.
- **대역폭**: 연결된 네트워크 구간에서 사용 가능한 트래픽 양이다.
- **신뢰성**: 네트워크 연결 상태가 얼마나 신뢰성을 유지하는지 수치로 표현한다. 일반적으로 비트 오류율Bit Error Rate, BER을 사용한다.
- **부하율**: 네트워크 트래픽이 분주한 정도를 말한다. 초당 패킷 처리율과 같은 다양한 방법으로 계산할 수 있다.

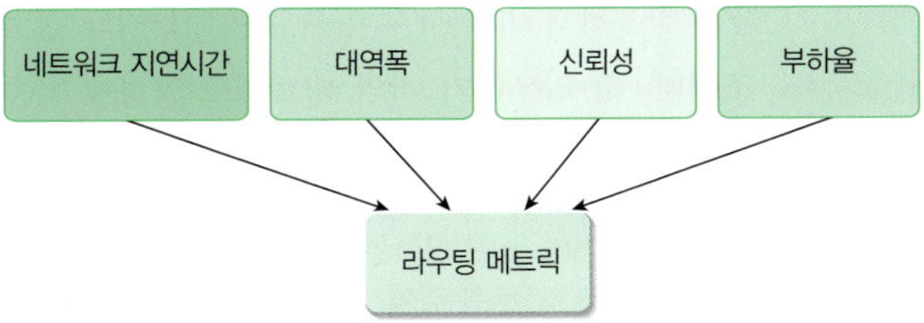

그림 9-4 라우팅 메트릭 값을 결정하는 요소

실제 네트워크 내부에서 라우터는 [그림 9-5]처럼 새로운 정보를 받을 때마다 이웃 라우터에 그 정보를 알려주고 이 과정이 반복되면서 모든 라우터가 네트워크 전체 정보를 갖게 된다.

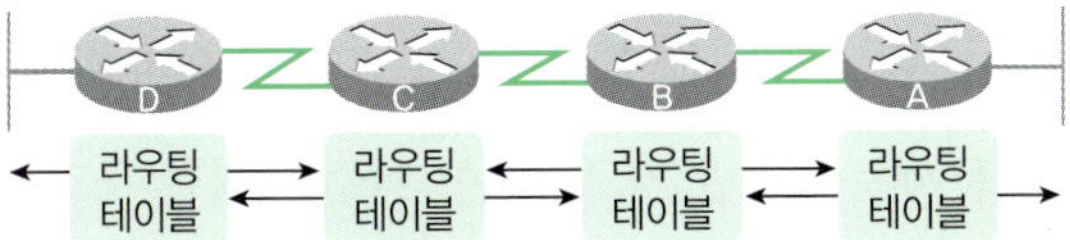

그림 9-5 라우팅 테이블의 정보 교환

거리벡터 알고리즘은 비교적 간단해서 쉽게 설정할 수 있다. 그런데 규모가 커지면 네트워크 정보에 관한 프로세스 처리나 통신량이 많아져 네트워크에 부담이 커진다. 거리벡터 알고리즘은 이웃 라우터에 어떤 정보가 있는지 고려하지 않기 때문에 네트워크 토폴로지가 변화해 경로를 다시 설정할 때 필요한 지연시간 등의 문제에 대한 대처가 취약하다는 단점이 있다. 각각의 라우터는 네트워크 자체의 토폴로지를 모르지만 이웃 라우터로부터 정보를 받아 각 네트워크 토폴로지를 판단해 연결한다. 거리벡터 알고리즘에서 라우터 사이에 교환되는 정보는 기본적으로 거리정보이기 때문에 단순하고 다루기 쉽지만 장애 원인을 알아내기는 어렵다.

2 링크상태 라우팅 알고리즘

거리벡터 알고리즘의 단점을 해결하기 위해 개발된 링크상태 라우팅 알고리즘Link State Routing Algorithm은 라우팅 정보가 변경될 경우 바뀐 라우팅 정보만 전달하기 때문에 네트워크 트래픽 발생량을 현저히 줄일 수 있다. 이러한 특성으로 인해 규모가 큰 네트워크에도 사용할 수 있다. 또한 다른 라우터에서 받은 라우팅 정보를 다른 라우터로 전달하지 않고 해당 라우터에서 발생한 정보만 다른 라우터로 전달하므로 라우팅 루프Routing Loop와 같은 오류가 발생하지 않는다.

TIP 라우팅 루프란 패킷이 수신지를 찾지 못하고 끊임없이 순환하는 현상을 말한다. 두 개 이상의 라우터가 동일한 수신지 네트워크 경로에 대해 부정적인 라우팅 정보를 가질 때 발생한다.

[그림 9-6]과 같이 링크상태 라우팅 알고리즘은 라우터가 먼저 각각의 독립된 네트워크 영역의 정보를 다른 모든 라우터에 전달하는 구조이다. 각 라우터가 지역 네트워크 환경을 방송 형태로 전달하므로 모든 라우터는 네트워크 토폴로지의 완전한 정보를 알 수 있음은 물론이고 다른 라우터가 어디에 존재하고 어디에 접속되어 있는지 알 수 있다. 라우팅 정보를 이웃 라우터에 모두 전송하는 플러딩Flooding 방식을 사용하므로 토폴로지 정보가 전체 네트워크의 라우터에서 동일하게 유지된다. 각 라우터는 자신을 네트워크의 중심점으로 간주해 최단 경로 우선 트리를 구성한다. 최단 경로 우선 트리를 구성할 때는 출발지로부터 최단 경로에 있는 점들을 차례로 찾는 탐색 알고리즘인 SPFShortest Path First(최단 경로) 알고리즘을 사용한다.

TIP 플러딩이란 어느 노드에서 들어온 패킷을 라우터에 접속된 다른 모든 노드에 단순하게 전달하는 것이다.

링크상태 라우팅 알고리즘은 토폴로지가 변해도 처리 한 번으로 새 정보를 얻을 수 있다. 이 때문에 거리벡터 알고리즘과 같이 지연시간 문제는 적지만 경로설정이 아주 복잡한 구조로 구현되므로 주소 배분이나 장치 설정의 어려움과 같은 단점이 발생한다.

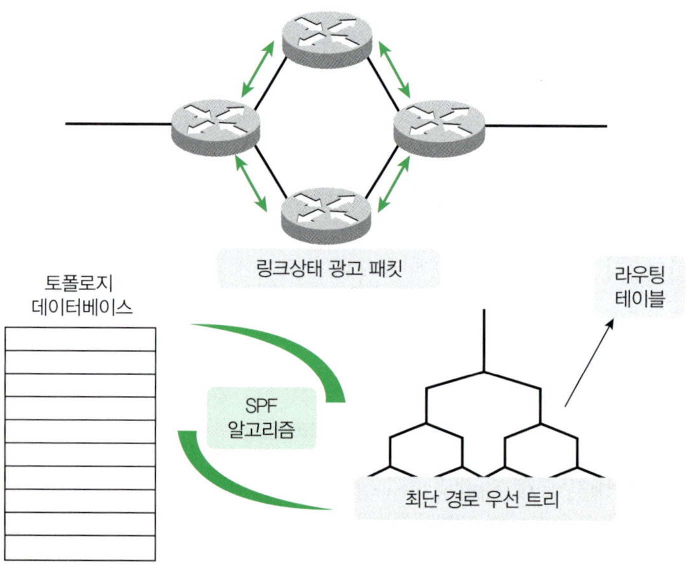

그림 9-6 링크상태 라우팅 알고리즘

[표 9-1]은 거리벡터 알고리즘과 링크상태 라우팅 알고리즘을 비교해 정리한 것이다.

표 9-1 거리벡터 알고리즘과 링크상태 라우팅 알고리즘의 비교

거리벡터 알고리즘	링크상태 라우팅 알고리즘
이웃 라우터 시각에서 네트워크를 인식	네트워크 전체를 인식
라우터와 라우터 간의 거리를 더해 계산	다른 라우터까지의 최단 경로 계산
갱신 데이터를 주기적으로 교환(컨버전스 시간의 증가)	이벤트 기반으로 갱신 신호 교환(빠른 컨버전스 시간)
이웃 라우터와 라우팅 테이블 교환	이웃 라우터와 링크상태 정보만 교환

확인문제 9-4

라우팅 알고리즘에는 거리벡터 알고리즘과 링크상태 라우팅 알고리즘이 있다. 규모가 큰 네트워크에서 라우팅 알고리즘을 설계할 때는 어떤 방식을 선택하는 것이 합리적인지 설명하시오.

풀이 규모가 큰 네트워크에서는 많은 양의 데이터 트래픽이 발생하고 이것을 처리해야 하므로 트래픽 발생량을 줄일 수 있는 링크상태 라우팅 알고리즘을 선택하는 것이 합리적이다. 링크상태 라우팅 알고리즘은 변경된 라우팅 정보만을 다루기 때문에 트래픽 발생량을 줄일 수 있고 라우터는 각각의 독립된 네트워크 영역의 정보를 다른 모든 라우터에 전달한다.

03 라우팅 프로토콜

라우팅 프로토콜은 라우팅이 이루어지는 영역에 따라 내부 라우팅 프로토콜과 외부 라우팅 프로토콜로 구분할 수 있다.

1 내부 라우팅 프로토콜

내부 라우팅 프로토콜 즉 IGP는 AS 내부의 라우터끼리 정보를 교환할 때 사용하는 라우팅 프로토콜이다. 기관 내부 또는 조직 내부의 라우팅에 사용하며 대표적인 표준 프로토콜은 다음과 같다.

■ RIP

RIPRouting Information Protocol는 거리벡터 알고리즘을 사용하는 일반적인 프로토콜로, 하나의 라우터에 있는 모든 라우팅 정보를 다른 라우터에 주기적으로(30초) 전송한다. 통과한 라우터 수를 나타내는 홉hop의 제한이 있어 소규모나 중간규모 네트워크에 적합하다.

TIP 홉(hop)이란 영어 뜻 자체로는 건너뛰는 모습을 의미하며, 데이터통신망에서 각 패킷이 노드 또는 라우터를 건너가는 것을 비유적으로 표현한 말이다.

■ RIPv2

RIPv2는 기본적으로 RIP와 동일한 알고리즘을 사용하면서 단점을 보완한 프로토콜이다. 인증 메커니즘을 제공하고 인터넷 전체에 VLSMVariable Length Subnet Mask(가변길이 서브넷 마스크)을 사용할 수 있도록 보완했으며 멀티캐스트 기능으로 정보 교환을 수행한다. 하지만 거리벡터 알고리즘이 기본적으로 가지는 네트워크의 최대 크기에 대한 제한은 여전히 남아있다.

■ IGRP

거리벡터 라우팅 프로토콜에 속하는 IGRPInterior Gateway Routing Protocol는 시스코 사의 경로설정 프로토콜로, 시스코 라우터 사이에 사용된다. 정보의 전송간격은 90초가 기본값이며,

RIP와 마찬가지로 이웃 라우터와만 경로설정 정보를 교환하는데 이 정보에는 나머지 네트워크의 요약도 포함되어 있다. 경로설정의 기준으로 이용하는 정보는 거리정보이며, 여기에는 토폴로지 상의 지연시간, 전송매체의 대역폭, 채널 점유도, 신뢰성 등이 포함된다. 토폴로지 상의 지연시간이란 무부하에서 매체를 통해 수신지까지 걸리는 시간이고, 채널 점유도는 대역폭이 현재 어느 정도 사용되고 있는지를 나타내는 것으로 부하 상태에 따라 갱신된다. 신뢰성은 한 시점에서의 오류율을 나타내는 것으로, 패킷이 손상되지 않고 수신지에 도착한 비율이다. 이 정보들을 기반으로 매체에 대한 거리를 계산하며 이 값을 기준으로 최적의 경로를 찾아 설정한다.

■ OSPF

OSPFOpen Shortest Path First는 동일한 AS에서 사용되는 IGP로 RIP의 문제점을 해결하기 위해 설계된 링크상태 라우팅 프로토콜이다. 작은 규모의 네트워크에서는 RIP를 주로 사용하고 대규모의 계층적 구조에서는 OSPF를 많이 사용한다. IETF에서 개발했으며 이름대로 개방형 최소 경로 검색 알고리즘을 사용한다. OSPF 알고리즘에서는 모든 라우터가 토폴로지에 관한 모든 정보를 갖고 있다.

TIP OSPF에 대해서는 04절에서 자세히 살펴본다.

■ HELLO

HELLO는 NSFNet을 형성하는 라우터에서 사용하는 프로토콜로, 경로설정 정보의 전송 간격은 15초 주기이며 거리벡터 라우팅 프로토콜에 속한다. HELLO 프로토콜을 사용할 때 경로를 설정하는 기준은 홉 수가 아니라 네트워크 지연을 바탕으로 한 경로제어 거리이며 지연시간이 30초에 이르면 경로설정 정보가 보이지 않게 된다.

2 외부 라우팅 프로토콜

외부 라우팅 프로토콜 즉 EGP는 두 라우터가 서로 외부에 있을 때 사용하는 프로토콜이다. 연구기관, 국가기관, 대학, 기업 등 각 AS 간을 연결할 때 사용한다. NSFNet과 같은 대규모 백본Backbone 네트워크에서도 사용한다.

TIP EGP는 초창기 인터넷에서 사용하던 외부 라우팅 프로토콜의 이름이기도 하나 현재는 사용되지 않고 있다.

TIP 백본 네트워크는 다양한 네트워크를 상호 연결하는 네트워크의 일부로, 서로 다른 LAN이나 부분망 간에 정보를 교환하는 경로를 제공한다.

■ BGP

인터넷 규모가 확장될수록 초창기 인터넷에서 사용하던 EGP에 라우팅 루프와 같은 심각한 문제가 발생해 이를 해결하기 위한 거리벡터 라우팅 프로토콜인 BGPBorder Gateway Protocol가 등장했다. BGP는 최적의 경로를 찾기보다는 도달 가능성Network Reachability을 알리는 프로토콜이다. 다만 기존의 EGP는 네트워크의 도착 가능성을 알리는 역할만 했지만, BGP는 가중치 개념을 이용해 우선순위를 추가해준다.

■ BGP의 동작

BGP의 동작 방식을 구체적으로 알아보자. 먼저 서로 다른 AS에 속한 BGP 라우터가 패킷을 전송하려면 다른 네트워크의 중계 없이 하나의 네트워크로 직접 연결되어 있어야 한다. 하나의 AS 내에 여러 개의 BGP 라우터가 있으면 BGP 라우터가 AS에 대한 일관된 정보와 AS의 외부 통로 역할을 수행하기 위해 서로를 인식하고 정보를 교환한다. 정보를 교환할 때의 메시지 형식은 [표 9-2]와 같다. 초기에 BGP 라우터가 상대와 연결될 때 자신의 전체 경로 테이블의 내용을 교환하고 이후에는 변화한 것만 교환한다. 이때 BGP 라우터는 특정 수신지에 대한 모든 타당한 경로를 유지하지만 경로 갱신 시에는 최적 경로만 전송한다.

표 9-2 BGP 메시지 형식

Open	• 다른 라우터와 관계있는 이웃 라우터를 열기 위해 사용한다.
Update	• 단일 라우터의 정보를 전송하기 위해 사용한다. • 철수된 다중경로의 리스트를 전송하기 위해 사용한다.
Keepalive	• Open 메시지를 인식하기 위해 사용한다. • 이웃과의 관계를 주기적으로 확인하기 위해 사용한다.
Notification	• 에러 상태가 감지되었을 때 보내는 메시지이다.

BGP에서는 TCP 연결을 통해 신뢰성 있게 라우팅 정보를 교환한다. BGP는 RIP와 마찬가지로 거리벡터 라우팅 프로토콜이지만 수신지까지의 경로값을 전송하는 것이 아니고 수신지까지 도달하는 데 경유하는 AS의 순서 값을 전송하므로 거리벡터 알고리즘이 갖는 무한 경로값Counting to Infinity과 같은 단점이 해소된다.

확인문제 9-5

외부 라우팅 프로토콜로 초창기에 사용되던 EGP는 인터넷 규모가 확장됨에 따라 라우팅 루프와 같은 문제가 발생했다. 이를 해결하기 위해 개발된 프로토콜의 특징을 EGP와 비교하여 설명하시오.

풀이 인터넷의 규모가 커짐에 따라 발생한 라우팅 루프 문제를 해결하기 위해 BGP가 개발되었다. EGP는 네트워크의 도착 가능성을 알리는 역할만 수행하지만 BGP는 가중치 개념을 이용해 우선순위를 추가함으로써 성능을 개선했다.

확인문제 9-6

내부 라우팅 프로토콜 중 HELLO에 대해 설명하시오.

풀이 HELLO는 NSFNet을 형성하는 라우터에서 사용하는 프로토콜이다. 15초 주기로 경로설정 정보를 전송하며, 지연시간이 30초에 이르면 경로설정 정보가 보이지 않게 된다. HELLO 프로토콜에서 경로를 설정하는 기준은 홉 수가 아니라 네트워크 지연을 바탕으로 한 경로제어 거리이다.

04 OSPF 라우팅 프로토콜

1 OSPF의 라우팅 계층

1980년대 중반에 RIP가 대규모 이종 네트워크 사이에서 라우팅을 수행하는 데 있어 한계에 이르자 IETF에서는 SPF 알고리즘에 기반하면서 인터넷에 적용하기 위한 IP 네트워크용 라우팅 알고리즘을 개발했다. 그 결과로 OSPF 라우팅 프로토콜이 탄생했다.

TIP OSPF 표준안은 RFC 1247로 발표되었으며, 이후 IPv4용 OSPF ver 2인 RFC 2328, IPv6용 OSPF ver 3인 RFC 5340으로 개정되었다.

RIP와 달리 OSPF에서는 라우팅 알고리즘을 적용하기 위한 계층구조를 취한다. [그림 9-7]에서 볼 수 있듯이 하나의 AS는 여러 영역으로 나뉘고 연속적인 네트워크 및 접속된 시스템의 집합으로 구성된다.

TIP AS의 각 영역을 서로 다른 가중치를 갖는 레벨, 즉 상위 레벨과 하위 레벨로 구분하는 구조를 OSPF의 계층구조라고 한다.

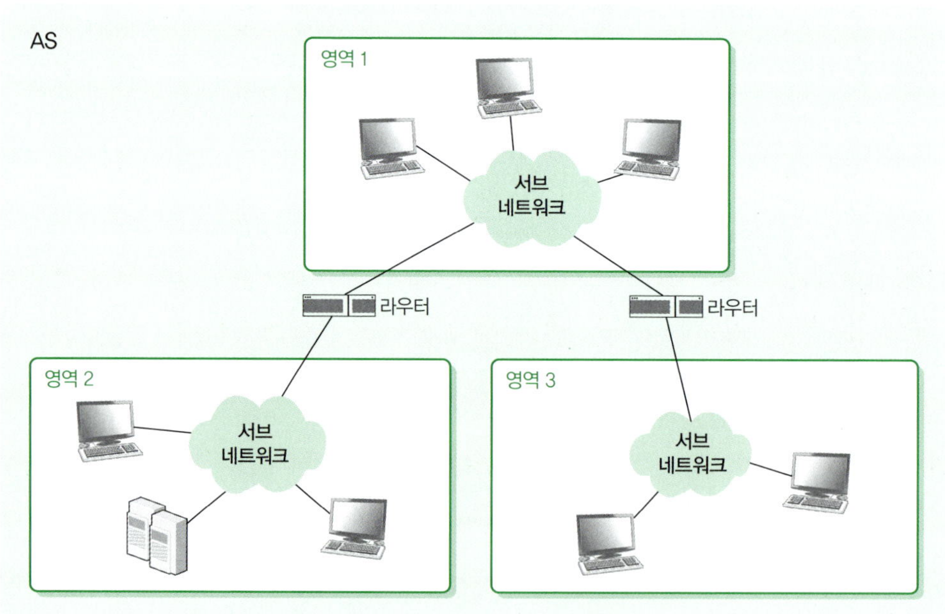

그림 9-7 OSPF의 네트워크 AS 구조

OSPF의 계층구조에 따라 라우터를 다음과 같이 구분할 수 있다.

- **내부 라우터**Innternal Router: 하나의 영역에 속한 네트워크에 직접 접속한 라우터로, 영역 내에서만 정보를 주고받는다. 백본 네트워크에 접속한 라우터도 이 범주에 속한다.
- **영역 경계 라우터**Area Border Router, ABR: 영역과 백본 네트워크를 연결한다. 접속 영역의 경로정보를 요약해 백본 네트워크에 전달하면 이를 통해 정보가 다른 영역 경계 라우터에 분배된다.
- **백본 라우터**Backbone Router: 백본 네트워크에 접속한 모든 라우터로, 영역 경계 라우터 및 백본 네트워크에 속한 내부 라우터가 포함된다.
- **AS 경계 라우터**AS Boundary Router, ASBR: 다른 AS에 속한 라우터와 경로정보를 주고받는 라우터이다. AS 경계 라우터에 대한 경로정보는 모든 AS에 속한 라우터에 알려진다.

2 OSPF의 동작과 특성

OSPF에서 라우터는 처음 부팅 시, HELLO 패킷의 교환으로 이웃 라우터를 서로 인식할 수 있다. 이를 통해 어떤 네트워크에 접속된 여러 라우터 중에서 경로정보의 생성 및 분배 책임을 지는 지정 라우터Designated Router, DR를 선정한다. 지정 라우터는 네트워크를 대표하고 새로 인식된 라우터와 경로정보를 교환해 동기를 맞춘다.

OSPF에서 라우터는 자신의 링크상태에 대한 정보를 LSALink State Advertisement 패킷을 통해 주기적으로 혹은 라우터의 상태가 변화되었을 때 전송한다. LSA 패킷은 해당 영역의 모든 라우터에 알려진다. 이러한 과정을 통해 같은 영역에 있는 모든 라우터는 동일한 정보를 공유하게 된다.

영역 경계 라우터는 AS의 백본 네트워크에 연결되어 있으므로 다른 영역 경계 라우터와 영역에 대한 요약 정보를 주고받음으로써 AS의 토폴로지와 다른 영역의 정보를 획득한다. 이를 통해 자신의 영역에 속하지 않은 모든 수신지 경로를 계산할 수 있고 이를 내부 라우터에 전송한다.

내부 라우터는 다른 영역에 속하는 수신지로 전송할 때 어떤 영역 경계 라우터로 패킷을 전송할지 결정한다. 다른 AS의 외부 경로정보를 알고 있는 AS 경계 라우터는 AS를 경유해 정보를 전송할 수 있으므로 이러한 외부 경로정보는 영역 경계 라우터에 의해 요약 정보 형태로 내부 라우터에 전송된다. 이와 같은 이유로 다른 AS와 연결하는 AS 경계 라우터의 위치는 일부 라우터를 제외하고는 모두 알려지고 이를 통해 AS 외부로 정보를 전송할 수 있게 된다. OSPF 라우터는 영역 내부, 영역 외부, AS 외부의 경로에 대한 정보를 얻어 데이터베이스를 구축한다.

오늘날 인터넷을 비롯한 대부분의 대규모 IP 네트워크에서는 일반적으로 OSPF를 적용하고 있다. OSPF의 특성을 정리하면 다음과 같다.

- 사용자에 의한 경로설정, 가장 경제적인 경로설정, 복수의 경로설정 등의 기능을 제공한다. 변화가 발생한 경우 해당 정보가 RIP에 비해 신속하게 전파된다.
- 비 클래스Classless IP에 기반한 프로토콜이다. 라우팅 정보를 다른 라우터와 교환할 때 서브넷 마스크를 포함한 네트워크 ID를 사용하므로 10.10.0.0/8과 10.10.0.0/16을 서로 다른 네트워크 ID로 인식한다.
- 라우팅 정보를 이웃 라우터에 모두 전송하는 플러딩 방식을 사용하므로 토폴로지 정보가 전체 네트워크의 라우터에서 동일하게 유지된다.
- 각 라우터는 자신을 네트워크의 중심점으로 간주해 최단 경로의 트리를 구성하고 IP 주소와 IP에서 제공하는 서비스만을 사용한다.
- 여러 종류의 서비스를 제공하기 위해 분리된 트리를 사용하고 비용이 동일한 모든 경로에 트래픽을 분산해 전송한다.
- 링크상태 라우팅 알고리즘으로, 라우터 간에 변경된 최소한의 부분만 교환하므로 네트워크 효율을 저하시키지 않는다. 라우터 계층을 설정해 확장성이 높고 대규모 네트워크에 적용할 수 있다.
- RIP와 같은 내부 라우팅 프로토콜의 여러 단점을 해결하였으나 복잡하다는 단점이 있다.

확인문제 9-7

OSPF에서는 라우터가 처음 부팅될 때 이웃 라우터를 어떻게 인식하는지 설명하시오.

풀이 HELLO 패킷을 교환해 이웃 라우터를 인식하고 이 과정을 통해 지정 라우터를 선정한다. 이렇게 선정된 지정 라우터는 경로정보의 생성과 분배에 대한 책임을 진다.

확인문제 9-8

OSPF에서 라우터는 자신의 링크상태에 대한 정보를 주기적으로 혹은 라우터의 상태가 변화되었을 때 전송하며, 이를 통해 같은 영역에 있는 모든 라우터는 동일한 정보를 공유한다. 이때 사용하는 방식이 무엇인지 설명하시오.

풀이 LSA 패킷을 사용해 링크상태에 대한 정보를 전송한다. LSA 패킷은 해당 영역의 모든 라우터에 알려지는데 이러한 과정을 통해 모든 라우터가 동일한 정보를 공유하게 된다.

확인문제 9-9

OSPF에 쓰이는 라우터를 라우팅 계층에 따라 구분해 설명하시오.

풀이 OSPF에서는 라우터를 내부 라우터, 영역 경계 라우터, 백본 라우터, AS 경계 라우터로 구분한다. 내부 라우터는 영역 내 네트워크에 직접 접속한 라우터이고 영역 경계 라우터는 영역과 백본 네트워크를 연결하는 라우터이다. 백본 라우터는 백본 네트워크에 접속한 모든 라우터로, 영역 경계 라우터와 내부 라우터가 포함된다. AS 경계 라우터는 다른 AS에 속한 라우터와 경로 정보를 주고받는 라우터이다.

05 RIP와 RIPv2 프로토콜

1 RIP의 탄생

내부 라우팅 프로토콜인 RIP는 제록스Xerox 사의 XNSXerox Network System에서 사용하기 위해 개발되었다. 이후 RIP는 버클리 대학에서 BSD 버전 UNIX의 TCP/IP를 사용하는 시스템의 라우티드Routed라는 프로세스 형태로 구현되면서 일반에 널리 알려졌고 현재는 전세계에서 널리 사용하는 표준 프로토콜 중 하나가 되었다. RIP는 계층구조가 아닌 평면구조를 취한다. 이는 라우팅 작업을 유연하게 수행하기 위해 설계된 것으로, 어떤 라우터가 네트워크 토폴로지 변경을 인식하면 이 정보를 인터넷상에 있는 다른 모든 라우터에 전달한다.

2 RIP의 동작

RIP는 벨만-포드Bellman-Ford 거리벡터Distance Vector에 근거한 알고리즘으로 수신지까지의 거리를 경로설정의 판단 기준으로 한다. 최적의 경로를 찾기 위해 RIP에서 사용하는 홉 계수를 이용해 도달할 수신지까지의 거리에 해당하는 척도를 측정한다. 여기서 거리란 실제 길이 개념이 아니라 몇 개의 라우터를 거치는가의 개념으로 이해하면 된다.

RIP의 동작을 보면, 우선 홉 계수를 메트릭으로 나타내고 수신지까지 여러 개의 라우터가 있을 경우에는 홉 계수가 가장 적은 것, 즉 메트릭이 최소인 것을 선택한다. 또 경유하는 네트워크 수에 대해서 상한(15)을 설정해둔다. 만일 메트릭이 16이라면 이는 도달 불능 네트워크를 의미한다. [그림 9-8]은 홉 계수가 11인 경우의 RIP 동작을 나타낸 것이다.

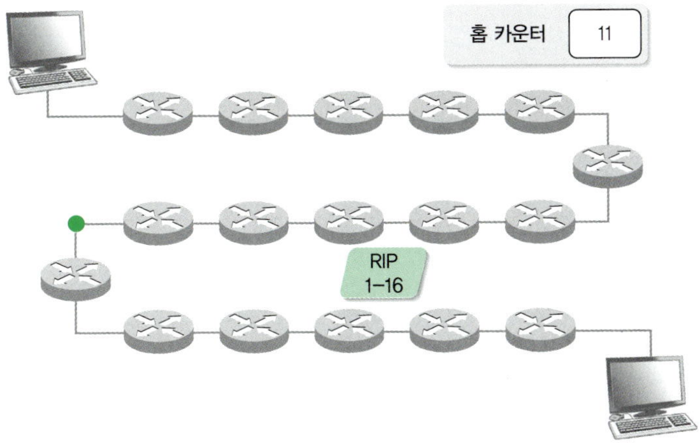

그림 9-8 홉 계수가 11인 경우의 RIP 동작

RIP의 알고리즘은 간단하면서도 견고한 특성이 있다. 그러나 거리벡터 알고리즘을 사용하기 때문에 실시간으로 측정되는 지연, 부하, 신뢰성 등의 매개변수를 고려할 필요가 있는 경우에 사용하는 것은 적합하지 않다.

RIP에서는 요청과 응답이라는 두 가지 패킷을 사용한다. 요청 패킷은 라우터가 처음 부팅되거나 어떤 특정 수신지 정보가 타임아웃Timeout되었을 때 보내지며 전체 수신지 정보 혹은 특정 수신지의 정보를 요청할 수 있다. 반면 응답 패킷은 실제 수신지에 대한 정보를 담고 있다.

RIP는 30초에 한 번씩 자신의 수신지 정보 전체를 이웃 라우터에 전송한다. 특정 수신지에 대한 정보가 일정 시간(180초) 동안 이웃 라우터로부터 전송되지 않으면 무효 수신지로 간주하며, 이 정보를 이웃 라우터에 알리기 위한 시간Garbage Collection Time(120초)만큼 기다린 후에 특정 수신지 라우터를 라우팅 테이블에서 삭제한다. 따라서 각 수신지에 대한 정보는 주기적으로 이웃 라우터에 전송되어야 하며, 라우팅 정보의 변화가 없을 때도 전송되어야 한다.

상대 라우터의 요청 패킷이 있을 때는 이에 대한 응답 패킷을 전송하며 이웃 라우터에 전송한 특정 수신지 정보가 변경되면 이 정보를 이웃 라우터에 알린다. 응답 패킷을 수신한 라우터는 수신된 정보를 통해 최적의 경로를 결정한다. 수신된 수신지의 거리값(+수신 네트워크의 거리값(1))과 현재 유지하고 있는 거리값을 비교해 작은 값을 수신지에 대한 경로로 유지한다. 만일 새롭게 갱신된 내용을 라우팅 테이블에 존재하는 엔트리의 전송지 라우터로부터 받으면 그 값이 이전보다 크더라도 새로운 홉 계수를 사용한다.

3 RIP의 기능

RIP는 거리벡터 알고리즘을 사용하기 때문에 네트워크 장애가 발생할 경우 라우팅 정보가 전체 네트워크에 전달되는 데 많은 시간이 소요되며 잘못된 정보가 전달될 수도 있다. 이런 이유로 RIP는 대규모가 아닌 중소규모의 네트워크에서 높은 효율을 보인다. RIP의 주요 기능에는 홉 계수 제한, 보류, 스플릿 호라이즌, 포이즌 리버스, 타임아웃 등이 있다.

3.1 홉 계수 제한

RIP에서 홉은 네트워크를 하나씩 통과할 때마다 1씩 증가한다. 홉 계수에 제한이 없다면 라우터의 특정 인터페이스에 장애가 발생했을 때 그 인터페이스에 연결된 수신지 정보가 다른 이웃 라우터와 홉 계수를 무한히 증가시키면서 교환되는 경우가 발생한다. 즉 과도한 트래픽이 발생해 성능에 치명적인 문제가 될 수 있다. 이를 방지하기 위해 최대 홉의 크기를 15로 제한한다. 이러한 홉 계수 제한을 통해 홉 계수가 무한히 증가하는 라우팅 루프를 막을 수는 있지만 홉 계수가 15를 넘는 대규모 네트워크에서 RIP 사용이 제한된다는 점 또한 기억해야 한다.

3.2 보류

검출한 라우터는 어떤 경로가 실패하면 이 경로가 무효임을 이웃 라우터에 알린다. 그러나 이는 네트워크 전체에 동시에 이루어지는 것이 아니므로 무효화된 경로에 대한 정보는 일정 시간 동안 유지되어야 한다. 즉 장애가 발생한 이후에 라우팅 테이블을 갱신하지 않고 전체 네트워크 경로가 새로 갱신될 때까지 기다린다.

A라는 라우터가 실패된 X 경로를 발견하고 이를 이웃 라우터인 B에 통보한 경우를 예로 들어보자. 또 다른 라우터인 C는 실패한 X 경로에 대한 통보를 받지 못한 상태이므로 필요한 경우 X 경로에 대한 정보를 B에 전송한다. 이때 B가 C로부터 수신한 X 경로정보를 받아들이면 이는 이미 A로부터 X 경로의 실패를 전달받았음에도 유효한 경로로 판단하는 오류가 발생하는 것이다. 이러한 오류를 해소하려면 실패 경로에 대한 갱신을 보류하는 시간이 전체 네트워크의 라우터를 갱신하는 데 필요한 시간보다 커야 한다.

이번에는 A–B–C–D 경로에 적용해보자. C–D 경로가 무효 경로가 되면 C는 B에 이 정보를 곧바로 알리고 B는 D로 가는 라우팅 테이블을 갱신해 새롭게 변경한 후 보류 상태를 유지한다. 따라서 C는 이후 다른 라우터로부터 오는 D 경로에 대한 갱신 신호를 무시하고 D 경로의 무효 정보를 A로 보낸다. 또한 A는 다시 B와 동일하게 동작한다. 이처럼 전체 네트워크에 C-D 경로가 무효화되었다는 정보가 갱신되기까지 실패한 경로에 대한 보류시간은 충분히 길게 설정되어야 한다.

3.3 스플릿 호라이즌

스플릿 호라이즌Split Horizon(수평 분할)은 자신을 기억하고 있는 인터페이스에는 경로를 광고Advertisement하지 않는 규칙이다. 라우팅 정보를 수신한 라우터는 이를 전달해준 인터페이스 포트 정보를 기록해두고 있다가 해당 포트의 정보는 중복해서 전달하지 않는다. 스플릿 호라이즌 규칙을 적용하면 [그림 9-9]처럼 네트워크 1에 인접한 A 라우터가 이에 대한 정보를 B 라우터에 전송하면 B 라우터는 이 정보를 다시 A 라우터에 전송하지 않도록 하여 이웃한 두 라우터가 라우팅 루프에 빠지는 것을 방지한다.

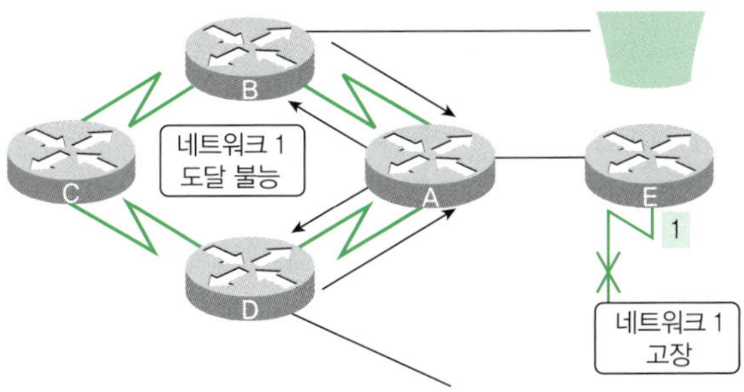

그림 9-9 스플릿 호라이즌

3.4 포이즌 리버스

포이즌 리버스Poison Reverse는 실패한 경로를 삭제하고 보류 상태를 유지하는 기능이다. 오류가 발생한 경로를 전송할 때 큰 값의 메트릭(16홉)을 설정해 이 경로를 사용할 수 없도록 한다. 일반적인 라우터는 자신을 기억하고 있는 인터페이스에도 경로를 광고하는데 이때 네트워크가 도달 불능이 되도록 메트릭 값을 설정한다. 회선장애가 발생하면 라우터는 해당 경로의 홉을 즉시 16으로 정정해 전체 네트워크에 수차례 전송한다. RIP는 두 네트워크 간 홉의 수만을 기준으로 라우팅 방식을 결정하므로 이를 사용하면 최단 경로를 통해 데이터 패킷을 전달하게 된다.

3.5 타임아웃

RIP를 사용하는 모든 라우터는 사용자가 설정한 시간 간격에 기초해서 갱신 메시지를 보내는데 이와 같은 시간 간격의 기본값은 30초로, 30초마다 갱신정보를 브로드캐스트한다. 만약 갱신 간격의 6배인 180초 동안 메시지를 받지 못하면 라우터는 전송지 라우터에 이상이 있거나 사용할 수 없는 연결 상태로 판단해 기존의 라우터 경로를 존재하지 않는 것으로 표시하고 라우팅 테이블에서 제거한다. 이후에 다른 라우터로부터 새로운 경로정보를 수신하면 삭제한 경로를 대신해서 갱신한다.

4 RIP의 장점과 단점

RIP의 가장 큰 장점은 매우 간단하면서도 견고하다는 점이다. 네트워크의 크기가 15홉으로 제한된다는 점은 장점인 동시에 단점이다. 15홉 제한의 목적은 네트워크 크기를 제한하는 것이 아니라 네트워크 복구에 필요한 시간을 최소화하는 것이다. 전체 크기를 제한하더라도 새로운 라우팅이 발생하면 비교적 짧은 시간에 해결하기 위해서이다.

라우팅 정보는 주기적으로 갱신된다. 라우터는 라우팅 테이블을 모두에게 전송해야 하며 변경이 검출될 때마다 반드시 갱신정보를 보내야 한다. 갱신정보에 대한 요구가 들어왔을 때나 토폴로지가 변경되었을 때뿐 아니라 주기적으로 갱신정보를 보내는 것은 단점이다. 브로드캐스트 방식으로 이웃 라우터와 정보를 교환해 네트워크 대역폭이 낭비되고 네트워크에 연결된 모든 호스트가 라우팅 처리와 무관하게 관련 패킷을 처리해야 하므로 연결된 모든 장치에 오버헤드가 발생한다는 것도 단점이다. RIP는 단순한 홉 카운트만 이용해서 경로의 품질을 결정하므로 효과적이지만 사용되는 링크의 실제 인터페이스 속도를 계산에 포함할 수 없다는 점 또한 불리하다.

다른 경로보다 네트워크의 수가 많더라도 연결된 링크의 속도가 빠르다면 중계 네트워크의 수가 적은 것보다 경로의 품질을 높일 수 있다. 물론 관리자가 수동으로 메트릭을 변경할 수 있으나 이렇게 하면 관리 오버헤드가 커지고 라우팅 처리의 유연성이 떨어지며 RIP는 서브넷을 구별하지 못한다. 서브넷 마스크를 광고할 수 없기 때문에 인터넷을 구성하는 모든 네트워크는 동일한 마스크를 사용해야 하고 인터넷에서 VLSM(가변길이 서브넷 마스크)이나 비 클래스classless 서브넷 마스크를 사용하면 문제가 생길 수 있다.

5 RIPv2의 특성과 라우터 설정

RIP의 단점을 보완한 프로토콜인 RIPv2의 특성을 알아보고, RIP 라우터 설정에 대한 간단한 예를 소개한다.

RIPv2는 RIP의 기능을 확장한 것으로 RIP 메시지로 전달되는 유용한 정보를 확대해 수용하도록 설계되었다. RIPv2에서는 인식 기능을 제공하기 때문에 브로드캐스트 방식이나 멀티캐스트 방식으로 갱신정보를 전송하는 것이 모두 가능해졌다. 또한 서브넷 마스크 기능도 포함되어 있는데 이는 인터넷이 마스크 값이 각각 다른 다수의 네트워크로 구성된 경우 중요한 열쇠가 된다. 이러한 정보가 없다면 경로 항목이 네트워크에 대한 것인지 호스트에 대한 것인지 라우터가 판단할 수 없기 때문이다.

TIP RIPv2 표준안으로 RFC 2463이 있으며 IPv6 지원을 위한 RIPv2 확장 버전으로 RFC 2080(RIPng; RIP next generation)이 있다.

네트워크의 크기는 RIP과 호환성을 유지하기 위해 16홉으로 제한된다. RIPv2는 모든 라우팅 정보를 다른 라우터에 30초마다 전달한다. RIP에서는 경로설정 정보를 교환할 때 브로드캐스트 방식을 이용하지만 RIPv2에서는 멀티캐스트 방식을 사용한다. 그 결과 서로 무관한 네트워크나 호스트 컴퓨터에 끼치는 영향을 줄이고 브로드캐스트에 의한 데이터 양도 감소시킬 수 있다.

RIPv2는 OSPF와 같이 경로설정 정보 중 서브넷 마스크 정보도 포함시킬 수 있고 경로설정 도메인으로 OSPF의 영역과 같이 하나의 네트워크에서 독립된 여러 RIP를 사용할 수 있다. 외부 경로 태그는 EGP나 BGP 등에서 얻은 경로설정 정보를 RIP를 통해 AS에 알릴 때 사용한다. 또한 OSPF처럼 암호를 이용해 자신이 인식할 수 있는 암호가 있는 패킷만 수용하고 다른 암호의 RIP 패킷은 인식하지 못한다.

다음은 RIPv2의 특성을 정리한 것이다.

- EGP에서 얻은 AS 번호 등의 정보를 통지하기 위해 사용되는 외부 루트택Route Tag 기능이 있다.
- RIP에서는 서브넷 마스크를 바이트 단위로 인식해 A, B, C 클래스 단위(기본 255.255.255.0이나 255.255.0.0 등)로 인식했으나 RIPv2에서는 비트 단위(255.255.255.128)로 인식한다.
- 멀티라우팅 프로토콜 환경에서 라우팅 수행 중에 다음에 전송될 라우터 중 최적 라우터

를 선택할 수 있게 하는 '다음 홉 주소'를 사용한다.

- RIPv2 패킷은 멀티캐스트 방식을 사용하기 때문에 라우팅 프로토콜을 지원하지 않는 호스트의 부하를 경감시킬 수 있다. 또한 RIP 외에는 지원하지 않는 라우터에서 해석할 수 없는 정보를 RIPv2 라우터 사이에서 공유해 신뢰도를 높이는 것이 가능하다.

다음은 RIP 라우터를 설정하는 간단한 예이다. [표 9-3]과 같은 인터페이스를 설정하려면 어떻게 해야 할까?

표 9-3 인터페이스 설정 요구사항

직렬 인터페이스 1(s1)	이더넷(e0)
130.10.62.1	130.10.8.1
255.255.255.0	255.255.255.0

몇 가지 명령어를 사용해 RIP 라우터를 구성한 예는 [그림 9-10]에서 확인할 수 있다. ROUTER A#(config)#router rip는 RIP를 사용하는 것이고 ROUTER A#(config-router)# network 130.10.0.0은 해당 네트워크를 지정하는 것이다.

```
ROUTER A#config terminal
Enter configuration commands, one per line. End with CNTL/Z.
ROUTER A#(config)#router rip ----- RIP 사용
ROUTER A#(config-router)# network 130.10.0.0 ----- 해당 네트워크 지정
ROUTER A#(config-router)# ^Z
ROUTER A#write a save
Building configuration...
[OK]
interface serial 0 ----- interface serial 0에 setting
ip address 130.10.62.1 255.255.255.0
interface ethernet 0 ----- ethernet0에 setting
ip address 130.10.8.1 255.255.255.0
router rip ----- Routing Protocol RIP 사용
network 130.10.0.0 ----- RIP에 사용할 네트워크 지정
```

그림 9-10 RIP 라우터의 구성

확인문제 9-10

RIP에서 스플릿 호라이즌 규칙을 적용하는 이유가 무엇인지 설명하시오.

풀이 스플릿 호라이즌은 자신을 기억하고 있는 인터페이스에는 경로에 대한 광고를 하지 않는 것이다. 라우팅 정보를 수신한 라우터가 중복 전달을 하지 않도록 하여 이웃한 두 라우터가 라우팅 루프에 빠지는 것을 방지한다.

확인문제 9-11

RIP의 장점과 단점을 간략히 서술하시오.

풀이 RIP는 매우 간단하면서도 견고하다는 장점이 있다. 네트워크 크기가 15홉으로 제한되므로 전체 크기를 제한하더라도 새로운 라우팅이 발생하면 짧은 시간에 해결할 수 있다.

그런데 라우팅 정보가 주기적으로 갱신되므로 필요할 때 외에도 정보를 교환해야 해서 네트워크 대역폭이 낭비되고 연결된 모든 장치에 오버헤드가 발생한다는 단점이 있다.

연습문제

01 일반적인 라우팅에서는 임의의 라우터가 패킷을 수신하면 라우팅 테이블에 있는 네트워크 주소를 검색한다. 라우팅 테이블에 주소가 등록되지 않은 패킷을 수신한 경우의 해결책은?

① 스플릿 호라이즌 ② 보류 ③ 포이즌 리버스 ④ 디폴트 라우팅

02 OSPF의 특성이 아닌 것은?

① 사용자에 의한 경로설정, 가장 경제적인 경로설정, 복수의 경로설정 등의 기능을 제공한다.
② 멀티캐스트 기능을 사용해 정보교환을 수행한다.
③ 플러딩 방식을 사용한다.
④ 여러 종류의 서비스를 제공하기 위해 분리된 트리를 사용하고, 비용이 동일한 모든 경로에 트래픽을 분산해 전송한다.

03 RIP의 특성이 아닌 것은?

① 30초에 한 번씩 수신지 정보 전체를 이웃 라우터에 전송한다.
② 라우팅 정보의 변화가 없을 때도 라우터가 경신된 정보를 전송한다.
③ 네트워크의 크기가 15홉으로 제한된다.
④ 수신된 거리값과 현재 유지하고 있는 거리값을 비교해 큰 값을 수신지에 대한 경로로 유지한다.

04 다음은 무엇에 관한 설명인가?

이것은 간단하면서도 견고한 특성이 있지만, 실시간으로 측정되는 지연, 부하, 신뢰성 등의 매개변수를 고려할 필요가 있는 경우에 사용하는 것은 적합하지 않다. 수신지까지 여러 개의 라우터가 존재하는 경우에는 메트릭이 최소인 것을 선택하고, 경유하는 네트워크의 수에 대해서는 상한을 설정한다. 요청과 응답이라는 두 가지 패킷을 사용한다.

① RIP ② EGP ③ OSPF ④ BGP

05 NSFNET을 형성하는 라우터에서 사용되는 프로토콜로 경로설정 정보의 전송간격이 15초 주기로 설계된 라우팅 프로토콜은?

① HELLO ② RIPv2 ③ EGP ④ IGRP

06 RIP의 기능 중 라우터가 자신을 기억하고 있는 인터페이스에는 경로를 광고하지 않는 기능은 무엇인가?

① 홉 계수 제한　② 보류　③ 포이즌 리버스　④ 스플릿 호라이즌

07 다음 중 외부 라우팅 프로토콜에 해당하는 것은?

① OSPF　② BGP　③ HELLO　④ IGRP

08 라우팅 메트릭 값을 결정하기 위해 고려해야 하는 내용으로 옳지 않은 것은?

① 보안성　② 네트워크 지연시간　③ 대역폭　④ 부하율

09 OSPF 라우터가 처음 부팅할 때 이웃 라우터를 서로 인식하기 위해 사용하는 것은?

① LSA　② HELLO 패킷　③ LISTEN 패킷　④ EOT

10 인터넷의 규모가 확장될수록 초창기 인터넷에서 사용하던 EGP에 라우팅 루프와 같은 심각한 문제들이 발생했다. 이를 해결하기 위해 설계된 라우팅 프로토콜은?

① OSPF　② RIPv2　③ IGRP　④ BGP

11 최적 경로를 설정하기 위한 라우팅 알고리즘을 설계할 때 반드시 고려해야 하는 기본적인 요구 사항에는 무엇이 있는지 구체적으로 설명하시오.

12 라우팅 프로토콜은 라우터 사이에서 라우팅 테이블을 작성하고 제어하는 절차를 규정하는 것으로, 정적 라우팅과 동적 라우팅으로 구분된다. 네트워크의 트래픽 관점에서 각 라우팅 방식의 차이점을 설명하시오.

13 거리 벡터 알고리즘에서 메트릭 값을 결정하는 요소를 제시하고, 각 요소의 기능을 설명하시오.

14 디폴트 라우팅이 필요한 이유를 설명하고 그 동작을 기술하시오.

15 OSPF 라우팅 프로토콜의 동작과 특성을 구체적으로 설명하시오.

16 거리벡터 라우팅 프로토콜과 링크상태 라우팅 프로토콜의 알고리즘을 비교해 설명하시오.

17 OSPF 라우팅 프로토콜에서 영역 경계 라우터는 어떻게 동작하는지 설명하시오.

18 RIP의 스플릿 호라이즌 기능에 대해 설명하고, 홉 계수 제한이 필요한 이유는 무엇인지 제시하시오.

19 RIP의 포이즌 리버스 기능이 필요한 이유를 설명하시오.

20 RIPv2 라우팅 프로토콜의 동작 특성을 구체적으로 설명하시오.

CHAPTER 10

IP와 주소체계

학습목표

- IP 패킷의 형식과 각 영역의 기능을 설명할 수 있다.
- IP 단편화와 IP 주소체계 및 표기법을 이해한다.
- 서브넷과 DNS의 개념을 설명할 수 있다.

01 IP 패킷의 구성과 기능

1 TCP/IP 모델과 IP

1969년 미국 국방성 산하의 고등연구 기획청(ARPA)에서 정보 공유 목적으로 만든 ARPANET은 TCP/IP 프로토콜을 사용한 네트워크 시스템이었다. TCP/IP는 어느 특정 회사나 단체의 고유표준이 아니라 개방형 프로토콜이다. 누구나 표준화를 통해 제품을 개발할 수 있으며, 물리적인 네트워크와 컴퓨터 하드웨어 또는 소프트웨어로부터 독립적이므로 이더넷, 토큰링, X.25, UNIX PC, IBM PC 등 어느 환경에서도 사용할 수 있다. 이것이 바로 TCP/IP가 이기종 간의 컴퓨터 시스템을 연결하는 데 있어서 좋은 해결책이 되는 이유다. TCP/IP의 범용성으로 인해 새로운 네트워크 기술을 쉽게 수용할 수 있으며, IP 주소체계를 이용해 인터넷에 연결된 모든 호스트와 데이터통신이 가능하다.

IPInternet Protocol는 [그림 10-1]과 같이 네트워크 계층에 해당하는 프로토콜로, TCP/IP 프로토콜에서 전송 메커니즘을 제공한다. 그러나 IP는 비신뢰성 비연결형 프로토콜로, 오류제어 기능을 수행하지 않고 최선의 전달 서비스를 제공한다는 점에 유의할 필요가 있다.

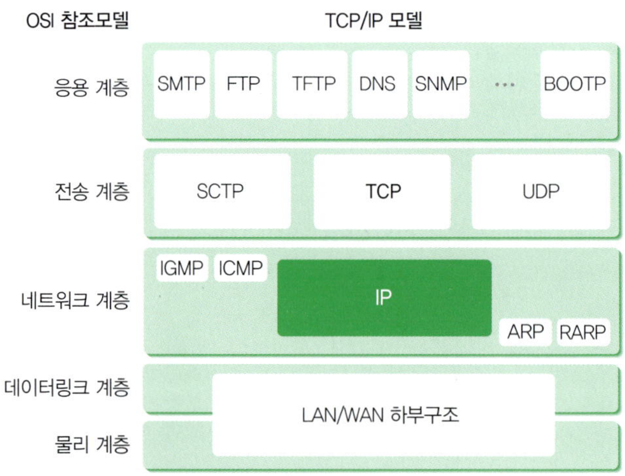

그림 10-1 TCP/IP 모델에서 IP의 위치

2 IP 패킷의 형식과 기능

인터넷 프로토콜의 동작을 이해하려면 IP에서 사용하는 패킷의 구성에 대해 알아야 한다.

IP 패킷은 헤더 부분과 사용자 데이터 부분으로 구분된다. 이 중에서 헤더의 구성을 각 영역별로 자세히 알아보자.

2.1 IPv4 헤더의 구성

IP 헤더는 IP 패킷의 앞부분에 위치하며 IP 주소를 비롯한 각종 제어정보를 담고 있다. IPv4 헤더는 고정 부분 20바이트와 가변 부분 0~40바이트로 구성되어 있다. 옵션을 지정하지 않았을 때의 최소 크기는 20바이트이다.

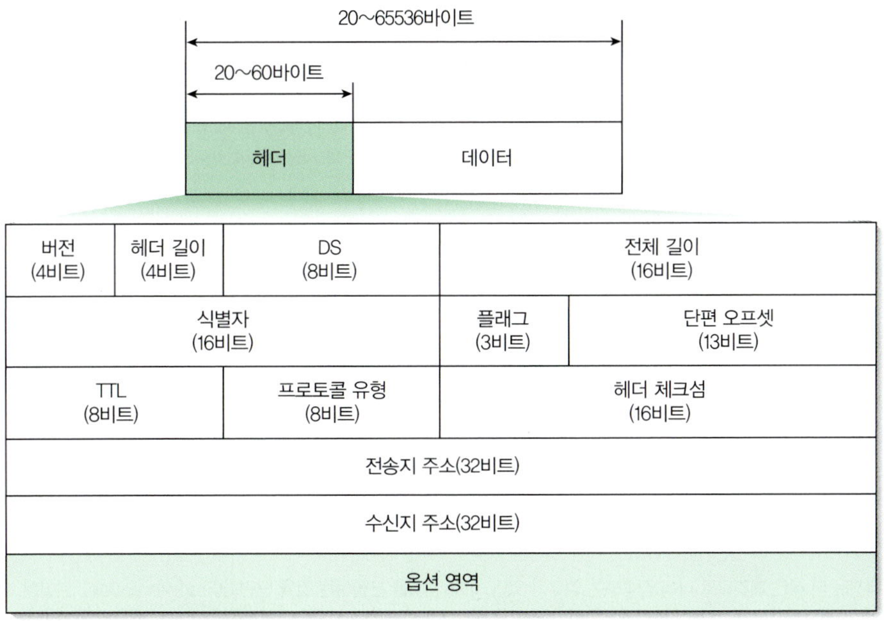

그림 10-2 IPv4의 패킷 구성

IPv4 헤더의 각 영역에 대해 자세히 알아보자.

■ 버전

버전Version은 IP의 버전을 나타내는 영역으로, IPv4이므로 4이다.

■ 헤더 길이

헤더 길이Header Length는 4바이트를 기본 단위로 헤더의 길이를 규정하는 영역이다. IPv4에서는 헤더 길이가 가변이므로 이를 규정하는 영역이 필요하다. 기본값은 5로서, 최소 크기는 4×5 즉 20바이트이고, 옵션 영역을 사용하면 4×15 즉 60바이트까지 확장할 수 있다.

TIP 옵션은 통신 자체에는 관여하지 않으며, 옵션 설정을 통해 제어, 시험, 디버깅 등이 가능하지만 실제로는 거의 사용되지 않는다.

■ DS

DSDifferentiated Service(차등 서비스)는 IP 패킷 전송 시 우선순위와 혼잡 알림을 위한 8비트의 영역이다. 앞의 6비트는 요구되는 서비스의 질에 따른 차등 서비스를 나타내는 DSDifferentiated Service 필드로 사용되고, 뒤의 2비트는 혼잡 정도를 알리는 ECNExplicit Congestion Notification 필드로 사용된다. DS 필드에는 서비스 품질 유형을 나타내는 DSCPDifferentiated Service Code Point 값이 들어간다.

TIP DS 영역은 이전에는 ToS(Type of Service) 영역으로 정의되어 있었다. 앞의 3비트는 우선순위를 결정하는 용도로, 그 다음 4비트는 서비스 유형, 즉 지연, 처리율, 신뢰성, 최소비용을 나타내는 용도로 사용했으며, 마지막 비트는 항상 0으로 세팅해두고 사용하지 않았다.

■ 전체 길이

전체 길이Total Length는 헤더와 데이터를 합한 IP 패킷의 전체 길이를 바이트 단위로 나타낸다. 최댓값은 $2^{16}-1$ 즉 65,535바이트이다.

■ 식별자

식별자Identification는 IP 패킷을 식별하기 위해 사용된다. 이 영역의 값을 참조하면 어느 원본 패킷으로부터 분할되었는지를 알 수 있다.

TIP IP 패킷은 더 작은 패킷으로 나눠 전송되는 경우가 있다. 이때 패킷을 분할하는 것을 단편화(Fragmentation), 분할된 조각을 단편(Fragment) 또는 프래그먼트 패킷이라고 한다. 모든 IP 패킷은 생성될 때 식별번호를 받는데, 분할된 각각의 프래그먼트 패킷은 이 번호가 같다. 그러므로 전송된 패킷이 다른 패킷과 식별자가 같다면 같은 패킷에서 분할된 것을 알 수 있다.

■ 플래그

플래그Flags는 패킷의 분할 여부에 대한 정보를 나타내는 3비트 영역이다. 첫 번째 비트는 예비용으로 항상 0으로 설정하며, 두 번째 비트는 DFDon't Fragment, 세 번째 비트는 MFMore Fragment이다. DF는 데이터를 단편화할 것인지 판단하는 역할을 하며, 0이면 분할이 가능하고 1이면 분할하지 말라는 의미이다. MF는 단편이 더 있는지 판단하는 역할을 하며, 0이면 마지막 단편이라는 뜻이고 1이면 아직 수신되지 않은 단편이 있다는 의미이다.

■ 단편 오프셋

단편 오프셋Fragment Offset은 분할된 패킷을 재조립할 수 있도록 원래 위치를 알려주는 영역으로, 바이트를 8로 나눈 값을 사용한다.

■ TTL

수신지에 도착하지 못한 패킷이 네트워크에 남으면 결과적으로 네트워크의 자원을 심각하게 잠식할 수 있다. TTLTime to Live(패킷 수명)은 이를 방지하는 옵션으로, 라우터를 지날 때마다 TTL 값을 하나씩 감소시키고 값이 0이 된 패킷을 받으면 폐기하도록 한다. 폐기된 패킷을 수신하면 전송지에 이를 알리는 메시지를 보낸다.

■ 프로토콜 유형

프로토콜 유형Protacol Type은 데이터에 어떤 상위 계층 프로토콜이 포함되어 있는지를 나타낸다. [표 10-1]은 이 영역의 값에 따른 상위 계층 프로토콜의 예이다. 만일 이 영역의 값이 6이라면, 서비스를 사용하는 상위 계층 프로토콜이 TCP라는 것을 알 수 있다.

표 10-1 상위 계층 프로토콜

값	프로토콜
1	IGMP
2	ICMP
6	TCP
17	UDP
89	OSPE

■ 헤더 체크섬

헤더 체크섬Header Checksum은 네트워크를 통해 패킷이 전송될 때 발생한 오류를 검출하기 위해 사용하는 영역이다. 데이터 전체가 아닌 헤드의 오류만 검출하며, 오류가 검출되면 복구하지 않고 폐기한다. 헤더를 2바이트씩 모두 잘라 더하고, 발생한 올림 영역까지 더한 후 1의 보수 연산을 수행해 계산한다.

■ **전송지 주소**

전송지 주소Source Address는 패킷을 전송하는 호스트의 주소를 나타내는 영역이다.

■ **수신지 주소**

수신지 주소Destination Address는 패킷을 수신하는 호스트의 주소를 나타내는 영역이다.

TIP IPv4의 주소 영역의 길이는 각각 32비트로, 0.0.0.0~255.255.255.255까지의 숫자 조합으로 이루어지며 총 네 구간으로 나뉘어 있다. 이를 통해 IPv4는 최대 약 43억 개의 서로 다른 주소를 부여할 수 있다.

2.2 IPv6 패킷의 기본 헤더

IPv6의 패킷도 기본 헤더와 사용자 데이터 영역으로 구분된다. 기본 헤더는 IPv4와 달리 40바이트로 고정되어 있어 더 빠른 처리가 가능하며, 구조 역시 단순하고 유연해졌다. 사용자 데이터 영역은 확장 헤더와 상위 계층으로부터 받은 데이터 영역으로 구성되어 있다.

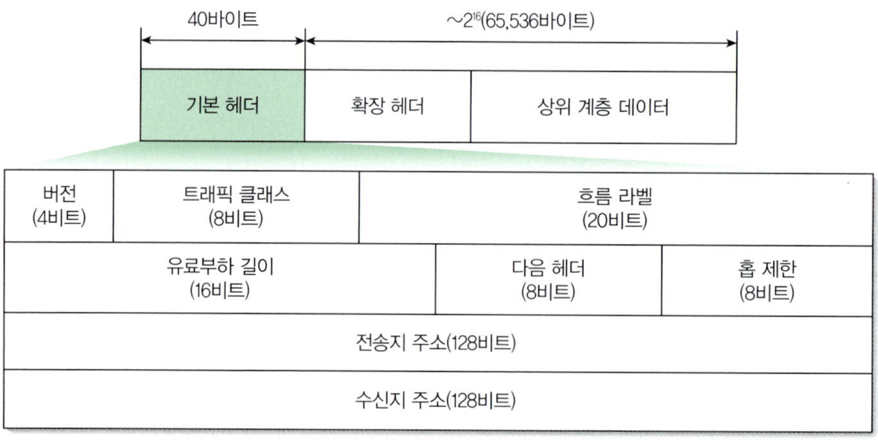

그림 10-3 IPv6의 패킷 구성

IPv6 헤더의 각 영역에 대해 자세히 알아보자.

■ **버전**

버전Version은 IP 프로토콜의 버전을 나타내는 영역으로, IPv6이므로 6이다.

■ **트래픽 클래스**

트래픽 클래스Traffic Class는 IPv4의 DS와 유사한 역할을 하는 영역이다. 서로 다른 서비스 요구사항을 구분해 우선순위를 결정하고 혼잡을 알리는 용도로 쓰인다.

■ 흐름 라벨

흐름 라벨Flow Label은 IPv6에서 추가된 영역으로, 비연결성 통신 프로토콜인 IP를 연결지향적 프로토콜로 사용할 수 있게 한다. 고속의 멀티미디어 전송에 적합하도록 설계된 영역이다.

■ 유료부하 길이

유료부하 길이Payload length는 확장 헤더와 상위 계층 데이터를 합한 유료부하 부분의 길이를 바이트 단위로 나타낸다. 최댓값은 2^{16} 즉 65,536바이트다.

TIP 유료부하(payload)는 각종 운용 및 제어정보를 뺀 실제 정보가 들어있는 부분을 의미한다.

■ 다음 헤더

다음 헤더Next header는 기본 헤더 다음에 오는 확장 헤더의 종류를 표시한다. IPv4의 프로토콜 유형 영역과 같은 역할을 한다.

■ 홉 제한

홉 제한Hop limit 영역은 패킷에 허용된 홉의 남아있는 개수를 나타낸다. 홉이란 하나의 라우터에서 또 다른 라우터로 이동한 횟수이다. 홉이 1이면 하나의 라우터에서 인접한 라우터로 한 번 이동할 수 있다. 전송지에 의해 원하는 최댓값으로 설정된 홉 제한은 패킷을 전송하는 각각의 노드에 의해 1씩 감소하다가 홉 제한이 0이 되면 그 패킷은 폐기된다. TTL의 값이 0으로 설정된 패킷을 받은 라우터가 그 패킷을 폐기하는 IPv4의 TTL 영역과 비슷한 역할을 한다.

■ 전송지 주소

전송지 주소Source Address는 패킷을 전송하는 호스트의 주소를 나타내는 영역으로, IPv4의 네 배인 128비트이다.

■ 수신지 주소

수신지 주소Destination Address는 패킷을 수신하는 호스트의 주소를 나타내는 영역으로, 역시 128비트이다.

2.3 IPv6 패킷의 확장 헤더

IPv6는 기본 헤더 뒤에 확장 헤더들이 선택적으로 추가될 수 있다. 라우터에서는 기본 헤더만 처리하고 확장 헤더는 옵션의 종류에 따라 대부분 종단 호스트에서 처리하므로 라우터의 부하가 경감된다. 단편화, 식별자 등 IPv4 헤더에서 사용되던 주요 옵션들을 IPv6 헤더에서는 확장 헤더 형태로 정의하고 있다. 이를 통해 기본 헤더의 크기를 40바이트로 고정한 상태에서 필요에 따라 추가 기능을 사용할 수 있다.

사용할 확장 헤더의 종류는 기본 헤더 내의 다음 헤더 영역에서 표시한다. 두 개 이상의 확장 헤더가 사용될 때는 각 헤더의 우선순위에 따라 위치가 정해진다. 확장 헤더가 연결되는 일반적인 형식은 [그림 10-4]와 같다. 각 확장 헤더마다 다음 헤더 영역과 확장 헤더 길이 영역에 이어 유형별 데이터가 첨부된다. 다음 헤더 영역은 바로 다음에 올 헤더의 종류를 표시한다. 다음 헤더가 확장 헤더가 아니라면 IPv6를 사용하는 상위 계층의 프로토콜 식별자를 표시한다.

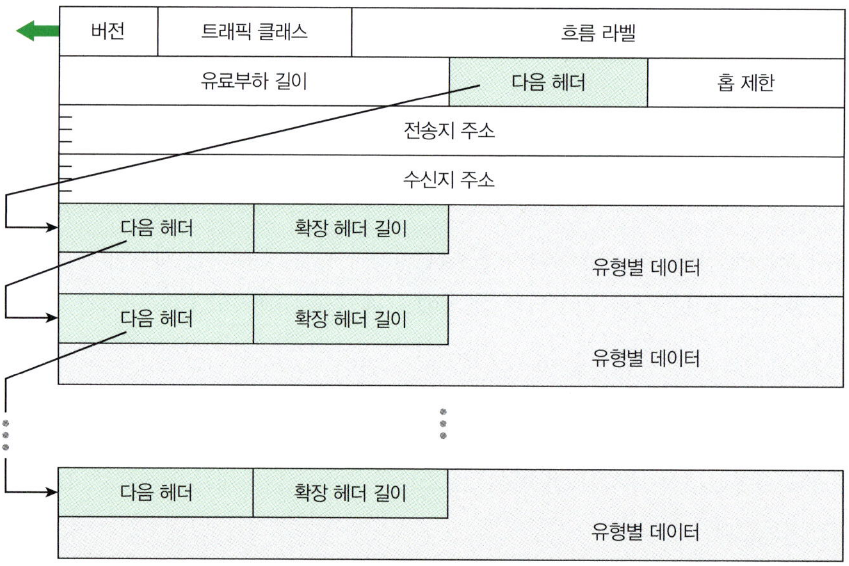

그림 10-4 확장 헤더의 형식

현재까지 정의된 확장 헤더는 다음의 6가지이다. 각 헤더의 기능과 우선순위에 대해 알아보자.

■ 홉 간 옵션 헤더

홉 간 옵션 헤더Hop-by-Hop Options Header는 홉과 홉 사이에서 처리를 요구하는 특별한 옵션을 정의한다. 패킷이 이동하는 경로에 있는 라우터들이 검사해야 하는 옵션에 대한 정보를 전달할 때 사용한다. 패킷의 크기가 MTU를 넘어서는 경우 설정하는 Jumbogram 옵션과 경로상의 모든 라우터에 패킷의 확장 헤더까지 모두 확인할 것을 알리는 Router Alert 옵션 등이 있다. 우선순위는 기본 헤더 바로 다음으로 2이다.

■ **라우팅 헤더**

라우팅 헤더Routing Header는 IPv6 패킷이 특정 노드를 거쳐 가도록 경로를 조정할 필요가 있을 때 사용한다. 전송할 패킷의 라우팅 헤더에 최종 수신지까지의 경로에 해당하는 라우터 주소 목록을 미리 기록해 놓고 이 값을 참조해 패킷 포워딩이 이루어지도록 하는데, 이것을 소스 라우팅이라 한다. 주소 목록에 있는 라우터를 경유할 때마다 해당 라우터 주소를 기록하는데 만일 라우터가 이 값을 인식하지 못하면 그 패킷은 폐기된다. 우선순위는 4이다.

■ **단편화 헤더**

단편화 헤더Fragment Header에는 네트워크의 MTU보다 큰 패킷을 전송하기 위해 패킷을 분할하고 재조립하는 데 필요한 정보가 있다. IPv4의 단편 오프셋 영역과 달리 패킷의 분할은 발신 노드에서만 가능하도록 정의되어 있다. 우선순위는 5이다.

■ **AH**

AHAuthentication Header(인증 헤더)는 IPv4 환경에서는 존재하지 않다가 보안 기능을 제공하기 위해 추가된 영역으로, 사용자 인증 관련 정보를 포함하고 있다. 네트워크 보안에서 인가된 사용자에게만 접근 또는 변경을 허용해 패킷의 무결성Integrity을 보장하고 출처를 제공한다. 우선순위는 6이다.

■ **ESP**

ESPEncapsulating Security Payload Header(암호화된 보안 유료부하 헤더)는 인증 헤더와 함께 보안성을 제공하기 위해 추가된 영역이다. 패킷의 데이터 기밀 유지와 인증 및 무결성 서비스를 제공한다. 우선순위는 7이다.

■ **목적지 옵션 헤더**

목적지 옵션 헤더Destination Options Header는 패킷의 전송 대상에서 처리해야 할 옵션을 표시한다. 보통 확장 헤더 중 가장 마지막에 온다. 단, 라우팅 헤더와 함께 사용하는 경우에는 라우팅 헤더의 앞에서 각 라우팅 경로에서 처리할 옵션을 표시할 수 있다. 즉 우선순위는 8 또는 3이다.

확인문제 10-1

IP 패킷의 헤더 길이 영역의 값이 5_{16}이고, 전체 길이 영역의 값은 0028_{16}일 경우 사용자 데이터의 길이는 몇 바이트인가? (IPv4의 경우)

풀이 헤더 길이 영역의 값이 5_{16}이므로 헤더의 총 길이는 5×4=20(바이트)이다. 따라서 헤더의 옵션 영역은 0이 된다. 패킷의 전체 길이가 40바이트이므로 사용자 데이터는 40−20=20(바이트)이다.

확인문제 10-2

IP 패킷의 헤더가 [그림 10-5]와 같이 구성된 경우, 헤더 체크섬 영역에 들어가야 하는 값을 구하시오. (IPv4의 경우)

풀이 [그림 10-5]를 보면 헤더의 옵션 영역이 없음을 알 수 있다. 따라서 모든 영역의 값을 더한 후 그 결과에 대한 1의 보수를 취해 체크섬 값을 구할 수 있다. 계산 결과, 헤더 체크섬 영역에 들어가는 값은 10001001 10011111이 된다.

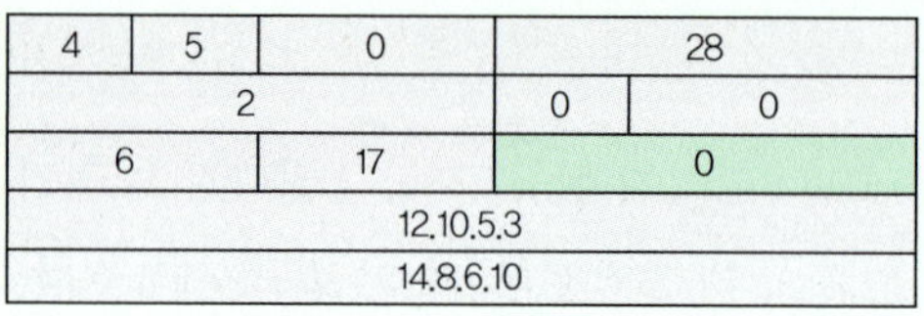

첫 번째 32비트	4, 5, 0 →	0100	0101	0000	0000
	28 →	0000	0000	0000	1110
두 번째 32비트	2 →	0000	0000	0000	0010
	0, 0 →	0000	0000	0000	0000
세 번째 32비트	6, 17 →	0000	0110	0001	0001
	0 →	0000	0000	0000	0000
네 번째 32비트	12, 10 →	0000	1100	0000	1010
	5, 3 →	0000	0101	0000	0011
다섯 번째 32비트	14, 8 →	0000	1110	0000	1000
	6, 10 →	0000	1100	0010	1010
	합 →	0111	0110	0110	0000
	체크섬 →	1000	1001	1001	1111

그림 10-5 헤더 체크섬의 계산

02 IP 단편화

1 IP 단편화의 원리

IP 패킷은 전송 과정에서 속성이 다양한 네트워크를 거치면서 전달된다. 이 네트워크들은 라우터를 통해 연결되며, 각 라우터는 IP 패킷을 수신한 프레임에서 캡슐화Encapsulation하여 처리한 후 다른 프레임에 캡슐화한다. 이때 각 데이터링크 계층은 네트워크 프로토콜에 따라 고유한 프레임 형식을 갖게 되며, 데이터 영역의 최대 크기를 결정한다. 즉 각각의 네트워크에서는 자신이 사용하는 MTUMaximum Transfer Unit(최대 전송단위)를 사용해 패킷 전송이 이루어지는 것이다. 네트워크에서 사용되는 하드웨어 및 소프트웨어에서 설정된 제한에 의해 MTU가 정의된다는 점에도 유의할 필요가 있다.

MTU의 예를 들어보면, IP 프로토콜에서는 65,535바이트, FDDIFiber Distributed Digital Interface에서는 4,352바이트, 이더넷ethernet에서는 1,500바이트, PPPPoint-to-Point Protocol에서는 296바이트가 된다. 이처럼 각 데이터링크 계층의 프레임 형식과 크기는 실제 네트워크에서 사용하는 프로토콜에 따라 결정된다. [그림 10-6]에서 보는 것처럼, IP 패킷이 프레임에 캡슐화될 때 패킷의 전체 크기는 각 데이터링크에서 결정된 MTU보다 작아야 한다. 이러한 이유로 각 프로토콜 형식에 적합하도록 IP 패킷이 분할된다.

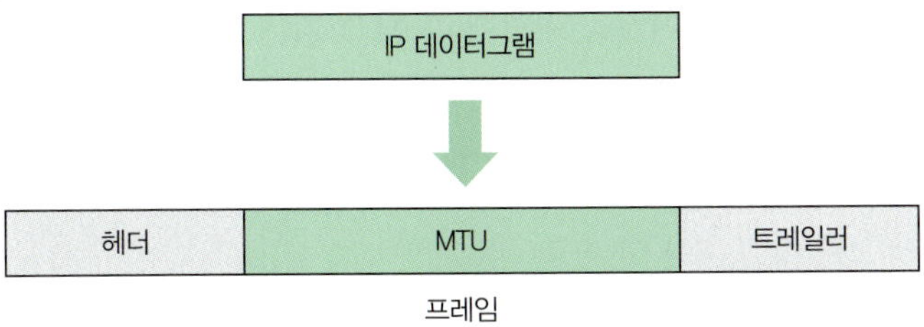

그림 10-6 IP 패킷이 MTU를 사용해 데이터 프레임으로 캡슐화되는 과정

IP 단편화는 IP 패킷의 크기를 MTU 이하로 작게 분할해 전송할 수 있도록 처리하는 기법이다. IP 패킷의 식별자Identification 영역과 단편 오프셋Fragment Offset 영역은 DFDon't Fragment 플래그, MFMore Fragment 플래그와 함께 IP 패킷의 분할과 재조립을 위해 사용된다.

라우터가 다음 홉의 MTU보다 큰 PDU를 수신하면 둘 중 하나의 동작을 선택한다. 하나는 해당 PDU를 폐기하고 'Packet too Big'을 의미하는 ICMPInternet Control Message Protocol 메시지를 보내는 것이고, 다른 하나는 IP 패킷을 분할해 MTU보다 작은 링크를 통해 전송하는 것이다. 단편화된 IP 패킷을 받은 호스트는 해당 IP 패킷을 재조립해 상위 계층(TCP 계층)으로 전달해야 한다. 재조립은 오직 수신 호스트에서만 이루어진다.

IT 단편화의 구체적인 동작과 구조적인 접근 방법은 IPv4와 IPv6에서 차이가 있다. IPv4에서는 기본 헤더 중 단편화를 다루는 영역에서 이루어지지만, IPv6에서는 라우팅 처리 효율을 높이기 위해 확장 헤더 중 하나인 단편화 헤더에서 수행한다. IPv4와 IPv6의 단편화 동작은 상당히 유사하므로 쉽게 단편화 및 재조립 알고리즘을 재사용할 수 있다.

단편화된 패킷에 손실이 발생하고 TCP와 같은 프로토콜에서 재전송을 요구할 경우, IP 단편화는 상당한 재전송을 일으키게 된다. 이 문제를 해결하기 위해 IP 패킷의 크기를 결정하기 전에 전송지에서는 IP 패킷의 크기를 첫 번째 홉의 MTU와 같게 하는 방법을 사용한다. 또 다른 방법은 경로 MTU 발견Path MTU Discovery 알고리즘을 사용해 호스트 상호간 경로 MTUPath MTU을 구해 IP 단편화를 회피하는 것이다.

TIP 이 방법에 대한 자세한 내용과 절차는 RFC 1191을 참고한다.

2 IP 단편화의 예

IP 단편화를 수행해 IP 패킷을 전송하는 경우를 가정하고 그 과정을 구체적으로 살펴보자. IP 패킷은 속성이 서로 다른 다양한 네트워크를 경유해 수신지까지 전달된다. 전송 과정 중 어느 라우터에서 데이터 크기가 4,200바이트인 IP 패킷을 수신했고, MTU가 1,600바이트로 캡슐화해 처리해야 한다고 가정하자. 앞에서 언급했듯이 오프셋 영역은 8바이트 단위로 나타낸다. [그림 10-7]과 같이 데이터 크기가 4,200바이트인 패킷은 세 개의 단편으로 분할되며, 각 오프셋 값은 0, 200, 400이 된다.

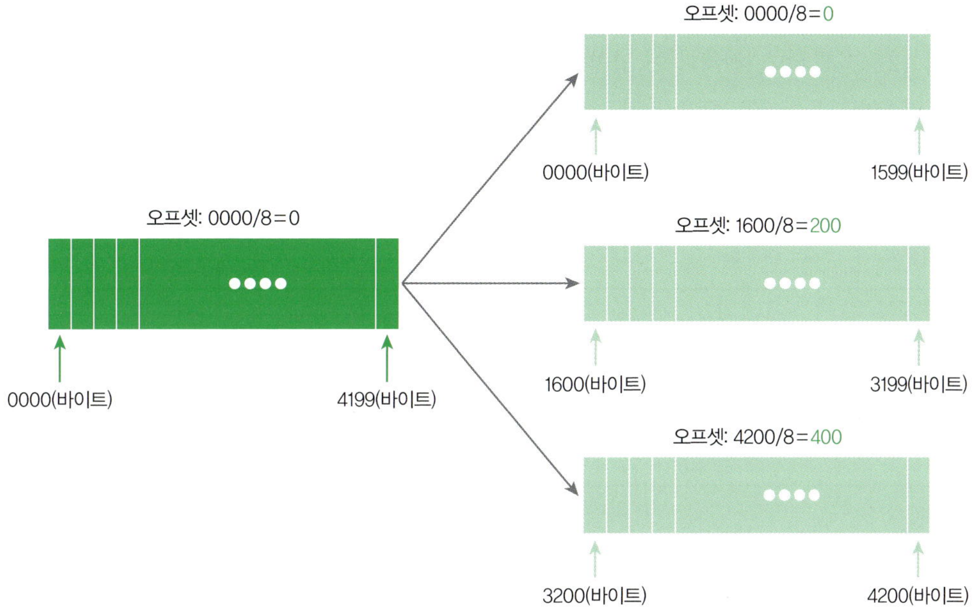

그림 10-7 IP 패킷이 세 개의 단편으로 분할되는 과정

이제 세 개의 단편 중 첫 번째 단편은 어떻게 구성되는지 구체적으로 살펴보자. 헤더 영역의 크기는 20바이트이고 식별자는 '12345'라고 가정한다. 전체 길이 영역의 값은 1,600(MTU 값) + 20(헤더 길이) = 1,620이 된다. 마지막 단편이 아니므로 플래그 영역의 MF 값은 1이고, 오프셋 값은 0000(첫 번째 단편의 첫 번째 바이트 값)/8 = 0이 된다. 그러므로 첫 번째 단편의 헤더는 [그림 10-8]과 같이 구성된다.

<table>
<tr><td>버전: 4</td><td>헤더 길이: 5</td><td>DS</td><td colspan="2">전체 길이: 1,620</td></tr>
<tr><td colspan="3">식별자: 12345</td><td>DF: 0 MF: 1</td><td>오프셋: 200</td></tr>
<tr><td colspan="2">TTL</td><td>프로토콜 유형</td><td colspan="2">헤더 체크섬</td></tr>
<tr><td colspan="5">전송지 주소</td></tr>
<tr><td colspan="5">수신지 주소</td></tr>
</table>

그림 10-8 첫 번째 단편의 헤더 구성

두 번째 단편은 첫 번째 단편과 마찬가지로 헤더 영역의 크기는 20바이트이고, 식별자도 동일하게 '12345'가 된다. 전체 길이 영역의 값은 1,600(MTU 값) + 20 = 1,620이 된다. 플래그 영역의 MF 값은 1이고, 오프셋 값은 1,600(두 번째 단편의 첫 번째 바이트 값)/8 = 200이 된다. 그러므로 두 번째 단편의 헤더는 [그림 10-9]와 같이 구성된다.

<table>
<tr><td>버전: 4</td><td>헤더 길이: 5</td><td>DS</td><td colspan="2">전체 길이: 1,620</td></tr>
<tr><td colspan="3">식별자: 12345</td><td>DF: 0 MF: 1</td><td>오프셋: 200</td></tr>
<tr><td colspan="2">TTL</td><td>프로토콜 유형</td><td colspan="2">헤더 체크섬</td></tr>
<tr><td colspan="5">전송지 주소</td></tr>
<tr><td colspan="5">수신지 주소</td></tr>
</table>

그림 10-9 두 번째 단편의 헤더 구성

세 번째 단편도 헤더 영역의 크기는 20바이트이고, 식별자도 '12345'가 된다. 전체 길이 영역의 값은 1,000(MTU 값) + 20 = 1,020이 된다. 마지막 단편이므로 플래그 영역의 MF 값은 0이고, 오프셋 값은 3,200(세 번째 단편의 첫 번째 바이트 값)/8 = 400이 된다. 그러므로 세 번째 단편의 헤더는 [그림 10-10]과 같이 구성된다.

<table>
<tr><td>버전: 4</td><td>헤더 길이: 5</td><td>DS</td><td colspan="2">전체 길이: 1,020</td></tr>
<tr><td colspan="3">식별자: 12345</td><td>DF: 0 MF: 0</td><td>오프셋: 400</td></tr>
<tr><td colspan="2">TTL</td><td>프로토콜 유형</td><td colspan="2">헤더 체크섬</td></tr>
<tr><td colspan="5">전송지 주소</td></tr>
<tr><td colspan="5">수신지 IP 주소</td></tr>
</table>

그림 10-10 세 번째 단편의 헤더 구성

확인문제 10-3

어느 라우터가 단편 오프셋 영역의 값이 150이고 헤더 길이 영역의 값이 5이며, 전체 길이 영역의 값이 500(바이트)인 패킷을 수신했다. 이때 데이터의 길이와 첫 번째 바이트의 번호와 마지막 바이트의 번호를 구하시오. (IPv4의 경우)

풀이 전체 길이가 500바이트이고, 헤더 길이 영역의 값이 5이므로, 헤더의 길이는 20바이트(5 ×4바이트)이다. 따라서 패킷의 데이터 길이는 480바이트가 된다. 단편 오프셋 영역의 값이 150이므로, 첫 번째 바이트 번호는 120 × 8 = 1200이다. 또한 첫 번째 바이트 번호가 1200이므로 마지막 바이트 번호는 1679이다.

03 IPv4의 주소체계

1 IP 주소의 표현

IPv4의 IP 패킷은 전송지와 수신지 주소 영역이 각각 32비트로 구성되어 있다. IP 주소는 32비트의 이진수가 되므로, 사용 가능한 총 주소의 개수는 2^{32}개, 즉 4,294,967,296개이다. IPv4는 기본적으로 클래스Class로 구분되는 주소체계를 취하고 있다. IPv6의 주소 영역은 IPv4보다 네 배 큰 128비트로 확장되어 이론상으로 거의 무한대의 주소를 사용할 수 있게 되었다. 여기서는 IPv4의 주소체계에 대해 알아본다.

TIP IPv6의 주소표기법과 주소체계에 대해서는 Chapter 03에서 자세히 알아보았다.

이진수로 구성된 IP 주소를 기억하는 것은 쉬운 일이 아니다. 그래서 심볼화된 이름 즉 도메인 이름Domain Name을 대신 사용하는데, 이에 대해서는 뒤에서 자세히 다룬다. 심볼화된 주소 표현(예 http://www.google.com)은 사용자에게는 매우 편리한 방법이지만, 네트워크를 통해 데이터를 전송할 때는 숫자 형태(예 http://74.125.128.103)의 IP 주소로 다시 변환된다. 즉 응용프로그램에서 사용자가 심볼화된 주소를 입력하면 숫자 형태의 주소로 변환되며 실제 전송 과정에서는 이진수의 신호 형태가 사용된다. 주소 변환은 대부분 자동으로 수행되고, 변환된 결과는 메모리에 저장된다. 숫자 형태의 주소 표현을 사용하면 심볼화된 이름을 사용할 때보다 시스템의 메모리 사용이 줄어들어 데이터 전송시간을 줄일 수 있다.

먼저 네트워크 계층의 주요 기능인 경로제어와 패킷 전송을 위한 주소체계에 대해 알아보고, 특정한 구성에 적합하게 네트워크를 설계하는 서브네팅Subnetting에 대해서는 다음 절에서 설명한다.

[그림 10-11]에서 호스트 컴퓨터 A는 IP 주소체계를 이용해서 호스트 컴퓨터 B에 데이터 패킷을 전송한다. 이때 호스트 B는 호스트 A가 어디에 있는지 알 필요가 없으며, 인터넷 프로토콜 주소체계에 따라 패킷의 경로를 결정하면 된다. 이처럼 IP 주소가 네트워크 내에서 유일한 식별자 역할을 하게 된다.

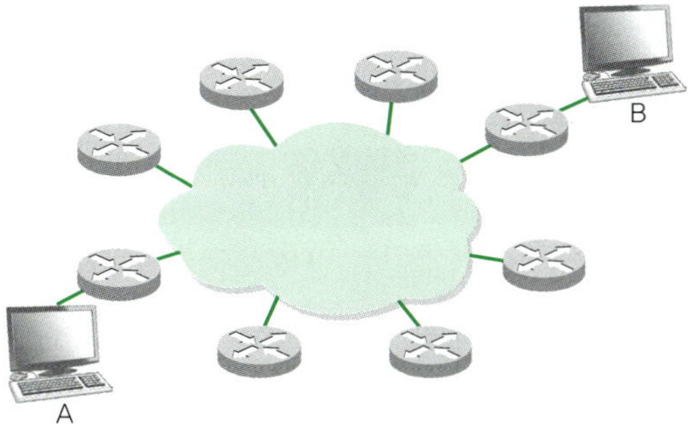

그림 10-11 호스트 컴퓨터의 식별

네트워크에서 데이터통신을 하려면 반드시 고유한 IP 주소가 필요하다. IP 주소는 32비트 체계(XXX.XXX.XXX.XXX)로 이루어져 있으며, 네트워크의 규모에 따라 주소체계를 선택할 수 있도록 클래스로 구분되어 있다. 이진수 32비트로 이루어진 IP 주소는 [그림 10-12]와 같이 8개씩 네 영역으로 구분해 10진수로 표현할 수 있다. 이런 체계를 닷 데시멀 노테이션Dot-decimal notation(점 십진수 표기법)이라고 한다.

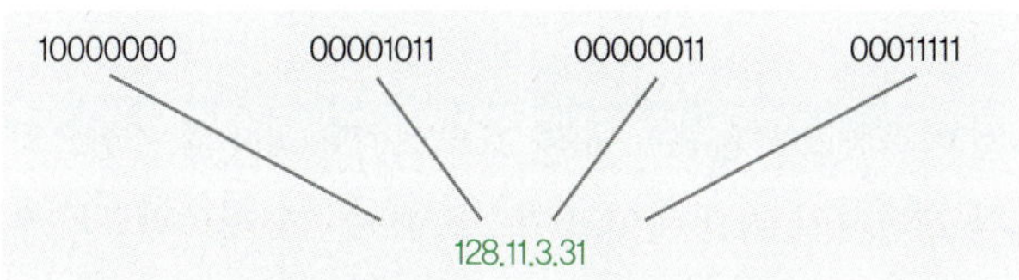

그림 10-12 닷 데시멀 노테이션

2 IP 주소의 클래스

IP 주소 클래스는 [그림 10-13]과 같이 A 클래스, B 클래스, C 클래스, D 클래스, E 클래스가 있다. 이는 각각 첫 번째 바이트로 식별할 수 있다. 첫 번째 바이트가 0이면 A 클래스, 10이면 B 클래스, 110이면 C 클래스, 1110이면 D 클래스, 1111이면 E 클래스이다.

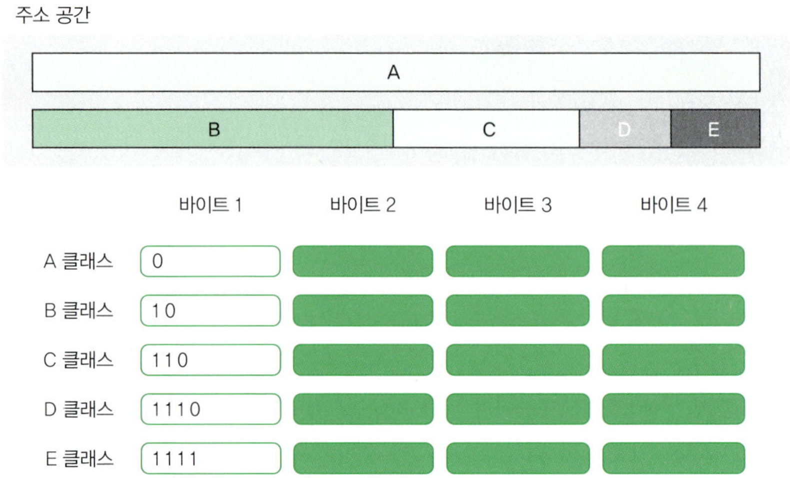

그림 10-13 IP 주소 클래스

가능한 IP 총 주소 중 50%가 A 클래스에, 25%는 B 클래스에, 12.5%는 C 클래스에 할당되어 있다. D 클래스와 E 클래스에는 각각 6.25%씩 할당된다. 이처럼 클래스에 따라 IP 네트워크 주소의 지정 범위가 다르다.

또한 [그림 10-14]와 같이 각 클래스는 네트워크 IDNetwork ID와 호스트 IDHost ID의 조합으로 구성되는데, 네트워크 ID는 네트워크를 식별하기 위한 것이고 호스트 ID는 그 네트워크의 호스트 컴퓨터를 식별하기 위한 것이다.

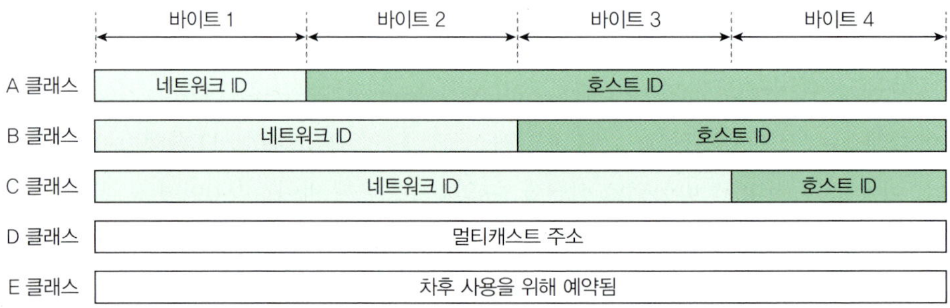

그림 10-14 네트워크 ID와 호스트 ID

TIP IP 주소에서 네트워크 ID에 해당하는 부분을 접두사(Prefix)라 하고 호스트 ID에 해당하는 부분을 접미사(Suffix)라고 한다.

[그림 10-15]는 A 클래스의 주소체계를 나타낸 것이다. 첫 번째 8비트 즉 1바이트(1옥텟)가 네트워크 ID에, 나머지가 호스트 ID에 할당된다. 따라서 A 클래스의 네트워크 ID 범위는

0~127이고, 호스트에 할당 가능한 주소는 16,777,214(2242) 개다.

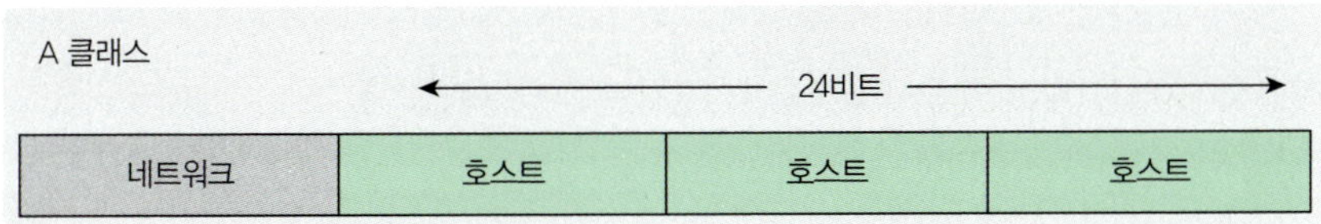

그림 10-15 네트워크 ID와 호스트 ID

[그림 10-16]은 B 클래스의 주소체계를 나타낸 것이다. 앞의 2바이트가 네트워크 ID에, 나머지 2바이트가 호스트 ID에 할당된다. 따라서 B 클래스의 네트워크 ID 범위는 128.0~191.255이고, 호스트에 할당 가능한 주소는 65,534(2162) 개다.

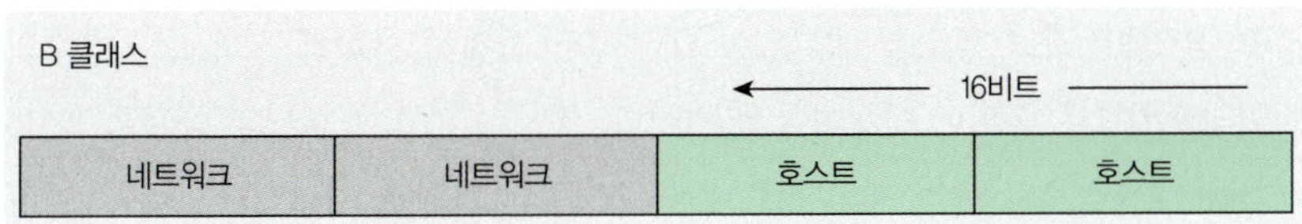

그림 10-16 네트워크 ID와 호스트 ID

[그림 10-17]은 C 클래스의 주소체계를 나타낸 것이다. 앞의 3바이트가 네트워크 ID에, 나머지 1바이트가 호스트 ID에 할당된다. 따라서 C 클래스의 네트워크 ID 범위는 192.0.0~223.255.255이고, 호스트에 할당 가능한 주소는 254(2^8-2) 개이다.

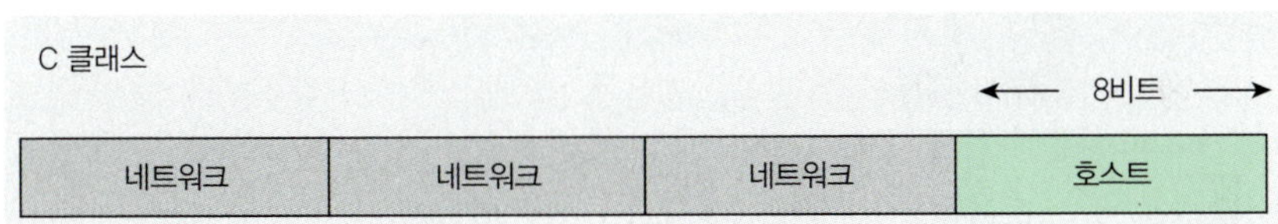

그림 10-17 네트워크 ID와 호스트 ID

확인문제 10-4

이진수로 이루어진 IP 주소 11000000.00111001.00011110.11100000를 닷 데시멀 노테이션으로 표현하시오.

풀이 11000000은 십진수로 192, 00111001은 57, 00011110은 30, 11100000은 224이므로 결과는 192.57.30.224이다.

04 서브넷 구성과 활용

1 서브넷의 개념

IP 주소는 네트워크 ID와 호스트 ID라는 두 개의 동위 계층으로 구성된다. 이제 서브넷Sub Network, Subnet을 새로운 동위 계층으로 정의하고 네트워크를 서브넷으로 분할하는 방법을 살펴보자.

서브넷이란 하나의 IP 네트워크 주소를 네트워크 내부에서 적절히 분할해 실제로는 다수의 상호 연결된 하부 네트워크로 나누어 사용하는 방법이다. 회사나 조직에 할당된 네트워크 ID의 IP 주소를 사용해 내부적으로 여러 개의 서브넷을 구성하는 과정을 서브네팅Subnetting이라고 한다. 이때 할당받은 네트워크 ID를 가진 IP 주소들은 각각의 새로운 네트워크 ID를 가진 IP 주소로 세분화된다. 여기서 IP 주소는 바이트로 표현하는 옥텟 표기법을 사용하지만, 내부적으로는 이진수를 사용한다. [그림 10-18]은 서브넷으로 분할된 네트워크의 예다.

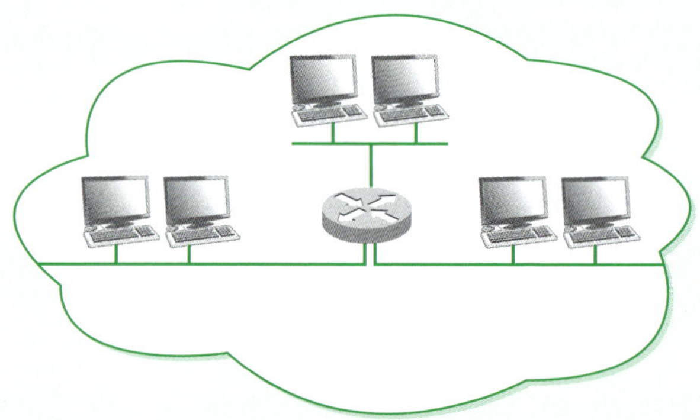

그림 10-18 서브넷으로 분할한 네트워크

2 서브넷 사용 이유

서브넷을 사용하는 가장 큰 이유는 도메인의 크기를 줄이기 위해서이다. 예를 들어 B 클래스

IP 주소를 받은 기관이 65,000여 개의 호스트 주소를 단일 네트워크에 부여했다면, 과다한 호스트 컴퓨터의 수로 인해 네트워크 트래픽이 증가할 것이다. 이 경우 네트워크 관리자는 네트워크를 적절한 크기로 분할해야 효율을 높일 수 있다.

서브넷을 사용하는 또 다른 이유는 트래픽 혼잡을 줄이고 자신이 속한 네트워크를 구조와 상황에 맞게 구성함으로써 네트워크의 관리와 유지보수를 용이하게 하기 위해서이다. 어떤 회사나 조직에서 서로 다른 LAN 기술을 수용할 수 있게 하려는 것도 서브넷을 사용하는 이유가 된다.

전기적 신호 혹은 광신호의 특성에 따라 연결할 수 있는 호스트 수와 케이블의 길이에도 제한이 있으며, 연결해야 하는 호스트 수가 많아지면 네트워크를 여러 그룹으로 나눌 필요성이 커지기도 한다. 그밖에도 트래픽에 따른 영역의 분리가 가능하도록 하여 관리의 유용성을 증대시키고, 점 대 점 링크를 사용할 수 있게 하려는 것도 서브넷을 사용하는 이유가 된다.

3 서브넷의 크기

필요한 서브넷의 크기가 결정되면 이에 필요한 비트를 계산해야 한다. 예를 들어 C 클래스의 네트워크를 서브넷 네 개로 나누려면 두 개의 비트가 필요하다(2^2=4). 그런데 서브넷 자신을 나타내는 주소 한 개와 브로드캐스트용으로 사용되는 주소 한 개가 포함되어 있으므로 서브넷은 두 개만 만들 수 있다. 따라서 서브넷 네 개를 만들려면 두 개가 아닌 세 개의 비트가 필요하다. [그림 10-19]는 맨 오른쪽의 8비트 중에서 앞의 3비트를 서브넷 영역으로 전환해 사용하고 있음을 나타낸 것이다. 이처럼 세 개의 비트를 서브넷 영역으로 사용하면 $2^3-2=6$(개)의 서브넷 구성이 가능해진다.

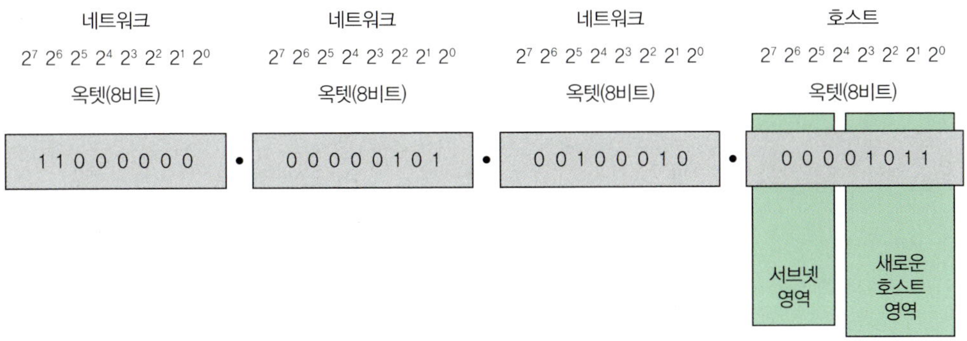

그림 10-19 네트워크 ID의 일부를 서브넷 ID로 전환한 예

4 서브넷 마스크

서브넷 마스크Subnet Mask는 하나의 네트워크를 여러 서브넷으로 분할하는 기능을 수행한다. 즉 네트워크 ID를 나타내는 영역을 호스트 ID 영역까지 확장하여, 하나의 네트워크 주소(ID)를 또 다른 여러 개의 네트워크 주소(ID)가 되도록 한다. 서브넷을 구분하지 않는 네트워크에 대한 네트워크 마스크는 네트워크를 나타내는 영역의 비트(네트워크 ID 비트)를 1로 설정하고, 호스트를 나타내는 영역의 비트(호스트 ID 비트)를 0으로 설정한다. 이와 같은 방법으로 각 IP 클래스에 대한 네트워크 마스크를 구하면 다음과 같이 정리된다.

- **A 클래스(8개의 네트워크 비트)**: 255.0.0.0
- **B 클래스(16개의 네트워크 비트)**: 255.255.0.0
- **C 클래스(24개의 네트워크 비트)**: 255.255.255.0

서브넷에서는 하나 혹은 그 이상의 사용 가능한 호스트 비트를 차용해 네트워크 ID에 포함시키고, 차용된 비트를 네트워크의 일부로 해석하도록 하고 있다. 네트워크 주소를 두 개의 서브넷으로 구분하려면 첫 번째 호스트의 네트워크 마스크 비트에서 적절한 비트를 1로 지정해 한 개의 호스트 비트를 차용한다. C 클래스의 네트워크 주소인 '192.168.1.0'에 대해 [표 10-2]와 같은 몇 가지 서브넷 옵션을 지정할 수 있다.

표 10-2 서브넷 옵션

차용 비트 수	2진수	10진수	비고
1	11111111.11111111.11111111.10000000	255.255.255.128	불가
2	11111111.11111111.11111111.11000000	255.255.255.192	
3	11111111.11111111.11111111.11100000	255.255.255.224	
4	11111111.11111111.11111111.11110000	255.255.255.240	
5	11111111.11111111.11111111.11111000	255.255.255.248	
6	11111111.11111111.11111111.11111100	255.255.255.252	
7	11111111.11111111.11111111.11111110	255.255.255.254	불가
8	11111111.11111111.11111111.11111111	255.255.255.255	불가

[표 10-3]은 클래스 C에서 몇 개의 서브넷 영역을 차용했을 경우에 사용되거나 낭비되는 주소를 정리한 것으로, IP 주소의 경제성 비교표라고 한다. 여기서 경제성이란 낭비되는 IP 주소부의 많고 적음을 의미한다. 서브넷을 이용하면 네트워크를 효율적으로 나눌 수 있어 유용

한 반면 다수의 IP 주소(네트워크 ID, 브로드캐스트 주소 등)가 낭비된다.

[표 10-3]의 1행은 두 개의 서브넷 영역을 추가 지정한 경우를 나타낸 것이다. 이 경우 두 개의 서브넷 영역으로 2(2^2-2) 개의 서브넷 할당이 가능하고, 각 서브넷은 6개의 호스트 영역으로부터 62(2^6-2) 개의 호스트 할당이 가능하므로 총 124(62×2) 개의 호스트를 할당할 수 있게 된다. 이것은 8개의 비트를 모두 호스트로 할당했을 경우(254개)와 비교해 활용률이 49%라는 의미다.

표 10-3 서브넷에서 차용하는 비트 수의 경제성

차용 비트 수	생성된 서브넷 수	서브넷당 호스트 수	총 호스트 수	사용된 비율
2	2	62	124	49%
3	6	30	180	71%
4	14	14	196	77%
5	30	6	180	71%
6	62	2	124	49%

서브넷 마스크를 할당할 때 모두가 1, 또는 모두가 0인 마스크를 할당하지만 않는다면 서브넷 마스크의 결정 방법에 관한 특별한 규칙은 없다. 사용할 서브넷과 그 체계의 결정은 로컬Local 사이트에 일임하고 있다.

32비트 모두를 서브넷 정의에 사용할 수는 있지만, 4비트나 8비트 단위로 할당할 것을 권고하고 있다. 예를 들어 C 클래스를 하나의 네트워크 세그먼트로 사용한다고 가정하자. 디폴트 서브넷 마스크는 '255.255.255.0'이 되고, 서브넷 마스크의 마지막 8개 비트는 '00000000'이 된다. 만일 두 개의 네트워크로 나눈다고 하면 서브넷 마스크는 '10000000', 네 개로 나눈다면 '11000000'이다. 이러한 방식으로 각 네트워크는 2의 제곱으로 네트워크 수를 분할할 수 있으며, 그만큼 각 세그먼트의 호스트에 부여할 IP 수는 줄어든다.

확인문제 10-5

호스트 컴퓨터의 IP 주소가 192.57.30.224이고 서브넷 마스크가 255.255.255.0인 경우의 네트워크 ID를 구하시오.

풀이 네트워크 ID를 구하려면 먼저 '192.57.30.224'를 2진수로 표현하고, 이 결과를 서브넷 마스크와 AND 연산한다. '192.57.30.224'의 이진수 표현은 '11000000.00111001.00011110.11100000'이다.

11000000.00111001.00011110.11100000 : 192.57.30.224

AND

11111111.11111111.11111111.00000000 : 255.255.255.0

11000000.00111001.00011110.00000000 : 192.57.30.0

따라서 네트워크 ID는 192.57.30.0이다.

확인문제 10-6

호스트 컴퓨터의 IP 주소가 128.66.12.1이고 서브넷 마스크가 255.255.255.0일 때, 이들의 관계를 설명하시오.

풀이 IP 주소가 128.66.12.1이고 서브넷 마스크는 255.255.255.0이므로 서브넷 '128.66.12.0' 상의 호스트는 1이다. 여기서 128을 이진수로 나타내면 '10000000'이므로 B 클래스를 나타내고, 이것의 기본 마스크는 '255.255.0.0'이다. 이는 서브넷으로 분할하기 위해 호스트의 한 바이트를 마스킹한 결과이다. 그러므로 '128.66.12'까지가 네트워크 ID이고, 맨 마지막 바이트인 '1'이 호스트 ID이다.

확인문제 10-7

호스트 컴퓨터의 IP 주소가 130.97.16.132이고 서브넷 마스크가 255.255.255.192일 때, 이들의 관계를 설명하시오.

풀이 IP 주소가 130.97.16.132이고 마스크는 255.255.255.192이므로 서브넷 '130.97.16.128' 상의 호스트는 4이다. 네트워크의 확장 개념으로 마스크 192는 '11000000'이므로, 상위 2비트까지를 네트워크 ID로 본다. 그러므로 00000000, 01000000, 10000000, 11000000 네 개의 서브넷을 나타내지만, 00과 11을 제외한 두 개를 서브넷으로 보면 된다. 01000000은 64, 10000000은 128 네트워크를 나타낸다. IP 주소의 132는 '10000100'이므로, 128 네트워크(ID128)의 네 번째 호스트가 된다.

확인문제 10-8

호스트 컴퓨터의 IP 주소가 192.178.16.66이고 서브넷 마스크가 255.255.255.192일 때, 이들의 관계를 설명하시오.

풀이 IP 주소가 192.178.16.66이고 마스크는 255.255.255.192이므로 서브넷 '192.178.16.64' 상의 호스트는 2이다. 여기서 192를 이진수로 나타내면 '11000000'이므로 C 클래스이고, 66은 '01000010'이다. 따라서 서브넷은 '01000000(64)', '10000000(128)'의 두 개로 분리할 수 있다. 따라서 192.178.16.66을 갖는 호스트는 192.178.16.64 서브넷의 두 번째 호스트가 된다.

05 DNS

1 DNS의 개념

네트워크에서 컴퓨터들은 IP 주소를 이용해 서로를 구별하고 통신하지만, 사람들은 이진수로 표시되는 IP 주소를 기억하기 쉽지 않으므로 식별할 수 있는 문자로 주소를 만들어 사용한다. 이를 도메인Domain이라고 한다.

도메인은 '.' 또는 루트root라는 역트리Inverted tree 구조로 구성되어 있다. 루트 도메인 바로 아래 단계를 1단계 도메인 또는 최상위 도메인Top Level Domain, TLD이라 하고, 그 다음 단계를 2단계 도메인Second Level Domain, SLD이라고 한다. 이처럼 도메인 이름이 계층적으로 이루어져 있는 체계를 DNSDomain Name System라고 한다.

인터넷에 연결되는 호스트 컴퓨터에 부여되는 도메인 이름의 모호성과 혼란을 최소화하기 위해 IP 주소와 도메인 이름 사이에 제어가 가능한 이름 공간을 먼저 구성한 후 이로부터 각 호스트 컴퓨터에 이름을 부여한다. 이름 공간은 각 IP 주소마다 유일한 이름을 연결시키며 평면 구조 혹은 계층구조를 갖도록 구성할 수 있다. [그림 10-20]은 계층구조의 이름 공간을 보여준다.

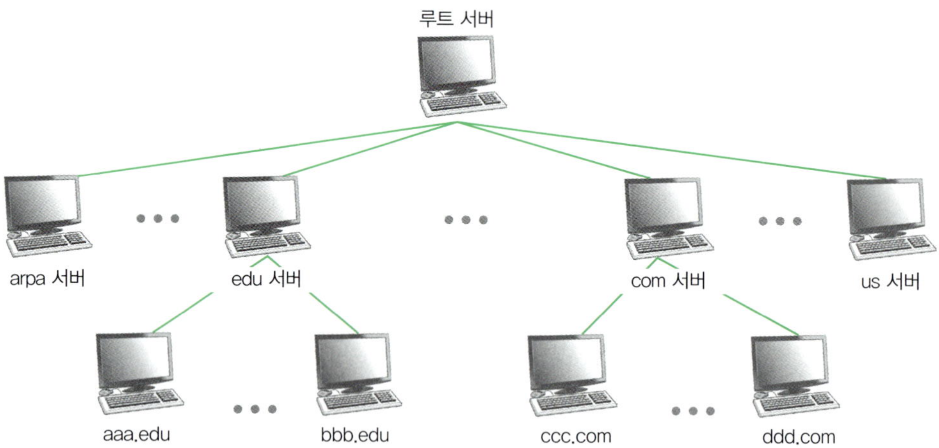

그림 10-20 계층구조의 이름 공간

호스트 컴퓨터에는 각각 영문자와 숫자를 사용하는 세그먼트 형태의 도메인 이름이 있다. DNS는 각 기관이 자율적으로 호스트에 이름을 부여할 수 있도록 설계되었다. DNS의 계층화된 구조는 접미사Suffix를 이용해 자율적으로 도메인 이름을 제어할 수 있게 한다. DNS는 컴퓨터 네트워크에서 분산된 형태로 존재한다. 하나의 호스트는 자신에게 포함되어 있지 않은 도메인 이름 서비스를 제공하기 위해 또 다른 DNS의 호스트에 연결되어 있다. 따라서 동일한 도메인에 동일한 호스트의 이름으로 중복되지 않는 한, 임의의 도메인에서 원하는 호스트 이름을 사용할 수 있다. [그림 10-21]의 'chal.app.aaa.edu' 형태를 예로 들어보자.

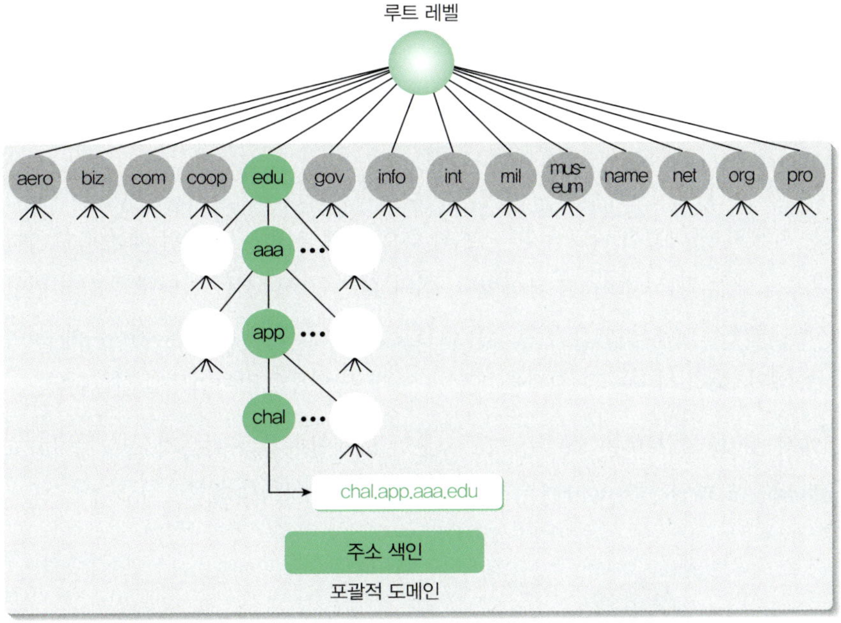

그림 10-21 포괄적 도메인

'chal.app.aaa.edu'는 계층적인 구조를 취한다. 즉 chal은 호스트 컴퓨터의 이름, app는 chal의 이름을 포함한 보다 상위의 도메인명이 된다. 그다음의 aaa는 app를 포함하는 보다 상위 그룹의 도메인명이 되고, 마지막 edu는 이 모든 것을 포함하는 최상위 도메인명이 되는 것이다.

[표 10-4]는 여러 가지 형태의 도메인 라벨을 보여준다. 도메인 이름을 변환해주는 서비스를 사용함으로써 간편한 형태의 도메인 이름을 사용하는 것이 가능해졌다.

표 10-4 포괄적 도메인 라벨

라벨	설명
aero	항공,우주 회사(기업)
biz	사업 혹은 회사
com	상업적 영리 기관
coop	협동(협력) 사업기관
edu	교육기관
gov	정부기관
info	정보 서비스 제공자

2 DNS 서버

DNS는 계층화 구조를 가지므로 자율적으로 도메인 이름을 제어할 수 있다. 그러면 DNS 서버의 계층구조는 어떻게 구성될까? [그림 10-21]과 같이 루트 서버는 최상위 계층에 위치하며, 자율성을 갖고 도메인 이름 서비스를 제공한다. 이와 같은 구조에서는 인터넷 주소의 변환 서비스를 요구하는 쪽이 클라이언트가 된다. 클라이언트는 주소 변환 요청을 메시지에 실어 상위 서버에 전송하며, 상위 서버는 그 결과를 메시지 형태로 하위 클라이언트에 전송한다.

[그림 10-22]에서 plant의 서버는 bush와 flower의 도메인까지를 자율적으로 제어하고 rose, daisy, lily라는 도메인은 flower라는 도메인의 멤버임을 나타낸다.

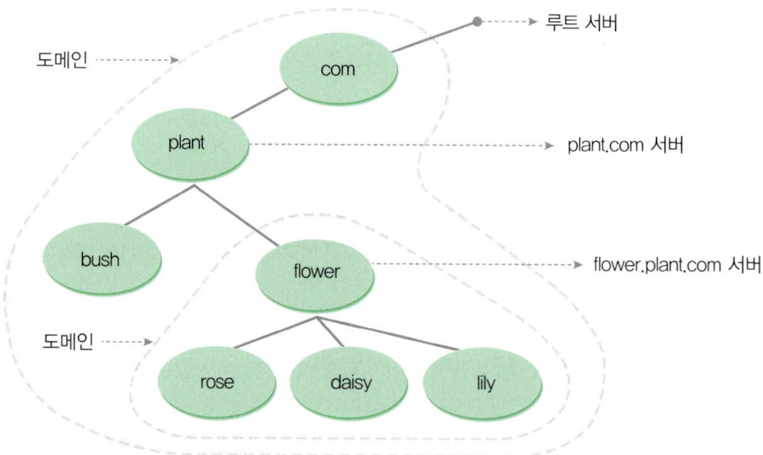

그림 10-22 DNS 서버의 계층구조

다음으로 DNS 서버의 효율적인 구조에 대해 생각해보자. 네트워크 관리적인 측면에서 보면 단일 도메인 서버를 두는 것이 더 효과적일 수 있지만, 이는 네트워크 시스템의 성능 저하를 초래하는 요인이 될 수 있다. 하나의 호스트가 인터넷 주소에 대한 주소 변환 서비스를 요구하면 사용자는 응답이 올 때까지 기다려야 하기 때문이다. 만일 오직 하나의 서버를 사용해 도메인 이름 서비스를 제공한다면 수많은 인터넷 사용자의 서비스 요구가 하나의 서버로 집중될 것이고, 이것을 충분히 수용하려면 상당한 무리가 따른다. 더욱이 도메인 내에서 새로운 호스트의 정보가 변경되면 반드시 업데이트해야 하므로 단일 도메인 서버로 모든 데이터를 관리하는 것은 결코 효율적이지 않다. 따라서 DNS 서버를 분산된 형태로 구성함으로써 시스템의 성능을 향상시키고 데이터 관리 측면의 효 율성도 증대시키도록 하고 있다.

많은 서버가 DNS를 자율적으로 운영할 수 있지만, 도메인 계층구조 자체를 임의로 변경하는 것은 불가능하다. 이러한 규칙을 통해 하나의 서버가 주어진 네트워크의 도메인 이름을 갖는 모든 호스트에 대해 책임지도록 한다. [그림 10-22]처럼 하부 나무tree 구조를 취함으로써 다른 서버로의 이동은 허용되나, 주어진 노드가 다시 나뉘지는 않는다. DNS에서의 서버는 모두 링크되어 있기 때문에, 연결된 링크를 통해 적합한 서버를 찾을 수 있다. 각각의 서버는 계층구조의 하부에서 서버의 위치를 알도록 배치된다. .com을 위한 서버는 object.com의 서버에서 위치가 알려지도록 배치되어야 하고, object.com에 포함되지 않는 호스트가 있다면 인터넷 주소 변환 서비스를 요구하면 되는 것이다.

확인문제 10-9

DNS 서버의 효율적인 구조에 대해 설명하시오.

풀이 DNS 서버를 구성할 때 단일서버를 사용하면 집중되는 수많은 사용자의 서비스 요청을 충분히 수용하기에 상당한 무리가 따른다. 따라서 분산된 형태로 구성해 시스템의 성능을 향상시키고, 데이터 관리 측면의 효율성도 증대시킨다.

연습문제

01 IP 패킷의 크기를 MTU 이하로 작게 분할해 전송할 수 있도록 처리하는 기법은?

① 스플릿 호라이즌 ② 서브네팅 ③ 단편화 ④ 디폴트

02 다음은 IPv4 헤더 부분의 한 영역에 대한 설명이다. 해당하는 영역은?

> 네트워크의 자원의 심각한 잠식을 방지하기 위해서 사용되는 영역으로, 라우터를 지날 때마다 이 영역의 값이 1씩 줄어든다. 이러한 과정이 반복되어 이 영역의 값이 0인 패킷을 받은 라우터는 그 패킷을 폐기한다.

① 헤더 체크섬 ② TTL
③ 식별자 ④ 플래그

03 IPv4 헤더 부분에서 전송되는 패킷의 분할 여부에 대한 정보를 나타내는 영역은?

① 전체 길이 ② 식별자
③ 플래그 ④ 프로토콜

04 IPv4에서 A 클래스의 주소체계는 앞의 (가)바이트가 네트워크 ID를 나타내고 나머지 (나) 바이트가 호스트 ID를 나타낸다. (가)와 (나)에 들어갈 값을 순서대로 나열한 것은?

① 1, 3 ② 2, 2 ③ 3, 1 ④ 4, 0

05 하나의 IP 네트워크 주소를 네트워크 내부에서 분할해 실제로는 다수의 상호 연결된 하부 네트워크로 나눠 사용하는 방법은?

① VPN ② 텔넷 ③ 서브넷 ④ 도메인

06 서브넷을 사용하는 이유를 설명한 것으로 옳지 않은 것은?

① 네트워크의 관리와 유지보수를 용이하게 한다.
② 트래픽의 혼잡을 줄인다.
③ 서로 다른 LAN 기술을 수용할 수 있도록 구성한다.
④ 도메인 크기를 증가시킨다.

07 다음은 IPv4 헤더 부분에 대한 설명이다. 옳지 않은 것은?

① 식별자 영역의 값을 참조하면 어떤 원본 패킷에서 분할되었는지 알 수 있다.
② 헤더 길이 영역은 4바이트를 기본 단위로 헤더의 길이를 규정한다.
③ 전체 길이 영역은 헤더와 데이터를 포함한 IP 패킷의 전체 길이를 규정한다.
④ 플래그는 분할된 패킷을 재조립할 수 있도록 순서를 알려주는 영역이다.

08 8개의 서브넷을 만들려면 몇 비트가 필요한가?

① 2비트　② 3비트　③ 4비트　④ 5비트

09 이진수로 표시되는 IP 주소 대신 문자로 나타낸 주소를 무엇이라 하는가?

① 호스트　② 코드　③ 클래스　④ 도메인

10 다음은 DNS와 관련된 설명이다. 이중 옳지 않은 것은?

① 호스트 컴퓨터는 각각 도메인 이름을 갖고 있다.
② DNS는 계층화된 구조로 되어 있다.
③ DNS 서버는 집중된 형태로 존재한다.
④ 각각의 DNS 서버는 계층구조의 하부에서 서버의 위치를 알도록 배치된다.

11 다음 내용에 따라 IP 패킷의 단편화 과정이 어떻게 진행되는지 구체적으로 설명하시오.

> IP 패킷의 전송 과정 중 어느 라우터에서 크기가 3,400바이트인 패킷(0에서 3,399로 구분)이 1,200바이트(MTU)로 분할되는 경우를 가정한다. 이때 각 단편에 대해 헤더의 구성을 그림으로 나타내고 설명하시오. 또한 이렇게 구한 단편 중 두 번째 단편이 다시 최대 크기 720바이트로 분할된다고 가정할 때, 각 단편의 헤더 구성을 그림으로 나타내고 설명하라. 이때 식별자 영역의 값은 12,000이라고 가정한다.

12 IPv4와 IPv6는 단편화의 구체적인 동작과 구조적인 접근 방법에 차이가 있다. 이에 대해 구체적으로 설명하시오.

13 IP 주소체계에서 B 클래스의 네트워크 ID 범위를 나타내고, 호스트에 할당 가능한 주소에 대해 기술하시오.

14 서브넷이 필요한 이유를 설명하고, 서브넷 마스크의 의미와 사용 시 주의할 점은 무엇인지 기술하시오.

15 A 클래스와 B 클래스의 IP 주소가 모두 고갈되었다고 가정할 때, 호스트가 3,500개인 LAN을 구축하려 한다면, 최소 몇 개의 C 클래스 주소가 있어야 하는지 계산하시오.

16 호스트 컴퓨터의 IP 주소가 145.82.25.133이고 서브넷 마스크가 255.255.255.192일 때, 이들의 관계를 설명하시오.

17 DNS는 계층구조를 가지므로 자율적인 DNS 제어가 가능하다. DNS 서버의 계층구조는 어떻게 구성되는지 구체적으로 설명하시오.

CHAPTER 11

IP 패킷 전송과 네트워크 성능분석

학습목표

- IP 패킷이 전달되는 방식과 과정을 설명할 수 있다.
- 네트워크에서 네트워크로 이동하는 이동 호스트에 적용되는 모바일 IP 기술을 설명할 수 있다.
- 큐잉 모델과 이를 기반으로 네트워크 성능분석을 하는 방법을 설명할 수 있다.

01 IP 패킷의 전달 방식과 과정

1 네트워크 계층의 역할

OSI 참조모델의 3계층인 네트워크 계층Network Layer은 네트워크 시스템 상호 간에 패킷이 전달될 수 있도록 경로를 배정하고 중계하는 역할을 한다.

네트워크 계층이 반드시 수행해야 하는 두 가지 기능은 라우팅Routing과 포워딩Forwarding이다. 라우팅은 전송지에서 수신지까지의 경로를 결정하는 것이고 포워딩은 그 경로에 패킷을 위치시키는 것이다.

좀 더 자세히 설명하면, 라우팅은 패킷을 전송할 수 있는 무수히 많은 경로 중에서 최적의 경로를 라우팅 알고리즘으로 선택해 라우팅 테이블에 저장하는 작업이고, 포워딩은 포워딩 테이블에 적힌 수신지 주소에 대응된 출력 포트로 패킷을 이동시키는 작업이다.

TIP 라우팅 테이블과 포워딩 테이블은 거의 비슷한 의미로 사용된다. 엄밀히 말하자면 라우팅 테이블은 포워딩 테이블 및 최적의 라우팅 정보를 모두 나타낸 표 테이블로 라우팅 장비에서 관리하며, 포워딩 테이블은 입력 포트에서 수신한 패킷을 어느 출력 포트로 보낼 것인지를 나타낸 표 테이블로 스위칭이나 라우팅 장비에서 관리한다.

이때 패킷의 이동은 직접 전달Direct Delivery과 간접 전달Indirect Delivery의 두 가지 방식으로 이루어진다. 직접 전달은 [그림 11-1]과 같이 패킷의 전송지와 최종 수신지가 같은 네트워크에 있는 경우에 발생하며, 간접 전달은 [그림 11-2]와 같이 패킷의 전송지와 최종 수신지가 서로 다른 네트워크에 연결되어 있을 때 발생한다. 이 경우 패킷은 최종 수신지가 연결된 네트워크의 라우터에 도달할 때까지 라우터에서 라우터로 간접 전달된다. 그리고 마지막 라우터와 수신지 호스트 사이에는 직접 전달이 수행된다.

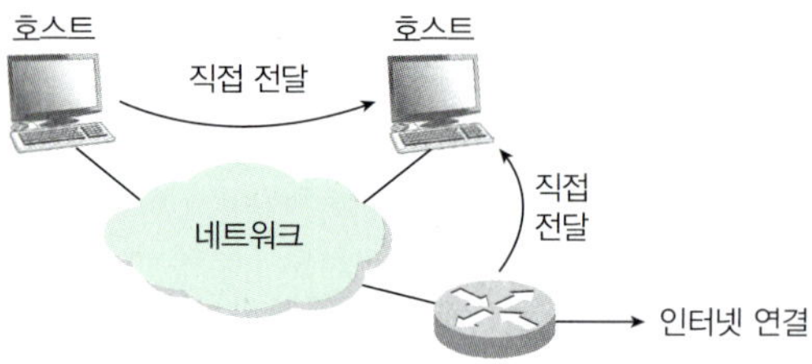

그림 11-1 패킷의 직접 전달

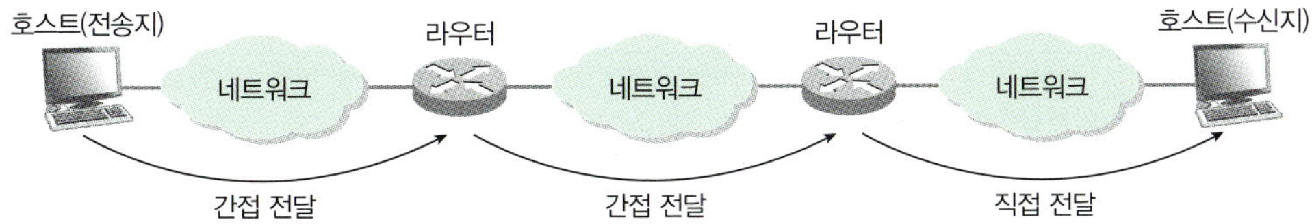

그림 11-2 패킷의 간접 전달

2 포워딩 방식

포워딩이 최종 수신지로 전달되는 경로에 패킷을 위치시킨다는 의미라면, 라우팅에는 포워딩이 원활하게 이루어지도록 라우팅 테이블을 생성하고 참조한다는 의미가 있다. 어떤 호스트가 전송할 패킷을 갖고 있거나 라우터가 포워딩해야 하는 패킷을 수신한 경우, 최종 수신지에 이르는 최적의 경로를 찾기 위해 라우팅 테이블을 조사하게 된다. 이 방식은 비교적 간단하고 현재 널리 사용되고 있으며, 이를 위해서는 라우팅 테이블이 꼭 필요하다. 그런데 오늘날과 같은 인터넷 환경에서는 라우팅 테이블에 들어가는 목록의 수가 너무 많아져 이를 해결하기 위해 다음과 같은 방식들이 추가로 개발되었다.

2.1 다음 홉 방식

다음 홉Next Hop이란 수신지까지 가는 경로에 있는 바로 다음 라우터를 말한다. 라우팅 테이블에 전체 경로에 대한 정보 대신 다음 홉까지의 정보만 저장해 테이블의 내용을 줄이는 것이 다음 홉 방식Next Hop Method이다. 물론 테이블에 있는 항목들은 서로 일관성을 유지해야 한다.

[그림 11-3]에서 (a)는 호스트 A와 라우터 R1, R2에 수신까지의 라우터 전체를 저장하는 경로 방식을 사용한 경우이고, (b)는 다음 홉 방식을 사용한 경우이다. 다음 홉 방식을 사용함으로써 라우팅 테이블의 항목이 확연히 줄어든 것을 알 수 있다.

호스트 A에 대한 라우팅 테이블

수신지	경로
호스트 B	R1, R2, 호스트 B

라우터 R1에 대한 라우팅 테이블

수신지	경로
호스트 B	R2, 호스트 B

라우터 R2에 대한 라우팅 테이블

수신지	경로
호스트 B	호스트 B

(a) 경로 방식 기반 라우팅 테이블

호스트 A에 대한 라우팅 테이블

수신지	다음 홉
호스트 B	R1

라우터 R1에 대한 라우팅 테이블

수신지	다음 홉
호스트 B	R2

라우터 R2에 대한 라우팅 테이블

수신지	다음 홉
호스트 B	Ñ

(b) 다음 홉 방식 기반 라우팅 테이블

그림 11-3 경로 방식과 다음 홉 방식 기반 라우팅 테이블

2.2 네트워크 특정 방식

네트워크 특정 방식Network-Specific Method은 수신지 네트워크의 주소만 저장하는 방식이다. 이 방식은 동일한 물리적 네트워크에 연결된 호스트를 모두 저장하는 호스트 특정 방식Host-Specific Method과 비교할 수 있다. [그림 11-4]를 보면 호스트 S는 네트워크 N1에 연결되어 있고, 호스트 A, B, C, D는 네트워크 N2에 연결되어 있다. 그러므로 수신지가 호스트 A, B, C, D로 설정된 경우, 호스트 특정 방식을 사용하면 수신지는 각각 호스트 A, B, C, D가 된다. 그러나 네트워크 특정 방식을 사용하면 수신지가 네트워크 N2가 되어 라우팅 테이블의 항목이 하나로 줄어든다.

호스트 특정 방식 기반
호스트 S에 대한 라우팅 테이블

수신지	다음 홉
A	R1
B	R1
C	R1
D	R1

네트워크 특정 방식 기반
호스트 S에 대한 라우팅 테이블

수신지	다음 홉
N2	R1

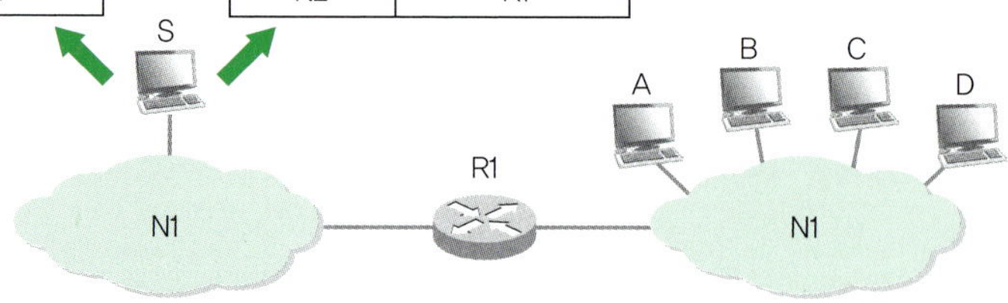

그림 11-4 호스트 특정 방식과 네트워크 특정 방식 기반 라우팅 테이블

TIP 경로를 검사하거나 보안 방법을 제공해야 할 때는 호스트 특정 방식을 사용한다.

2.3 디폴트 라우팅 방식

[그림 11–5]를 보면 호스트 A에서 전송되는 패킷의 경로는 라우터 R1 또는 라우터 R2가 되어야 한다. 네트워크 N2에 연결된 호스트로 가는 패킷은 라우터 R1으로 보내지고 그 외에는 모두 라우터 R2로 보내질 것이다. 이 경우 네트워크 N2에 연결된 호스트로 가는 패킷 외에는 모두 라우터 R2로 전달되도록 지정할 수 있는데, 이러한 방식이 디폴트 라우팅 방식Default Routing Method이다. R2가 디폴트 라우터가 되므로 호스트 A의 라우팅 테이블에 이에 대한 항목을 추가한다.

호스트 A에 대한 라우팅 테이블

수신지	다음 홉
N2	R1
......	......
디폴트	R2

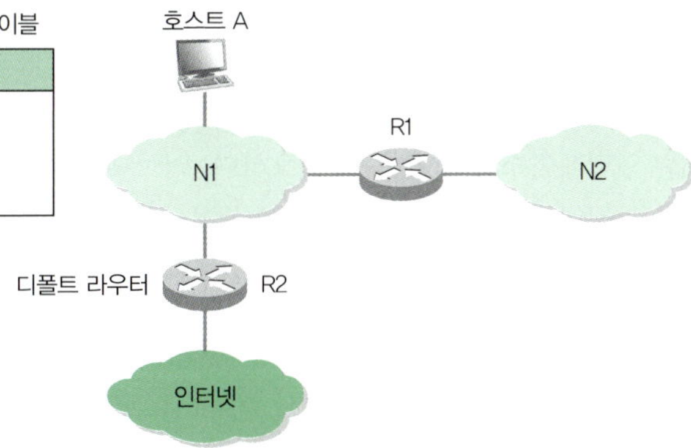

그림 11–5 디폴트 라우팅 방식의 예

3 포워딩 과정

패킷의 포워딩이 이루어지는 과정을 구체적으로 살펴보기 위해 [그림 11–6]과 같은 네트워크 구성을 가정해보자. 라우터 R1을 중심으로 네 개의 네트워크가 연결되어 있고, 디폴트 라우터는 '175.50.65.200/26'이다.

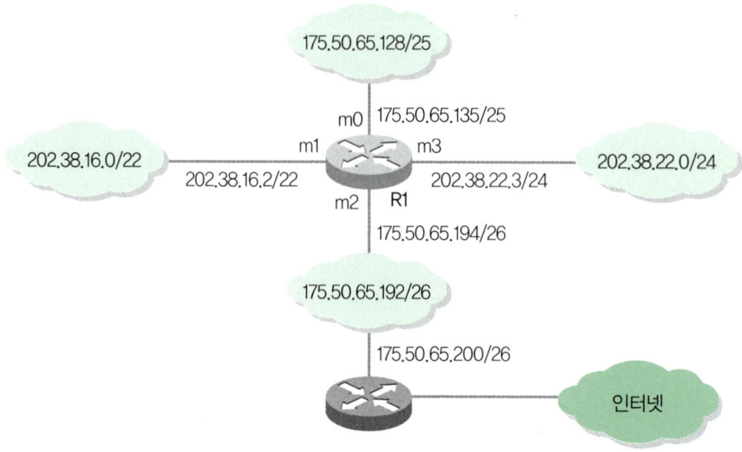

그림 11-6 네트워크 구성도

먼저 라우터 R1의 라우팅 테이블을 작성해보자. 라우팅 테이블의 열에는 최소한 마스크, 네트워크 주소, 다음 홉, 인터페이스의 네 항목이 필요하며, 서브넷 마스크의 n값(프리픽스 길이)이 큰 네트워크부터 순서대로 작성한다. n값이 26으로 가장 큰 주소는 '175.50.65.192/26'이며, 이 네트워크는 라우터 R1과 직접 연결이 되어 있으므로 다음 홉을 나타내는 항목은 표기할 필요가 없다. 다음으로 n값이 큰 주소는 '175.50.65.128/25'이다. 이 네트워크 역시 라우터 R1과 직접 연결이 되어 있으므로 다음 홉 항목 표기는 불필요하다. 이런 방법을 반복하면 [표 11-1]과 같은 라우팅 테이블이 작성된다. 마지막 행에는 인터넷에 연결된 디폴트 라우터인 '175.50.65.200/26' 항목을 작성한다.

표 11-1 라우터 R1의 라우팅 테이블

마스크	네트워크 주소	다음 홉	인터페이스
/26	175.50.65.192	–	m2
/25	175.50.65.128	–	m0
/24	202.38.22.0	–	m3
/22	202.38.16.0	…	m1
디폴트	디폴트	175.50.65.200	m2

그러면 [그림 11-6]의 라우터 R1에 수신지 주소가 '175.50.65.140'인 IP 패킷이 도착했을 경우 포워딩 과정은 어떻게 될까? 작성한 라우팅 테이블을 참조해 라우터 R1에서의 포워딩 과정을 순차적으로 설명하면 다음과 같다.

먼저 첫 번째 마스크(/26)를 IP 패킷의 수신지 주소인 '175.50.65.140'에 적용한다. n값이 26이므로 24번째 비트까지 값인 '175.50.65.'는 일단 그대로 두고, 마지막 부분인 140을 2진수로 변환하면 '10001100'이 된다. 이제 '10001100'을 '10 011100'으로 구분해 선두 2비트는 그대로 두고 나머지 6비트는 '000000'으로 변경한다. 이러한 과정을 통해 최종 결과는 '175.50.65.128'이 되는데, 이에 대응하는 네트워크 주소를 테이블에서 찾아보면 '175.50.65.192'이다. 대응하는 두 개의 네트워크 주소가 일치하지 않는 것을 볼 수 있다.

다음으로, 두 번째 마스크(/25)를 IP 패킷의 수신지 주소인 '175.50.65.140'에 적용한다. 그 결과는 '175.50.65.128'이 되는데, 이것은 테이블상의 대응하는 네트워크 주소인 175.50.65.128과 일치한다. 이제 포워딩을 실행하기 위해 필요한 다음 홉 주소를 테이블에서 찾아본다. 그러나 테이블에는 다음 홉 주소가 나타나 있지 않다. 직접 연결이 되어 있어 직접 전달이 가능하기 때문이다. 곧 인터페이스 번호 m0를 통해 패킷 포워딩이 이루어진다.

확인문제 11-1

패킷의 이동을 전달 방식에 따라 구분해 설명하시오.

풀이 패킷의 이동은 직접 전달과 간접 전달의 두 가지 방식으로 이루어진다. 직접 전달은 패킷의 전송지와 최종 수신지가 같은 네트워크에 있는 경우에 발생하고 간접 전달은 패킷의 전송지와 최종 수신지가 서로 다른 네트워크에 연결되어 있을 때 발생한다.

전송지와 최종 수신지가 서로 다른 네트워크에 연결되어 있는 경우, 최종 수신지가 연결된 네트워크의 라우터에 도달할 때까지 라우터에서 라우터로 간접 전달되며, 마지막 라우터와 수신지 호스트 사이에는 직접 전달이 수행된다.

확인문제 11-2

네트워크 계층에서 이루어지는 포워딩 방식 중 네트워크 특정 방식의 장점을 호스트 특정 방식과 비교해 서술하시오.

풀이 호스트 특정 방식에서는 동일한 물리적 네트워크에 연결된 호스트를 모두 저장한다. 이와 달리 네트워크 특정 방식에서는 수신지 네트워크의 주소만 저장하므로 라우팅 테이블의 항목이 하나로 줄어드는 장점이 있다.

확인문제 11-3

라우터 R1의 라우팅 테이블을 참조해 이에 대응하는 네트워크 구성도를 그려보시오.

표 11-2 라우터 R1의 라우팅 테이블

마스크	네트워크 주소	다음 홉	인터페이스
/26	130.17.35.192	–	m2
/25	181.20.35.128	–	m1
/24	140.17.6.0	–	m0
디폴트	디폴트	110.20.5.4	m3

풀이 [표 11-2]의 라우팅 테이블에서 알 수 있는 내용은 다음과 같다.

- 라우터 R1에는 네 개의 인터페이스(m0, m1, m2, m3)가 있다.
- 세 개의 네트워크가 R1에 직접 연결이 되어 있다.
- 하나의 디폴트 라우터가 인터넷에 연결되어 있다.

이를 토대로 다음과 같은 네트워크 구성도를 작성할 수 있다.

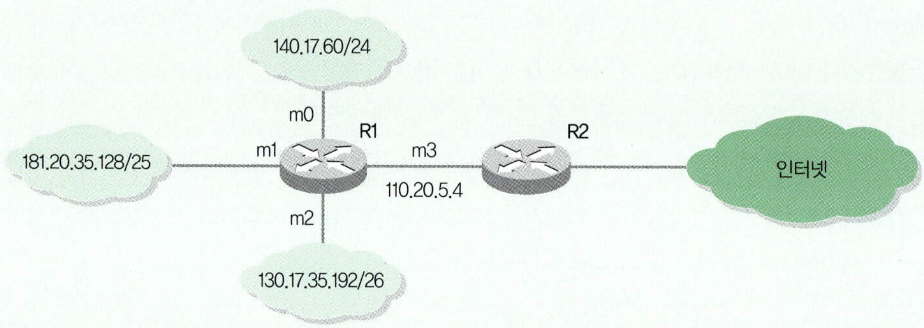

그림 11-7 네트워크 구성도

02 모바일 IP 기술

지금까지 살펴본 IP 주소는 호스트가 특정한 네트워크에 연결된 고정 호스트라고 가정하고 구성한 것이다. 예를 들어 IP 주소가 '20.30.5.24/8'인 사용자 호스트가 '20.0.0.0/8'로 표현되는 하나의 네트워크에 연결되어 있다고 가정해보자. IP 주소로 표현된 호스트의 주소는 자신이 속해 있는 네트워크에 연결되어 있을 때만 유효하다. 만일 네트워크의 구성에 변화가 생긴다면 '20.30.5.24/8'로 표현된 주소는 더 이상 유효하지 않게 된다. 이처럼 기존 IP 주소체계는 고정 호스트에 대해서만 정상적인 동작이 이루어진다.

TIP IP 주소는 네트워크 ID와 호스트 ID를 나타내는 두 영역으로 구분된다. '20.30.5.24/8'의 경우 선두 부분부터 8개 비트(1바이트)가 네트워크 ID를 나타내고 그다음 24(32−8)개 비트가 호스트 ID를 나타낸다. 이 경우 (/8)은 A클래스에 해당하는 표현이 된다.

이제 이동 호스트에 대한 IP 주소체계에 대해 살펴보자.

1 이동 호스트와 주소 변환

어떤 호스트가 다른 네트워크로 이동하는 경우를 생각해보자. 고정 호스트를 기반으로 하는 주소체계는 그대로 사용할 수 없다. 해결책은 무엇일까? 우선 새로운 네트워크에 맞게 호스트의 주소를 변경하는 방법을 생각할 수 있다. 호스트는 새로운 주소를 얻기 위해 DHCP를 사용할 수 있다.

TIP DHCP(Dynamic Host Configuration Protocol)는 정적 혹은 동적으로 IP 주소를 할당하는 기능을 정의하는 프로토콜이다. DHCP에 대한 자세한 내용은 Chapter 13에서 설명한다.

그러나 이 방법은 호스트가 이동할 때마다 전송지 IP 주소, 수신지 IP 주소, 구성을 요청하는 IP 주소 등을 포함하는 파일을 새롭게 변경해야 한다는 문제가 있다. 또한 호스트가 이동할 때마다 재부팅을 해야 하며, 이동에 따른 변화가 있을 때마다 DNS 테이블도 수정해야 한다. 또한 데이터 전송 중에는 연결 상태와 IP 주소가 변화 없이 유지되어야 하는데, 호스트가 이동하면 데이터 전송이 중단될 수밖에 없다.

주소 변경에 따른 이러한 문제점을 보완하기 위해 두 개의 주소를 사용하는 기법이 개발되었는데, 모바일 IP 기술이 이에 대한 해결책이 된다. 모바일 IP는 영구적인 IP 주소를 유지하면서, 이동 호스트가 한 네트워크에서 다른 네트워크로 이동할 수 있도록 설계된 표준 프로토콜이다.

[그림 11-8]을 보면 이동 호스트에 주소가 두 개 있다. 홈 주소는 원래의 주소이고, 임시로 생긴 주소는 의탁 주소Care-of Address, CoA라고 한다. 홈 주소는 영구적이며 홈 네트워크에 연결된 호스트에 연관된다. 의탁 주소는 일시적으로 사용되며, 외부 네트워크Foreign Network에 연관된다.

TIP 이동 호스트가 새로운 네트워크로 이동할 때, 이 새로운 네트워크를 외부 네트워크로 구분한다.

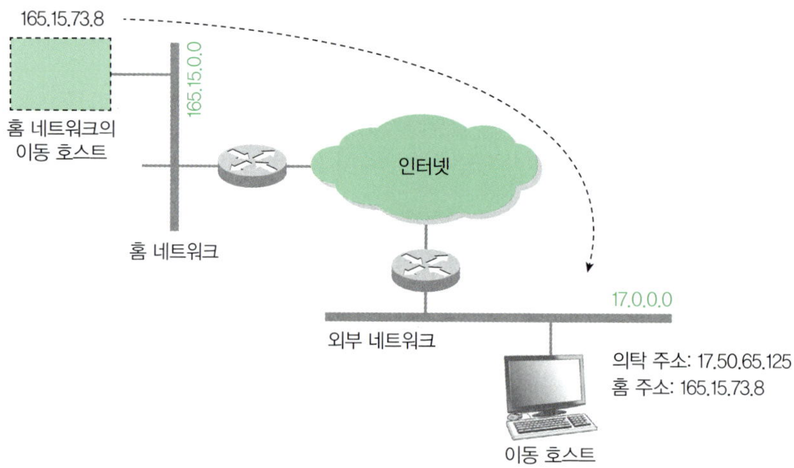

그림 11-8 홈 주소와 의탁 주소의 사용 예

이동 호스트가 외부 네트워크로 이동하면 에이전트 발견과 등록 단계에서 이동 호스트는 의탁 주소를 부여받는다. 모바일 IP는 VoIP와 같은 다양한 응용 프로그램에서 네트워크 연결 및 IP 주소의 급격한 변화로 인해 문제가 초래될 수 있음에도 유의하자. 이러한 이유로 모바일 IP는 원활하고 지속적인 인터넷 연결을 지원하도록 설계되었다.

2 홈 에이전트와 외부 에이전트

주소의 변경 상태를 인터넷을 통한 다른 모든 외부 네트워크에 투명하게 알리기 위해 [그림 11-9]와 같이 홈 에이전트와 외부 에이전트를 사용한다. 두 에이전트의 구체적인 기능은 응용 계층에서 수행된다.

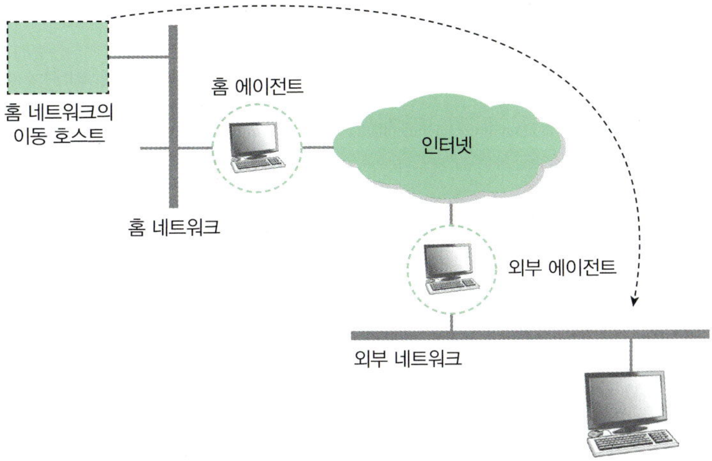

그림 11-9 홈 에이전트와 외부 에이전트

■ **홈 에이전트**

홈 에이전트Home Agent는 보통 이동 호스트의 홈 네트워크에 연결된 라우터가 되며, 이는 이동 노드에 대한 현재 위치(IP 주소) 정보를 유지한다. 원격지 호스트가 이동 호스트로 패킷을 보내면 홈 에이전트가 이동 호스트의 역할을 대행한다. 즉 홈 에이전트가 패킷을 수신한 후 외부 에이전트로 패킷을 전송한다.

■ **외부 에이전트**

외부 에이전트Foreign Agent는 보통 외부 네트워크에 연결된 라우터가 되며, 홈 에이전트로부터 전송된 패킷을 받아 이동 호스트로 전달한다. 이 이동 호스트는 외부 에이전트처럼 동작할 수도 있다. 하지만 이렇게 하려면 이동 호스트가 스스로 의탁 주소를 수신할 수 있어야 한다. 또한 이동 호스트는 홈 에이전트와 통신이 가능해야 하고, 두 개의 주소를 사용할 수 있는 소프트웨어가 필요한데, 이렇게 사용되는 이중 주소는 응용프로그램에 적용할 수 있도록 구성되어야 한다. 이동 호스트와 외부 에이전트가 동일한 경우의 의탁 주소를 '동일 위치의 의탁 주소'라고 한다. 또한 이러한 경우에는 모바일 IPv6에서 더 이상 외부 에이전트가 필요 없게 된다.

3 데이터 전송 과정

이동 호스트와 원격지 호스트 간의 데이터통신은 [그림 11-10]과 같이 에이전트 발견Agent Discovery, 등록Registration, 데이터 전송Data Transfer의 3단계를 거쳐 이루어진다. 1단계와 2단계에서는 이동 호스트, 홈 에이전트, 외부 에이전트 등이 관련되고 마지막 단계에서 원격지 호스트가 포함된다. 그림에서는 데이터통신이 수행되는 동작을 번호순서로 표시했다.

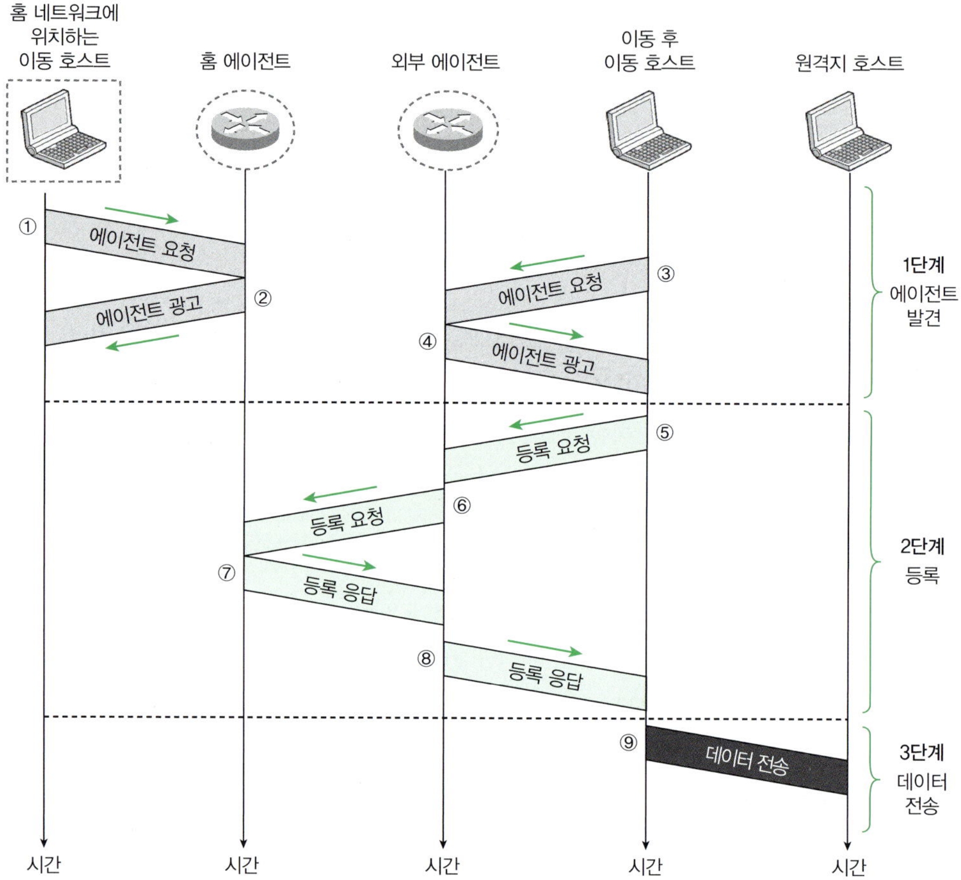

그림 11-10 원격지 호스트와 이동 호스트 간의 통신

각 단계별로 이루어지는 절차를 구체적으로 살펴보자.

3.1 1단계: 에이전트 발견

1단계는 에이전트 발견이다. 이 과정이 원활하게 수행되도록 하기 위해 에이전트 광고와 에이전트 요청이라는 두 개의 부Sub단계로 진행된다. 이동 호스트는 자신이 홈 네트워크를 떠나기 전에 홈 에이전트를 찾아내야 한다. 이러한 발견 과정은 주소를 인지함으로써 이루어진다. 또한 외부 네트워크를 떠나기 전에는 외부 에이전트를 찾아낸다. 1단계의 발견 과정은 결국 의탁 주소와 외부 에이전트의 주소 모두에 대한 학습을 의미한다. 에이전트 발견 과정에는 광고와 요청이라는 두 종류의 메시지가 포함된다.

■ 에이전트 광고

라우터가 ICMP 라우터 광고 패킷을 이용해 네트워크에 자신의 존재를 알리고자 할 때 [그림 11-11]과 같이 패킷에 에이전트 광고Agent Advertisement 메시지를 추가함으로써 자신이 에이전트로 동작하게 된다.

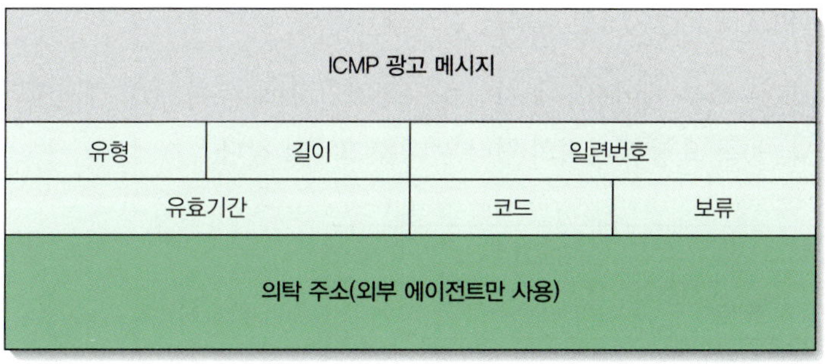

그림 11-11 에이전트 광고

그림에서 유형 영역은 16비트로 설정되고, 길이 영역은 8비트로 확장 메시지의 총길이를 정의한다. 이밖에 일련번호 영역, 유효시간, 코드 영역 등이 있다. 의탁 주소 영역은 외부 에이전트만 사용한다. 코드 영역의 의미는 [표 11-3]과 같이 정리할 수 있다.

표 11-3 코드 영역의 비트별 의미

비트	의미	비트	의미
0	등록 필요	4	에이전트가 최소 캡슐화 사용
1	에이전트가 현재 처리 중이어서 등록 불허	5	에이전트가 일반적인 라우팅 캡슐화(GRE) 사용
2	에이전트가 홈 에이전트로 동작	6	에이전트가 헤더 압축 지원
3	에이전트가 외부 에이전트로 동작	7	미사용(0)

■ 에이전트 요청

이동 호스트가 새로운 네트워크로 이동하였으나 에이전트 광고 메시지를 받지 못하면 에이전트 요청Agent Solicitation 절차를 개시한다. 이동 호스트는 에이전트 요청을 위해 새로운 형태의 패킷이 아닌 ICMP 라우터 요청 패킷을 사용한다.

3.2 2단계: 등록

2단계는 등록이다. 이동 호스트가 외부 네트워크로 이동해 외부 에이전트를 발견한 후에는 반드시 등록 절차를 거쳐야 한다.

- 이동 호스트는 외부 에이전트에 자신을 등록해야 한다.
- 이동 호스트는 자신의 홈 에이전트에 등록해야 하는데, 이것은 이동 호스트를 대신해서 외부 에이전트에 의해 이루어진다.
- 이동 호스트의 등록이 만료되면 등록을 갱신해야 한다.
- 이동 호스트가 홈 네트워크로 되돌아오면 등록을 취소해야 한다.

이동 호스트는 홈 에이전트 또는 외부 에이전트에 자신을 등록하기 위해 등록 요청 메시지와 등록 응답 메시지를 사용한다. 등록 요청 메시지의 형식은 다음 그림과 같다.

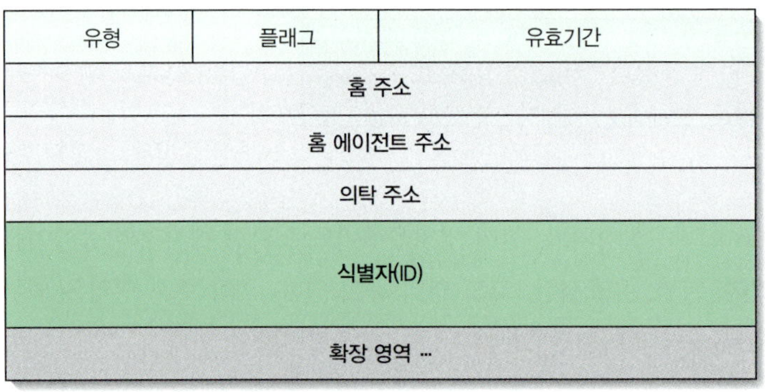

그림 11-12 등록 요청 메시지의 형식

3.3 3단계: 데이터 전송

에이전트 발견과 등록이 완료되면 이동 호스트와 원격지 호스트 간에 데이터통신이 가능해진다. [그림 11-13]은 데이터 전송이 이루어지는 과정을 4단계로 구분해 나타낸 것이다. 각 단계별 동작을 구체적으로 살펴보자.

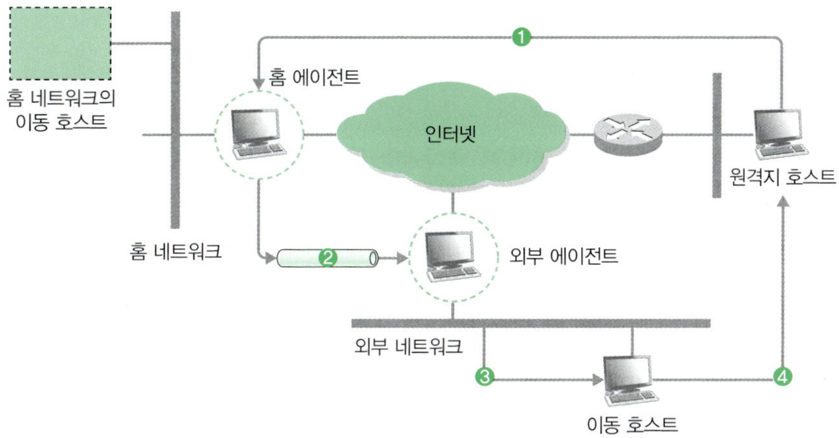

그림 11-13 데이터 전송

❶ 원격지 호스트에서 홈 에이전트로

원격지 호스트는 이동 호스트로 전송하려는 패킷이 있을 때 자신의 주소를 소스 주소로 설정하고 최종 수신지 주소로는 이동 호스트의 홈 주소를 사용한다. 즉 원격지 호스트는 이동 호스트가 홈에 있는 것처럼 패킷을 전송하는데 그 패킷은 이동 호스트의 역할을 대신하는 홈 에이전트가 가로챈다.

❷ 홈 에이전트에서 외부 에이전트로

홈 에이전트는 수신한 패킷을 외부 에이전트로 보낸다. 홈 에이전트는 자신의 주소를 소스 주소로, 외부 에이전트의 주소를 수신지 주소로 하여 또 다른 IP 패킷의 캡슐화 처리를 수행한다.

❸ 외부 에이전트에서 이동 호스트로

외부 에이전트는 패킷을 수신하면 원래의 패킷을 제거한다. 그러나 수신지 주소가 이동 호스트의 홈 주소이므로, 외부 에이전트는 등록 테이블을 참조해 이동 호스트의 의탁 주소를 찾아 패킷을 보낸다.

❹ 이동 호스트에서 원격지 호스트로

이동 호스트가 원격지 호스트로 전송하려는 패킷이 있을 때 정상적인 것처럼 전송한다. 이동 호스트는 홈 주소를 소스 주소로 설정하고 원격지 호스트의 주소를 최종 수신지 주소로 사용한다. 이제 패킷이 외부 네트워크로부터 왔음에도 불구하고, 이동 호스트의 홈 주소를 갖게 된다.

확인문제 11-4

하나의 호스트가 한 네트워크에서 다른 네트워크로 이동하면 기존의 주소체계는 더 이상 그대로 사용할 수 없다. 이에 대한 해결책을 제안해보시오.

풀이 주소 변경에 따른 문제점을 해결하려면 두 개의 주소를 사용한다. 하나의 호스트는 원래 주소인 홈 주소와 임시 주소인 의탁 주소를 갖는다. 홈 주소는 영구적이고 홈 네트워크에 연결된 호스트에 연관되는 반면에 의탁 주소는 외부 네트워크에 연관되고 일시적으로 사용된다. 또한, 에이전트 발견과 등록 단계에서 이동 호스트가 의탁 주소를 부여받는다.

확인문제 11-5

이동 호스트와 원격지 호스트 간의 데이터통신은 총 3단계를 거친다. 이 중 1단계는 어떻게 진행되는지 설명하시오.

풀이 1단계는 이동 호스트가 자신이 홈 네트워크를 떠나기 전에 홈 에이전트를 발견하고 또 외부 네트워크를 떠나기 전에 외부 에이전트를 발견하는 과정이다. 이 과정은 에이전트 광고와 에이전트 요청의 두 단계로 진행된다.

03 네트워크 성능분석

1 큐잉분석 기법

대역폭이나 버퍼와 같은 네트워크 시스템의 자원을 무한정으로 사용할 수는 없으므로 최적화하여 효율적으로 사용하도록 설계해야 한다. 네트워크 최적화를 위해서는 네트워크 성능분석과 최적 네트워크 설계 기법이 꼭 필요하다. 네트워크 성능분석을 통해 네트워크 설계 시 노드 정보에 기초한 네트워크 자원의 효율적 사용이 가능해진다. 사용자에게 보다 양질의 서비스를 제공할 수 있으면서도 관리자와 사용자 간의 원활한 데이터통신이 가능해지는 것이다.

큐잉분석 기법Queuing Technique은 큐잉이론Queuing Theory(대기행렬이론)에 근거한 대표적인 네트워크 성능분석 기법이다. 큐queue(대기행렬)는 '다수의 서비스 요구에 대해서 서비스를 제공하는 측이 한정되어 있으면 서비스의 요구대기가 발생하는데, 이 서비스와 미리 약속하고 기다리는 행렬'을 말한다(출처: 정보통신용어사전, 일진사).

큐잉분석 기법의 기반이 되는 큐잉이론에 대해 간략하게 살펴보자. 큐잉이론은 대기행렬Queue, Waiting Lines을 수학적으로 다루는 이론으로, 대기행렬에 도착하고 대기하는 것, 서버에 의한 서비스 등을 포함하는 프로세스에 대한 수학적 분석을 가능하게 한다. 이를 통해 평균 대기시간 추정, 서비스 예측 등 시스템의 다양한 성능을 정확하게 분석할 수 있게 되었다. 큐잉이론은 경영관리, 통신 네트워크 성능분석과 설계 등 여러 분야에 유용하게 사용된다.

큐잉분석에 사용되는 네트워크 모델을 큐잉 모델이라 한다. 큐잉 모델을 이용하면 슈퍼마켓의 계산대, 경기장의 티켓 판매소, 병원의 진료대기실 등에서 대기 중인 고객이 순서대로 서비스를 받는 상황을 쉽게 모델링할 수 있다. 모델링을 통해 상황 분석이 이루어지고 이러한 분석을 통해 필요한 경우 예측 또는 최적 시스템 설계가 가능해진다.

큐잉 모델의 속성을 몇 가지 살펴보자. 분석대상 시스템의 속성을 이해하려면 몇 가지 항목에 대한 접근이 필요하다. 고려대상은 고객의 도착 간 시간(도착과 그 다음 도착 사이의 시간) 확률밀도함수, 서비스 시간 확률밀도함수, 서버의 수, 큐에서의 처리규칙, 버퍼의 크기 등 5가지로 구분된다.

분석대상 시스템이 큐잉 모델을 따르면 큐잉시스템이 된다. 일반적으로 큐잉시스템에서는 고객의 수가 무한대인 경우를 가정해 분석하는데, 큐가 길어지면 고객 수 감소로 이어질 가능성이 높다. 시간공유 시스템 모델은 유한의 고객만 고려하는 모델이다. 만일 고객 중 1/2 정도가 응답을 기다리고 있다면, 입력 고객 수는 현저히 감소할 것이다. 고객 도착시간 사이에 대한 분포를 분석하려면 확률개념을 사용하지만 도착 사이의 간격이 연속적이라면 확률밀도함수의 개념을 사용한다. 즉 도착 간 시간 확률밀도함수는 고객이 연속적으로 도착하는 경우를 포함하는 속성이 된다는 점에 유의할 필요가 있다.

고객이 도착했을 때의 지표 몇 가지를 살펴보자. 고객이 도착할 때마다 이전과 도착 이후의 경과시간을 기록하고 충분히 긴 샘플링 시간 후에 고객 수의 목록이 정리되어 그룹핑Grouping 된다. 0.1초의 도착 간 시간, 0.2초의 도착 간 시간 등으로 정리된 도착 간 확률밀도는 도착과정에 대한 특성을 결정한다. 각 고객은 일정한 서비스 시간이 필요하지만 서비스 시간의 길이는 고객마다 다를 수 있다. 도착 간 밀도함수와 함께 서비스 시간 확률밀도함수도 큐잉시스템을 분석할 때 사용되는 중요한 속성이다. 분석 대상인 큐잉시스템의 속성 중 서버의 수 항목은 쉽게 이해할 수 있으며, 서비스를 제공하는 서버가 다수인 경우에는 멀티서버 큐잉시스템이 된다.

다음으로 큐에서의 처리규칙인 FIFOFirst In First Out 또는 LIFOLast In First Out 등이 있다. 예를 들어 슈퍼마켓에 첫 번째로 온 손님이 첫 번째로 서비스를 받게 되는 경우는 FIFO 서비스 처리규칙이 적용되는 시스템으로 모델링될 수 있다. 그러나 경우에 따라 우선순위를 고려해 처리규칙을 적용하기도 한다.

마지막 속성으로 버퍼 크기가 있다. 일반적으로 큐잉시스템의 버퍼 크기는 무한하지 않다. 따라서 한정된 장소에서 너무 많은 고객이 대기하고 있는 경우라면 어떤 고객은 서비스를 받지 못하는 경우가 발생할 수 있음에 유의하자.

큐잉시스템에서 시스템 분석을 할 때는 A/B/m과 같은 기호를 사용한다. A는 도착 간 시간에 대한 확률밀도, B는 서비스 시간에 대한 확률밀도, m은 서버의 수를 나타낸다. 확률밀도 A와 B는 주로 다음과 같은 분포를 갖는 경우로 해석된다.

- **M**Markov : 지수분포를 따르는 확률밀도
- **D**Deterministic : 결정된 값을 갖는 확률밀도
- **G**Generic : 일반적인 분포를 갖는 확률밀도

큐잉시스템은 매우 광범위하게 응용된다. 모델의 종류도 모든 속성이 알려진 M/M/1 시스템 모델로부터 정확한 분석이 아직 알려지지 않은 G/G/m 시스템까지 다양하다. 지수분포를 갖는 도착 간 확률밀도에 대한 가정은 독립적인 고객이 많은 시스템에 매우 합리적으로 적용된다.

일반적으로 버스정류장이나 극장 등에서 단위시간 당 도착하는 고객 수는 포아송 분포 확률법칙을 따르는 것으로 알려져 있다. 어느 사건이 포아송 분포 확률법칙을 따르면 사건들이 발생하는 사이에 경과되는 시간은 지수분포를 따른다. 다시 말하면, 도착 간 시간 간격이 지수분포를 따를 경우 일정시간 내의 도착 수는 포아송 분포를 따른다는 것이다. 이를 수식으로 나타내보자. λ를 도착률이라 할 때, 시간 t 간격 동안 정확히 n 명의 고객이 도착할 확률은 (11.1) 식으로 표현된다.

$$P_n(t) = \frac{(\lambda t)^n}{n!} e^{-\lambda t} \tag{11.1}$$

2 큐잉 모델의 종류

대표적인 큐잉 모델 몇 가지를 살펴보자.

2.1 단일서버 큐잉 모델

큐잉 모델의 속성을 고려한 가장 기본적인 큐잉 모델은 [그림 11-14]와 같이 큐(버퍼), 서버, 도착 간 시간, 서비스 시간, 큐에서의 처리규칙 등을 포함하는 단일서버 큐잉 모델이다. 그림에서 서버는 입력 데이터에 대한 서비스를 제공한다. 입력 데이터 패킷을 데이터 아이템(이하 아이템)이라고 표현하자. 서버는 아이템들에 대한 서비스를 수행하는데, 서버가 휴지Idle 상태에서 입력되면 그 아이템은 곧바로 서비스를 받게 되고, 서버가 사용 중Busy 인 상태에서 입력되면 그 아이템은 큐에 들어가 대기상태가 된다.

큐의 버퍼 용량이 무한하다면 용량 초과로 인한 아이템 손실은 없고, 단지 아이템이 처리되기 위해 필요한 시간 지연만 있게 된다. 그러므로 서버의 처리율에 한계가 있다고 가정할 때, 입력 데이터의 증가는 서버의 이용률을 증가시키고, 대기상태는 점점 더 길어지므로 네트워크 혼잡이 발생한다. 이론적으로 단일서버에서 적용될 수 있는 최대 입력률은 최댓값(max)=$\frac{1}{T_s}$로 정의되고, 실제 시스템에서는 보통 최대 입력률이 70~90%가 된다. 그 이유는 네트워크 내에 혼잡이 발생했을 경우 이를 해소하기 위한 추가 용량을 고려했기 때문이다.

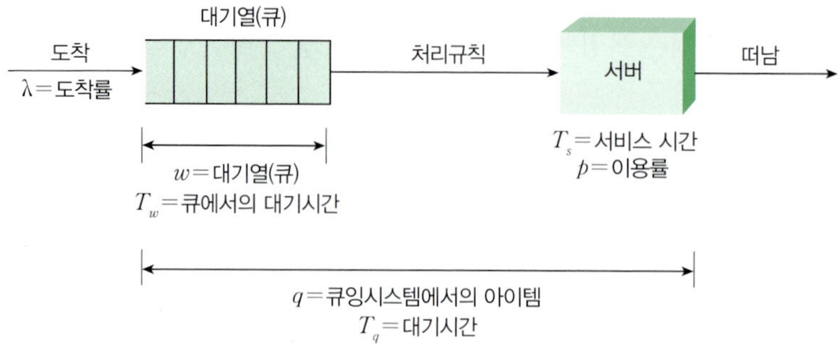

그림 11-14 큐잉 모델

단일서버 큐잉 모델에 자주 사용되는 변수는 다음과 같다.

- λ: 데이터 도착률
- T_s: 도착한 데이터(아이템)의 평균 서비스 시간
- p: 이용률Utilization
- μ: 트래픽 강도(초당 얼마나 많은 데이터의 양이 들어오는가와 관련된 변수)
- q: 시스템에서의 아이템 수
- Q: 시스템의 평균 아이템 수
- T_q: 대기시간Queing Time
- w: 처리되기 위해 큐에서 대기하는 아이템의 평균 수
- T_w: 처리되기 위해 대기하는 평균시간

도착과 서비스 시간의 분포에 따라 결정되는 단일서버 큐잉 모델에 대한 변수방정식을 정리해보자. [표 11-4]는 단일서버 큐에서의 M/G/1, M/M/1, M/D/1 모델에 대한 변수방정식을 요약한 것이다. 이는 보다 복잡한 큐잉분석 기법과 계산에 의해 얻어진 것으로, 표에는 그 결과만 정리했다. 예를 들어 M/G/1 모델은 도착률이 포아송 분포를 따르며 도착한 데이터를 처리하기 위해 제공되는 서비스 시간이 독립적인 경우를 모델링하는 경우에 사용할 수 있는 변수 방정식이다. M/G/1 모델은 서비스 시간이 지수함수 분포를 따르는 경우에 해석 가능하다.

표 11-4 단일서버 큐에서의 M/G/1, M/M/1, M/D/1 모델에 대한 변수방정식

가정 1. 도착률(Poisson arrival rate)이 포아송 분포를 갖는다고 가정 2. FIFO(First-In, First-Out) 처리규칙을 가정 3. 어떤 아이템도 큐에서 폐기하지 않음		
(a) 일반화된 서비스 시간(M/G/1)	(b) 지수분포 서비스 시간(M/M/1)	(c) 결정된 서비스 시간(M/D/1)
$A=\frac{1}{2}\left[1+\left(\frac{\sigma T_s}{T_s}\right)^2\right]$ $q=\rho+\frac{\rho^2 A}{1-\rho}$ $w=\frac{\rho^2 A}{1-\rho}$ $T_q=T_s+\frac{\rho T_s A}{1-\rho}$ $T_w=\rho+\frac{\rho T_s A}{1-\rho}$	$q=\frac{\rho}{1-\rho}$ $w=\frac{\rho^2}{1-\rho}$ $T_q=\frac{T_s}{1-\rho}$ $T_w=\frac{\rho T_s}{1-\rho}$ $\sigma_q=\frac{\sqrt{\rho}}{1-\rho}$ $\sigma_{Tq}=\frac{T_s}{1-\rho}$ $Pr[Q=N]=(1-\rho)\rho^N$ $Pr[Q<N]=\sum_{i=0}^{N}(1-\rho)\rho^i$ $Pr[T_Q\leq t]=(1-e)^{(-1-\rho)rT_s}$ $m_{Tq}(r)=T_Q\times 1n\left(\frac{100\rho}{100-r}\right)$ $m_{Tx}(r)=\frac{T_w}{\rho}\times 1n\left(\frac{100\rho}{100-r}\right)$	$q=\frac{\rho^2}{2(1-\rho)}+\rho$ $w=\frac{\rho^2}{2(1-\rho)}$ $T_q=\frac{T_s(2-\rho)}{2(1-\rho)}$ $T_w=\frac{\rho T^2}{2(1-\rho)}$ $T_w=\frac{1}{1-\rho}\sqrt{\rho-\frac{3\rho^2}{2}+\frac{5\rho^2}{6}-\frac{\rho^4}{12}}$ $\sigma_{Tq}=\frac{T_s}{1-\rho}\sqrt{\frac{\rho}{3}-\frac{\rho^2}{12}}$

M/M/1 모델은 단일서버 큐잉 모델에서 일정한 서비스 시간의 분포를 갖는 모델을 나타낸다. 변수 A는 스케일링 요소로, 평균 서비스 시간에 대한 표준 변화의 비로 표기된다. 만일 표준 변화가 평균과 같을 때 서비스 시간 분포는 M/M/1을 갖고 M/M/1에서 서비스 시간의 표준 변화가 '0'과 같다면, 즉 도착한 데이터에 대해 일정한 서비스 시간을 갖는 경우라면 이는 M/D/1와 같은 방정식으로 표현된다.

2.2 멀티서버 큐잉 모델

[그림 11-15]는 하나의 공통 큐와 N개 서버의 공유로 구성된 멀티서버 큐잉 모델이다. 그림에서처럼 N개의 서버 중에 휴지상태의 서버가 있다면 아이템들은 그 서버로 전송된다. 그러나 휴지상태의 서버가 존재하지 않는다면 입력된 아이템은 큐를 형성하기 위해 버퍼로 전송된다. 그러므로 단일서버 큐잉 모델에 비해 멀티서버 큐잉 모델은 $\lambda_{max}=\frac{N}{T_S}$로 입력률이 적용되어 처리율이 높아지며 더욱 향상된 네트워크 용량을 제공할 수 있게 된다.

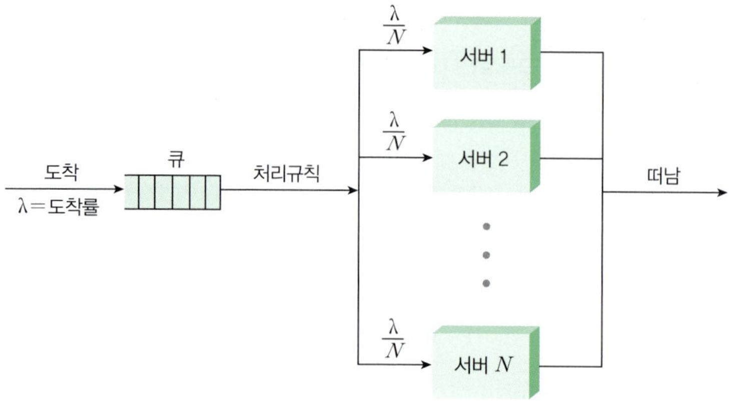

그림 11-15 공통 큐와 N개의 서버가 공유하는 멀티서버 큐잉 모델

2.3 다중 단일서버 큐잉 모델

다중 단일서버 큐잉 모델은 단일서버 큐잉 모델을 확장한 개념이다. [그림 11-16]과 같이 데이터들은 각각의 데이터 큐에 저장되어 처리되기를 기다린다. 큐마다 우선순위를 지정할 수 있으므로 하나의 공통 큐를 갖는 멀티서버 큐잉 모델에 비해 다양한 분석이 가능하다.

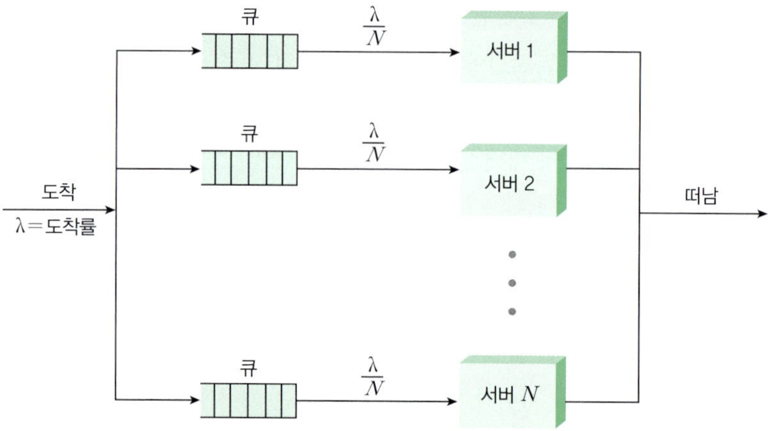

그림 11-16 다중 단일서버 큐잉 모델

이제 지금까지 살펴본 큐잉 모델의 관계를 정리해보자. 단일서버 큐잉 모델이 하나의 아이템을 처리하는 데 걸리는 평균시간을 T_s라 할 때, N개의 아이템이 수신되었을 때의 이용률은 λT_s가 된다. $\frac{1}{\lambda} = T$처럼 하나의 아이템을 처리하는 데 걸리는 시간을 T라 할 때, $T < T_s$이면 $T_s/T = \lambda T_s$이므로 서버는 계속 활동상태에 있게 된다. N개의 멀티서버 큐잉 모델의 경우에

는 각 서버에 λ의 부하가 걸리므로 $P = \lambda T_s / N$이라 할 수 있다.

다중 단일서버 큐잉 모델과 같이 네트워크 내에서 데이터의 우선순위를 고려해 설계하는 것이 바람직한 경우가 있다. 우선순위는 일반적으로 트래픽의 유형에 따라 결정된다. 예를 들어 서비스 시간이 짧은 아이템에 높은 우선순위를 부여하거나 또는 실시간 음성이나 영상서비스에 높은 우선순위를 부여할 수 있다.

3 네트워크에서의 큐 형태와 큐잉분석

네트워크에서 큐는 매우 다양한 형태로 구성된다. [그림 11-17]은 네트워크에서 주로 활용되는 대표적인 큐의 형태다.

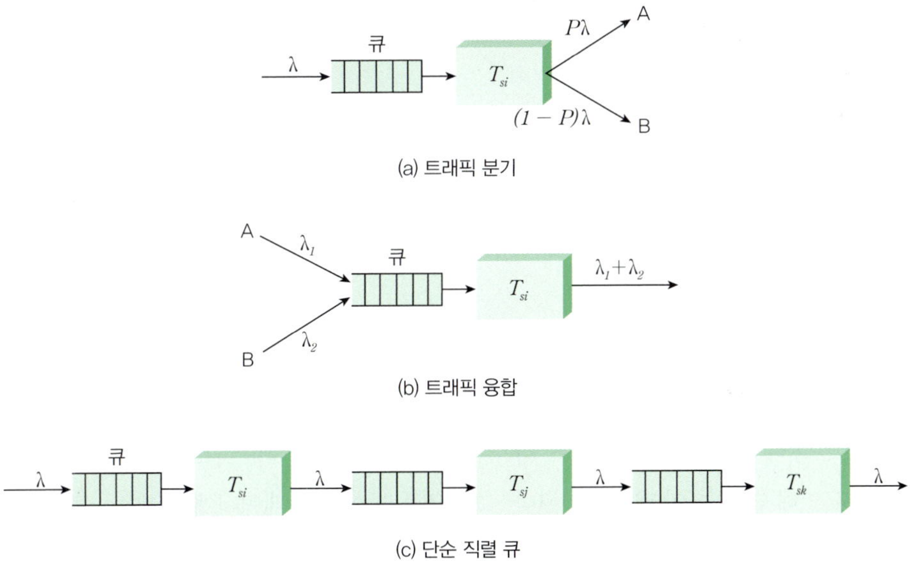

그림 11-17 큐의 형태

(a)는 입력된 트래픽이 분기되어 출력되는 경우다. 이는 네트워크의 입력을 통해 들어온 데이터가 각각 다른 네트워크로 나뉘어 출력되는 트래픽 분할모델을 보인다. 트래픽 분할모델의 특징은 입력된 데이터 트래픽의 형태가 포아송 분포를 가질 때 출력의 두 방향 A와 B도 각각 데이터 발생률이 평균 pλ와 (1−p)λ의 포아송 분포를 보인다는 것이다. 입력을 통해 들어온 데이터가 출력을 통해 분기된다 하더라도 각 출력 데이터 트래픽은 입력에서 제공된 데이터와 발생 확률의 분포가 같다는 것이다. 그림에서 P는 각 출력에서 나타나는 데이터의 발생 확

률을 나타낸다.

(b)는 (a)와 달리 각각의 네트워크에서 발생되는 데이터가 하나로 합해져 융합된 형태로 데이터가 출력되는 경우다. 그림에서 각각의 수신율로 도착한 데이터는 출력에서 각 수신율의 데이터를 합한 양과 같아진다.

(c)는 여러 개의 큐 아이템이 일렬로 나열된 형태다. 각 입력에서 들어온 데이터율이 서버를 통해 처리되어 출력되고, 또 다른 아이템의 입력으로 반복되는 형태를 나타낸다. 만일 이러한 형태에서 첫 번째 노드로 들어오는 데이터를 처리하기 위한 처리율이 낮다면 다음 노드를 거쳐서 출력되는 데이터가 그만큼 많은 지연을 겪는다. 또한 첫 입력의 분포가 포아송이고 각 대기열의 서비스 시간이 지수함수 분포를 가지며 큐의 용량이 무한이면 출력 또한 포아송 분포를 갖는다.

4 큐잉 모델과 샘플 평균

큐잉분석을 하려면 입력 변숫값, 즉 평균 도착률과 평균값의 변화, 서비스 시간 등을 고려해야 한다. 또한 큐잉분석 모델에서는 입력되는 각 데이터에 대해 서비스 시간의 할당과 모델화를 위해 필요한 데이터의 크기를 실제적인 측정과 확률적인 분포를 고려해 기준을 설정해야 한다.

네트워크를 통해 임의 노드에 데이터가 입력되었을 때, 들어오는 데이터에 따라서 서비스 시간 즉 데이터 처리시간을 달리해야 효과적으로 네트워크를 운영할 수 있다. 만일 노드에 들어온 데이터의 크기에 비해 과다한 서비스 시간을 제공한다면 이는 네트워크상에서의 자원 낭비이고, 이로 인해 많은 데이터가 지연된다. 그러므로 들어오는 데이터에 대해 더 효율적인 서비스를 제공하고 네트워크의 사용 효율을 높이려면 이러한 샘플링 과정이 무엇보다 필요하다. 데이터의 크기나 터미널에 의해서 만들어진 데이터율 등의 변수는 임의 시간 동안 관찰해 평가된다.

이때 데이터의 샘플 평균($\overline{X}$)은 다음과 같이 (11.2) 식으로 표현된다.

$$\overline{X}=\frac{1}{N}\sum_{i=0}^{N}X_i \qquad (11.2)$$

여기서 N은 샘플 크기이며, X_i는 임의 번째의 샘플이다. 이러한 샘플 평균은 확률변수로 나타낸다. 샘플 평균은 샘플 평균의 확률분포, 즉 평균 샘플링 분포로 언급되고 있다. 이는 N이 증가함에 따라 이미 그 특성이 잘 알려진 정규 확률분포를 갖는 것이 특징이다. 따라서 샘플 평균과 샘플 평균의 분산은 (11.3) 식으로 표현될 수 있다.

$$E[\overline{X}],=\lambda,\ Var[\overline{X}],=\sigma_x^2/N \qquad (11.3)$$

(11.3) 식은 샘플 평균값을 구하면 그 기대치도 랜덤변수의 평균값과 같아지고 N 값이 증가할수록 샘플 평균값의 변이가 줄어든다는 것을 의미한다.

이해를 돕기 위해 예를 들어보자. [그림 11-18]은 지수함수 분포를 갖는 서비스 시간의 모집단의 평균값이 1인 경우에 샘플을 취해 평균을 구한 그림으로, N=10인 경우와 N=100인 경우를 비교해 나타내었다. N=100인 경우, 즉 보다 많은 샘플을 취한 경우의 분포가 훨씬 좁게 나타난다. 이는 주어진 샘플이 많을수록 샘플 평균값의 변이가 줄어 실제 평균값에 훨씬 접근한다는 것을 보여준다.

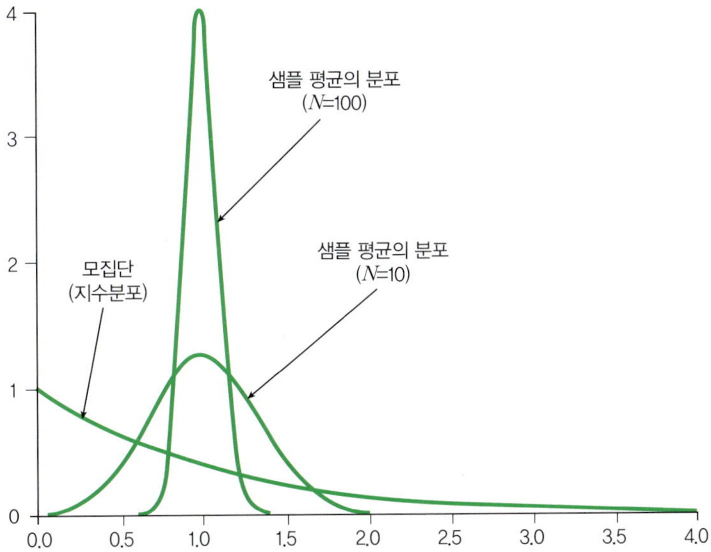

그림 11-18 지수확률분포에 대한 샘플 평균

5 네트워크 설계 시 고려사항

앞에서 알아본 것처럼 네트워크에서의 큐잉분석 기법은 네트워크의 노드 정보에 기초한다. [그림 11-19]는 네트워크 노드상에 도착하는 데이터의 양 즉 시스템 부하Load와 노드에 쌓이는 데이터의 증가에 따른 전송 지연시간과의 상관관계를 보여준다. 그림에서 시스템 부하에 대한 응답시간 변화를 살펴보면, 시스템 부하가 0.5 이하일 때는 계획된 시간과 실제 시간이 일치한다. 그러나 시스템 부하가 증가할수록 응답시간은 계획된 시간보다 커진다. 그 결과 네트워크는 사용자에게 정상적인 서비스를 제공할 수 없다. 뿐만 아니라 데이터가 더욱 증가하면 결국 시스템 붕괴로 이어지고, 더 이상 네트워크를 통한 서비스를 제공할 수 없게 된다.

따라서 네트워크를 설계하고자 할 때는 먼저 데이터 분석이 필요하다. 실제 경험에 기초한 데이터 자료뿐 아니라 향후 변화될 환경에서의 데이터 증가율도 고려해야 하는 것은 물론이다. 큐잉이론에 근거한 분석모델을 설정하고 시뮬레이션을 활용해 최적의 설계를 해야 한다.

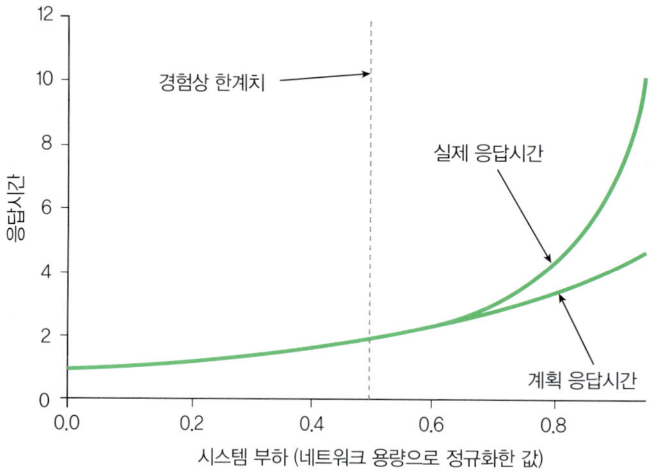

그림 11-19 시스템 부하와 전송 지연의 상관관계

확인문제 11-6

데이터 도착률이 0.5/초인 단일서버 큐잉 모델에서 하나의 아이템을 처리하는 데 걸리는 평균 시간이 10초라면 100개 아이템이 수신될 때의 이용률과 하나의 아이템을 처리하는 데 걸리는 시간은 얼마인지 구하시오.

풀이 하나의 아이템을 처리하는 데 걸리는 평균시간을 T_s라 할 때 이용률은 λT_s이므로 이용률 = λT_s = 0.5/초 × 10초 = 5가 된다. 하나의 아이템을 처리하는 데 걸리는 시간을 T라 하면 $1/\lambda = T$이므로 $T = 1/0.5 = 2$(초)가 된다.

확인문제 11-7

큐잉 모델이 모든 네트워크의 트래픽 모델링에 적절한지 평가하시오.

풀이 큐잉분석은 네트워크의 성능을 분석하는 대표적인 기법으로 잘 알려져 있다. 그런데 한 차원(시간, 공간)의 현상이나 동작이 어떤 기준 또는 확대해서 볼 때도 동일하게 나타나는가를 판단하는 자체유사성 측면에서 생각하면, 모든 네트워크 트래픽의 모델링에 적절하지는 못할 수 있다. 트래픽 분석에 사용된 큐잉 모델은 전송지에서 데이터가 발생하거나 다중화와 결합될 때 적합하다. 그러므로 많은 데이터 수집과 조심스러운 통계적 분석을 통해 네트워크 트래픽에 대한 새로운 모델링과 분석적 접근을 시도할 필요가 있다.

연습문제

01 다음 중 IP 패킷의 포워딩 방식으로 적합하지 않은 것은?

① 다음 홉 방식 ② 목록 특정 방식
③ 네트워크 특정 방식 ④ 디폴트 라우팅 방식

02 IP 패킷의 전송지과 수신지가 동일한 네트워크에 연결된 경우에 이루어지는 전달 방식은?

① 직접 전달 ② 대칭 전달
③ 간접 전달 ④ 비대칭 전달

03 다음은 모바일 IP의 이동 호스트와 주소 변환에 대한 설명이다. (가)와 (나)에 각각 들어갈 표현으로 옳은 것은?

모바일 IP 기술에서 호스트는 원래의 주소와 함께 임시 주소를 하나 더 갖는다. 이때 원래의 주소를 (가)라 하고, 임시 주소를 (나)라 한다.

	(가)	(나)		(가)	(나)
①	홈 주소	물리 주소	②	호스트 주소	의탁 주소
③	홈 주소	의탁 주소	④	호스트 주소	네트워크 주소

04 영구적인 IP 주소를 유지하면서 이동 호스트가 하나의 네트워크에서 다른 네트워크로 이동할 수 있도록 설계된 프로토콜은?

① DHCP ② 모바일 TCP
③ 모바일 IP ④ RARP

05 모바일 IP 기술에서 홈 에이전트와 외부 에이전트에 대한 설명으로 옳지 않은 것은?

① 홈 에이전트는 보통 이동 호스트의 홈 네트워크에 연결된 라우터가 된다.
② 홈 에이전트는 이동 노드에 대한 현재 위치(IP 주소) 정보를 유지한다.
③ 외부 에이전트는 보통 외부 네트워크에 연결된 라우터가 된다.
④ 외부 에이전트는 이동 호스트로부터 전송된 패킷을 받아 원격지 호스트로 전달한다.

06 모바일 IP 기술에서 이동 호스트와 원격지 호스트 간의 3단계 데이터 전송 과정을 순서대로 옳게 표현한 것은?

① 에이전트 발견 → 데이터 전송 → 등록
② 에이전트 발견 → 등록 → 데이터 전송
③ 등록 → 에이전트 발견 → 데이터 전송
④ 등록 → 데이터 전송 → 에이전트 발견

07 슈퍼마켓의 계산대, 경기장의 티켓 판매소, 병원의 진료대기실 등에서 대기 중인 고객이 순서대로 서비스를 받는 상황에 대한 성능분석 방법은?

① 큐잉분석　　② 서버분석
③ 패킷교환 모델　　④ 최적설계 모델

08 큐잉분석 기법에서 분석대상 시스템의 속성을 이해하기 위해 필요한 항목으로 옳지 <u>않은</u> 것은?

① 서버의 수　　② 큐에서의 처리규칙
③ 서비스 시간 확률밀도함수　　④ 라우팅 정보

09 네트워크의 성능을 분석하기 위해 큐잉 모델을 사용했을 때의 장점을 설명하시오.

10 큐잉시스템의 속성과 관련된 5가지 항목에 대해 설명하시오.

11 네트워크 시스템을 설계할 때 반드시 고려해야 하는 필수사항에 대해 설명하시오.

12 단일서버 큐잉 모델에 대해 설명하고, 사용되는 변수와 그 의미도 설명하시오.

13 이동 호스트와 원격지 호스트 간의 데이터통신은 3단계를 거쳐 이루어진다. 두 번째 단계인 등록의 절차를 구체적으로 설명하시오.

14 단일서버 큐잉 모델에 대한 변수방정식 중 M/M/1 모델의 의미는 무엇인가?

15 멀티서버 큐잉 모델과 다중 단일서버 모델의 차이점을 비교해 설명하시오.

CHAPTER 12

전송 계층 프로토콜의 기능과 동작

학습목표

- TCP 프로토콜의 전송단위인 세그먼트의 개념과 구조를 이해한다.
- TCP의 흐름제어, 혼잡제어, 오류제어에 대해 설명할 수 있다.
- UDP와 SCTP의 구조와 특성을 설명할 수 있다.

01 TCP의 특성과 스트림 전송

TCP/IP 모델의 전송 계층에는 TCP와 UDP, 그리고 이 두 프로토콜의 장점을 결합한 SCTP가 존재한다. TCP에 대해 먼저 알아본 후 UDP와 SCTP에 대해 살펴보자.

1 TCP와 스트림 전송

TCPTransmission Control Protocol는 TCP/IP 모델의 4계층인 전송 계층에서 사용하는 프로토콜로, 하위 계층인 네트워크 계층에서 사용하는 IP와 엮어서 TCP/IP로 표현하는 경우가 많다. [그림 12-1]을 보면 TCP/IP 모델 내에서 TCP의 위치를 알 수 있다.

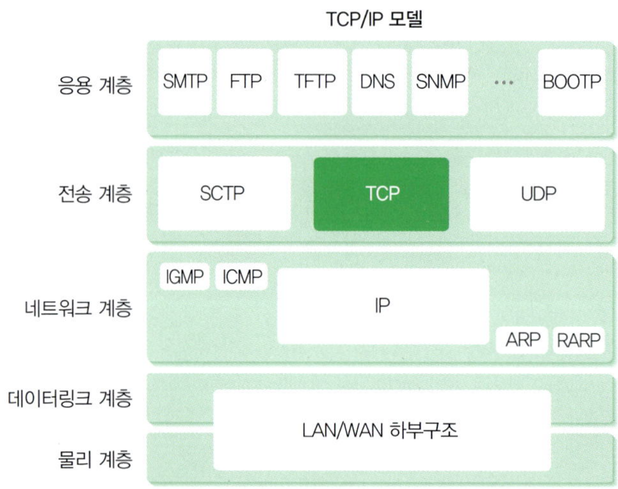

그림 12-1 TCP/IP 모델에서 TCP의 위치

TCP나 UDP는 프로세스 대 프로세스 프로토콜이다. 여기서 프로세스는 응용프로그램의 하나로 생각하면 이해하기 쉬울 것이다. TCP에는 종단간End-to-End, E2E의 흐름제어 및 오류제어 등의 기능이 있어 이를 통해 데이터 전송의 신뢰성을 제공하는데, 이것이 IP와 구별되는 특성이다. '종단간'은 데이터 전송지 호스트 컴퓨터에서 최종 수신지 호스트 컴퓨터까지를 말한다. 데이터링크 계층에서 수행되는 오류제어 기능은 종단간이 아닌 이웃 노드 간의 오류제

어라는 점에서 구별된다. TCP 프로토콜은 정확하게 데이터가 도착했는지 여부를 확인하기 위해 사용되는 절차로 이해할 수 있다.

두 호스트의 TCP 프로토콜 사이에서의 전송단위를 세그먼트Segment라고 하는데, 신뢰성 있는 전송을 위해 두 대의 호스트 컴퓨터는 사용자 데이터 세그먼트와 이에 대한 확인 응답인 ACK 세그먼트를 사용한다. TCP는 주어진 장치에서 다중 수신지를 분류하거나, 또는 패킷 손실이나 중복과 같은 오류를 복구하는 기법을 포함한다.

TCP는 종단간 데이터 전송의 신뢰를 보장하는 만큼 구조가 복잡하고 다양하다. 만일 TCP를 사용하지 않고 IP만 사용한다고 가정하면 신뢰성이 보장되지 못한 상태로 데이터가 전송될 것이다. 즉 TCP는 '신뢰성 있는 스트림 전송 서비스' 제공을 목적으로 한다고 할 수 있다.

신뢰성 있는 스트림 전송 서비스란 데이터의 중복이나 손실 없이 종단간 데이터의 전송을 보장한다는 의미이다. 하위 계층 네트워크 시스템이 신뢰성을 보장하지 못할 경우, 신뢰성을 확보하기 위해 p-ACK 재전송이라는 널리 알려진 방법을 사용한다. 이 방법은 수신지에서 데이터를 수신하면 ACK 메시지를 재전송하는 것으로, 전송지에서는 전송한 각각의 세그먼트에 대한 정보를 가지고, 그 다음 패킷을 전송하기 전 이미 전송한 메시지에 대한 ACK 메시지가 도착하기를 기다린다.

이와 같은 ACK 메시지를 사용하는 프로토콜에서 데이터를 전송하는 과정을 나타낸 것이 [그림 12-2]이다.

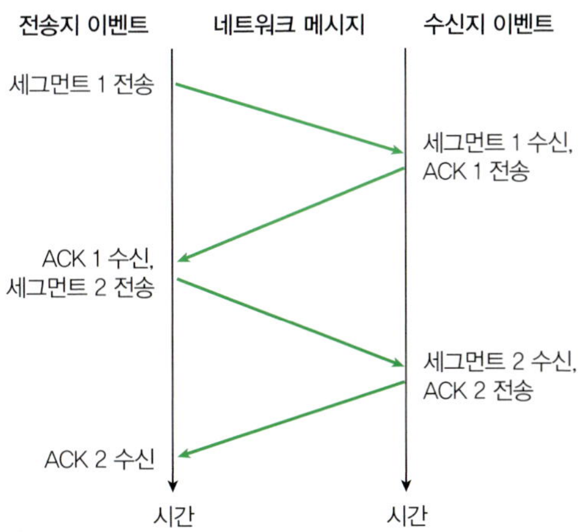

그림 12-2 p-ACK를 사용하는 데이터 전송 과정

[그림 12-2]에서 왼쪽과 오른쪽 수직선은 전송지와 수신지에서의 데이터 흐름을 의미하고 대각선은 네트워크를 통과하는 메시지의 전송을 의미한다. 전송지에서 세그먼트 1을 보내면, 이것을 받은 수신지는 ACK 1을 보내 정상적인 수신이 이루어졌음을 알리고, 이어서 전송지는 세그먼트 2를 보낸다. 수신지는 이에 대한 확인 응답으로 ACK 2를 보낸다. 이러한 과정이 지속적으로 반복되어 전송이 이루어진다.

[그림 12-3]은 전송된 패킷이 전송 도중 손실되거나, 문제가 발생한 경우에 어떻게 정상적인 전송으로 복구되는지를 보여준다. 전송지에서는 세그먼트 1을 전송하면서 타이머를 작동시키고 ACK 메시지를 기다린다. 하지만 전송 중에 세그먼트가 손실되었기에 ACK가 도착할 수 없고, 결과적으로 타이머 작동이 종료된다. 이에 따라 전송지에서는 세그먼트 1을 재전송하고, 이것을 정상적으로 받은 수신지는 ACK 1을 보내 정상적으로 수신되었음을 알린다. 데이터 전송이 완료될 때까지 이러한 과정이 반복된다.

일반적으로 신뢰성 프로토콜에서는 각 패킷에 순서번호를 할당하고, 수신된 순서번호를 이용해 패킷의 중복성 여부를 감지한다. 지연이나 중복된 ACK에 의해 발생하는 혼잡을 피하기 위해 p-ACK 프로토콜은 순서번호를 ACK로 되돌려 보내는 방법을 사용하는 것이다.

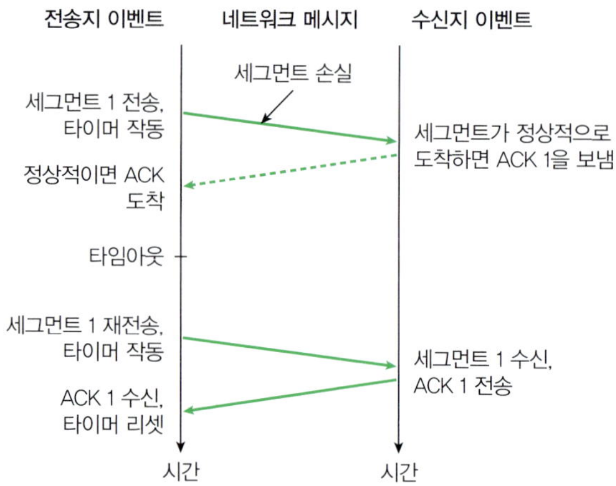

그림 12-3 패킷 손실에 따른 타임아웃과 재전송 과정

2 TCP의 특성

TCP에는 다음과 같은 특성이 있어 신뢰성 있는 스트림 전송 서비스를 제공할 수 있다.

■ 스트림 지향성

TCP는 데이터를 전송할 때 바이트(옥텟)를 기본단위로 사용자 데이터를 스트림 형태로 처리한다. 스트림 전송서비스는 전송지에서의 데이터 순서가 최종 수신지에서도 일치되도록 한다는 의미다. 이것이 TCP의 스트림 지향성Stream Orientation이다.

■ 연결지향적

TCP는 연결지향Connection Oriented 서비스를 제공하는 프로토콜이다. 연결지향 서비스란 두 개체 간에 하나 이상의 메시지가 연결 상태를 유지하며 데이터교환이 가능하도록 하는 것을 말하며, 데이터의 지속적이고 연속적인 흐름에 적합하다. TCP의 연결지향 서비스가 진행되는 과정은 다음과 같다.

전송지와 수신지의 응용프로그램은 각각의 운영체제(OS) 하에서 동작하며, 운영체제 내의 프로토콜 소프트웨어 모듈은 네트워크를 통해 메시지를 보내 데이터 전송 준비를 한다. 모든 세부사항에 대한 준비가 완료되면 TCP 프로토콜 모듈은 먼저 연결설정 과정을 실행한다. 이는 물리적인 연결이 아니라 논리적인 연결로, 가상회선 연결Virtual Circuit Connection이라고도 한다. 연결이 정상적으로 설정되면 비로소 데이터 전송이 가능해진다. 데이터를 전송하는 동안 전송지와 수신지에서는 정확한 전송을 위해 상호 간의 전송 상태를 계속 확인한다. 만일 오류가 발생하면 양측은 이를 인지하고 응용프로그램에 알린다.

TIP 연결지향 서비스와 달리 논리적인 연결 없이 불연속적으로 발생하는 데이터마다 다른 경로를 따르는 것을 비연결성(Connectionless) 서비스라고 한다. 같은 전송 계층의 UDP가 여기에 해당한다.

■ 버퍼를 이용한 전송

데이터를 전송할 때 응용프로그램은 다양한 형태와 크기의 데이터 블록Block을 사용한다. 버퍼를 이용한 전송이란 네트워크 트래픽의 혼잡을 최소화하고 효율적으로 전송이 이루어지도록 하기 위해 데이터 스트림으로부터 충분한 데이터를 수집하고 버퍼를 이용해 데이터 블록을 채운 후에 전송하는 방식을 뜻한다. 만약 응용프로그램이 대용량의 데이터에 대한 블록을 전송해야 한다면 TCP는 각각의 블록을 작은 조각으로 나누어 전송한다. 경우에 따라서는 버퍼가 채워지지 않은 상태라도 강제적으로 전송하는 푸시 기법을 사용할 수 있다.

■ 전이중 양방향 전송 지원

TCP/IP 스트림 서비스에 의해 사용되는 연결은 전이중 양방향 전송을 지원한다. 하나의 양방향 전송연결은 반대되는 방향성을 갖는 두 개의 독립적인 스트림의 흐름으로 만들어진다. 이러한 전이중 전송연결 서비스를 사용하면 하나의 데이터 스트림에 대해 반대 방향으로 제어정보를 보낼 수 있어서, 전송되는 데이터 트래픽 양의 감소 효과로 보다 효율적인 전송이 가능해진다.

확인문제 12-1

TCP 프로토콜이 무엇인지 핵심 특성을 중심으로 설명하시오. 또한 TCP의 특성 중 신뢰성 있는 스트림 전송 서비스란 무엇을 의미하는지 설명하시오.

풀이 TCP는 전송 계층에서 사용하는 프로토콜로, 데이터를 전송할 때 옥텟을 기본단위로 하는 스트림 지향성, 가상회선 연결에 따른 연결지향성, 버퍼를 이용한 전송, 전이중 양방향 전송 지원과 같은 특성이 있다. 이런 특성을 통해 TCP는 종단간 호스트 내 프로세스 상호 간에 신뢰성 있는 스트림 전송 서비스를 보장한다. 이때 '신뢰성 있는 스트림 전송 서비스'란 데이터의 중복이나 손실 없이 종단간 데이터 전송을 보장한다는 의미이다.

02 TCP 세그먼트의 형식과 동작

1 TCP 세그먼트의 형식

TCP 프로토콜에서 두 호스트 간에 사용하는 전송단위는 세그먼트이다. 연결설정, 데이터 전송, ACK 전송, 윈도우 크기 설정, 연결종료 등을 위해 세그먼트를 교환한다. [그림 12-4]는 TCP 세그먼트의 형식이다. 세그먼트는 헤더 영역과 사용자 데이터 영역으로 이루어진다.

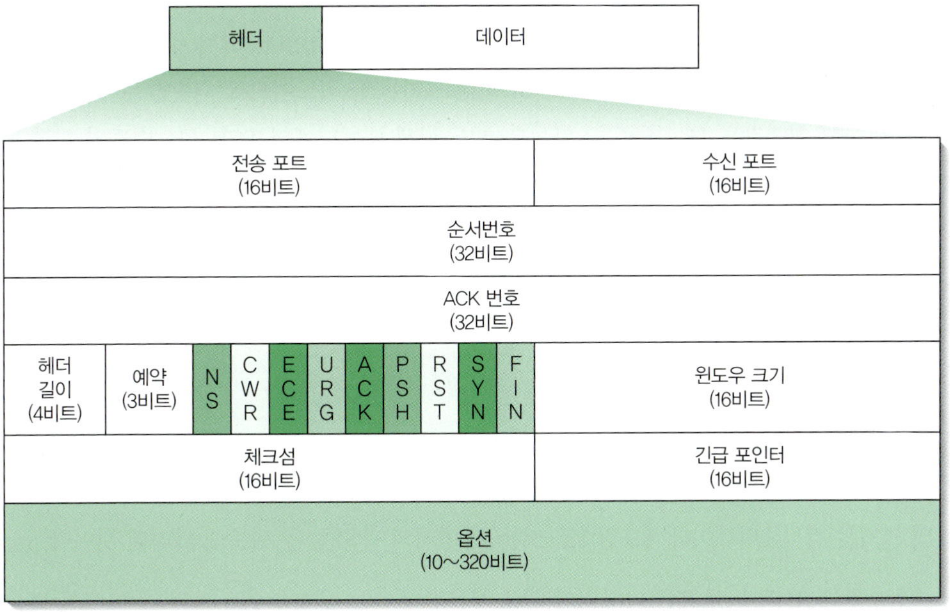

그림 12-4 TCP 세그먼트 내 헤더 구성

TCP 세그먼트 헤더의 각 영역의 의미와 기능을 알아보고 TCP의 동작을 살펴보자.

■ **전송 포트, 수신 포트**

송신지 포트source port의 주소와 수신지 포트destination port의 주소, 즉 TCP 연결에서 응용프로그램을 식별하도록 TCP 포트 주소가 들어가는 영역이다.

■ **순서번호**

순서번호sequence number는 데이터 공급자의 바이트 스트림 내에서의 세그먼트 위치를 식별하는 3비트 영역이다. 다른 방향 혹은 동일한 방향으로의 데이터 스트림의 흐름을 구별하는 데 사용될 수 있다. 플래그 비트의 SYN 플래그가 1로 설정된 경우에는 초기 순서번호가 되며, 0으로 해제된 경우에는 최초 바이트 값의 누적 순서번호가 된다.

■ **ACK 번호**

ACK 번호ACKnowledgment Number(확인응답번호)는 수신자가 예상하는 다음 바이트의 번호를 나타내는 32비트 영역이다.

■ **헤더 길이**

헤더 길이Header Length는 TCP 헤더의 길이를 표시하는 영역이다. 크기 값은 32비트 워드 단위로 나타낸다. 최소 크기는 5워드이고 최대 크기는 15워드이므로 최솟값은 5×4 즉 20바이트이고 최댓값은 15×4 즉 60바이트이다. 실제 데이터에서 TCP 세그먼트의 시작 위치에 오는 오프셋이므로 데이터 오프셋Data Offset 영역이라고도 한다.

■ **예약**

필요할 때 사용하기 위해 남겨둔 3비트 영역으로, 0으로 채워진다.

■ **플래그 비트**

플래그 비트Flag bits는 TCP 세그먼트의 전달과 관련되어 회선과 데이터의 관리와 제어 기능을 수행하는 영역이다. 다음과 같은 9개의 비트 플래그를 포함하고 있으며, 비트 플래그의 크기는 각각 1비트이다. [그림 12-5]는 이 영역의 각 기능을 세분해 나타낸 것이다.

- **NS 플래그**: 은닉 보호를 나타내기 위해 사용된다.
- **CWR**Congestion Window Reduced **플래그**: 혼잡제어 기능과 관련된다. 전송지 호스트가 CWR 플래그를 설정함으로써 ECE 플래그가 설정된 TCP 세그먼트를 수신해 혼잡제어 메커니즘에 응답했음을 알린다.
- **ECE**ECN-Echo **플래그**: SYN 플래그 값이 1인지 0인지에 따라 다른 기능을 수행한다. SYN 플래그의 값이 1로 설정된 경우 ECNExplicit Congestion Notification(명시적 혼잡 통지) 기능이 가능함을 나타낸다. SYN 플래그 값이 0으로 해제된 경우 정상 전송 중에 IP 헤

더에 혼잡을 거친 플래그가 설정된 패킷(ECN = 11)이 수신되었음을 의미한다. 이는 TCP 전송지에 네트워크가 혼잡하거나 혼잡해질 것임을 알리는 것이다.

TIP ECN 기능은 RFC 3168에 정의되어 있으며, 네트워크 혼잡이 임박했음을 알리기 위해 헤더에 마크를 설정한다. 이것을 사용하면 패킷을 삭제하지 않고도 네트워크 혼잡제어가 가능해진다.

- **URG 플래그**: 긴급 포인터 영역의 값이 유효함을 알린다.
- **ACK 플래그**: ACK 번호 영역의 값이 유효함을 알린다.
- **PSH 플래그**: 수신지에 버퍼링된 데이터를 푸시할 것인지 묻는 역할을 한다.
- **RST 플래그**: TCP 연결이 재설정되어야 함을 알린다.
- **SYN**synchronization **플래그**: 연결설정 과정에서 순서번호 동기화를 수행하는 영역이다. SYN 플래그는 양쪽이 보낸 최초의 패킷에만 설정되어 있어야 한다. SYN 플래그의 값에 따라 ECE와 같은 플래그의 의미가 바뀐다.
- **FIN 플래그**: 전송할 남은 데이터가 없음을 알린다. 즉 연결종료와 관련된다.

NS : 은닉 보호	URG : 긴급포인터 유효	RST : 연결 리셋
CWR : 혼합제어	ACK : ACK 유효	SYN : 순서번호 동기화
ECE : ECN-에코	PSH : 푸시 요청	FIN : 연결종료

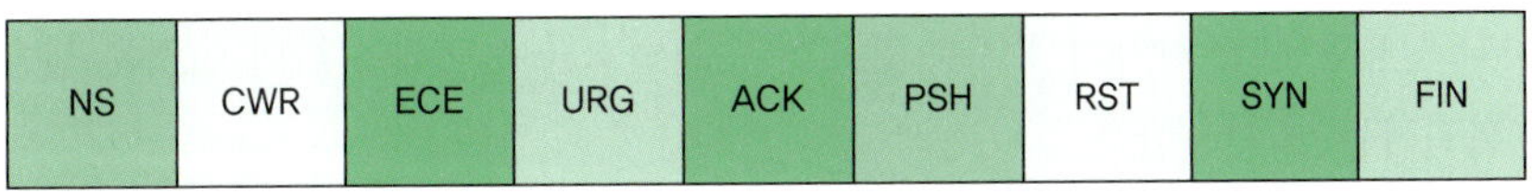

그림 12-5 TCP 헤더에서의 플래그 비트 영역

윈도우 크기

윈도우 크기window size는 흐름제어를 위해 사용하는 16비트 영역이다. 송신지에 수신지의 버퍼 여유 크기를 지속적으로 통보한다. ACK 번호 영역의 다음 바이트 번호보다 큰 값이어야 한다.

체크섬

체크섬checksum은 헤더와 데이터의 에러를 확인하기 위해 사용되는 16비트 영역이다.

긴급 포인터

URG 플래그가 설정된 경우 긴급 포인터Urgent Pointer 영역의 값은 TCP 긴급 데이터의 마지막 바이트를 알려주는 포인터 값이 된다. 해당 세그먼트의 순서번호에 이 영역의 값을 더하면 긴급 데이터의 끝을 알 수 있다.

■ **옵션**

다양한 확장 기능과 관련된 영역으로, 선택하는 옵션에 따라 TCP 헤더의 크기가 다양하게 나타난다. 타임스탬프, 최대 세그먼트 크기 등의 기능이 포함된다. 일부 옵션은 SYN 플래그가 설정되어 있을 때만 전송된다.

2 TCP의 동작

연결지향 프로토콜인 TCP는 연결설정, 데이터 전송, 연결종료의 3단계 동작을 취한다. 데이터 전송이 이루어지기 전의 연결설정과 전송이 끝난 후의 연결종료 단계에서 이루어지는 TCP의 동작에 대해 자세히 알아보자.

2.1 연결설정과 데이터 전송

TCP에서는 3방향 교신3-way Handshaking 절차에 따라 연결을 설정한다. 과정을 살펴보면 먼저 전송과 수신 모두 순서번호를 초기화하고 데이터 전송 대기상태로 만든다. 순서번호는 교신 과정 동안 전송되고 응답된다. 각각의 장치는 랜덤한 순서번호를 선택해야 하며 이것은 전송하는 데이터를 확인하는 데 사용한다.

교신 과정의 첫 번째 세그먼트는 SYN 플래그를 설정한 상태로 전송된다. 수신지 호스트에서는 수신한 SYN 세그먼트에 대한 응답임을 나타내기 위해 ACK 플래그를 1로 설정함과 동시에 교신 과정이 계속 진행되고 있다는 의미를 포함하도록 SYN 플래그도 1로 설정한다. 그 결과 두 번째 세그먼트는 SYN+ACK 형태로 전송된다. 마지막 교신 메시지는 ACK 기능만 수행하는데, 수신지에 양측의 연결설정이 완료되었음을 알리는 역할을 한다.

[그림 12-6]과 같이 교신 과정을 초기화한 전송지 장치는 3방향 교신 절차에 따라 SYN 세그먼트의 순서번호 영역 값을 x로 설정한 후 SYN 세그먼트를 전송한다. SYN 세그먼트를 수신한 수신지 장치는 순서번호를 인식해 처리하고 그에 대한 응답으로 순서번호가 $(x+1)$인 SYN+ACK 세그먼트를 전송한다. ACK 영역 값인 y를 통해 수신지에서 데이터 전송이 정상적으로 가능해졌음을 알리고 연결이 설정되면 데이터를 양방향으로 동시에 전송할 수 있게 된다.

데이터 전송 단계에서 TCP는 일련번호를 사용하여 각 데이터 바이트를 식별하게 된다. 각 세그먼트에 대한 바이트 순서번호는 전송지 호스트에 의해 선택되며, SYN 플래그가 지정된다. 수신지 호스트에 의해 ACK(응답) 세그먼트가 생성되고 순서번호 번호와 함께 전송지 호스트에게 전송되어, 데이터가 정상적으로 수신되었음을 알린다. 전송중 오류가 감지되는 경우, 재전송 메커니즘이 동작되어 데이터 전송의 신뢰성이 보장된다.

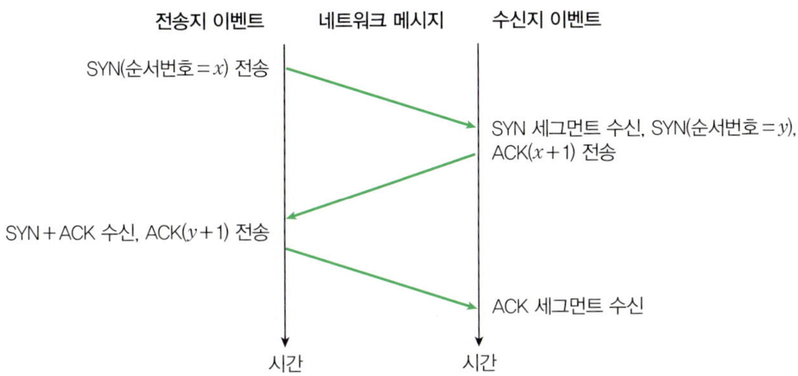

그림 12-6 연결설정을 위한 3방향 교신 절차

2.2 연결종료

TCP는 3방향 교신 절차를 거쳐 회선을 개설해 데이터 전송을 완료한 후 회선 연결을 종료한다. 연결종료를 위해서는 보통 양방향 두 쌍의 세그먼트로 이루어진 네 차례의 세그먼트 교환을 거친다. TCP는 전이중 방식을 사용해 두 개의 독립적인 스트림 전송이 이루어지므로 양방향이 각자 독립적으로 회선을 닫는 것이다.

정상적인 연결종료는 [그림 12-7]과 같은 4방향 교신4-way Handshaking 절차를 거쳐 이루어진다. 연결종료를 요청하는 호스트에서 FIN 플래그를 설정해 세그먼트를 전송하면 수신지는 ACK 세그먼트를 보내 응답하고 응용프로그램에 종료를 알린다. 수신지에서도 통신이 끝나면 FIN 플래그를 설정해 세그먼트를 전송하고 이를 받은 전송지에서도 ACK 세그먼트를 보내 응답한다. 수신지에서는 ACK 세그먼트를 받으면 더 이상 데이터를 활성화하지 않고 연결을 종료하며, 전송지에서는 일정 시간의 TIME_WAIT 후에 연결 정보를 삭제한다.

TIP TIME_WAIT란 연결종료를 요청한 호스트에서 연결을 바로 종료하지 않고 일정 시간 동안 세션을 남겨놓고 기다리는 것을 말한다. TIME_WAIT를 설정하는 이유는 유실로 인한 재전송이나 라우팅 지연 등으로 인해 데이터가 뒤늦게 도착하거나 FIN 세그먼트를 보냈지만 응답을 받지 못하는 경우 등에 대비하기 위해서이다.

연결종료는 연결설정과 달리 예상할 수 없는 여러 상황이 존재한다. 종료요청을 했으나 응답을 받지 못하는 경우, 응용프로그램이 적절히 종료되지 않는 경우 등을 예로 들 수 있다. 이 과정에서 네트워크 자원의 낭비가 발생할 수 있으므로 다양한 상황에 따른 연결종료를 적절하게 처리할 수 있어야 한다.

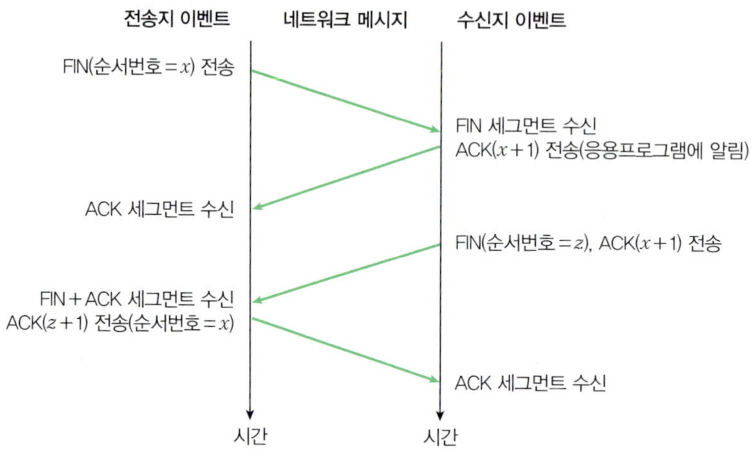

그림 12-7 연결종료를 위한 4방향 교신 절차

확인문제 12-2

호스트 A에서 호스트 B의 응용프로그램과 TCP 연결을 한 경우 A와 B 사이에서 수행되는 TCP 연결설정 절차에 따라 각 세그먼트의 값이 어떻게 변하는지 설명하시오.

풀이 TCP는 3방향 교신 절차를 이용하므로 TCP를 사용하는 호스트 A의 응용프로그램이 TCP 연결설정을 위해 첫 번째 SYN 세그먼트를 호스트 B로 전송한다. 이때 호스트 B의 응용프로그램은 TCP 연결설정을 수락할 준비가 되어 있으므로 호스트 A와 B 모두 TCP 연결설정을 위한 준비를 하고 순서번호를 초기화한다. 순서번호는 교신 과정 동안 전송되고 이에 따라 응답(ACK)을 받는다. 연결이 설정되면 양방향으로 동시에 데이터를 전송할 수 있으며 다음 단계인 데이터 전송으로 넘어간다. TCP 연결설정 과정 중 각 세그먼트 값의 변화는 다음과 같다.

- **첫 번째 세그먼트**

교신 과정에서 첫 번째 세그먼트는 코드 영역에서 SYN 플래그 비트를 1로 설정한 SYN 세그먼트로 이를 호스트 A에서 호스트 B로 전송한다. SYN 세그먼트는 ACK 번호 또는 윈도우 크기 값을 포함하지 않는다.

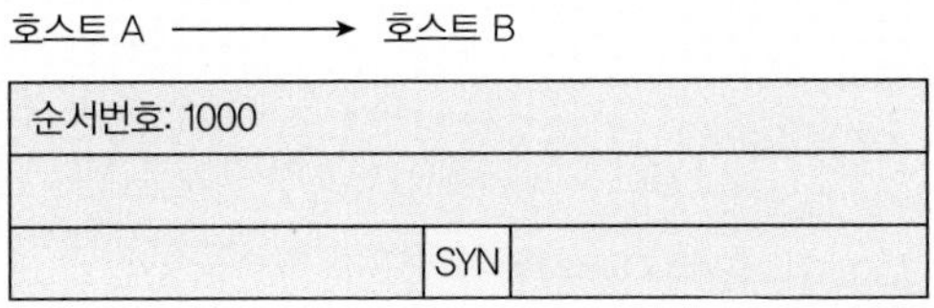

SYN 세그먼트

■ **두 번째 세그먼트**

두 번째 세그먼트는 SYN 세그먼트에 대한 응답인 ACK 세그먼트이다. 교신 과정이 계속 진행되고 있다는 의미의 SYN + ACK 세그먼트를 호스트 B에서 호스트 A로 전송한다.

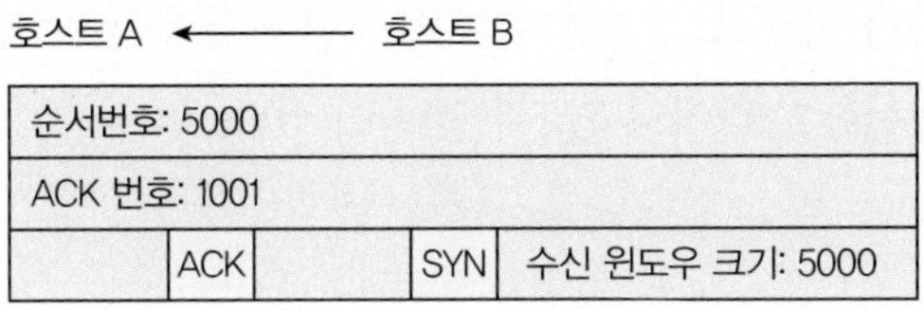

SYN + ACK 세그먼트

■ **세 번째 세그먼트**

세 번째 세그먼트는 확인응답 기능만 수행하는데 이것은 수신지에 양쪽 연결이 설정되었음을 알리는 역할을 한다. 이때 순서번호 영역값은 SYN 세그먼트의 순서번호와 동일하며 수신지의 윈도우 크기를 설정한 후 호스트 A에서 호스트 B로 전송한다.

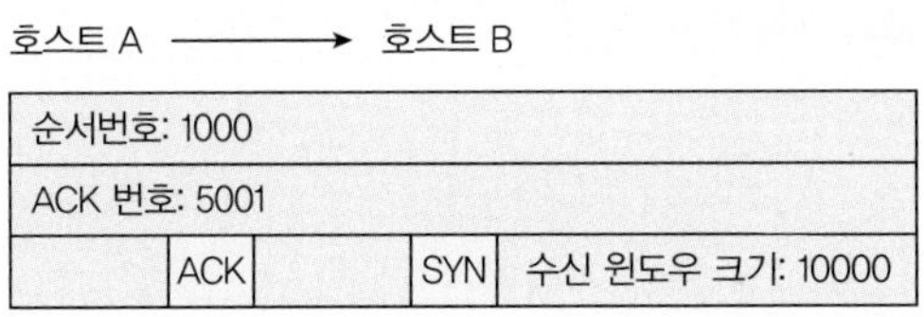

ACK 세그먼트

03 TCP의 흐름제어

네트워크에서 데이터를 전송할 때 만약 전송지가 수신지의 처리속도보다 더 빨리 전송한다면 제한된 용량을 초과해 이후에 도착하는 데이터가 손실되는 문제가 발생할 수 있다. 이 문제를 해결하려면 전송지와 수신지의 처리속도 차이를 해결해야 하는데, 이를 위해 수신지에서 자신의 상태에 대한 정보를 보내 데이터 전송을 조절하도록 하는 작업을 흐름제어라고 한다. TCP는 종단간 신뢰성을 보장하기 위해 흐름제어를 수행한다. 대표적인 흐름제어 방식에는 초기에 쓰이던 정지 – 대기 방식과 이를 개선한 슬라이딩 윈도우 방식이 있다.

1 정지 – 대기 방식

정지 – 대기Stop–and–Wait 방식은 전송한 세그먼트에 대한 확인응답을 받은 후 그 다음 세그먼트를 전송하는 것이다. 전송지에서 세그먼트를 하나 보내면 수신지에서는 그 세그먼트의 오류 유무를 판단해 전송지에 ACK나 NAK를 보낸다. 전송지는 ACK를 수신했을 경우에만 다음 세그먼트를 전송하며, NAK를 수신하거나 일정 시간 동안 ACK, NCK 등의 응답을 수신하지 못하면 해당 세그먼트를 재전송한다. 이 방식은 구현이 단순하지만 전송지가 응답을 받을 때까지 다음 세그먼트를 전송할 수 없으므로 효율이 떨어진다. 현재는 거의 쓰이지 않는다.

2 슬라이딩 윈도우 방식

정지 – 대기 방식의 비효율적인 단점을 개선하기 위해 고안된 것이 슬라이딩 윈도우Sliding Window 방식이다.

슬라이딩 윈도우 방식을 이해하려면 먼저 윈도우의 동작 원리를 이해해야 한다. 윈도우란 호스트가 데이터 전송을 위해 사용하는 버퍼로, 윈도우에 들어있는 데이터는 ACK를 받지 않아도 즉시 전송할 수 있다. TCP의 슬라이딩 윈도우 방식은 바이트를 기본단위로 한다.

슬라이딩 윈도우는 왼쪽 경계와 오른쪽 경계를 고려해 동작한다. 윈도우의 동작에는 열림, 닫힘, 축소 동작이 있으며 이 동작들은 수신지의 제어에 따라 움직인다. [그림 12–8]은 그 동작을 보여준다. 여기서 n은 사용자 데이터를 바이트 단위로 나타낸 순서번호이다.

수신지로부터 ACK가 도착하면 윈도우의 오른쪽 경계가 오른쪽으로 이동하는데, 이것이 윈도우의 열림 동작이다. 윈도우가 열리면 더 많은 데이터 전송이 가능하다. 오른쪽 경계가 오른쪽으로 이동하면 윈도우가 커져서 그만큼 ACK와 무관하게 데이터를 전송할 수 있기 때문이다. 데이터가 전송된 후에는 윈도우의 왼쪽 경계가 오른쪽으로 이동하는데, 이것이 윈도우의 닫힘 동작이다. 닫힘 동작은 데이터가 정상적으로 전송되었고 ACK를 받았음을 뜻한다. 윈도우의 오른쪽 경계가 왼쪽으로 이동하는 것은 축소 동작으로, 전송할 데이터의 적합성에 문제가 있음을 나타낸다. 만일 데이터가 이미 전송된 상태라면 심각한 문제를 초래하므로 축소 동작은 발생하지 않도록 주의해야 한다.

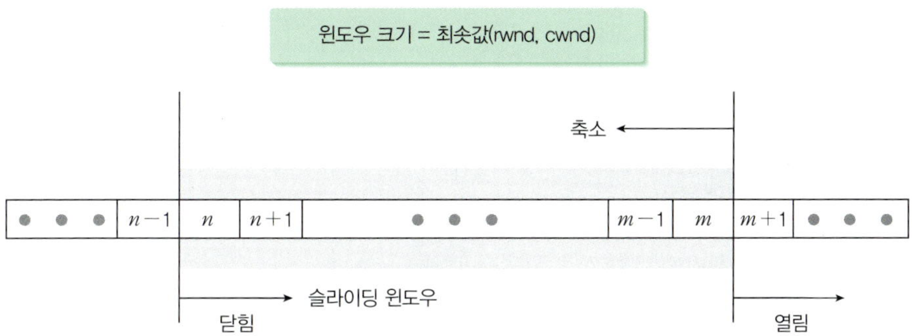

그림 12-8 슬라이딩 윈도우의 동작

슬라이딩 윈도우의 동작에서 가장 중요한 변수는 버퍼의 여유 즉 윈도우 크기다. 윈도우 크기는 전송했으나 아직 ACK를 받지 못한 데이터와 지연 없이 전송 가능한 데이터의 합이다.

윈도우 크기를 결정하는 것은 수신 윈도우Receiving Window, rwnd와 혼잡 윈도우Congestion Window, cwnd의 크기이다. 즉 수신 윈도우와 혼잡 윈도우 값을 비교해 더 작은 값으로 결정된다. 이를 수식으로 나타내면 (12.1)이 된다.

$$\text{윈도우 크기}=\text{최솟값}(\text{rwnd, cwnd}) \quad (12.1)$$

TIP 수신 윈도우 크기는 수신 버퍼의 여유 용량으로 수신지에서 결정하고 ACK를 포함하는 세그먼트를 사용해 전송지에 통보되며, 혼잡 윈도우 크기는 네트워크 혼잡을 초래하지 않도록 전송율을 제한하는 전송지 윈도우의 크기로 네트워크에서 결정한다.

구체적인 예를 들어보자. 혼잡 윈도우의 값이 8바이트이고 호스트 A가 9999바이트까지 전송했으며 호스트 B는 '수신 윈도우(rwnd)=16(바이트)'를 포함하는 확인응답 번호로 9998을 전송했다고 가정하자. 이때 윈도우 크기는 (12.2)와 같이 계산되어 8바이트가 된다.

$$\text{윈도우 크기}=\text{최솟값}(rwnd=16,\ cwnd=8)=8\text{바이트} \tag{12.2}$$

호스트 B로부터 확인응답 번호로 9998이 수신되었다면 9997바이트까지는 전송이 완료되었음을 확인한 것이며 9998, 9999바이트는 전송되었으나 아직 ACK를 받지 못한 상태다. 윈도우의 크기가 8이므로 현재 윈도우 내부 데이터는 9998 ~ 10005바이트이고 다음 전송될 데이터는 10000바이트이다. 따라서 호스트 A가 즉시 전송할 수 있는 데이터는 10000 ~ 10005바이트로 [그림 12-9]에서 색으로 표시된 부분이다.

9998	9999	10000	10001	10002	10003	10004	10005

그림 12-9 확인응답에 따른 윈도우의 동작

확인문제 12-3

호스트 A가 15000바이트까지 전송했고 호스트 B는 '수신 윈도우(rwnd)=12(바이트)'를 포함하는 확인응답 번호로 14998을 전송했다. 이때 혼잡 윈도우 값이 20바이트라면 윈도우 크기는 얼마인지, 또한 호스트 A가 즉시 전송할 수 있는 데이터는 어디부터 어디까지인지 구하시오.

풀이 먼저 윈도우의 크기를 구한다.

윈도우의 크기=최솟값(rwnd=12, cwnd=20)=12바이트

윈도우의 크기가 12이므로 현재 윈도우 내부의 데이터는 14998 ~ 15009이다. 따라서 호스트 A가 즉시 전송할 수 있는 데이터는 14998 ~ 15009이다.

04 TCP의 오류제어

TCP는 신뢰성 있는 데이터 전송을 위해 오류제어를 한다. 오류제어란 데이터 전송 중 발생하는 오류를 검출하고 정정하는 기능이다. 전송된 세그먼트가 손실되거나 훼손된 경우는 물론이고 순서가 어긋나거나 중복되는 경우에 대한 해결 방안을 제시한다.

전송된 세그먼트가 손실되면 TCP는 어떻게 오류제어를 할까? TCP의 오류제어는 기본적으로 세그먼트 재전송에 기초한다. 전송 도중 세그먼트에 문제가 발생하면 동일한 세그먼트를 다시 전송한다는 의미다.

[그림 12-10]을 예로 들어 살펴보자. 세그먼트의 데이터 크기가 100바이트이고 초기 순서번호는 501이라고 가정한다. 전송지에서 첫 번째 세그먼트(순서번호: 501~600)와 두 번째 세그먼트(순서번호: 601~700)를 전송하고 이는 ACK(701)에 의해 확인되었으며, 세 번째 세그먼트(순서번호: 701~800)는 전송되었으나 도중에 손실되었다. 수신지에는 네 번째 세그먼트(순서번호: 801~900)가 도착했으나 세 번째 세그먼트가 손실되어 도착하지 못해 곧바로 ACK(701)로 전송지에 알린다. 이때 전송지는 네 번째 세그먼트를 보내고 ACK(901)를 기다리고 있는 상태였으나 RTO가 타임아웃 처리되고 수신지에서 보낸 ACK(701) 세그먼트가 도착했으므로 세 번째 세그먼트(순서번호: 701~800)를 재전송한다. 수신지에서는 이미 도착한 네 번째 세그먼트(순서번호: 801~900)를 고려해 순서에 맞게 처리한 후 그 결과로 ACK(901) 세그먼트를 전송지로 전송한다.

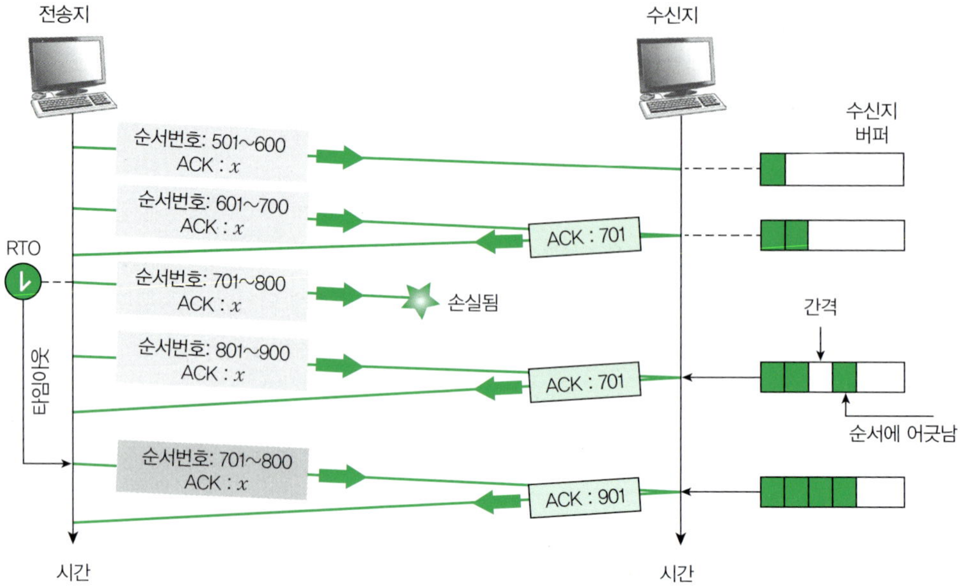

그림 12-10 TCP 오류제어 과정

[그림 12-10]을 살펴보면 각 세그먼트가 전송될 때 RTO라는 타이머를 사용한다. RTO 타이머 값은 재전송과 관련해 매우 중요한 역할을 한다. 그렇다면 RTO 타이머 값은 어떻게 결정할까? 1988년 제이콥슨Jacobson을 비롯한 많은 연구자가 RTT를 기반으로 동적으로 갱신되는 방법을 사용해 RTO 타이머 값을 구하는 알고리즘을 개발했다. 그 알고리즘을 간단히 소개하면 다음과 같다.

RTT 측정치를 RTT_M으로 나타내면 RTT_SSmoothed RTT는 처음 RTT 측정치로부터 $RTT_S=RTT_M$, 그리고 RTT_DRTT Deviation$=RTT_M$이 된다. 두 번째 RTT 측정치로부터는 (12.3)과 같이 계산할 수 있다.

$$RTT_S=(1-\alpha)RTT_s+\alpha RTT_M$$
$$RTT_D=(1-\beta)RTT_D+\beta|RTT_s-RTT_M| \quad (12.3)$$

여기서 매개변수 α와 β의 값은 어떻게 결정되는가? 연구결과에 의하면 $\alpha=\frac{1}{8}$, $\beta=\frac{1}{4}$이 최적 값으로 알려져 있다. 그래서 일반적으로 TCP 타이머는 이 값을 사용한다. 최종적으로 RTO 값은 (12.4)와 같이 계산해서 얻을 수 있다.

$$RT0=RTT_s+4RTT_D \quad (12.4)$$

그러나 제이콥슨 알고리즘은 세그먼트가 재전송될 때 RTT 갱신과 관련해서는 좋은 해결책을 제시하지 못했다. 칸Karn은 세그먼트가 재전송되었을 때 RTT 값을 갱신하지 않고 세그먼트 전송이 실패할 때마다 RTT 값을 두 배로 사용하는 알고리즘을 개발하였다. 이로써 TCP에서는 제이콥슨과 칸이 개발한 알고리즘을 이용해 RTO 값을 구한다. 이해를 돕기 위해 [확인문제 12-4]를 살펴보자.

확인문제 12-4

[그림 12-11]은 TCP의 연결설정 과정 및 연결설정이 이루어진 후 데이터가 전송되는 과정을 보여준다. RTO의 초깃값을 6초라고 할 때 그림을 참고해 TCP 타이머 값으로부터 재전송 타임아웃 시간(RTO)을 계산하시오.

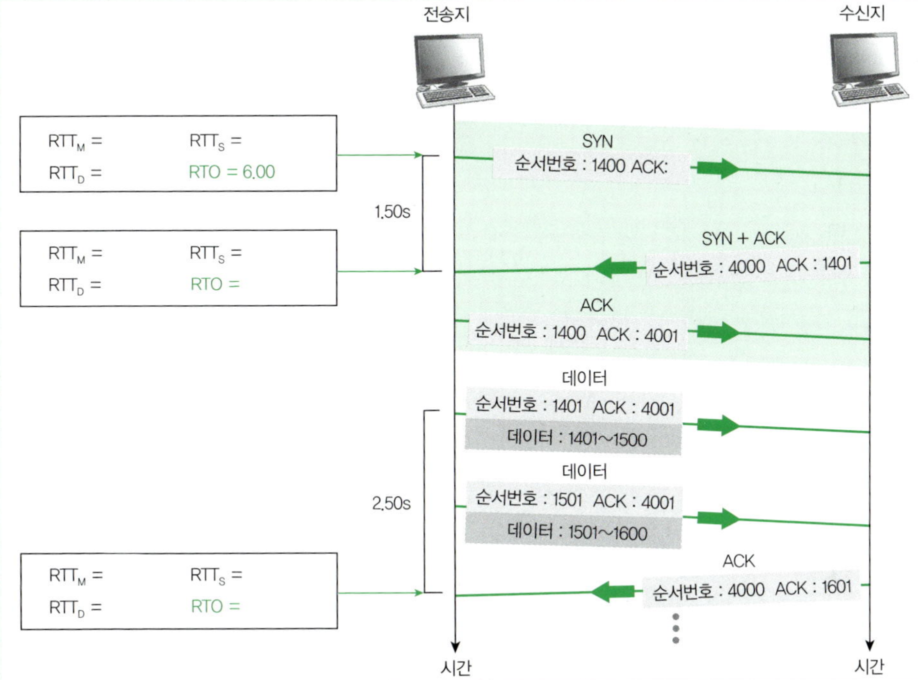

그림 12-11 TCP 연결설정 및 데이터 전송 과정

풀이 ❶ 처음 단계에서 순서번호가 1400인 SYN 세그먼트가 전송될 때 RTT_M, RTT_S, RTT_D 값은 아직 결정되지 않고, RTO는 6초다.

RTT_M = RTT_S =

RTT_D = RTO = 6.00

❷ 순서번호가 1400인 SYN 세그먼트에 대한 ACK으로 SYN + ACK 세그먼트가 순서번호 4000의 값을 갖고 도착하였다. 이때 $RTT_M = 1.5$(초)이고, 다음과 같이 계산해 RTO는 4.5초가 된다.

$RTT_M = 1.5$　　　　$RTT_S = 1.5$

$RTT_D = \frac{1.5}{2} = 0.75$　　　　$RT0 = 1.5 + 4 \times 0.75 = 4.5$

❸ $RTT_M = 2.5$(초)일 때, 다음과 같이 계산하면 RTO는 대략 4.74초가 된다.

$$RTT_M = 2.5$$

$$RTT_S = \frac{7}{8} \times 1.5 + \frac{1}{8} \times 2.5 = 1.625$$

$$RTT_D = \frac{3}{4} \times 7.5 + \frac{1}{4} \times |1.625 - 2.5| = 0.781$$

$$RT0 = 1.625 + 4 \times 0.781 = 4.749$$

05 TCP의 혼잡제어

1 혼잡제어의 개념

혼잡제어란 네트워크로 유입되는 데이터 트래픽의 양이 네트워크 용량을 초과하지 않도록 유지하는 것이다. 데이터 총량이 네트워크가 처리할 수 있는 허용량을 초과하면 네트워크는 혼잡 상태가 된다. [그림 12-12]는 이러한 혼잡 영역의 개념을 보여주고 있다. 그림에서 가로축은 사용자 트래픽의 양(부하load)을, 세로축은 네트워크 지연시간을 나타낸다. 사용자 트래픽 양이 네트워크 용량보다 충분히 적으면 지연 시간이 크지 않지만 네트워크 용량에 접근해가면 지연 시간이 급증한다는 것을 알 수 있다. 이와 같은 혼잡 상태는 네트워크 성능을 현저히 떨어뜨리고 결국 네트워크 기능을 마비시킨다. 따라서 네트워크 혼잡 상태를 방지하려면 혼잡제어 기능이 필요하다.

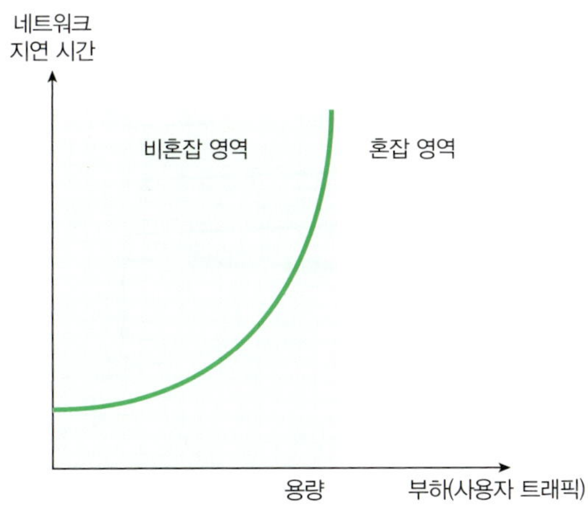

그림 12-12 네트워크 용량과 혼잡 영역

2 TCP 혼잡제어의 원리

TCP에서는 혼잡제어가 어떻게 동작할까? 일반적으로 TCP는 느린 출발 알고리즘과 혼잡회피 알고리즘을 기반으로 혼잡제어를 수행한다. 다시 말해 느린 출발 알고리즘 단계부터 시작해 혼잡회피 알고리즘, 혼잡감지 알고리즘 단계로 구분하면서 혼잡제어가 수행된다.

2.1 느린 출발 알고리즘

느린 출발Slow Start 알고리즘은 [그림 12-13]과 같이 혼잡제어를 위한 윈도우의 크기를 한계치에 도달할 때까지 지수적으로($1, 2^2, 2^3, 2^4, \cdots$) 증가시키는 방법을 취한다. 그림에서는 혼잡 윈도우(cwnd) 값이 1로 시작해 2, 4, 8, …로 증가하고 있음을 알 수 있다. 즉 느리게 출발해 점점 증가 속도가 빨라지는 것이다.

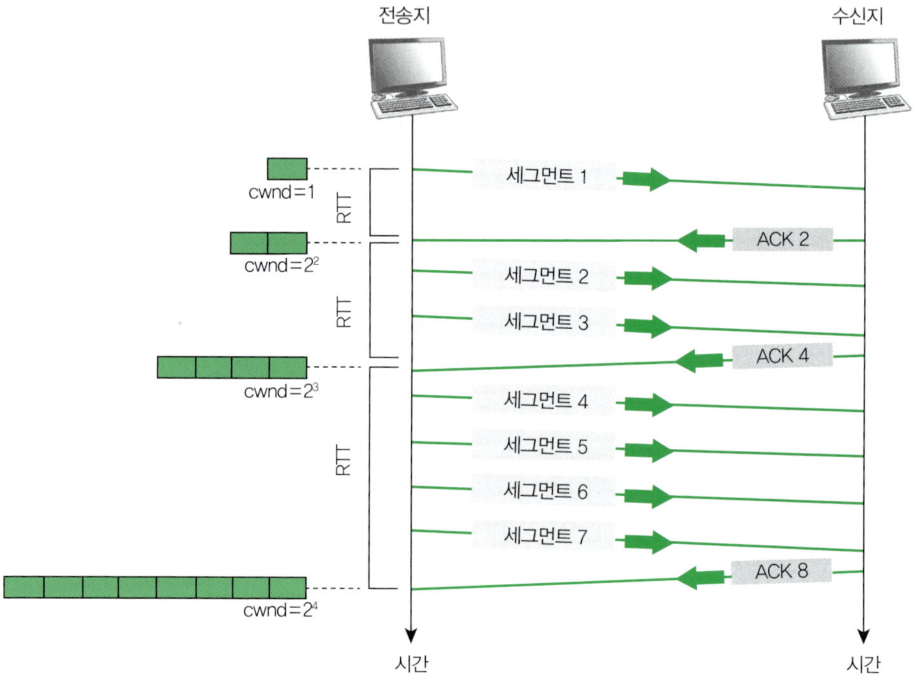

그림 12-13 느린 출발 알고리즘

2.2 혼잡회피 알고리즘

혼잡회피 알고리즘은 [그림 12-14]와 같이 혼잡 윈도우 크기를 혼잡 상태가 감지될 때까지 1씩(1, 2, 3, 4, …) 증가시키는 방법이다. 느린 출발 알고리즘과는 달리 비교적 큰 값에서 시작하지만 일정하게 1씩 증가한다. 이러한 알고리즘은 혼잡감지 단계에서 상호 연계하여 동작되도록 한다.

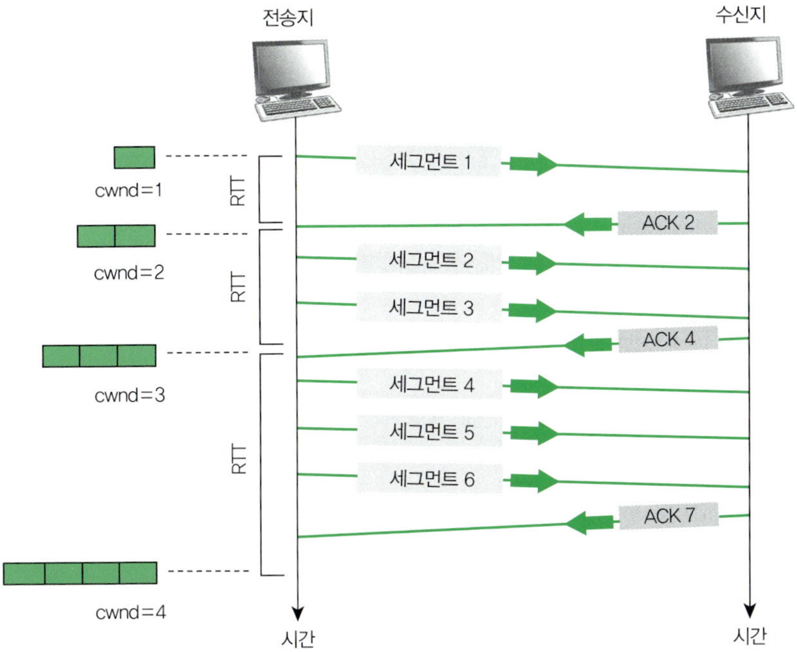

그림 12-14 혼잡회피 알고리즘

2.3 혼잡감지 알고리즘

TCP에서 혼잡제어는 느린 출발 알고리즘과 혼잡회피 알고리즘이 서로 연동해 수행된다. 타임아웃이 발생하거나 ACK 세그먼트가 세 번 수신되면 혼잡이 감지된 것으로 간주한다. 즉 혼잡 상태라고 판단하는 것이다. 타임아웃이 발생해 혼잡 상태라고 판단되면 느린 출발 단계로 다시 돌아가 느린 출발 알고리즘이 수행되며, ACK가 세 번 수신되어 혼잡 상태로 판단되면 혼잡회피 단계로 돌아가 혼잡회피 알고리즘이 수행된다.

혼잡제어 과정을 요약하면 [그림 12-15]와 같다.

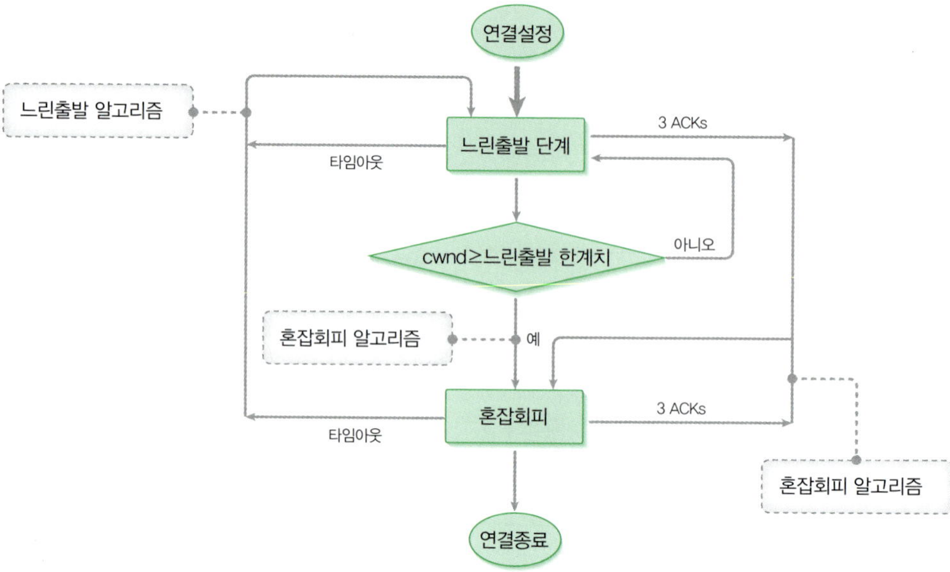

그림 12-15 TCP 혼잡제어 과정

확인문제 12-5

혼잡 윈도우의 한곗값이 16이고 t=8MSSs에서 타이머(RTO) 값이 타임아웃된다고 가정할 때 혼잡제어 과정이 어떻게 진행되는지 설명하시오.

풀이 초깃값으로 혼잡 윈도우 값을 1로 설정하고 혼잡제어를 수행한다. 이때 느린 출발 알고리즘이 적용되어 2, 4, 8, …로 증가하다가, t=4MSSs에서 윈도우 한곗값인 16을 갖게 되면 이후에는 혼잡회피 알고리즘이 적용된다. 윈도우 값은 16부터는 17, 18, 19, 20처럼 1씩 증가한다. t=8MSSs에서 타이머 값이 타임아웃되면 혼잡감지 단계로 넘어간다. 즉 t=8MSSs에서 혼잡 윈도우 값은 다시 1로 리셋되고 혼잡 윈도우의 한곗값은 $\frac{20}{2}$=10으로 변경된다. 이때 느린 출발 알고리즘이 적용되어 혼잡 윈도우 값은 1, 2, 4, 8과 같이 지수적으로 증가하고 이후 계속해서 과정이 반복된다.

06 UDP와 SCTP의 구조와 특성

1 UDP의 구조와 특성

TCP 자체가 오히려 비효율적인 경우도 발생한다. 실시간성을 중요시하거나 응답성을 중요시하는 프로그램이 대표적인데 이런 경우를 위해 개발된 것이 사용자 데이터그램 프로토콜인 UDPUser Datagram Protocol이다.

UDP는 오버헤드를 최소화한 매우 간단한 구조로 TCP보다 전송속도가 빠르다. UDP는 비연결성 프로토콜로 데이터 전송의 신뢰성을 보장하지 않으며 IP 서비스에 단지 프로세스 대 프로세스 데이터통신 환경만 제공한다. 다시 말해 데이터를 주고받을 때 TCP처럼 연결설정 단계를 거치지 않고 전송지에서 일방적으로 데이터를 전송하며 수신 여부도 확인하지 않는다. 흐름제어와 혼잡제어도 처리하지 않으므로 네트워크 부하가 적고, 체크섬도 최소한의 오류만 검출하도록 선택적으로 수행한다.

UDP 상에 정의된 대표적인 프로토콜에는 실시간 인터넷 방송과 네트워크 장비를 관리 감시하기 위한 응용 계층 프로토콜인 SNMPSimple Network Management Protocol가 있다.

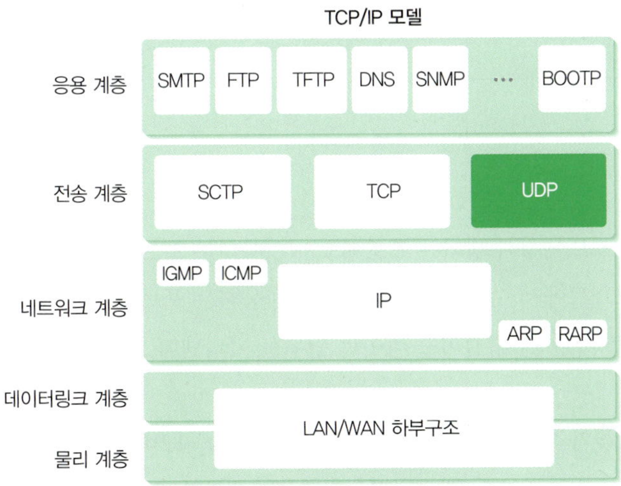

그림 12-16 TCP/IP 모델에서 UDP의 위치

[그림 12-16]은 TCP/IP 네트워크 모델에서 UDP의 위치를 보여준다. TCP와 마찬가지로 전송 계층에서 동작한다.

UDP도 TCP와 마찬가지로 프로세스 대 프로세스 프로토콜이다. 디바이스 대 디바이스가 아니라 응용프로그램이 수행되는 프로세스가 최종 수신지라는 의미다. [그림 12-17]은 IP의 종단이 디바이스까지인 것과 달리 UDP의 종단은 디바이스의 프로세스까지임을 보여준다.

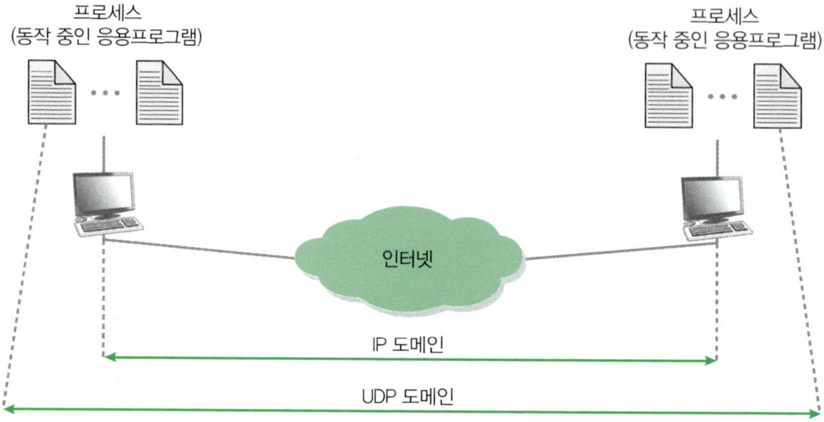

그림 12-17 IP와 UDP의 종단 비교

UDP 세그먼트의 구조는 [그림 12-18]과 같이 TCP에 비해 매우 단순하다.

0 7 8 15	16 31
전송지 포트 번호	수신지 포트 번호
UDP 길이	체크섬
응용데이터(메시지)	

그림 12-18 UDP 세그먼트의 구조

- **전송지 포트 번호**: 전송지 호스트에서 수행되는 프로세스가 사용하는 포트 번호이다.
- **수신지 포트 번호**: 수신지 호스트에서 수행되는 프로세스가 사용하는 포트 번호이다.
- **UDP 길이**: 헤더와 데이터를 합한 전체 길이를 바이트 단위로 나타낸다. 최소 8바이트 이상이 되어야 한다.
- **체크섬**: 사용자 데이터에 오류가 있는지를 검사하기 위해 사용한다. 12바이트 유사 헤더를 추가해 헤더 오류로 인한 전달 오류를 방지한다.

UDP 세그먼트에서 포트 번호는 프로세스 대 프로세스를 정의하기 위한 식별자로 사용된다. 0~65,536 사이의 값을 사용하는데 클라이언트 프로그램에서는 UDP 소프트웨어가 임의로 선택한 임시 포트 번호를 사용한다. 서버를 위해 공인 포트 번호를 사용하며 호스트 컴퓨터가 선택된 후에는 포트 번호를 사용해 특정 프로세스를 규정한다.

그렇다면 UDP는 어떤 경우에 사용될까? UDP는 단순한 요청이나 응답을 필요로 하는 프로세스, 흐름제어와 오류제어가 크게 필요하지 않은 프로세스, 내부적인 흐름제어와 오류제어 기능을 갖고 있는 프로세스, 멀티캐스팅과 브로드캐스팅을 위한 전송 프로토콜, SNMP와 같은 관리 프로세스, 온라인게임이나 동영상 시청 또는 대량의 데이터를 신속하게 전달해야 하는 스트리밍Streaming 서비스 등 신뢰성보다는 연속성이 중요한 서비스에 효율적으로 사용된다.

UDP와 TCP의 특성을 비교하면 다음 표와 같다.

표 12-1 UDP와 TCP의 비교

UDP	TCP
호스트 사이에 세션이 설정되지 않는 비연결성 서비스	호스트 사이에 세션이 설정되는 연결지향 서비스
전송 승인이나 데이터 정렬을 보장하지 않음	승인 및 순차적인 데이터 전송을 통해 전송 보장
UDP를 사용하는 프로그램은 데이터 전송에 필요한 신뢰성을 제공해야 함	TCP를 사용하는 프로그램은 신뢰할 수 있는 데이터 전송을 보장
빠르고 오버헤드가 적으며 지점 간 통신과 지점 대 다중 지점 간(point-to-multipoint) 통신을 지원	많은 오버헤드가 필요하며 지점 간 통신만 지원

2 SCTP의 구조와 특성

실시간 멀티미디어 서비스에 대한 요구가 다양해졌음에도 불구하고, 한동안 네트워크에서의 전송 계층 프로토콜은 TCP와 UDP에 한정되어 있었다. TCP와 UDP 기반의 인터넷 프로토콜은 새로 개발되는 멀티미디어 스트리밍 서비스를 제공하기에는 부족한 점이 있었기에 IETF에서는 2000년 10월에 SCTPStream Control Transmission Protocol(스트림 제어 전송 프로토콜)를 제정했다.

SCTP는 TCP의 신뢰성과 UDP의 메시지 지향적인 특성을 조합한 프로토콜이다. TCP처럼 연결지향적 프로토콜이며 혼잡제어를 통해 신뢰성 있는 순차적 메시지 전송을 보장하면서도 연결설정과 연결종료 과정의 약점을 해결했다. 또한 복원력과 안정성을 향상시키기 위해 멀티홈잉multi-homing과 멀티스트리밍multi-streaming 기능도 제공한다.

SCTP의 프로토콜 식별번호Protocol ID는 132인데, 이것은 UDP가 6, TDP가 17인 것과 비교된다. 만일 운영체제에서 SCTP를 지원하지 않는다면 UDP를 통해 SCTP를 터널링 처리하거나, TCP API 호출을 SCTP 호출에 매핑해 기존 응용프로그램의 수정 없이 SCTP를 사용할 수 있다.

■ SCTP의 구조와 동작

[그림 12-19]는 SCTP 연계성을 나타낸 것이다. 그림에서 보듯이 각 SCTP 노드는 IP 네트워크 서비스 계층, SCTP 전송 서비스 계층, SCTP 사용자 응용 계층으로 구성된다. SCTP에는 연결지향적 특성이 있으며 각 SCTP 종단에 SCTP 포트와 조합된 하나 또는 복수의 IP 주소 목록을 제공하고, SCTP 연계를 통해 멀티 스트리밍 형태로 패킷전송이 이루어짐을 나타냈다. 멀티 스트리밍을 통해 하나의 세션에서 서비스별로 다수의 스트림을 전송하고 다양한 종류의 콘텐츠를 식별하거나 전달할 수 있다.

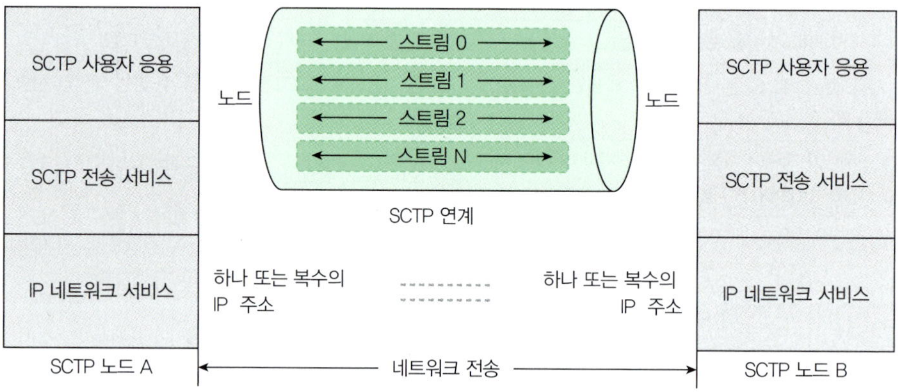

그림 12-19 SCTP 연계성

SCTP 패킷은 [그림 12-20]처럼 공통 헤더와 N개의 청크Chunk로 구성되는데, 청크에는 제어정보 또는 사용자 데이터가 포함된다. INIT, INIT ACK 및 SHUTDOWN COMPLETE 청크를 제외한 다수의 청크는 하나의 SCTP 패킷에 묶음Bbundles으로 묶을 수 있다. 만일 사용자 데이터 메시지가 SCTP 패킷 형식에 적합하지 않으면 다수의 청크로 분할된다.

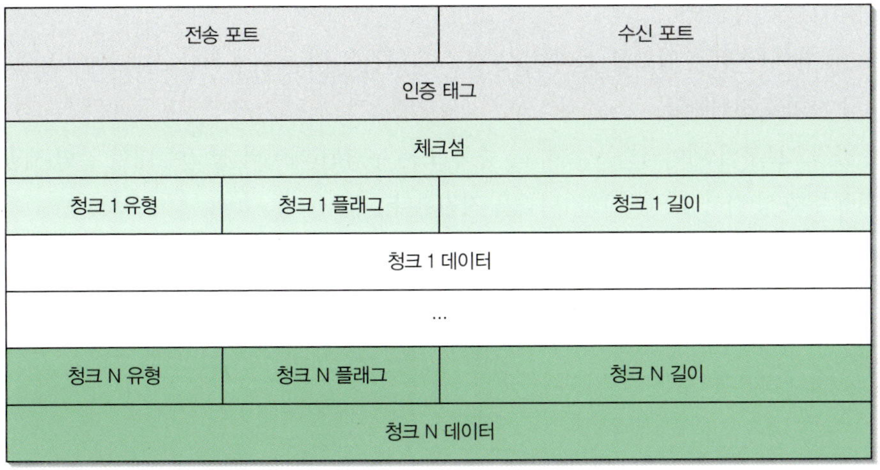

그림 12-20 SCTP 패킷 형식

■ **멀티홈잉**

멀티홈잉 기능은 SCTP 세션이 여러 개의 IP 주소를 동시에 사용할 수 있도록 하며, 세션 도중 네트워크 장애가 발생하는 경우 대체경로를 통해 세션이 유지되도록 하는 것이다. 즉 다수의 IP 주소와 인터페이스 사용해 다중경로 설정이 가능하며, 경로 장애에 대한 복구 기능과 이동 단말의 핸드오버Hand Over 기능을 지원한다.

■ **메시지 기반 멀티 스트리밍**

SCTP는 메시지와 제어정보를 각각 청크 헤더로 식별되는 별도의 청크에 기록한다. 메시지는 여러 데이터 청크로 분할될 수 있지만 각 데이터 청크에는 하나의 사용자 메시지로 나온 데이터만 포함된다는 점에 유의할 필요가 있다. SCTP는 청크를 SCTP 패킷으로 묶어 처리한다. TCP가 각 세그먼트에 바이트 일련번호 번호를 포함해 스트림의 바이트 순서를 유지하는 반면 SCTP는 스트림으로 전송된 각 메시지에 일련번호 번호 또는 메시지 ID를 할당하는데, 이를 통해 서로 다른 스트림에서 메시지의 순서를 개별적으로 유지하게 한다.

지금까지 살펴본 SCTP의 특징을 요약하면 다음과 같다.

- SCTP는 UDP의 메시지 지향적 특성과 TCP의 연결지향적 신뢰성 서비스 제공 특성을 결합한 프로토콜로, 순차적 · 비순차적 데이터 스트림 모두에 신뢰성 전송 특성이 있다.
- 다수의 IP 주소와 인터페이스를 사용해 다중경로 설정 및 장애 복구를 가능하게 하는 멀

티홈잉 기능을 지원한다.

- 주Primary 데이터 전송 경로를 선택하고, 경로의 연결을 검증하기 위한 경로 선택 및 모니터링 기능을 지원한다.
- 외부 공격으로부터 데이터를 보호하고, 중복 또는 누락된 데이터 청크에 대한 알림 제공을 위해 유효성 검사 및 승인 메커니즘을 지원한다.
- VoIPVoice over IP 서비스, 다중 미디어를 전송하는 웹 응용서비스, 고도의 신뢰성을 요구하는 보안 응용 등에 활용된다.

01 두 호스트 컴퓨터 사이에서 데이터 전송이 이루어질 때, TCP 프로토콜의 전송단위는?

① 프레임　　② 데이터그램
③ 셀　　④ 세그먼트

02 다음은 TCP 연결설정 단계에서 사용하는 3방향 교신에 대한 설명이다. (가)와 (나)에 들어갈 내용으로 옳은 것은?

> 교신 과정의 첫 번째 세그먼트는 (가)플래그를 설정한 상태로 전송된다. 수신지 호스트에서 수신한 (가) 세그먼트에 대한 응답임을 나타내기 위해 (나) 플래그를 1로 설정함과 동시에 교신 과정이 계속 진행되고 있다는 의미를 포함하도록 (가) 플래그도 1로 설정한다. 그 결과 두 번째 세그먼트는 (가 + 나) 형태로 전송된다. 마지막 교신 메시지는 (나) 기능만 수행하는데, 수신지에 양측의 연결설정이 완료되었음을 알리는 역할을 한다.

	(가)	(나)		(가)	(나)
①	SYN	RST	②	ACK	SYN
③	SYN	ACK	④	RST	SYN

03 슬라이딩 윈도우 방식에서 데이터가 전송된 후 윈도우의 왼쪽 경계가 오른쪽으로 이동하는 동작은?

① 닫힘 동작　　② 열림 동작
③ 축소 동작　　④ 해지 동작

04 TCP에서 흐름제어를 위해 사용하는 방식은?

① p-ACK 재전송　　② 3방향 교신
③ 4방향 교신　　④ 슬라이딩 윈도우

05 TCP 연결종료 과정에서는 4방향 교신을 사용한다. 이때 사용하는 플래그는?

① SYN 플래그　　② SYN + ACK 플래그
③ PSH 플래그　　④ FIN 플래그

06 TCP의 오류제어는 세그먼트를 어떻게 처리하는 것을 기반으로 하는가?

① 재전송 ② 선택적 폐기
③ 정정 ④ 예측

07 TCP 프로토콜의 전송특성에 대한 설명이다. 이중 옳지 않은 것은?

① 응용프로그램이 데이터를 전송할 때, 데이터는 비트 스트림으로 취급되어 전송지에서 전송한 옥텟의 순서와 일치하도록 수신지에 전송된다.
② 전송을 시작하기 전에 전송지와 수신지 응용프로그램이 각각의 운영체제에서 상호 동작이 이루어지도록 프로토콜 소프트웨어 모듈이 메시지를 보낸다.
③ 데이터를 전송하는 동안에는 양측의 프로토콜 소프트웨어가 서로 간의 전송상태를 확인해 비트 스트림을 전송한다.
④ 데이터 스트림을 가상회선을 통해 전송하는데, 데이터를 전송할 때 각각의 응용프로그램은 양방향 전송을 지원하지 않는다.

08 TCP 연결설정 과정에 관한 설명으로 옳지 않은 것은?

① 연결설정을 위해 3방향 교신을 사용한다.
② 교신 과정의 첫 번째 세그먼트는 SYN 플래그를 설정한다.
③ 두 번째 메시지는 SYN 플래그에 대한 응답으로서, 교신 과정이 계속 진행되고 있다는 의미를 갖도록 SYN 플래그와 ACK 플래그를 모두 설정한다.
④ 마지막 교신 메시지는 SYN 플래그와 ACK 플래그를 모두 설정해 전송함으로써 양측의 연결이 설정되었음을 알린다.

09 다음은 TCP 세그먼트의 형식과 기능에 대한 설명이다. 이중 옳은 것은?

① 윈도우 영역은 버퍼크기를 나타내고 전송할 수 있는 데이터의 크기를 알려준다.
② 순서번호 영역에는 세그먼트 헤더의 길이를 나타내는 정숫값이 들어간다.
③ 긴급 포인터 영역에는 TCP 연결에서 응용프로그램을 식별하도록 하는 TCP 포트 주소가 들어간다.
④ 예약 영역은 세그먼트에서 데이터 공급자의 바이트 스트림 안에서의 위치를 식별한다.

10 다음은 TCP 연결의 종료에 대한 설명이다. 이 중 옳지 않은 것은?

① 내부적으로 TCP는 연결을 종료하기 위해 4방향 교신 절차를 사용할 수 있다.
② 하나의 응용프로그램이 TCP에 더 이상 데이터를 전송하지 않겠다고 알리면 TCP는 한쪽 방향의 연결을 해제한다.
③ FIN 플래그를 설정해 세그먼트를 전송한다.
④ 수신지 TCP는 SYN 세그먼트에 응답하고, 응용프로그램은 계속 데이터를 활성화한다.

11 흐름제어와 오류제어를 크게 필요로 하지 않는 단순한 요청-응답을 필요로 하는 프로세스, SNMP와 같은 관리 프로세스, 대량의 데이터를 신속하게 전달해야 하는 스트리밍 서비스 등에 효율적으로 사용할 수 있는 프로토콜은?

① ARP ② TCP
③ UDP ④ SCTP

12 두 호스트 컴퓨터 사이에서 TCP를 사용한 데이터를 전송할 때는 RTO 타이머를 사용한다. RTO 값을 구하는 방법으로 제이콥슨과 칸이 개발한 알고리즘의 동작을 구체적으로 기술하시오.

13 TCP 프로토콜은 신뢰성 있는 데이터 전송이 수행되도록 다양한 방법을 사용한다. 신뢰성 전송을 위한 대표적인 방법 두 가지를 예를 들어 설명하시오.

14 TCP에서는 흐름제어를 위해 슬라이딩 윈도우 방식을 사용한다. 여기서 윈도우란 무엇을 의미하며 어떻게 동작하는지 설명하시오.

15 P-ACK 재전송이란 무엇인지 설명하시오.

16 TCP의 연결설정 과정의 동작을 흐름도를 이용해 구체적으로 설명하시오.

17 TCP 프로토콜의 혼잡제어를 위한 방법 중 혼잡회피 알고리즘의 동작에 대해 구체적으로 설명하시오.

18 SCTP 서비스의 특성을 TCP 및 UDP와 비교해 설명하시오.

19 UDP 세그먼트의 구조와 각 영역의 기능에 대해 설명하시오.

PART 04

응용 계층과 네트워크 응용 기술

PART
04

응용 계층과 네트워크 응용 기술

Part 4에서는 웹 응용 기술과 무선인터넷 기술, 네트워크 보안 기술을 다룬다. 또한 5G 네트워크의 구조와 특성 및 응용 분야, 클라우드 컴퓨팅과 빅데이터 응용 기술 등 최신 네트워크 응용 기술을 살펴본다.

Chapter 13에서는 이메일 시스템의 구조 및 동작, DHCP의 개념, 하이퍼텍스트와 HTTP, 웹 서비스의 구조 및 동작, HTML5를 소개한다. Chapter 14에서는 WPAN과 무선인터넷 기술을 이해하기 위해 블루투스 프로토콜의 구조 및 각 계층의 기능과 동작, UWB 기술, 블루투스 기술 등을 살펴본다. Chapter 15에서는 네트워크 보안의 개념과 암호화 기술 및 메시지 인증 기법, 보안 기술의 진화까지 소개한다. Chapter 16에서는 네트워크 응용 기술과 진화과정, USN 응용 기술과 BcN 기술의 개념 및 특성, 5G 네트워크와 응용 기술, 클라우드 컴퓨팅과 빅데이터 응용 기술 등을 알아본다.

CHAPTER 13
응용 계층과 웹 응용 기술

학습목표

- 이메일 서비스의 메시지 전달 과정을 이해한다.
- DHCP의 개념을 이해하고 구조와 동작을 설명할 수 있다.
- 하이퍼텍스트, HTTP, 웹 브라우저, HTML5 기술에 대해 설명할 수 있다.

01 응용 계층과 이메일 시스템

1 응용 계층의 기능

응용 계층은 OSI 참조모델과 TCP/IP 모델의 최상위 계층으로 파일관리 및 전송 같은 응용 처리를 위한 프로세서 사이의 인터페이스 기능을 담당한다. 응용 계층은 데이터통신을 위한 응용 기능으로 가상 단말, 원격 데이터베이스, 메일함 접근 등의 자원이용 기능과 네트워크 운영에 필요한 네트워크 관리 기능 등을 제공한다. 응용 계층에 해당하는 프로토콜 및 서비스에는 FTPFile Transfer Protocol(파일 전송 프로토콜), SMTPSimple Mail Transfer Protocol(간이 이메일 전송 프로토콜), DHCPDynamic Host Configuration Protocol(동적 호스트 구성 프로토콜), HTTPHypertext Transfer Protocol(하이퍼텍스트 전송 프로토콜), SNMPSimple Network Management Protocol(네트워크 관리 프로토콜), DNSDomain Name System(도메인 이름 시스템), 텔넷Telnet(원격 로그인), NSFNetwork File System(네트워크 파일 시스템) 등이 있다.

2 이메일 서비스

이메일 서비스의 가장 큰 장점은 신속한 정보 전송과 편의성이다. 초기의 이메일은 단순히 파일 전송 프로토콜로 구성되다가 1982년에 이르러 RFC 821(전송 프로토콜)과 RFC 822(메시지 형식) 표준이 발표되었다. 그 후 더욱 발전된 기능을 갖춘 X.400 표준이 발표되었으나 구조가 너무 복잡하고 설계상의 어려움으로 인해 실제 구현에는 이르지 못했다. 이후에 RFC 821과 RFC 822 표준은 수정 후 RFC 2821과 RFC 2822 표준으로 발표되어 오늘날의 이메일 시스템은 이 표준에 따라 구현된다.

이메일은 다른 네트워크 응용서비스와 다르게 메시지 전달 지연을 허용한다. 전화의 음성 메시지처럼 실시간으로 전달될 필요가 없으니 전달 지연은 큰 문제가 되지 않는다. 물론 다소 지연되더라도 보낸 메시지는 수신지에 정상적으로 도달한다.

메시지 전달 지연을 허용하기 위해서는 [그림 13-1]처럼 SPOOLSimultaneous Peripheral Operations On-Line(동시처리 기술)을 사용한다. SPOOL이란 처리속도가 다른 장치 사이의 데이터를 처리하기 위한 것으로, 고속 장치에서 출력된 데이터를 저속 장치의 입력으로 수용할 수 없는 경우에 보조기억장치에 임시 보관하는 방법이다.

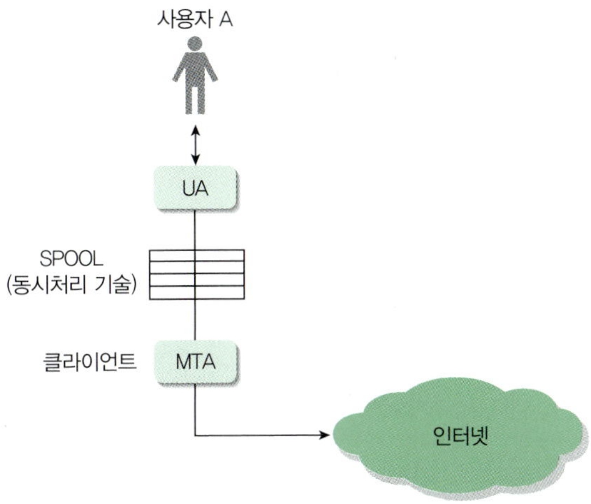

그림 13-1 홉 계수가 11인 경우의 RIP 동작

그림에서 사용자 A는 UAUser Agent(사용자 에이전트)를 이용해 메일을 작성하고 MTAMessage Transfer Agent(메시지 전송 에이전트)를 통해 전송한다. 이때 UA와 MTA 사이에서 SPOOL을 사용해 메시지의 전달 시간 지연에 대한 처리를 수행한다.

3 이메일 서비스 시스템

이메일 서비스를 제공하는 이메일 시스템은 어떻게 구성될까? 이메일 시스템은 [그림 13-2]와 같이 UA, 메일함, 동시처리 영역, MTA, 이메일 에일리어스Email Alias, 데이터베이스 등으로 이루어진다. 그림과 같이 각 구성요소는 상호 유기적인 기능을 수행하며 사용자의 메시지 전달이 원활하게 이루어지도록 한다. 이메일 에일리어스는 길거나 기억하기 어려운 이메일 주소를 간단하게 대체하거나 webmaster@example.com, info@example.com과 같은 포괄적 이메일 주소를 생성할 때 사용하기도 한다.

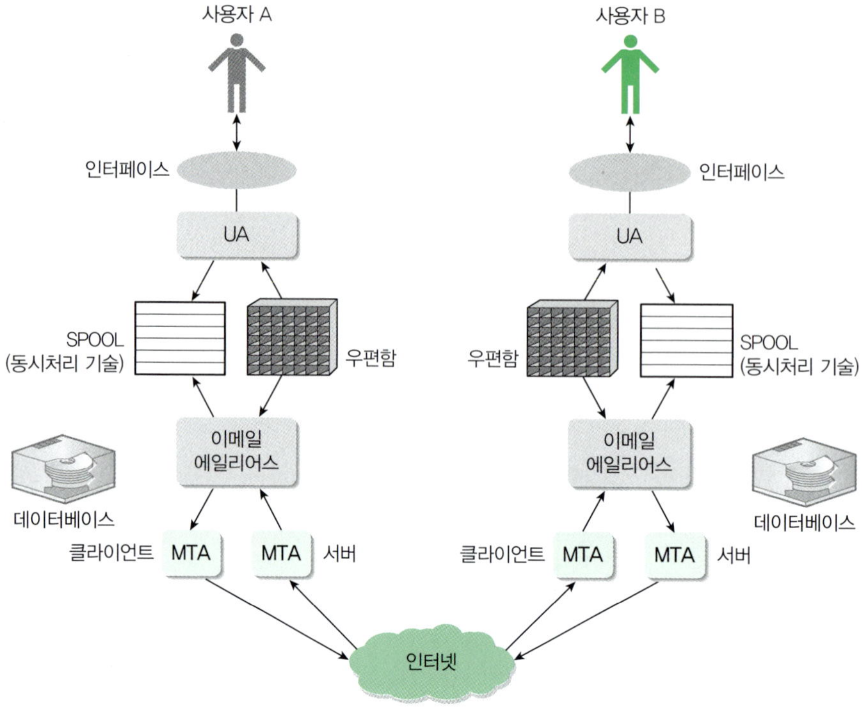

그림 13-2 이메일 시스템의 구성도

그림에서 사용자 A가 사용자 B에게 이메일을 보내는 경우를 생각해보자. 사용자 A는 인터페이스를 통해 UA에 접근하고 UA를 이용해 이메일을 작성한다. 그리고 에일리어스 확장 기술과 MTA 클라이언트를 이용해 메일을 전송한다. 사용자 A의 메시지는 인터넷을 경유해 사용자 B의 MTA 서버로 전달되고 MTA 서버는 이메일 에일리어스 기술과 동시처리 기술을 연계해 메일함에 메시지를 전달한다. 사용자 B는 UA를 이용하여 메일함에 접근해 보관된 메시지를 읽는다. 사용자 B가 사용자 A에게 이메일을 보내는 경우도 동일하다.

이메일 시스템의 각 구성요소별 동작을 알아보자.

3.1 UA

UA(사용자 에이전트)는 사용자가 이메일 메시지를 원활하게 전송 및 수신하게 해주는 프로그램이다. UA는 [그림 13-3]과 같이 메시지 작성, 읽기, 응답, 전송, 메일함 관리 등의 기능을 수행한다.

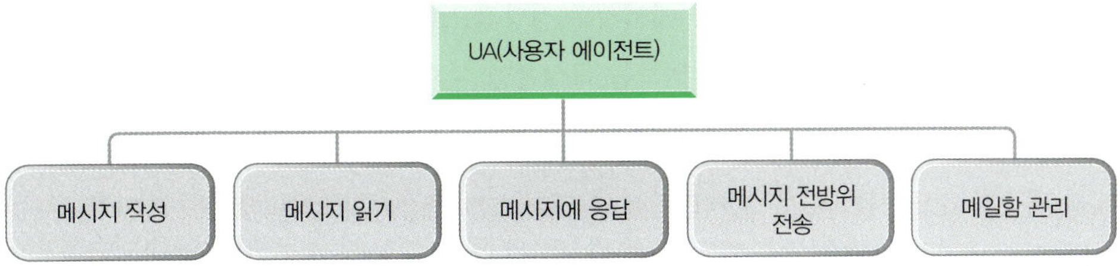

그림 13-3 UA의 기능

3.2 SMTP와 MTA

[그림 13-4]는 이메일 시스템의 전송 과정을 나타낸 것이다. SMTP는 이메일 서비스를 이용하기 위한 프로토콜로, 하위 계층에서 TCP 프로토콜을 사용한다. 이메일 사용자와는 직접 관계가 없고 메시지가 통과하는 시스템과 정보를 교환한다. SMTP는 이메일을 송수신하기 위해 UA와 MTA를 사용하며, MTA는 이메일을 다른 이메일 서버로 전달하는 프로그램이다.

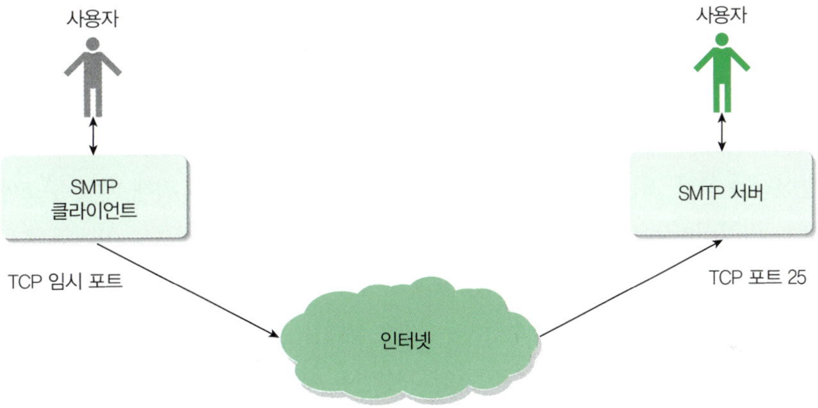

그림 13-4 이메일 시스템의 전송 과정

이메일 전송은 TCP에서 SMTP 서버(또는 MTA 서버)와 SMTP 클라이언트(또는 MTA 클라이언트) 사이의 메시지 전달 과정을 거쳐 이루어진다. 전송 과정을 자세히 살펴보면 다음과 같다.

- **1단계**: SMTP가 SMTP 클라이언트(또는 MTA 클라이언트)를 구성한 후 수신지의 장치 이름과 IP 주소를 일치시키고 수신지 장치와 메일 서버까지 TCP 연결을 시도한다.
- **2단계**: 위의 과정이 성공적으로 이루어지면 메시지 복사본을 수신지의 SMTP 서버(또는 MTA 서버)까지 전송하고 이를 수신지 시스템의 SPOOL에 저장한다.

- **3단계**: 수신지의 SMTP 서버가 메시지를 정상적으로 수신해 SPOOL에 저장한 것이 확인되면 전송지의 SMTP 클라이언트는 복사본을 삭제한다.

SMTP를 사용하는 전송 프로세스가 TCP 연결을 수행할 수 없거나 도중에 연결이 끊어지면 메시지 전송과 소멸 시간을 보고한다. 전송 프로세스는 전송되지 않은 메일을 확인해 동시처리 영역을 주기적(일반적으로 10~30분)으로 정리한다. 또한 메시지를 발견할 때마다 혹은 사용자가 새로운 메시지를 발송할 때마다 전송을 시도한다. 종료 시점(일반적으로 3~5일)까지 메시지 전송에 실패하면 해당 메일을 전송지로 되돌려보낸다.

4 메일함과 이메일 에일리어스

메일 전송에 사용하는 이름은 장치에 할당되는 이름과 다르다. 일반적으로 메일함 주소는 사용자의 로그인 식별자(사용자 ID)와 동일하고, 수신지의 장치 이름은 도메인 이름과 같도록 구성한다.

4.1 이메일 에일리어스와 메일 전송

대부분의 이메일 시스템은 이메일 에일리어스 메커니즘을 포함하는 메일 전송 프로그램을 제공한다. 메일 발신자는 하나 또는 그 이상의 새로운 메일 주소를 설정하기 위해 메일 주소에 사용되는 식별자를 일치시키는 로컬 사이트Local Site 정보를 허용한다. 일반적으로 이메일 프로그램은 메시지를 전송하기 전에 매핑된 수신자로 교체하기 위해 로컬 에일리어스Local Aliases를 요청한다. 이때 매핑 과정을 거치지 않은 수신자는 기존 상태를 유지하고, 하부 메일 시스템은 에일리어스를 사용해 들어오는 수신자 주소를 일치시킨다. 이러한 에일리어스 시스템을 사용함으로써 한 사용자가 여러 개의 메일 식별자(ID)를 가질 수 있고, 또한 하나의 식별자를 갖는 수신자 그룹 할당이 가능해진다.

[그림 13-5]는 이메일 에일리어스와 목록 확장을 지원하는 메일 시스템의 처리 과정을 나타낸 것이다. 이메일 사용자가 사용자 인터페이스를 통해 메일을 보내면, 이는 메일 에일리어스 목록과 메일 전송 절차를 통해 동시처리 영역으로 보내짐으로써 메일 전송이 이루어진다. 상대방으로부터 들어오는 메일을 수신하면 메일 서버는 수신된 메시지를 에일리어스 목록과 전송 절차를 통해 메일함에 보관하고, 메일 사용자는 사용자 인터페이스를 통해 메시지를 읽게 된다.

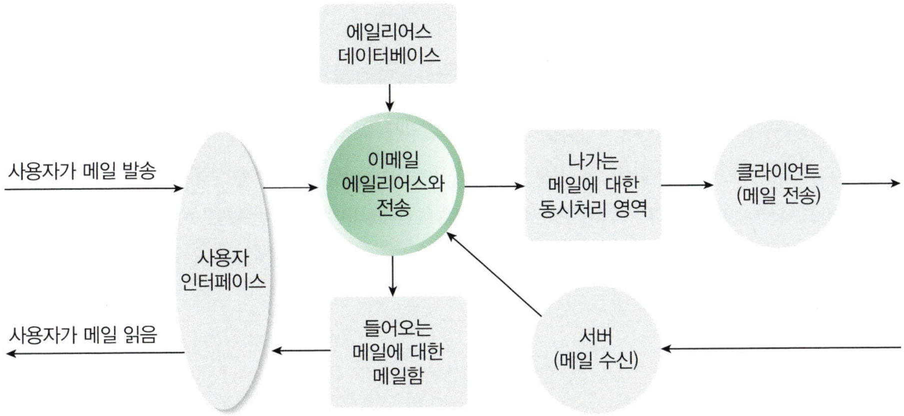

그림 13-5 이메일 에일리어스와 전송을 지원하는 메일 시스템의 처리 과정

4.2 이메일 주소

이메일 전송 시스템에서 사용하는 이메일 주소는 [그림 13-6]과 같이 간단하고 기억하기 쉽게 구성된다. 그림에서 도메인 이름은 메일이 전송될 수신지 도메인의 이름이고 로컬 부분Local Part은 장치의 메일함 주소다. 메일 게이트웨이를 사용하면 주소가 더욱 복잡해질 수도 있다. 인터넷과 연결되지 않은 경우에는 가장 가까운 메일 게이트웨이의 주소를 갖거나 혹은 연결되지 않은 경우에 대한 해결방안을 지원하는 소프트웨어를 사용해야 한다.

그림 13-6 이메일 주소 형식

TIP 메일 게이트웨이란 두 개 또는 그 이상의 데이터통신망 사이에서 이메일이 원활하게 통신망 경계를 지나 다른 통신망으로 들어가도록 메시지를 중계하는 장치이다.

인터넷과 같은 네트워크는 사용자에게 서비스를 제공하는 것이 목적이다. 그러므로 네트워크 모델 최상위에 위치한 응용 계층 프로토콜은 서비스 제공에 적합한 클라이언트-서버 모델을 사용하는 것이 일반적이다. 이메일 시스템도 클라이언트-서버 구성을 취한다. 뒤에서 설명할 DHCP와 HTTP도 클라이언트-서버 구성의 대표적인 응용 계층 프로토콜이다.

확인문제 13-1

이메일 시스템에서 메시지가 전송되는 과정을 간략하게 설명하시오.

풀이 SMTP는 하나의 SMTP 클라이언트(혹은 MTA 클라이언트)를 구성한 후 수신지의 장치 이름과 IP 주소를 일치시키고 수신지 장치와 메일 서버까지 TCP 연결을 설정한다. 이 과정이 성공하면 전송 프로세스가 메시지 복사본을 수신지 SMTP 서버까지 전송하고 이것을 SPOOL에 저장한다. 전송된 메시지를 수신지 SMTP 서버가 수신했다는 것을 확인하면 SMTP 클라이언트가 복사본을 삭제해 전송 과정이 종료된다.

확인문제 13-2

이메일 시스템에서 이메일 에일리어스 메커니즘을 사용하는 이유를 설명하시오.

풀이 이메일 에일리어스 메커니즘은 편리성과 유용성을 향상시키기 위해 사용한다. 에일리어스 시스템을 사용하면 한 사람이 메일 식별자 여러 개를 가질 수 있다. 또한 하나의 식별자를 갖는 수신자 그룹 할당이 가능하다.

02 DHCP의 역할과 동작

1 DHCP의 등장 배경

인터넷 사용 급증으로 IPv4를 기반으로 하는 인터넷 구조로는 호스트 주소의 부족과 늘어나는 사용자 요구를 충족하기 어려워졌다. 이에 대한 대안으로 IPv6이 등장했으며, IPv6가 IPv4를 완전히 대체하기 전까지 한정된 IP 주소를 좀 더 효율적으로 쓰기 위해 동적 IP 기법인 DHCP가 사용되고 있다.

DHCPDynamic Host Configuration Protocol는 UDP를 이용해 동적으로 IP 주소와 기타 구성정보 등을 할당하고 관리하는 프로토콜이다. DHCP 이전에 사용되던 프로토콜인 BOOTPBOOTstrap Protocol는 디스크가 없는 클라이언트의 부팅을 위해 하드웨어 주소를 기반으로 IP 주소를 할당하는 것으로 IP 주소 및 부트스트랩 파일이 있는 호스트 내 경로만 제공한다.

DHCP의 동작은 서버 검색 및 발견Server Discovery, IP 대여 제공IP lease offer, IP 대여 요청IP lease request, IP 대여 승인IP lease acknowledgement 등 네 가지 단계로 구분된다. 즉 발견–제공–요청–승인 동작이 이루어지는 것이다.

DHCP 클라이언트는 DHCP 서버를 검색하기 위해 DHCPDISCOVER 메시지를 사용한다. 이때 DHCPDISCOVER 메시지의 수신지 주소 영역에는 제한된 브로드캐스트Limited Broadcast 주소인 '255.255.255.255'가 사용된다. DHCP 클라이언트와 서버는 방송 패킷을 라우터로 전송하는 것이 아니라, 지역 간 전송 과정을 통해 처리하도록 한다. 방송 패킷에 대한 응답으로 DHCP 서버는 DHCP 클라이언트에 IP 주소를 제공한다.

TIP DHCP에 대한 자세한 내용은 RFC 2131을 참고한다.

2 DHCP 동작

DHCP 클라이언트와 서버 간의 동작은 UDP를 이용한 비연결성 서비스Connectionless Service의 형태로 진행된다.

- DHCP 클라이언트가 IP 대여 요청
- DHCP 서버가 IP 대여 제공
- DHCP 클라이언트가 IP 대여 서비스 선택
- DHCP 서버가 IP 대여 확인 응답

부팅 시 DHCP 클라이언트는 IP 주소를 할당받기 위해 네트워크 IP 주소 요청 패킷인 DHCPDISCOVER 메시지를 다음과 같은 내용으로 보낸다.

- **전송지 IP 주소**: 0.0.0.0 ← 초깃값
- **수신지 IP 주소**: 255.255.255.255 ← 브로드캐스트 형태
- **하드웨어 주소**: 자신의 MAC 주소

중간에 있는 라우터는 RFC 1542를 따라 DHCP 클라이언트가 어떤 서브 네트워크에 연결되어 있는지 DHCP 서버가 판별하도록 서브 네트워크에 적절한 IP 주소를 할당한다. 클라이언트로부터 요청을 받은 다수의 DHCP 서버는 다음과 같은 내용의 DHCPOFFER 메시지를 보낸다.

- **전송지 IP 주소**: DHCP 서버의 IP 주소
- **수신지 IP 주소**: 255.255.255.255 ← 아직 IP 주소가 할당되지 않았으므로 브로드캐스트 형태
- **제공된 IP 주소**: 클라이언트에 대여할 수 있는 IP 주소
- **클라이언트 하드웨어 주소**: 클라이언트가 알려준 MAC 주소
- **서브넷 마스크**: 대여할 수 있는 IP의 서브넷 마스크
- **대여 기간**: IP 대여 기간
- **서버 구별자**: 서버의 IP 주소

모든 DHCP 서버에서 응답이 없다면 9, 13, 16초 간격마다 0 ~ 1000msec에 해당하는 임의의 시간을 추가해 접속을 재시도하고 총 네 번의 시도에도 응답이 없으면 포기하고 이후 5분마다 다시 접속을 시도한다.

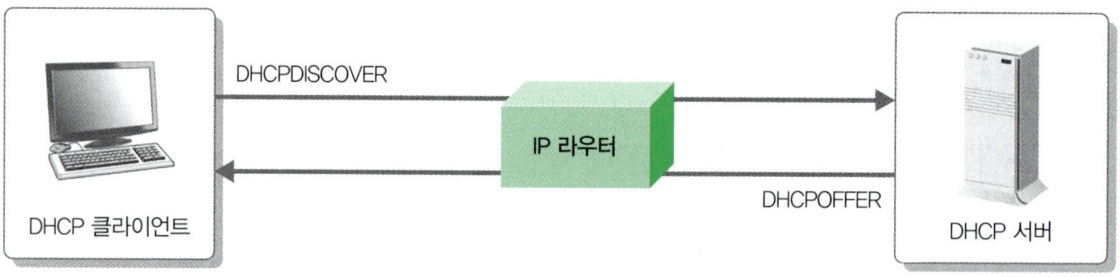

그림 13-7 IP 대여 요청과 제공

DHCP 서버가 응답을 보내면 클라이언트는 그 중에서 한 가지를 선택할 수 있다. [그림 13-8]을 보면 선택한 IP 주소를 하나의 서버에서 대여하겠다고 응답한 것이므로 다른 서버에도 이러한 사실을 알리기 위해 다음 내용이 포함된 DHCPREQUEST 메시지를 보낸다.

- **전송지 IP 주소**: 0.0.0.0 ← 클라이언트의 IP 주소가 아직 확정되지 않음
- **수신지 IP 주소**: 255.255.255.255 ← 하나의 IP만 선택된 것을 모든 DHCP에게 알리기 위한 브로드캐스트 형태
- **하드웨어 주소**: 클라이언트의 MAC 주소
- **요청하는 IP 주소**: 클라이언트가 선택한 IP 주소
- **서버 구별자**: IP를 대여하겠다고 한 서버의 IP 주소

이와 같은 DHCPREQUEST 메시지를 받으면 DHCP 서버는 DHCPACK 메시지를 클라이언트에 전송한다. 이 패킷은 클라이언트가 선택한 IP를 대여하겠다고 하는 서버만 보내고 나머지 서버는 자신의 대여가 선택되지 않았으므로 다른 클라이언트에게 대여하기 위해 IP를 보관한다. DHCPACK 메시지에는 다음과 같은 내용이 포함된다.

- **전송지 IP 주소**: 서버의 IP 주소
- **수신지 IP 주소**: 255.255.255.255
- **제공 IP 주소**: 대여하는 IP 주소
- **클라이언트 하드웨어 주소**: 클라이언트 MAC 주소
- **서브넷 마스크**: 대여하는 IP의 서브넷 마스크
- **대여 기간**: 기본 3시간(설정에 따라 가변적)
- **서버 구별자**: 서버의 IP 주소
- **DHCP 추가 옵션**: DHCP 관리자가 추가한 옵션

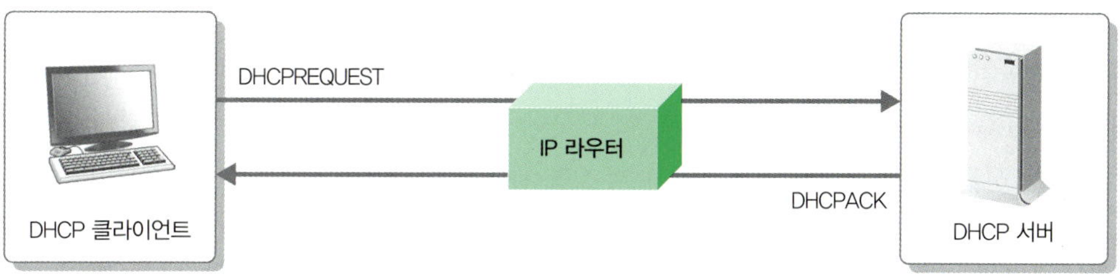

그림 13-8 IP 대여 선택과 응답

3 IP 대여 갱신

IP 대여 갱신은 대여 기간이 종료되기 전에 IP 주소를 갱신해 기간을 연장하는 메커니즘이다. 그 과정은 [그림 13-9]와 같다.

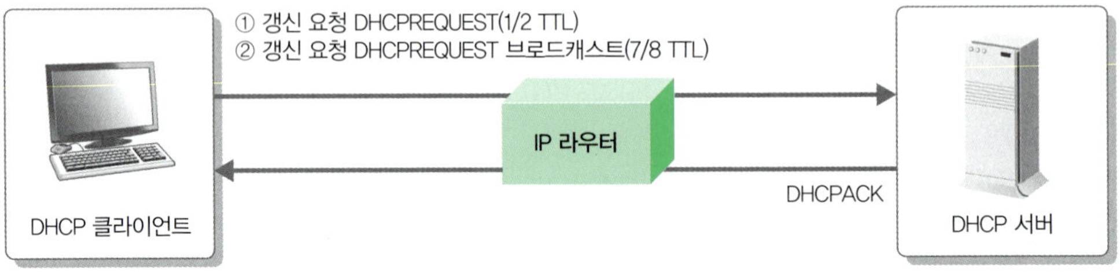

그림 13-9 IP 대여 갱신

대여 기간의 1/2이 지나면 IP 주소를 대여한 서버에 DHCPREQUEST 메시지를 보낸다. 자신의 IP 주소가 있고 어느 서버가 대여했는지 알고 있으므로 정확한 IP 주소를 기입할 수 있다. DHCP 서버는 IP 주소의 대여 기간을 갱신하고 변경된 추가 옵션이 있다면 포함해 DHCPACK 메시지를 보낸다.

TIP 이러한 갱신 작업은 ipconfig/renew 명령으로 언제든지 실행할 수 있다.

이때 DHCP 서버가 DHCPACK 메시지를 보내지 않으면 어떻게 처리될까? 나머지 기간에도 IP 주소 사용은 가능하며 대여 기간의 7/8이 지났을 때 DHCP 서버에 DHCPREQUEST 브로드캐스트 메시지를 발송한다. 서버가 정상적으로 동작한다면 갱신 메시지를 포함하는 DHCPACK 메시지로 응답할 것이고 정상적으로 동작하지 않는다면 다른 서버가 새로운 IP 주소를 할당한다는 의미의 DHCPACK 메시지로 응답해 새로운 IP 주소와 설정값으로 초기화될 것이다.

만일 클라이언트가 다시 시작되었다면 동일한 서버로부터 동일한 IP 주소를 사용하겠다는 DHCPREQUEST 메시지를 전달한다. 이 요구에 응답하는 DHCPACK 패킷이 없더라도 처음 설정된 대여 기간 이내라면 동일한 IP 주소를 사용하게 된다.

이 DHCP 서버로부터 IP 주소를 받지 못하고 대여 기간이 종료되면 결과적으로 TCP/IP가 초기화되지 못해 네트워크를 사용하는 모든 응용프로그램이 실행되지 않는 결과가 발생한다.

확인문제 13-3

DHCP의 IP 대여 갱신 과정을 간략히 설명하시오.

풀이 IP 대여 갱신 과정이란 대여 기간이 종료되기 전에 IP 주소를 새롭게 갱신해 기간을 연장하는 메커니즘이다. 대여 기간의 1/2이 지난 후에 IP 주소를 대여했던 서버에 DHCPREQUEST 메시지를 보내고 DHCP 서버는 IP 주소의 대여 기간을 갱신한다. 만일 변경된 DHCP 추가 옵션이 있다면 그 내용을 포함해 DHCPACK 메시지를 보낸다.

03 웹과 HTTP

1 웹과 웹 브라우저

웹World Wide Web, WWW, W3은 1989년 CERN의 연구원이었던 팀 버너스 리가 제안한 방식에서 시작해 1990년 말에 NeXT라는 이름의 컴퓨터에서 동작하는 최초의 웹 소프트웨어로 발표되었다. 당시 발표된 소프트웨어는 인터넷상에서 하이퍼텍스트로 작성된 웹 문서를 전송하는 새로운 기능을 탑재했으며 전문가만 다룰 수 있는 특수 명령어로 제작되었다. 이어서 CERN 위원회에서 개최한 세미나와 1991년에 개최된 하이퍼텍스트 학술대회에서 이 소프트웨어를 이용한 시연회가 발표되었다. 비슷한 시기인 1993년 NCSA에서 멀티플랫폼mutipltaform 웹 브라우저인 모자이크를 무료 배포하면서 새로운 인터넷 시대가 열리게 된다. 1994년에 팀 버너스 리는 웹 표준과 정책 지침 개발을 목적으로 하는 비영리법인인 W3 컨소시엄(W3C)을 창립했으며, 현재까지 W3C를 이끌며 인터넷의 발전에 공헌하고 있다.

정보의 저장소라고 할 수 있는 웹은 사용자가 수많은 서버에 손쉽게 접근해 다양한 정보를 얻을 수 있도록 하이퍼텍스트 구조를 취한다. 웹 브라우저는 웹 정보를 검색하기 위한 프로그램으로, 하이퍼텍스트 구조로 되어 있을 뿐만 아니라 각종 언어의 문서를 검색할 수 있다. 브라우저의 종류에는 마이크로소프트 사의 익스플로러, 구글 사의 크롬, 모질라 사의 파이어 폭스, 애플 사의 사파리 등이 있다.

[그림 13-10]은 웹 브라우저의 핵심 구조를 보여준다. 브라우저는 일반적으로 제어기Controller, 클라이언트 프로토콜, 해석기Interpreter로 구분된다. 제어기는 클라이언트 프로그램을 통해 키보드 혹은 마우스로부터 받은 입력으로 웹 문서에 접근한다. 클라이언트 프로토콜에는 FTP, TELNET, HTTP 등이 있다. 해석기로는 웹 문서에 따라 HTML, 자바, 자바스크립트 등이 사용된다.

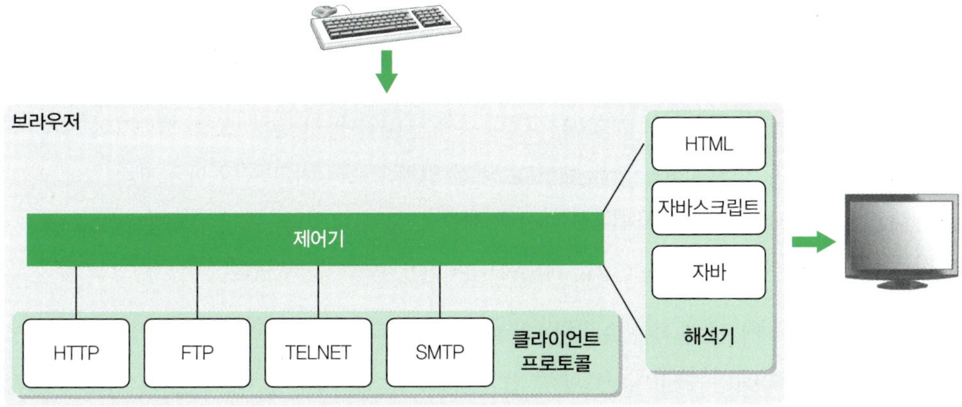

그림 13-10 웹 브라우저의 구조

어떤 홈페이지를 검색하려면 웹 서비스를 제공하는 웹 서버가 필요하다. 사용자가 인터넷에 연결된 웹 브라우저를 이용해 검색하려는 웹 사이트를 지정하면 웹 서버 정보가 웹 브라우저로 다시 전송된다.

URLUniform Resource Locator은 웹 문서가 있는 위치, 사용하는 프로토콜, 특정 웹 페이지를 지정하는 파일명 등의 구체적인 정보를 나타내는 표준이다. URL의 형식은 다음과 같다.

```
https://www.hanbit.co.kr/index.html
```

이 URL은 https라는 프로토콜을 사용해 www.hanbit.co.kr이라는 웹 서버에 존재하는 index.html 파일을 요청한다.

2 HTTP

하이퍼텍스트는 문서를 쉽게 검색하도록 문서 일부를 다른 문서와 하이퍼링크로 연결한 텍스트이다. 하이퍼링크로 작성된 임의의 그림이나 글자를 클릭하면 연결된 부분으로 곧바로 이동한다. 일반적으로 웹 사이트는 이러한 하이퍼링크로 연결된 문서의 집합이다.

이처럼 인터넷 사용자가 필요한 정보를 자유롭게 검색하게 해주는 하이퍼텍스트 방식의 정보를 교환하기 위한 규칙이 HTTPHyper Text Transfer Protocol이다. HTTP는 웹 서버와 웹 브라우우의 데이터통신을 위한 하이퍼텍스트 전송 프로토콜이다.

HTTP 처리과정은 요청Request 메시지와 응답Response 메시지를 통해 이루어진다. 웹 클라이언트가 요청 메시지를 보내면 HTTP 처리가 시작되고 이에 대한 응답으로 서버는 응답 메시지를 보낸다.

[그림 13-11]은 요청 메시지와 응답 메시지의 구성을 나타낸 것이다. 요청 메시지의 요청 라인은 다시 요청유형 영역, URL 영역, HTTP 버전 영역으로 나뉘고 응답 메시지의 상태 라인Status Line은 HTTP 버전 영역, 상태 코드, 상태 서술 문구로 나뉜다. 요청 유형은 메소드Method에 따라 다르며 관련 메소드에는 GET, HEAD, POST, PUT 등이 있다.

GET은 웹 서버로부터 웹 문서를 요청할 때, HEAD는 문서 자체가 아니라 문서와 관련된 정보를 요청할 때, POST는 클라이언트에서 웹 서버로 정보를 전송할 때, PUT은 서버가 클라이언트로 문서를 보낼 때 사용한다.

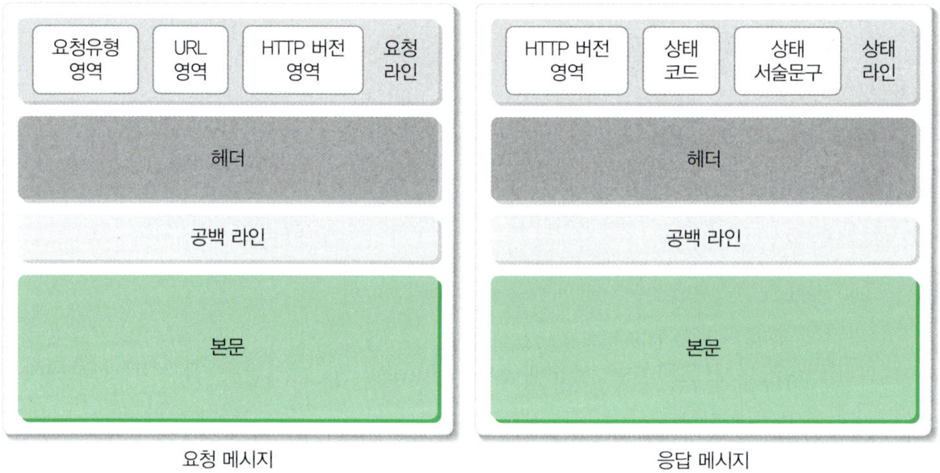

그림 13-11 요청 메시지와 응답 메시지의 구성

확인문제 13-4

웹 브라우저를 설계하려고 한다. 웹 브라우저의 일반적인 구조를 분석한 뒤 설계 시 유의사항을 설명하시오.

풀이 웹 브라우저는 일반적으로 제어기, 클라이언트 프로토콜, 해석기의 세 부분으로 구성된다. 제어기는 클라이언트 프로그램을 통해 키보드 혹은 마우스로부터 받은 입력으로 웹 문서에 접근할 수 있도록 설계해야 한다. 클라이언트 프로토콜은 FTP, TELNET, HTTP 등과의 연동 문제를 고려해야 하며 웹 문서에 따라 HTML, 자바, 자바스크립트 등을 해석기로 사용하므로 이들과의 연계 동작이 가능하도록 해야 한다.

04 HTML5 기술

1 HTML5의 등장과 발전

HTMLHyperText Markup Language은 웹 문서를 작성하는 데 사용되는 프로그램 언어로, 마크업 정보를 표현하는 언어로 작성된다. 마크업 정보란 문서의 논리 구조나 서식 지정, 단어나 구와 같은 요소를 동일 문서 혹은 다른 문서의 요소와 연결하는 방법을 지정해 컴퓨터에 지시하는 것이다.

HTML은 1993년에 웹 표준 초안이 발표된 이후 HTML 2.0, 3.2, 4.0 버전이 발표되었고 1999년에 HTML 4.01 버전이 나왔다. 이후 웹 표준은 XML과 XHTML로 옮겨갔으나 웹 콘텐츠는 여전히 HTML로 제공되었다. 이에 따라 새로운 차원의 웹 플랫폼에 대한 필요성이 생겼고, 2008년에 HTML5 표준 초안이 발표되었다.

HTML5는 WHATWGWeb Hypertext Application Technology Working Group(웹 하이퍼텍스트 응용 기술 워킹그룹)과 W3C HTML 워킹그룹에서 개발한 웹 표준 명세서로 웹 응용을 위한 HTML 4, XHTML 1의 새로운 버전인 셈이다. 2014년 10월에 HTML5의 최종 권고안이 확정되어 표준으로 지정되었고 그후 2016년 11월에 HTML 5.1 버전이, 2017년 12월에는 HTML 5.2 버전이 최신 표준으로 새롭게 지정되었다.

HTML5는 [그림 13-12]와 같이 네트워크, 저장장치, 사용자, 다양한 응용프로그램과 상호 연동되고 모든 기기와 플랫폼에서 기능이 동작하는 개방형 웹 플랫폼Open Web Platform 구조를 취한다. 그에 따른 HTML5의 특성으로 호환성, 유용성, 상호운용성, 보편적 접근성을 들 수 있다.

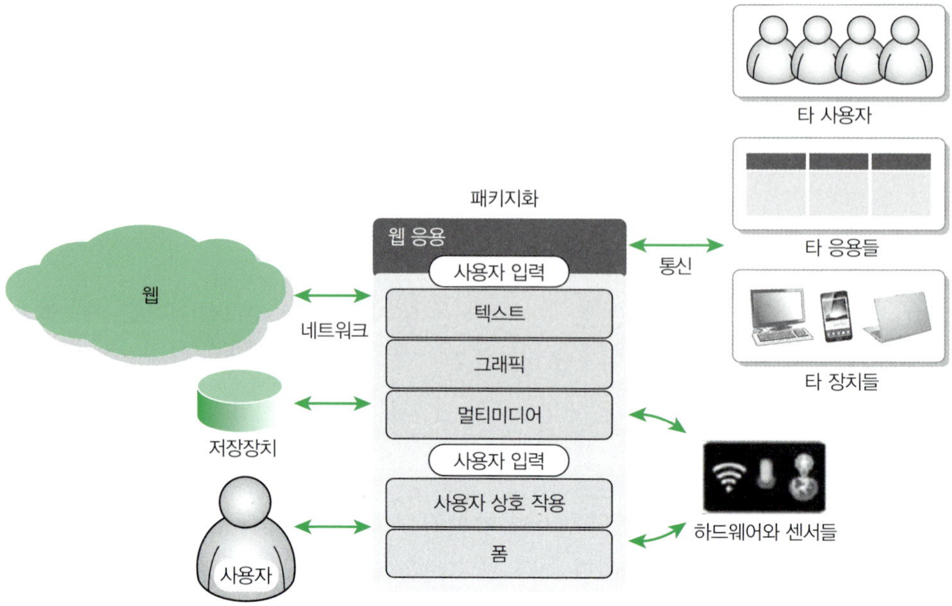

그림 13-12 개방형 웹 플랫폼

- **호환성**Compatibility: HTML5는 기존의 HTML 문서를 지원하는 진화된 버전이다. HTML5에서 지원되지 않는 기능은 단계적으로 축소된다는 점에 유의한다.
- **유용성**Utility: HTML5는 사용자를 최우선으로 하며 실용성을 강조한다.
- **상호운용성**Interoperability: HTML5는 복잡성을 최대한 제거하고 단순성을 최우선으로 하는 상호운용성을 보장한다. 그러나 단순함을 유지하면서 명확한 표준이 되려면 상호운용성을 보장하는 많은 규칙이 필요해져 HTML5 표준 명세서의 분량이 더욱 늘어난다. 이러한 작업은 2022년까지 지속적으로 이루어질 예정이다.
- **보편적 접근성**Universal Access: HTML5는 장애가 있는 사용자를 지원하며 가능한 한 모든 기기와 플랫폼에서 동작하도록 미디어 독립성과 전세계 언어 지원이 가능하도록 한다.

HTML5 기반으로 앱을 생성하면 하나의 소스 코드로 대부분의 모바일 플랫폼에 적용해 모바일 OS가 HTML5 기반 코드를 인식할 수 있다. 기존의 네이티브Native 앱과 달리 HTML5로 구현한 웹 앱Web App은 별도의 플러그인Plug-in을 설치하지 않아도 이미지나 애니메이션, 동영상 등을 어떤 플랫폼에도 구현할 수 있다.

TIP 네이티브 앱은 각 운영체제의 개발언어를 통해 작성된 플랫폼에서만 작동하는 앱을 말한다.

하지만 아직은 HTML5만으로 완전한 인터랙티브 웹Interactive Web을 생성하지는 못한다.

HTML5로 프레임을 만들고 CSS로 글꼴이나 크기, 색상 등의 시각적 요소를 추가하고 자바스크립트로 인터랙션(이벤트)이 발생하도록 하고 있기 때문이다. 따라서 보다 다양한 이벤트를 제공하고 완전한 인터랙티브 웹을 생성하기 위해서는 jQuery, YUI 등의 자바스크립터나 Skeleton과 같은 CSS 프레임워크와 jQuery Mobile, Sencha 등의 모바일 웹 프레임워크 개발이 필요하다.

TIP 인터랙티브 웹이란 단순히 이미지나 데이터를 보여주는 형태에서 벗어나 접속자가 실시간으로 데이터를 입력하고 활용하며 상호작용할 수 있는 동적인 웹을 의미한다.

2 HTML5와 시맨틱 웹

새로운 차원의 웹 플랫폼으로서 HTML5는 다양한 기술 요소를 포함하는데 문서의 구조와 데이터의 의미를 보다 명확히 하기 위한 시맨틱 웹Semantic Web이 그중 하나이다. 시맨틱 웹이란 컴퓨터가 사람을 대신해 자체적으로 인터넷의 정보를 탐색 및 수집하고 이를 논리적으로 추리하는 정보처리 기술로, 차세대 지능형 웹을 의미한다. 시맨틱 웹에 의해 검색엔진 및 문서 해석기 등에서 정확한 웹 문서 판별이 용이해졌다. 시맨틱 요소에는 〈section〉, 〈article〉, 〈aside〉, 〈header〉, 〈footer〉, 〈address〉 등이 있다.

지금까지 인터넷 환경은 진화를 거듭하며 발전했다. 웹 1.0은 우리가 일상생활에서 사용하는 인터넷 서비스로 이용자가 직접 인터넷 홈페이지에 접속해 각종 정보를 얻는 방식이다. 웹 2.0은 이용자가 참여해 정보를 공유하는 시스템으로 발전했다. UCCUser Created Content(사용자 제작 콘텐츠), 블로그, 트위터, 페이스북 등이 웹 2.0의 대표적인 예다. 웹 3.0은 수많은 정보 중 컴퓨터가 우리에게 필요한 것을 알아서 찾아 주는 기술로, 이를 시맨틱 웹 기술이라고 한다. 이용자가 원하는 데이터뿐만 아니라 상황인식을 통해 이용자 맞춤형 콘텐츠와 서비스를 제공한다. 시맨틱 웹에는 진보된 XML 기술, 웹 자원을 서술하기 위한 RDFResource Description Frame(자원서술) 기술, 온톨로지Ontology를 통한 지식서술 기술, 통합 운영을 위한 에이전트agent 기술 등이 필수적이다.

3 HTML5의 특징

HTML5의 주요 특징은 다음과 같다.

3.1 캔버스 API

캔버스는 애플 사의 매킨토시에서 대시보드 위젯을 만들 때 도입된 개념으로, 이전에는 어도비 사의 드로잉 API나 SVGScalable Vector Graphics, 자바스크립트 등을 사용했다. 캔버스 API를 사용하면 그래픽, 차트, 그림, 애니메이션 등을 동적으로 생성하고 처리할 수 있다. 2D 드로잉 API 없이 대각선을 그리는 것은 쉬운 일이 아니지만 캔버스를 사용하면 쉽게 할 수 있다. 캔버스 요소를 웹 페이지에 추가하면 페이지 내에 사각 영역이 생성되고 자바스크립트를 이용해 페이지에 삽입된 캔버스 요소에 그래픽, 선, 텍스트를 추가하거나 그림, 애니메이션 등을 원하는 대로 조작할 수 있다. 다음은 캔버스 요소를 나타내는 사각 영역을 생성하는 코드이다. 캔버스 영역을 눈으로 확인하기 위해 style 속성을 border로 선언해 캔버스 주위에 테두리를 추가한 것이다.

```
<canvas> id= " diagonal "  style= " border: 1px solid; "  width= " 200 "  height= " 200 " >
</canvas>
```

캔버스를 사용하려면 먼저 컨텍스트 데이터를 얻은 다음에 동작을 실행시킨다. 캔버스 3D(WebGL)를 활용하면 3D 그래픽 표현도 가능하다.

3.2 멀티미디어 관련 태그와 API

웹에서 비디오나 오디오를 표현하기 위한 태그와 API를 지원한다. 비디오 컨테이너 파일은 오디오 트랙, 비디오 트랙, 추가 메타데이터로 구성된다. 잘 알려진 비디오 컨테이너 형식에는 avi, flv, mp4, mkv, ogv 등이 있다.

3.3 웹 스토리지와 웹 워커

웹 스토리지Web Storage는 웹 사이트 정보를 사용자 PC에 저장할 수 있는 메커니즘을 제공한다. 이를 통해 쿠키 용량 제한 및 트래픽 부담이라는 단점을 해소했다. 웹 워커Web Worker는 비동기 백그라운드 처리 수행이 가능한 API를 제공하는 것으로, 멀티스레드 웹 응용프로그램 개발을 가능하게 한다.

3.4 응용 캐시와 서버 푸시

응용 캐시Application Cache 기능은 인터넷이 연결되지 않은 상태에서 오프라인 응용프로그램을 구현할 수 있게 지원한다. 서버 푸시Server Push는 서버로부터 데이터를 푸시받을 수 있는 서버 전송 이벤트Server-sent Event를 제공한다.

3.5 위치정보 서비스와 드래그 앤 드롭

위치정보 서비스는 지리 및 위치정보를 이용할 수 있는 API를 제공한다. 드래그 앤 드롭은 웹 페이지 내 혹은 외부 개체를 웹 페이지로 드래그 또는 드롭할 수 있는 API를 제공한다.

3.6 새로운 API

HTML5는 자바스크립트와 함께 사용할 수 있는 다양한 API를 지원하며 기존의 DOM Document Object Model(문서 객체 모델) 인터페이스를 확장한다. 그리고 [그림 13-13]과 같이 새로운 API도 다양하게 존재한다. 여기에는 초기 WHATWG HTML5 명세, W3C HTML5 명세, HTML5와 관련 기술이 포함된다.

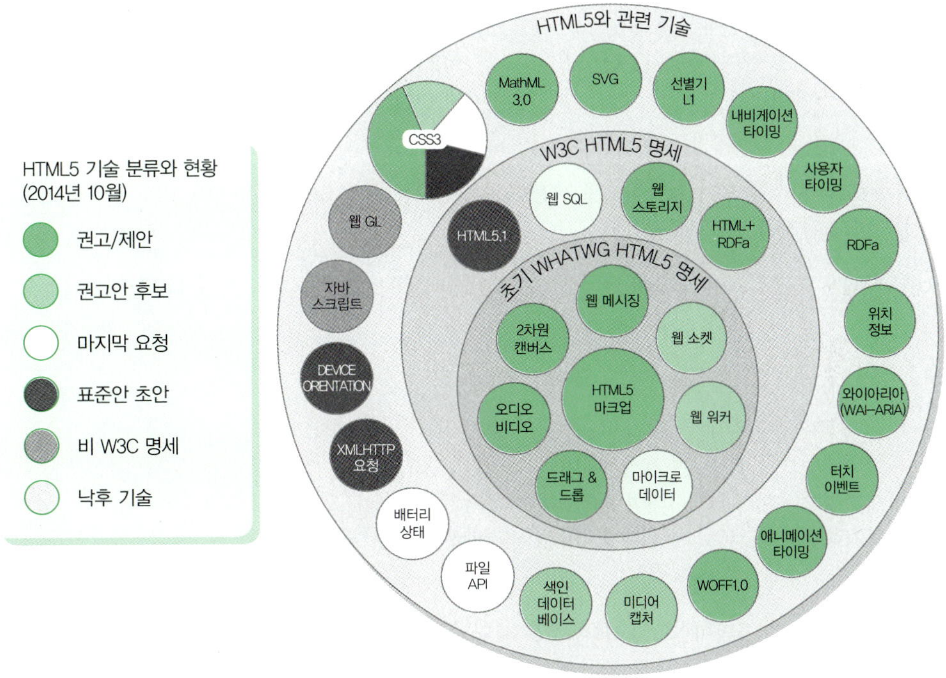

그림 13-13 다양한 HTML5 API(출처: 위키피디아)

연습문제

01 이메일 시스템의 전송 과정에서 사용되는 SMTP와 관련해 하위 계층에서 사용되는 프로토콜은?

① TCP ② UDP ③ SCTP ④ ARP

02 다음은 이메일 시스템에서 사용자 A가 사용자 B에게로 이메일을 보내는 경우에 대한 설명이다. (가), (나)에 들어갈 올바른 표현으로 옳은 것은?

사용자 A는 (가)를 이용해 메일을 작성하고 MTA를 통해 메일을 전송한다. 이때 (가)와 MTA 사이에서 (나) 기술을 사용해 메시지의 시간 지연에 대한 효율적 처리를 수행한다.

	(가)	(나)
①	사용자 에이전트(UA)	DHCP
②	메시지 전송 에이전트(MTA)	DHCP
③	메시지 전송 에이전트(MTA)	SPOOL
④	사용자 에이전트(UA)	SPOOL

03 한정된 IP 주소를 보다 효율적으로 사용하는 방안으로 동적으로 IP 주소와 기타 구성정보 등을 할당하고 관리하는 프로토콜은?

① SMTP ② HTTP ③ FTP ④ DHCP

04 DHCP의 동작을 4단계로 구분할 때 옳은 순서는?

① 서버 발견–대여 제공–대여 요청–대여 승인
② 클라이언트 발견–대여 제공–대여 요청–대여 승인
③ 서버 발견–대여 제공–대여 요청–대여 대기
④ 클라이언트 발견–대여 제공–대여 요청–대여 응답

05 부팅 시 DHCP 클라이언트가 IP 주소를 할당받기 위해 보내는 네트워크 IP 주소 요청 메시지는?

① DHCPDISCOVER ② DHCPOFFER
③ DHCPREQUEST ④ DHCPACK

06 웹 서버와 웹 브라우의 데이터통신을 위한 하이퍼텍스트 전송 프로토콜은?

① FTP ② SMTP ③ HTTP ④ DHCP

07 다음은 HTTP에 관한 설명이다. 옳지 않은 것은?

① POST는 문서 자체가 아니라 문서와 관련된 정보를 요청할 때 사용한다.
② 요청 메시지의 요청 라인은 요청유형 영역, URL 영역, 버전 영역으로 구분된다.
③ 응답 메시지의 상태 라인은 HTTP 버전 영역, 상태 코드, 상태 서술 문구로 구분된다.
④ HTTP 처리 과정은 요청 메시지와 응답 메시지로 이루어진다.

08 WHATWG와 W3C HTML 워킹그룹에서 개발한 것으로 네트워크, 저장장치, 사용자, 다양한 응용프로그램과 상호 연동되는 개방형 웹 플랫폼 구조를 갖는 웹 표준은?

① DHCP ② HTML5 ③ XHTML ④ HTTP

09 컴퓨터가 자체적으로 인터넷의 정보를 탐색, 수집하고 이를 논리적으로 추리하는 차세대 지능형 웹 기술은?

① 웹 스토리지 ② 웹 워커 ③ 시맨틱 웹 ④ 응용 캐시

10 이메일 서비스 시스템의 핵심적인 구성 요소를 5가지 들고, 각 요소에 대해 설명하시오.

11 이메일 시스템에서 UA(사용자 에이전트)의 기능과 동작에 대해 구체적으로 기술하시오.

12 SMTP는 이메일을 송수신하기 위해 UA와 MTA를 사용한다. MTA 클라이언트와 서버의 관계를 규정하고 메시지가 전송되는 과정을 구체적으로 설명하시오.

13 DHCP 기술의 기능과 동작을 기술하시오.

14 응용프로그램에서 객체지향의 개념에 대하여 설명하시오.

15 정보의 저장소라고 할 수 있는 웹은 사용자가 수많은 서버에 손쉽게 접근해 다양한 정보를 얻을 수 있도록 하기 위해 하이퍼텍스트 구조를 취한다. 하이퍼텍스트란 무엇인지 의미와 개념을 설명하시오.

16 웹 플랫폼과 관련해 시멘틱 웹이란 무엇인지 기존의 웹과 비교하여 설명하시오.

17 웹 스토리지와 웹 워커의 기능에 대해 설명하시오.

18 응용 캐시와 서버 푸시 기능에 대해 설명하시오.

19 웹 정보를 검색하기 위한 프로그램인 웹 브라우저는 어떻게 구성되는지 구체적으로 설명하시오.

20 DHCP 클라이언트로부터 요청을 받은 다수의 DHCP 서버는 DHCPOFFER 메시지를 보낸다. 이 메시지에는 어떤 내용이 들어가는지 구체적으로 설명하시오.

CHAPTER 14

WPAN과 무선인터넷 기술

학습목표

- WPAN과 홈 네트워크의 개념을 이해한다.
- WPAN 기술의 종류와 특성을 이해한다.
- 블루투스 프로토콜과 무선인터넷 기술을 이해한다.

01 WPAN 기술

1 WPAN과 홈 네트워크

홈 네트워크란 유 · 무선인터넷을 이용해 TV, 냉장고, 에어컨, 전자레인지 등 주요 가전제품을 제어하고 기기 간 콘텐츠를 공유할 수 있는 기술이다. 홈 네트워크 환경이 구현되면 집안은 물론 집 밖에서도 컴퓨터나 스마트폰으로 가전제품을 제어하고 각 기기의 정보를 파악할 수 있다. 이러한 홈 네트워크Home Network를 위해 10m 내외의 짧은 거리에서 사용하는 근거리 개인 영역 무선 네트워크가 WPANWireless Personal Area Network이다. WPAN은 PC, 스마트폰, 무선호출기Beeper, Pager, 무선 프린트, 셋톱박스 등의 다양한 휴대용 컴퓨팅 기기를 지원하기 위해 설계되었다.

WPAN 기술은 속도를 기준으로 저속과 고속으로 나눌 수 있다. 저속 WPAN 기술은 무선 센서 네트워크에 주로 응용해 사물에 내재시키거나 부착 또는 착용할 수 있는 소형, 경량, 저비용, 저전력, 휴대성을 특성으로 하는 센서 노드 간의 네트워크 기능을 제공한다. 고속 WPAN 기술은 저속 WPAN 기술의 특성을 포함하며 PC 주변기기, 가전기기, 이동성 기기 간의 고속 데이터 전송도 가능하게 한다. 고속 WPAN 기술을 사용하면 HD급 영상도 쉽게 전송할 수 있다.

WPAN 기술표준에는 블루투스 기술, 주파수 공존 기술, UWBUltra WideBand(초광대역) 기술, 지그비ZigBee 기술, 메시mesh 네트워킹 기술, SGmBANStudy Group medical Body Area Network 위원회의 BAN 기술 등이 있다.

[그림 14-1]은 WPAN 기술의 특성과 데이터 전송률을 비교한 것으로 가로축은 개발 시기와 기술적 사양을 나타내고 세로축은 데이터 전송률을 나타낸다.

IEEE 802.15는 WPAN 표준화를 추진하는 위원회와 관련 표준을 통칭하며, 해당 표준 중 그림에 소개된 IEEE 802.15.1은 WPAN/블루투스를, IEEE 802.15.3은 고속 WPAN을, IEEE 802.15.4는 저속 WPAN을 위한 표준이다.

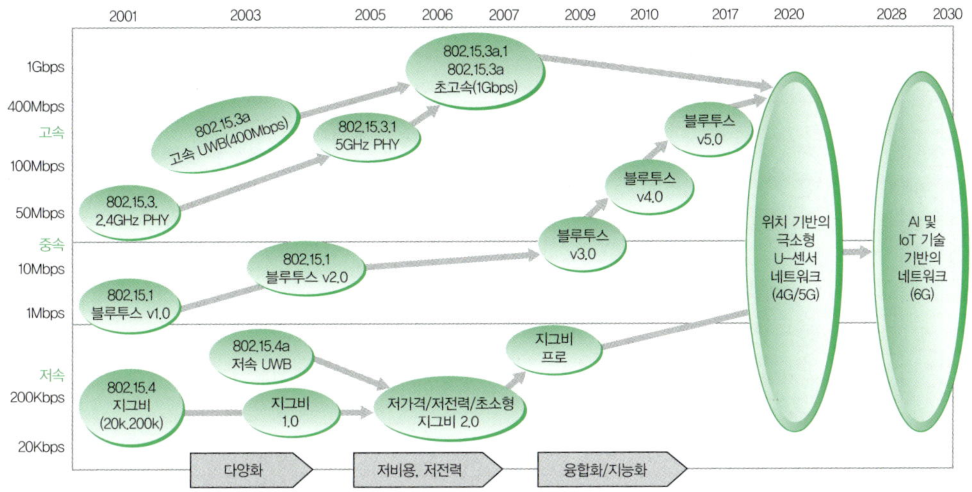

그림 14-1 IEEE 802.15 WPAN 기술

TIP U-센서 네트워크(Ubiquitous sensor Network)란 RFID와 무선통신장치를 이용해 사물과 온도, 습도, 오염, 균열 등과 같은 환경 정보를 실시간으로 처리해 다양하게 활용할 수 있는 첨단 네트워크 시스템이다.

2 WPAN과 무선 네트워크 기술 비교

WPAN 기술이 무선 LAN 기술과 어떻게 다른지 살펴보자. 무선 LAN은 노트북과 같은 휴대용 무선장치로 구성되지만 WPAN처럼 저전력과 이동성이 강조되지는 않는다. 일반적인 무선 LAN은 100mW 전송전력을 사용할 때 유효범위가 대략 100m 정도이다. 또한 무선장치에 의한 전력 소모가 커서 고정된 장소에서 사용하는 것을 전제로 설계된다. 그러나 WPAN은 1mW 전력으로 10m 정도의 유효범위를 가지며 주로 배터리를 사용하며 전력 소모가 작다. 애드혹 네트워크처럼 WPAN은 네트워크 생성과 장치 간 연결설정이 신속하게 이루어지고 개별장치를 중심으로 좁은 범위에서 동작하며 시간 또한 비교적 짧다. 이처럼 WPAN 장치는 하나 혹은 다수의 다른 장치와 연결해 저소비 전력과 높은 QoS를 효과적으로 만족시키는 네트워크로 구성할 수 있다.

WPAN 기술과 무선 LAN, 무선 MAN, 무선 WAN 기술까지 확장해서 특성을 비교해보자. [그림 14-2]는 여러 무선 네트워크 기술의 특성을 데이터 전송률, 전력 소모, 비용/복잡도 측면에서 비교한 것이다. 가로축은 데이터 전송률, 세로축은 시스템의 전력 소모 및 비용/복잡도를 나타낸다. 그래프의 위쪽으로 갈수록 복잡도와 비용이 증가하고 전력 소모도 커진다.

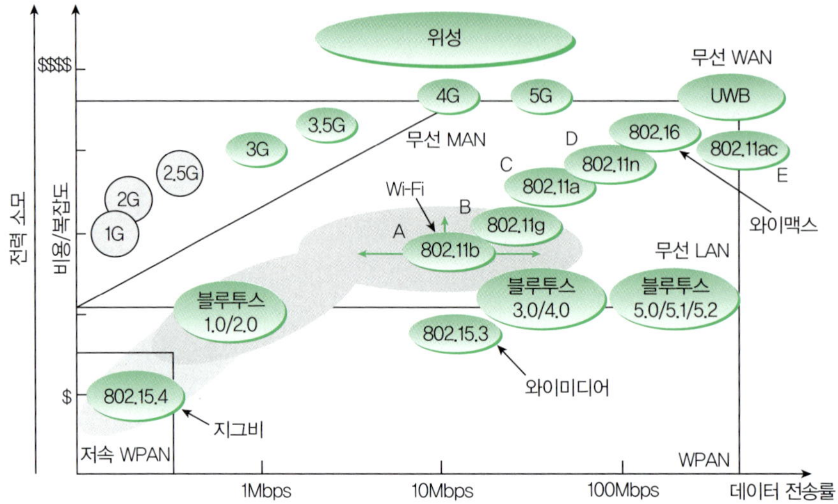

그림 14-2 무선 네트워크 기술의 특성 비교

와이맥스 기술이 블루투스 기술에 비해 데이터 전송률이 100배 정도 높지만 그에 따라 복잡도와 비용도 증가함을 알 수 있다. 지그비 기술은 낮은 전송률과 저전력이 특징이고 UWB 기술은 높은 전송률과 고전력이 특징이다.

3 지그비 기술

블루투스 기술, 초광대역 기술, 지그비 기술 등은 대표적인 WPAN 기술로 PC와 가전제품, 셋톱박스 등의 이동통신 단말기, 홈오토메이션 장치, 홈엔터테인먼트 제품 등에서 널리 사용되고 있다. 이 중에서 특히 지그비 기술은 초단거리 무선 데이터통신 기술로 널리 사용되며 응용 범위가 계속 확대되고 있다.

지그비는 저전력의 소형 디지털 라디오를 사용하는 통신 프로토콜로, 가정이나 사무실의 조명이나 보안 등을 무선으로 조정할 수 있는 근거리 저전력 무선 네트워크를 구축하는 표준이다. 출입문 센서, 리모컨, 재고관리 장치 등 단순 데이터통신이 필요한 디바이스에 적합하다. 최저 전력이 100mW 미만이고 통신 거리는 100m 정도이다.

지그비 기술은 배선 작업이 필요 없어 사용 편의성이 높고 비용도 저렴하다. 또한 하나의 칩셋으로 구성할 수 있으며 배터리를 탑재하고도 1~2년 사용할 정도의 저전력성이 특징인 무선 메시 네트워크 표준이다. 메시 네트워크를 사용하는 이유는 신뢰성이 높고 광범위한 사용

범위를 제공하기 때문이다. 유럽에서는 868MHz, 미국과 호주에서는 915MHz를 사용하고 전세계 대부분의 관할 지역에서는 2.4GHz를 사용한다. 데이터 전송속도를 보면 2.4GHz 주파수 대역에서는 250Kbps, 868MHz 주파수 대역에서는 20Kbps 정도다.

지그비 WPAN 규격(IEEE 802.15.4/저속 WPAN)은 무선 LAN이나 블루투스에서는 고려하지 못했던 아주 낮은 전력 소모와 저렴한 비용으로 산업, 가정, 의학 등의 다양한 응용을 목표로 하며 홈 네트워크 환경에 적용 가능한 최적의 기술로 주목받고 있다.

확인문제 14-1

지그비 기술이 초단거리 무선 데이터통신 기술로 각광받는 이유와 신뢰성을 높이기 위해 사용하는 방법에 대해 설명하시오.

풀이 지그비 기술이 초단거리 무선 데이터통신 기술로 각광받는 이유는 높은 배선 작업이 필요 없는 사용 편의성과 저비용, 저전력 특성 때문이다. 지그비 기술은 신뢰성을 높이고 서비스 제공 범위를 확대시키기 위해 메시형 네트워크를 사용한다.

02 블루투스 기술

1 블루투스의 개념

블루투스Bluetooth는 컴퓨터와 스마트폰의 다양한 입출력장치 및 가전기기 등을 무선으로 서로 연결해 데이터를 주고받을 수 있게 하는 보안 프로토콜이다. 10m 이내의 근접거리에서 데이터를 전송하는 WPAN 기술로, 블루투스 호환 기기라면 복잡한 설정 없이도 바로 인식해 동작한다. 스마트폰, 노트북, MP3를 비롯한 휴대용 IT 기기에서 자동차, TV, 냉장고, 운동 기구, 의료 기기 등으로 적용 범위가 확대되고 있다.

1999년 v1.0 발표 후 2004년에는 v2.0으로 진화했고, 지속적으로 성능을 개선해 2009년에는 3Mbps였던 전송속도를 24Mbps까지 끌어올린 v3.0이, 2010년에는 저전력 기능을 추가한 v4.0이, 2016년에는 IoT 기술에 초점을 맞춰 속도와 거리를 유연하게 조절할 수 있게 하고 전송폭을 늘린 v5가 발표되었다.

블루투스가 주목받는 이유는 저렴한 가격에 저전력으로 사용할 수 있고, 언제 어디서나 모든 정보기기 간에 자유로운 데이터교환이 가능하며, 데이터를 여러 주파수에 걸쳐 분할 전송하므로 보안 면에서도 상대적으로 안전하고, 전 방향으로 장애물과 무관하게 신호를 전송할 수 있기 때문이다.

블루투스의 개념은 1994년 에릭슨 사의 실험실에서 휴대전화와 주변장치를 연결하는 저비용 무선 인터페이스를 연구하면서 등장했다. 1998년에는 3Com, 에릭슨, IBM, 인텔, 마이크로소프트, 모토로라, 노키아, 도시바 등이 주축이 되어 블루투스 SIGSpecial Interest Group를 결성했다. 블루투스는 ISMIndustrial Scientific and Medical 주파수 대역인 2400~2483.5MHz를 사용하며, 타 시스템과의 주파수 간섭 현상을 최소화하기 위해 2402~2480MHz 대역에서 79개 채널을 사용한다.

2 블루투스의 동작과 네트워크 구성 방식

블루투스는 주 디바이스와 종속 디바이스가 연결되는 마스터-슬레이브Master Slave 방식으로 동작한다. 주 디바이스 즉 마스터는 동작의 주체이며, 종속 디바이스 즉 슬레이브는 주로 종속 디바이스의 지시에 따라 동작한다. 주 디바이스와 종속 디바이스의 역할은 상황에 따라 변경이 가능하다.

블루투스를 이용해 네트워크를 구성하는 방식에는 피코넷Piconet 과 스캐터넷Scatternet이 있다. 피코넷은 [그림 14-3]처럼 주 디바이스 하나를 중심으로 최대 7개의 종속 디바이스로 구성되며, 동일한 피코넷 내의 기기는 하나의 채널을 공유한다.

TIP 7개는 액티브 상태에 있는 종속 디바이스의 최대 개수이며, 파크 모드의 종속 디바이스는 256개까지 가능하다. 파크 모드란 간헐적으로 접속하는 연결 모드를 의미하며, 7개가 액티브 상태로 접속된 상태에서 파크 모드의 디바이스를 추가로 연결하려면 액티브 상태에 있던 다른 디바이스를 파크되게 처리한다.

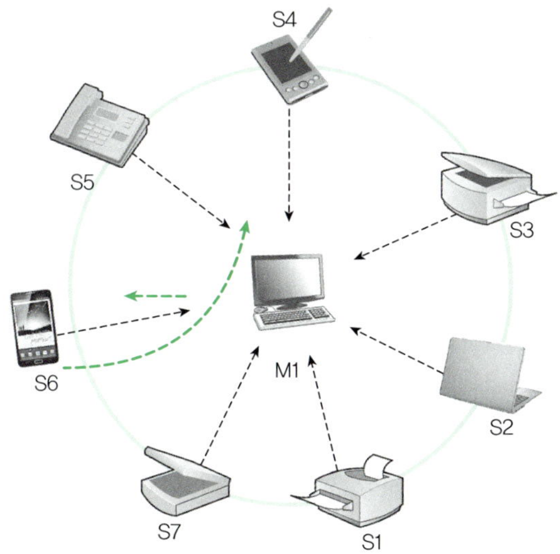

그림 14-3 피코넷으로 구성된 블루투스

[그림 14-3]에서 종속 디바이스 S6은 주 디바이스 M1을 통해서만 다른 종속 디바이스인 S4와 데이터 전송을 한다. 또한 종속 디바이스는 주 디바이스가 폴링Polling 신호를 보내는 경우, 주 디바이스가 이전 패킷에 대한 브로드캐스트 패킷을 보내는 경우, 종속 디바이스가 미리 예약한 경우에만 데이터를 전송할 수 있다.

TIP 폴링이란 통신 회선을 공유하고 있는 장치들이 어떤 상태에 있는지 확인하기 위해 중앙 제어기가 순차적 또는 주기적으로 점검하는 다중 접근제어 방식이다.

하나의 피코넷에 포함된 주 디바이스나 종속 디바이스는 다른 피코넷의 종속 디바이스가 될 수 있으며, 어떤 피코넷의 종속 디바이스로 동작하는 노드가 다른 피코넷의 주 디바이스가 되는 등의 방법으로 네트워크가 확장될 수 있다. 이렇게 확장된 네트워크를 스캐너넷이라 한다. 하나의 스캐터넷을 구성할 수 있는 최대 피코넷은 10개이며, 최대 71개의 디바이스가 동시에 스캐터넷을 형성해 통신할 수 있다. [그림 14-4]는 세 개의 피코넷으로 구성된 스캐너넷이며 B12, B13, B23은 브리지 역할을 수행한다.

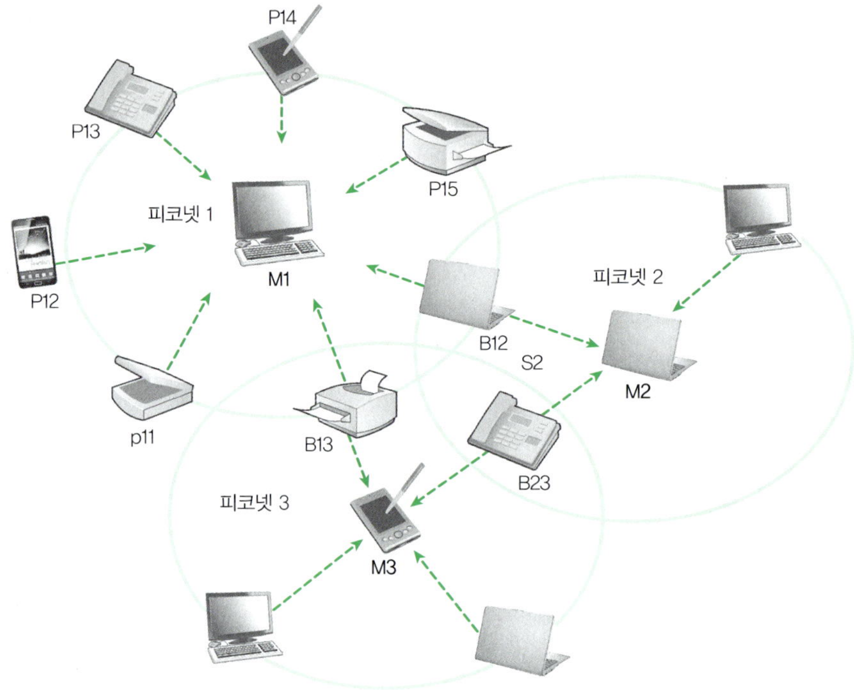

그림 14-4 블루투스에서 디바이스 확장

블루투스의 모든 망이 피코넷 방식으로 구성되는 것은 아니다. 스피커나 헤드폰 등 음성 전송 채널을 구성할 때는 두 개의 노드 간 연결만 가능하다.

3 블루투스 프로토콜의 계층구조

[그림 14-5]는 블루투스 프로토콜의 계층구조를 블루투스 디바이스와 호스트로 구분해 나타낸 것이다. HCIHost Controller Interface(호스트제어 인터페이스)를 중심으로 호스트 계층과 블루

투스 디바이스 계층으로 나뉘어 있는 것을 알 수 있다. HCI는 두 계층에 걸쳐 위치하며, 블루투스 모듈에 해당한다. 이것이 가장 일반적인 구조이며, 모든 경우가 동일한 것은 아니다.

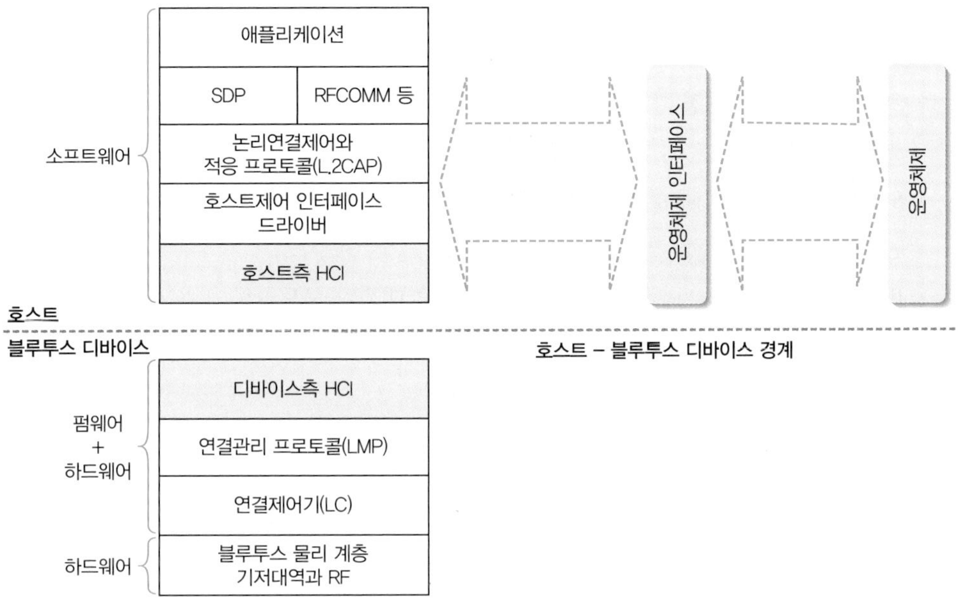

그림 14-5 블루투스 프로토콜 계층구조

먼저 블루투스 디바이스 계층은 기저대역과 무선 주파수(RF)로 구성되는 블루투스 물리 계층, 연결제어기, LMP, 디바이스측 HCI로 구성된다.

- **블루투스 물리 계층**: 블루투스 프로토콜의 최하위 계층으로 블루투스 무선 영역의 기술적 특성을 정의한다. 피코넷의 구성을 관리하기도 한다.
- **연결제어기**Link Controller, LC: 기저대역 프로토콜 기능, 미디어 접근 기능, 연결제어 기능 등을 수행한다.
- **LMP**Link Manager Protocol(연결관리 프로토콜): 서로 다른 디바이스의 링크를 설정하는 역할을 한다. 연결제어 및 구성, 인증, 데이터 암호화, 저전력 모드 관리 등의 기능을 수행한다.
- **HCI**: 블루투스 물리 계층의 기저대역 제어기와 LMP 사이의 명령 인터페이스를 제공한다.

호스트는 HCI와 연계되어 블루투스 모듈을 제어하고 애플리케이션을 수행하는 곳이다. PC,

스마트폰, PDA 등이 모두 호스트가 될 수 있다. 호스트에 포함되는 프로토콜은 애플리케이션의 종류와 프로파일에 따라 달라진다. 그림에 있는 L2CAP, SDP, RFCOMM를 비롯해 OBEXObject Exchange 프로토콜, TCSTelephony Control Protocol Specification 등이 포함될 수 있다.

- **L2CAP**Logical Link Control & Adaptation Protocol(논리연결제어와 적응 프로토콜): 기저대역 프로토콜에 대한 연결 기능을 제공하고 상위 레벨 프로토콜에 다중화 기능, 패킷의 단편화와 재조립, QoS 등의 기능을 제공한다.
- **SDP**Service Discovery Protocol: 휴대형 블루투스 디바이스에서 어떤 서비스를 이용할 수 있는지 알게 하는 기능을 제공한다.
- **RFCOMM**Radio Frequency communications: 케이블 대체 프로토콜로, L2CAP 계층에서 가상의 직렬포트를 구성해 직렬포트에 대한 대리시행 기능을 수행한다.

4 블루투스의 발전 과정

2004년 10월에 표준화가 된 블루투스 2.0EDR 규격은 지원하는 최대 전송속도는 3Mbps이고 실제 전송속도는 2.1Mbps 정도이다. 전력은 25mA를 사용한다.

블루투스 3.0은 2009년 4월에 발표되었으며 802.11 PAL을 채택해 속도를 최대 24Mbps로 향상시킨 것이 큰 특징이다. 블루투스 기기 간에 이미지나 동영상 등의 대용량 파일을 주고받게 되었음은 물론이고 PC와 모바일 기기 간의 동기화가 가능하고 프린터나 PC로 다량의 사진을 다운로드할 수 있게 되었다.

이후 기존의 블루투스 프로토콜로 구성된 클래식 블루투스와 Wi-Fi 기반의 블루투스 하이스피드, 블루투스 저전력 기능을 포함하는 블루투스 4.0을 발표해 2010년 6월에 채택되었다.

TIP 블루투스 하이스피드는 인터넷 연결 없이 휴대기기 간 직접 연결을 가능하게 하는 통신 기술로 기존 Wi-Fi 정도로 빠른 속도를 강조하지만 전력 소모 증가를 피하기는 어렵다. 블루투스 저전력(BLE)은 24Mbps 속도를 유지하면서도 손목시계용 코인 배터리로 수년간 쓸 수 있을 정도로 소비 전력을 낮추었다.

2013년 12월에는 블루투스 4.1이 발표되었다. 블루투스와 LTE 무선장치 사이의 대역폭으로 인한 간섭 현상을 최소화하는 공존성이 향상되었으며 블루투스 연결 장치 간 거리가 멀어져 연결이 끊어졌다가 다시 거리 내로 되돌아오면 자동으로 재연결되도록 성능이 보완되었다. 블루투스 연결을 통해 웨어러블 기기가 스마트폰의 주변장치로 동작함은 물론이고 다른 장치와의 허브 역할도 가능해졌다.

2014년 12월에는 IoT를 위한 새로운 IPv6 사용 표준을 포함한 블루투스 4.2를 발표했다. 블루투스 4.2는 데이터 패킷 길이를 확장해 저에너지 보안 연결성을 강화하고 확장된 스캐너 필터 전략으로 보안 요소를 개선했다.

2016년 6월에는 IoT 기술에 중점을 두고 기능을 개선한 블루투스 5를 발표했다. 다음해인 2017년 2월 소니는 블루투스 5.0 지원을 처음 발표하였고, 이어서 2017년 4월에 출시된 삼성 갤럭시 S8, 9월에 출시된 아이폰 8이 블루투스 5를 지원했다.

2019년 1월에 발표된 블루투스 5.1에서는 도착 각도Angle of Arrival, AoA 및 출발 각도Angle of Departure, AoD 기술을 사용해 장치에 대한 위치 추적 기능이 강화되었다.

2020년 1월에 발표된 블루투스 5.2에서는 LELow Energy 오디오를 통해 전력소모를 최소화하며, 하나의 헤드폰으로 여러 음원의 오디오 소스에 연결하는 구성이나, 또는 하나의 음원에 여러 헤드폰을 연결하는 등의 기능이 추가되었다. 또한 새로운 오디오 코덱인 LC3 코덱을 사용하며, BLEBluetooth Low Energy 오디오를 사용함으로써 보청기에 대한 지원도 하게 된다.

5 UWB 기술

UWBUltra Wideband(초광대역) 기술은 멀티미디어 기기의 고속 무선 데이터 접속을 지원하는 것으로 480Mbps의 높은 데이터 전송률을 보장하며 다양한 이동성 응용 디바이스 사이의 접속을 지원한다. 블루투스 3.0에 UWB가 지원될 예정이었으나 주된 역할을 담당했던 와이미디어WiMedia 연합이 2009년 3월에 해체되면서 블루투스 3.0 규격에서 UWB 기술이 제외되었다. 당시 와이미디어 연합은 높은 속도와 전력 최적화 구현 작업을 포함해 모든 규격과 관련된 역할을 블루투스 SIG와 무선 USB 프로모터 그룹 및 USB 구현 포럼으로 이전했다.

UWB 기술은 초기에 군사 목적으로 활용되었으나 2002년 2월에 FCCFederal Communications Commission가 상업 용도로의 활용을 승인했다. 대표적인 응용 사례로 항공기 충돌 방지장치, 지하 탐사 레이더, 고정밀 위치 추적 시스템 등이 있으며 최근에는 사무실 및 개인 공간에서 전자기기 관련 활용 개발을 활발하게 진행하고 있다.

TIP FCC는 전파 이용에 관한 포괄적인 업무를 수행하는 미국의 방송통신정책 주관기구이다.

UWB 기술은 블루투스보다 비트당 낮은 전력을 이용하면서도 고속으로 데이터를 전송할 수 있다. 블루투스의 동작 범위가 100m 정도인 데 비해 UWB는 3~10m의 매우 협소한 범위

내에서 고속 데이터 전송 지원이 가능하다. 블루투스는 동작 범위가 더 넓고 저전력을 이용하지만 UWB에 비해 상대적으로 저속 데이터 전송을 지원한다. 블루투스와 UWB 기술은 서로 상이하면서도 상호 보완적인 기술인 셈이다.

블루투스 기술의 고유한 기능 중 하나인 SDPService Discovery Profile는 블루투스 기능이 탑재된 휴대용 기기가 다른 블루투스 기기와 무엇을 할 수 있는지 알게 해주는 기능이다. SDP를 통해 하나의 장치는 다른 장치에서 제공하는 서비스를 검색할 수 있으며, 각 서비스는 UUIDUniversally Unique Identifier로 식별된다.

확인문제 14-2

피코넷이 무엇이며 피코넷에서 블루투스가 어떻게 동작하는지 설명하시오.

풀이 피코넷은 하나의 주 디바이스와 최대 7개의 종속 디바이스로 구성된 기본 네트워크 단위이다. 블루투스 동작은 언제나 주 디바이스를 통해 이루어지므로 7개 중 하나의 종속 디바이스가 다른 종속 디바이스로 데이터를 전송하려면 먼저 주 디바이스에 데이터를 보내고 이것을 받은 주 디바이스가 또 다른 종속 디바이스로 데이터를 보낸다.

03 무선인터넷 기술

1 WiMAX와 WiBro의 개발 과정과 특성

2007년 10월 ITU 전파총회에서 WiBroWireless Broadband(와이브로) 기술이 IMT-2000으로 통칭되는 3세대 이동통신(3G)의 여섯 번째 국제표준으로 채택되었다. WiBro는 삼성전자와 한국전자통신연구소(ETRI)가 주도적으로 개발한 무선 광대역 인터넷 기술로, 국제적으로는 Mobile WiMAX로 불린다. 휴대형 단말기를 통해 언제 어디서나 정지 및 이동 중에도 고속으로 인터넷에 접속해 정보나 멀티미디어 콘텐츠를 이용할 수 있도록 하는 기술로, 무선광대역인터넷, 무선초고속인터넷, 휴대인터넷 등으로 풀이할 수 있다. Mobile WiMAX는 IEEE 802.16e의 기술표준을 토대로 장비의 상호호환성을 확보하기 위한 국제표준으로, 이 중 WiBro가 대표적인 기술표준이다. WiBro 기술이 개발된 배경을 살펴보자.

TIP WiBro와 WiMAX는 종종 혼동할 수 있는데, WiBro는 802.16e에 해당하는 Mobile WiMAX 표준만 의미하며, WiMAX는 고정형과 휴대형을 모두 규정하고 있는 일종의 통신 프로토콜이다. 즉 WiBro(Mobile WiMAX)는 WiMAX의 하위 범주이다.

무선으로 인터넷을 즐길 수 있는 데이터통신 기술은 초고속인터넷의 보급과 함께 점차 확산되었고, 1999년 IEEE가 표준으로 채택한 Wi-Fi(802.11b) 기술이 등장했다. 이 기술은 11Mbps의 전송속도와 2.4GHz의 대역을 지원하는 고속 인터넷을 무선으로 사용할 수 있도록 했다. 인터넷 속도가 10Mbps를 돌파하면서 1999년 9월에는 5GHz대의 6~54Mbps의 전송속도를 갖는 OFDMOrthogonal Frequency Division Multiplexing 방식의 IEEE 802.11a가 발표되었다. OFDM이란 사용 가능한 주파수 대역을 부 반송파Sub-carrier로 나누고, 시간축 상에서 서로 직교하는 신호를 각 부 반송파 상에 나누어 중첩되게 할당해 전송하는 방식을 말한다. 이 방식은 동일 주파수 대역으로 비교할 경우 중첩되는 다수의 부 반송파에 신호가 나뉘어 실리기 때문에 단일 주파수 효율이 좋아지고, 결과적으로 높은 데이터 전송률이 가능해진다. WiBro에서 OFDM 방식을 사용하는 이유가 바로 이것이다.

TIP 802.11a는 802.11b에 비해 전송속도가 5배 이상 빠르고 보안 성능도 우수함에도 5GHz의 주파수 사용에 대한 허가가 신속하게 이루어지지 못하는 사이에 2.4GHz의 주파수 대역을 사용하던 802.11b를 업그레이드한 802.11g의 표준화가 2003년에 이루어졌다. 802.11g는 802.11a의 속도와 802.11b의 보안성을 갖추고 54Mbps의 빠른 속도를 지원한다. 또한 2009년에 승인된 802.11n은 OFDM/MIMO 기술을 사용해 802.11 a/b/g와의 호환성을 유지하면서도 최대 600Mbps의 빠른 속도를 지원한다.

Wi-Fi를 사용하면 가정과 사무실은 물론 실외에서도 무선으로 인터넷을 즐길 수 있지만, 휴대전화처럼 이동 중 사용은 곤란하며, 서비스 커버리지Coverage 역시 매우 제한적이다. IEEE 802.11g의 무선인터넷은 802.11b에 비해 데이터 전송속도는 빠르나 100Mbps 이상을 지원하는 유선 초고속인터넷의 성능에는 미치지 못한다. 802.11g의 최대 속도는 54Mbps까지 가능하나, 실제 속도는 무선 AP 반경 2~3m 내에서 장애물이 없는 경우에 20~30Mbps에 불과하다. 이처럼 Wi-Fi의 최대 단점은 유효범위가 협소하고, 이동하면서 사용하기에는 제한적이라는 것이다.

Wi-Fi의 한계로 인해 넓은 지역에서 무선 광대역 네트워크를 구축하기 위한 새로운 무선 데이터통신 기술이 요구되어 802.16 규격이 만들어졌는데, 이것이 바로 WiMAX이다. WiMAX는 2002년 802.16 표준이 발표된 이후 802.16a, 802.16d, 802.16e 규격이 속속 발표되었다. 802.16a는 고정형 WiMAX로 2~11GHz의 대역을 사용하며, 전송속도는 75Mbps이고, 열린 공간에서 45km, 도심에서 2km까지의 유효범위를 구현한다. 802.16e는 기존 802.16a에 이동성을 강화한 것으로 시속 60km에서도 15Mbps 속도로 데이터통신이 가능한 규격이다.

WiMAX의 활성화를 위해 2003년 인텔의 주도로 WiMAX 포럼이 발족했으며, 이 포럼은 시스코, 후지쯔, AT&T 등 150여 개 업체로 구성되었다. WiMAX는 고정 무선서비스 기술과 이동 무선서비스 기술인 Mobile WiMAX로 구분되며, Wi-Fi에 비해 그 기능과 유효범위가 확장된 기술이다. 실제 WiMAX의 커버 범위는 45km까지 확대되며, 전송속도 또한 365Mbps(WiMAX rel 2)까지 가능해 Wi-Fi보다 성능이 우수하다.

WiBro는 Mobile WiMAX에 해당하는 표준으로 KT, 삼성전자, 한국전자통신연구소, 포스데이타 등의 국내 기업과 연구기관, 정부가 주도해 개발한 독자적인 기술이다. WiBro는 2.3GHz 주파수 대역을 이용해 120km/h 이상 이동 시에도 끊김 없는 무선인터넷 서비스의 제공이 가능하다. 이때 가입자당 전송속도는 최대 25Mbps 정도가 된다. WiBro 서비스의 데이터 전송률은 무선전화보다 높고, 이동성은 무선 LAN보다 높다. WiMAX는 전파 전달 거리가 최대 30마일(48km)로, 핫스팟Hot Spot을 형성하는 기존 무선 LAN인 Wi-Fi의 신호 전송 거리 200피트에 비하면 많은 차이가 난다. 이동성 측면에서 무선 LAN보다 다소 높은 보행수준의 준이동성Nomadic Mobility을 보장한다. 전송속도 면에서도 기술방식에 따라 다르지만, 평균 10Mbps급 이상(최대 25Mbps)의 안정적인 속도를 제공함으로써 원활한 무선인터넷이 가능하다.

WiBro 서비스의 특성으로는 전송속도와 이동성, 저렴한 요금, 다양한 콘텐츠 등을 들 수 있다. WiBro는 최대 25Mbps 정도의 전송속도가 가능해 3.5G 뒤에서 다룰 HSDPA보다도 데이터 전송에 다소 유리하다. 물론 유선사업자가 제공하는 넷스팟 같은 무선 LAN이나 CDMACode Division Multiple Access(코드분할 다중접속)을 이용해 무선인터넷을 사용할 수 있으나, 무선 LAN을 사용하는 경우 도달거리가 짧아 이동 중일 때나 AP로부터 멀어지면 원활한 서비스가 이루어지지 못한다. 반면 WiBro는 이동 중에도 무선인터넷 사용이 가능하다.

WiBro 서비스는 크게 미디어 서비스, 데이터 서비스, 통신 서비스 등으로 구분된다. 미디어 서비스는 웹 미디어, VOD, 주문형 음악, 게임, P2P 서비스 등을 말한다. 데이터 서비스에는 전자학습, 전자뱅킹, 웹 탐색 등이 있다. 통신 서비스에는 웹 메시지 서비스, 비디오폰 서비스, 이메일 서비스 등이 포함된다.

2 WiBro와 LTE/HSDPA 기술

WCDMAWideband Code DIvision Multiplex Access(비동기식 CDMA)의 진보기술인 LTELong Term Evolution는 무선 데이터통신 기술표준으로 GSM/UMTS 표준의 진화된 버전이다. LTE의 목표는 새로운 DSPDigital Signal Processing(디지털 신호처리) 기술을 사용해 무선 데이터 네트워크의 용량과 속도를 증가시키는 것이었다. LTE는 2004년에 일본의 NTT 도코모에 의해 제안되었고, 2008년 12월에 표준이 완료되었다.

TIP GSM(Global System for Mobile communication)은 유럽의 2세대 디지털 셀룰러 이동통신 시스템 표준안으로 주로 음성 통화를 위한 시스템이고, UMTS(Universal Mobile Telecommunications System)는 GSM에서 진화된 유럽형 3세대 이동통신 시스템으로 음성과 데이터를 모두 지원하는 광대역 이동통신 기술이다.

LTE 서비스는 2009년 12월에 북유럽 최대 통신사인 텔리아소네라TeliaSonera에 의해 처음 상용화되었다. 이때 공개된 세계 최초의 LTE 단말기는 삼성전자의 GT-B3710이었다. 삼성전자는 이어 2010년 세계 최초의 LTE 휴대전화인 SCH-R900을 메트로PCS를 통해 보급했다. LTE 사양은 다운 링크에서 최대 300Mbps, 업 링크에서 75Mbps의 최대 전송률을 제공하며, QoS, 멀티캐스트 및 브로드 캐스트 스트림 서비스 등을 지원한다.

TIP 텔리아소네라(TeliaSonera)는 유무선 전화, 인터넷 등의 통신 서비스를 제공하는 스웨덴, 핀란드의 이동통신 기업으로, 2003년 스웨덴 통신사 텔리아(Telia)와 핀란드 통신사 소네라(Sonera)의 합병으로 설립되었다. 본사는 스웨덴 스톡홀름에 있다.

LTE의 급속한 확산과 스마트폰 테더링을 통한 무선인터넷 이용이 확산되면서 WiBro 서비스의 설 자리가 급속도로 줄었고, 실제 WiBro 이용자 수도 급감하는 추세를 보였다. 그 결과

2018년 12월 31일 자정을 기점으로 WiBro 서비스는 전면 중지되었다. 그렇지만 국내기술로 개발된 무선인터넷 기술이 국제표준으로 인정받은 첫 사례인 점은 결코 간과할 수 없으며, 향후 관련 기술개발 과정에 있어서 좋은 길잡이로 활용될 것이다.

HSDPAHigh Speed Downlink Packet Access(고속 하향 패킷 접속)는 WCDMA를 확장한 고속 패킷 통신규격으로, 비동기식 3.5G 이동 데이터통신 서비스다. 이는 기존의 비동기 IMT-2000 표준의 진화단계에 위치하며, 획기적인 전송률 향상과 더불어 IP 멀티미디어 서비스 제공에 보다 효율적이다. HSPDA가 도입되면서 이동통신 네트워크가 음성 위주에서 패킷 데이터 위주로 변모할 수 있었다. HSDPA와 WiBro와의 관련성을 정리하면 다음과 같다.

WiBro는 전송속도와 가격 면의 비교우위를 통해 인터넷 접속 중심으로 진화한 반면, HSDPA는 이동성과 서비스 커버리지 측면의 이점을 앞세워 무선 데이터 서비스를 제공하되 음성 중심으로 진행되었다. WiBro는 대도시 인구 밀집 지역을 중심으로 대용량 서비스가 가능한 반면, HSDPA는 소용량이지만 전국을 커버할 수 있다는 점에서 WiBro의 단점을 보완했다. 두 기술은 초기에는 경쟁 기술로 인식되었으나, 상호보완적 개념으로 발전했다. 그러나 WiBro는 표준경쟁에서 확고한 위치 확보에 실패하고 글로벌 시장에서도 밀려 결국 서비스 중단으로 이어졌다.

[표 14-1]은 WiBro, Wi-Fi, WiMAX, WCDMA 기술의 특성을 비교 정리한 것이다.

표 14-1 WiBro, Wi-Fi, WiMAX, WCDMA 기술의 특성 비교

구분	Wi-Fi	WiBro	WiMAX	WCDMA HSPA
기본 표준	802.11(11n)	802.16e	802.16d/16m	UMTS/3GSM
채널 대역폭	20MHz/40MHz	8.75MHz/10MHz	1.25MHz/20MHz	5MHz
사용 주파수	2.4/5GHz	2.3~2.4GHz	10~66GHz/ 2~11GHz	1,885~2,025MHz (업링크)/2110~ 2200MHz(다운링크)
변조 방식	OFDM/MIMO	OFDMA/MIMO	MIMO/SOFDMA	CDMA/FDD/MIMO
주 용도	무선인터넷	무선광대역 인터넷	3G 데이터	3G 데이터
최대 전송속도	600Mbps	25Mbps	75Mbps/365Mbps	21Mbps
최대 전송거리	70m(실내)/250m(실외)	1km	45km	

TIP WCDMA HSPA는 HSDPA(High Speed Downlink Packet Access)와 HSUPA(High-Speed Uplink Packet Access)의 결합 기술이다.

04 이동 애드혹 네트워크 기술

1 이동 애드혹 네트워크의 개념

애드혹 네트워크Ad-hoc Network는 고정된 외부 네트워크의 도움 없이 독립된 노드끼리 자율적으로 서로 통신하며 구성하는 네트워크를 말한다. 여기에 이동 기능이 더해진 경우를 이동 애드혹 네트워크Mobile Ad-hoc NETwork, MANET 혹은 모바일 애드혹 네트워크라고 한다.

이동 애드혹 네트워크의 이동 노드는 무선 인터페이스를 사용해 이동 호스트 기능과 라우팅 기능을 동시에 수행하므로 기지국Base Station, BS이나 AP와 같은 중재자가 필요하지 않으며 [그림 14-6]의 (a)와 같이 이동 노드끼리 자체적으로 연결이 설정된다.

[그림 14-6]의 (b)는 고정 게이트웨이 또는 AP를 중심으로 구성된 일반적인 하부구조 네트워크를 보여준다. 하부구조 네트워크에서는 이동 노드 역시 계층적이고 수직적으로 연결된다. 이와 달리 이동 애드혹 네트워크에서는 (a)와 같이 이동 노드들이 각각 능동적인 네트워크의 주체가 되며 이들 노드 사이에는 자율적이며 유동적인 연결이 설정된다.

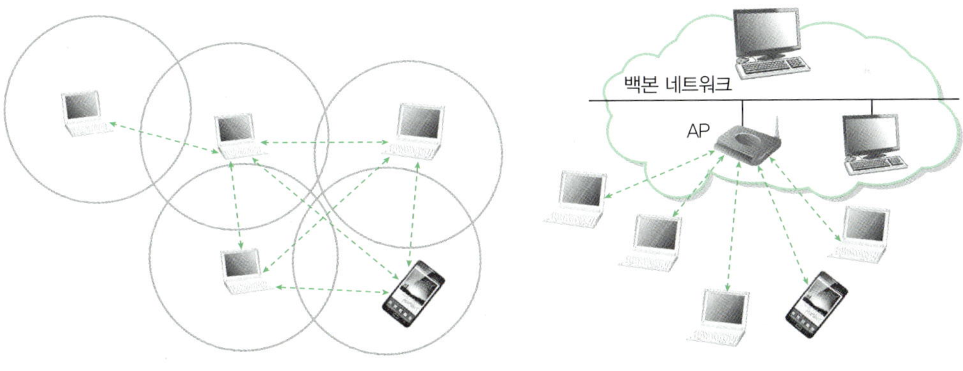

그림 14-6 이동 애드혹 네트워크와 하부구조 네트워크의 비교

이동 애드혹 네트워크에서의 이동 노드는 전파 도달거리가 제한되며 데이터 전달 기능이 있고 배터리를 사용하므로 에너지 공급이 일정치 않다. 이러한 특성으로 인해 이동 노드 간의

연결성, 전파 상태, 트래픽 및 사용자 이동 패턴에 따라 네트워크 토폴로지가 계속 변화하므로 네트워크 구성을 유지하기 어렵다.

이동 애드혹 네트워크의 주요 특성은 다음과 같다.

- **이동 노드**: 호스트 기능과 이동 애드혹 라우팅 기능을 동시에 갖는다. 다른 노드를 대신해 패킷을 전달하고 응용프로그램을 실행할 수 있다. 그러나 제한된 배터리로 동작하기 때문에 기능상 제약이 있다.
- **동적인 네트워크 토폴로지**: 노드의 일부 또는 전체가 가변적으로 네트워크에 나타나거나 사라질 수 있다. 이것은 사용자의 이동 패턴, 트래픽 종류, 이동 노드의 에너지 잔량 등에 따라 다양하게 나타나는 현상이다. 그럼에도 불구하고 일반적으로 기존 네트워크에 적용되는 연결 접속 및 트래픽 요구 사항, QoS 등이 이동 애드혹 네트워크에서도 동일하게 요구되므로 기술개발의 어려움이 있다.
- **불안정한 링크**: 무선 채널을 사용하므로 전송거리와 전송 대역폭에 제약이 있고 전파 간섭 및 다중 링크로 인한 보안 문제가 있다. 또한 무선 링크의 높은 비트 오류율로 인해 QoS가 저하될 수 있다.
- **분산 운영 기능**: 이동 노드가 백본 네트워크에 보안 및 라우팅 기능을 의존할 수 없으므로 여러 노드 간의 협력으로 해당 기능을 분산 운영해야 한다.

이동 애드혹 네트워크는 [그림 14-7]의 (a)와 같이 독립적으로 구성할 수 있다. 그러나 독립적으로 구성된 네트워크의 대등한 노드끼리는 정보 교환이나 수집은 가능하지만 기존의 인터넷 등과 같은 기반 네트워크에서 제공되는 다양한 콘텐츠나 서비스를 이용하는 데는 어려움이 있다. 이런 경우 (b)와 같이 이동 애드혹 네트워크를 다른 하부구조 네트워크와 연동하는 방법을 고려할 수 있다.

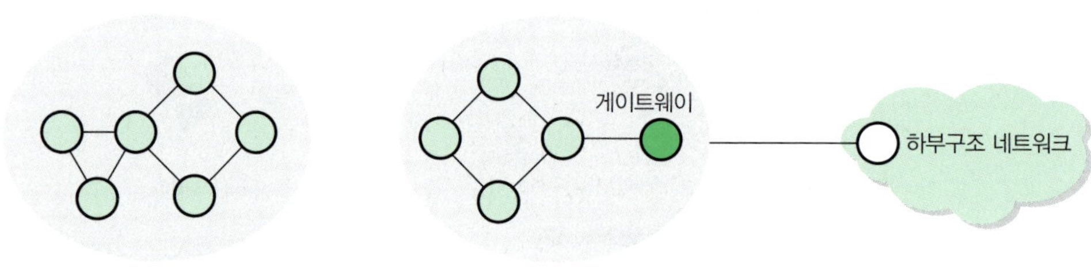

(a) 독립적으로 존재하는 경우

(b) 하부구조 네트워크와 연동되는 경우

그림 14-7 이동 애드혹 네트워크의 형태

2 애드혹 네트워크의 주요 기술

이동 애드혹 네트워크의 기술적 진보는 계속 진행되고 있다. 구체적으로 보면, 전파 간섭 및 전력제어부터 링크 계층의 다중접속 및 자원할당 기법, 라우팅 프로토콜과 이에 따른 오버헤드 문제, 수송 계층의 연결설정 및 유지 기법, 보안 및 응용 등 다양한 기술이 속속 발표되고 있다. 이동 애드혹 네트워크에서 주로 연구되는 분야 중 라우팅, 무선 기술, 에너지 관리, TCP 성능, 보안 기술에 대해 알아보자.

2.1 라우팅

이동 애드혹 네트워크는 이동 노드의 이동 패턴과 트래픽 종류, 링크 품질 또는 전력 여유 상태 등에 따라 토폴로지가 수시로 변하므로 특정 노드를 찾아가기 위한 경로설정과 유지가 어려워진다. 특히 제한된 무선 전송으로 인해 이동 노드의 수신지 정보가 이웃 노드 또는 데이터 전달 경로상의 중간 노드에 의해 결정된다. 이동 노드의 이동 패턴에 따라 직접 통신이 가능한 이웃 노드의 집합이나 그룹이 함께 변하기 때문에 각 노드는 주기적으로 자신의 존재를 알려서 직접적인 통신이 가능한 이웃 노드 또는 그룹 정보를 항상 유지해야 한다. 그러나 기존의 RIP나 OSPF와 같은 인터넷 라우팅 프로토콜은 유동성이 적고 안정된 네트워크 환경에서 주기적인 라우팅 테이블 관리로 동작하기 때문에 이동 애드혹 네트워크처럼 주기적인 메시지교환이나 네트워크의 동적인 변화에 대한 신속한 대응이 어렵다. 따라서 기존의 라우팅 프로토콜을 그대로 적용하기 어려우므로 변형 또는 새로운 방식의 라우팅 프로토콜이 필요하다.

이동 애드혹 라우팅 프로토콜은 1997년 7월에 결성된 IETF MANET 워킹그룹의 주도로 표준화 작업이 진행되었고 AODVAdhoc On-demand Distance Vector, DSRDynamic Source Routing, ZRPZone Routing Protocol, 그리고 TORATemporally-Ordered Routing Algorithm 등의 프로토콜이 인터넷 표준 초안으로 제안되었다.

이동 애드혹 라우팅 프로토콜은 테이블 관리 방식, 요구기반 방식, 이를 혼합한 하이브리드 방식으로 나뉜다.

■ **테이블 관리 방식**

주기적으로 또는 네트워크 토폴로지가 변화할 때 라우팅 정보를 브로드캐스트하여 모든 노드가 항상 최신의 라우팅 정보를 유지하는 방식으로 DSDVDestination Sequenced Distance Vector, WRPWireless Routing Protocol, CGSRClusterhead Gateway Switching Routing 등의 프로토콜이

여기에 속한다. 항상 최신의 경로정보를 유지하기 때문에 트래픽 발생 시 경로탐색의 지연 없이 통신이 가능한 반면 경로정보관리를 위한 제어 메시지의 브로드캐스팅 오버헤드가 너무 크다는 단점이 있다. 따라서 제어 메시지의 양을 최소화하는 것이 필요하다.

- **요구기반 방식**

  트래픽이 발생하는 시점에서 경로를 탐색하는 방식으로 테이블 관리 방식의 제어 메시지 오버헤드 문제를 해결했다. AODV, DSR 등의 프로토콜이 여기에 속한다. 초기 경로탐색에 따른 지연이 발생하므로 최적의 경로탐색과 더불어 지연시간을 최소화하는 데 초점을 맞추고 있다.

- **하이브리드 방식**

  테이블 관리 방식과 요구기반 방식의 장점을 결합한 것으로 ZRP 방식이 있다.

2.2 무선 기술

이동 애드혹 네트워크의 물리적 접속규격과 관련된 무선 기술에는 노드 간 대등 통신 지원, 노드 간 전송 및 수신 주파수 사용, 다수의 노드 간에 동일한 채널 공유, 적절한 무선 전송거리 및 전송속도 유지 등이 있다. 이동 애드혹 네트워크 구성 시 무선 LAN과 블루투스 기술이 적용되는데 그 이유는 전송거리 및 속도, 연결설정 등을 고려할 때 다른 무선 접속기술에 비해 유리하기 때문이다. 하지만 이 경우 다중접속으로 인한 전파장애와 2.4GHz 대역에서의 상호간섭 문제, 사용자 간 채널 사용에서의 불평등 문제 등을 해결해야 한다. 데이터 전송을 하기 위한 매체 접근에는 다수의 사용자가 무선 링크를 통해 하나의 채널을 공유함으로 인해 충돌과 낭비가 발생할 수 있다. 그러므로 이를 줄이기 위해 효율적인 다중접속 기술과 다수의 노드에 대한 공정한 자원 분배, 열악한 무선 링크에서 신뢰성 있는 패킷 전송기술 등이 필요하다.

2.3 에너지 관리

이동 애드혹 네트워크을 구성하는 대부분의 노드는 이동성을 지원하기 위해 제한된 용량의 배터리를 에너지원으로 사용한다. 따라서 일반적으로 노트북이나 센서를 가진 이동장치 등의 이동 노드는 안정된 에너지 공급이 어렵다. 이와 같은 에너지 제약은 라우팅 프로토콜 설계에 큰 영향을 준다.

예를 들어 에너지 수준이 낮은 노드가 많은 양의 트래픽을 처리하면 해당 노드의 배터리 잔량이 점점 줄어 결국 이 노드를 경유하는 모든 경로를 사용할 수 없게 된다. 즉 노드의 에너지 상태를 고려해 경로를 선택해야 안정적인 데이터 전송이 가능하다.

2.4 TCP 성능

이동 애드혹 네트워크가 IP 기반 프로토콜에서 동작할 때 대부분의 IP 응용프로그램은 TCP 상에서 수행된다. 이동 애드혹 네트워크에서는 토폴로지의 동적인 변화로 트래픽 지연이나 유실이 크기 때문에 일반 유선 네트워크에 사용되는 TCP를 이동 애드혹 네트워크에 그대로 사용하면 안정적인 서비스 제공이 어렵고 네트워크 전체의 성능이 저하된다. 특히 무선 링크의 높은 비트 오류율과 이동에 따른 잦은 연결 절단 및 핸드오프 특성은 연결지향성 TCP 패킷의 손실과 재전송을 유발해 TCP의 성능을 떨어뜨린다. 해결책으로 I-TCPIndirect-TCP, 고속 재전송Fast Retransmit 등 무선 TCP를 이용하여 개선하는 방법이 있다. 그러나 무엇보다도 성능에 영향을 주는 링크 계층의 안정화와 고효율 라우팅 프로토콜의 연구가 필요하다.

2.5 보안 기술

이동 애드혹 네트워크는 무선 인터페이스를 사용하기 때문에 유선 네트워크에 비해 보안 위험에 훨씬 더 많이 노출되어 있다. 기본적으로 애드혹 네트워크의 보안 요구 조건은 다른 네트워크와 동일하지만 이동 애드혹 네트워크에서는 노드의 신분이 서로에게 불확실한 경우가 많아 보안 문제가 발생할 수 있다. 특히 멀티 홉 방식에 의해 라우팅을 할 경우에는 악의적인 중간 노드에 의해 발생할 수 있는 데이터 무결성 및 기밀성 문제가 있다. 매체를 신뢰할 수 없는 상황에서 암호를 사용하므로 암호 키에 크게 의존하게 된다. 따라서 키 사이에 신뢰할 수 있는 관계를 형성하고 이를 이동 애드혹 네트워크 전반에 분배하는 것이 주요 과제이다.

연습문제

01 유·무선인터넷을 이용해 TV, 냉장고, 에어컨, 전자레인지 등 주요 가전제품을 제어하고 기기 간 콘텐츠를 공유할 수 있는 기술은?

① Wi-Fi ② 홈 네트워크 ③ BAN ④ 주파수 공존

02 블루투스의 계층구조에서 연결제어 및 구성, 인증, 데이터 암호화, 저전력 모드 관리 등의 기능을 수행하는 계층은?

① 호스트제어 인터페이스(HCI) 계층
② 논리연결제어와 적응 프로토콜(L2CAP) 계층
③ 물리(PHY) 계층
④ 연결관리 프로토콜(LMP) 계층

03 다음은 어떤 기술에 관한 설명인가?

> 초기에 군사 목적으로 활용되었으나 2002년 2월에 FCC가 상업 용도로의 활용을 승인했다. 대표적인 응용 사례로 항공기 충돌 방지장치, 지하 탐사 레이더, 고정밀 위치 추적 시스템 등이 있다.

① BAN 기술 ② UWB 기술 ③ RFCOMM 기술 ④ 주파수 공존 기술

04 2004년 일본의 NTT 도코모에 의해 제안되어 2008년 12월에 표준이 완료되었으며, 2009년 12월 북유럽 최대 통신사인 텔리아소네라에 의해 처음 상용화된 기술은?

① 와이브로 기술 ② UWB 기술 ③ 와이파이 기술 ④ LTE 기술

05 다음 중 블루투스의 동작에 대한 설명으로 옳지 <u>않은</u> 것은?

① 주 디바이스와 종속 디바이스가 연결되는 마스터-슬레이브 방식으로 동작한다.
② 피코넷은 주 디바이스 하나를 중심으로 최대 7개의 종속 디바이스로 구성된다.
③ 하나의 피코넷에 포함된 주 디바이스나 종속 디바이스는 다른 피코넷의 종속 디바이스가 될 수 없다.
④ 하나의 스캐터넷을 구성할 수 있는 최대 피코넷은 10개이다.

06 다음은 지그비 기술에 대한 설명이다. 옳지 않은 것은?

① 배선 작업이 필요 없다.
② 하나의 칩셋으로 구성할 수 있다.
③ 저전력성이 특징인 무선 성형 네트워크 표준이다.
④ 데이터 전송속도는 2.4GHz 주파수 대역에서 250Kbps 정도이다.

07 WCDMA를 확장한 고속 패킷 통신규격으로, 하향 고속화 패킷 접속 방식을 갖는 비동기식 3.5G 이동 데이터통신 서비스는?

① IrDA ② P2P ③ HSDPA ④ LTE

08 고정된 외부 네트워크의 도움 없이 독립된 노드끼리 자율적으로 서로 통신하며 구성하는 네트워크는?

① WiMAX ② 지그비 네트워크
③ Wi-Fi ④ 애드혹 네트워크

09 Wi-Fi 기술의 한계로 인해 넓은 지역에서 무선 광대역 네트워크를 구축하기 위한 새로운 무선 데이터통신 기술이 필요해져 만든 규격은?

① 블루투스 ② 지그비 ③ 와이맥스 ④ 이동 애드혹

10 WPAN 기술의 특성을 무선 LAN 기술과 비교해 설명하시오.

11 WiMAX 기술이 나오게 된 배경과 발전 과정을 설명하시오.

12 지그비 기술이 나오게 된 배경을 기술하고 그 특성을 설명하시오.

13 블루투스 네트워크를 구성하는 방법과 동작을 설명하시오.

14 UWB(초광대역) 기술이 나오게 된 배경을 기술하고 그 특성을 설명하시오.

15 디바이스 수가 7개 이상인 경우에 블루투스 네트워크를 구성하는 방법을 설명하시오.

16 LTE 서비스의 특성을 설명하시오.

17 이동 애드혹 네트워크와 하부구조 네트워크의 차이점을 비교해 설명하시오. 또한 이동 애드혹 네트워크의 구성요소와 네트워크 특성을 네 가지 정도로 요약해 설명하시오.

18 이동 애드혹 네트워크의 라우팅 프로토콜로 기존의 방식을 그대로 사용하기 어려운 이유는 무엇인지 설명하시오.

19 이동 애드혹 네트워크의 에너지 효율성 문제 및 인터넷 또는 무선 LAN과의 연동 문제에 대해 설명하고 그 해결책을 제시하시오.

CHAPTER 15

암호 알고리즘과 네트워크 보안

학습목표

- 네트워크 보안과 암호화 기술의 개념을 이해한다.
- 암호화 알고리즘인 DES와 RSA의 구조와 동작을 설명할 수 있다.
- 메시지 인증과 디지털 서명 기법을 설명할 수 있다.
- 보안 기술이 진화한 과정을 이해한다.

01 네트워크 보안

1 보안의 중요성

네트워크 기술의 눈부신 발전으로 언제 어디서나 다양한 서비스를 편리하게 이용할 수 있는 세상이 되었다. 하지만 이러한 발전과 더불어 웜이나 컴퓨터 바이러스 등의 악성 프로그램에 의해 공격을 받는 사이버 보안 문제가 심각하게 발생하고 있다.

컴퓨터 바이러스는 컴퓨터 프로그램이나 운영체제의 실행 부분을 변형한 뒤 자신 또는 악성 프로그램을 복사함으로써 정상 프로그램이나 데이터 파일을 파괴해 컴퓨터 작동에 피해를 준다. 컴퓨터 바이러스가 처음 나온 시점을 정확히 찾기는 쉽지 않으나 1970년대 초반부터 컴퓨터 바이러스라는 개념이 사용되기 시작했으며 이 시기에 크리퍼The Creeper 바이러스가 최초로 보고되었다. 이후 발견된 여러 바이러스 중 브레인 바이러스는 1986년 파키스탄 출신의 앰자드 알비Amjad Farooq Alvi와 배시트 알비Basit Farooq Alvi 형제가 불법 복제 사용자에게 낭패를 줄 목적으로 전 세계로 전파한 것이다.

브레인 바이러스를 시작으로 악의적인 바이러스가 줄지어 출현했다. 1986년부터 예루살렘 바이러스, LBC 바이러스, 체르노빌 바이러스, 슬래머 바이러스 등이 나타나 PC 사용자들을 공포에 빠뜨렸다. 2년 후인 1988년 11월 2일에는 코넬대학교 학생인 로버트 모리스가 배포한 모리스 웜Morris Worm에 의해 당시 인터넷에 연결된 컴퓨터의 1/3 이상이 바이러스에 감염된다. 사태의 심각성을 인지한 미국 정부는 국가 수준의 인터넷 위협대응 체계를 구성했다.

국내에서는 2003년 1월 25일 SQL 슬래머 웜SQL Slammer Worm의 공격으로 10분 내에 7만 5천 대의 컴퓨터가 감염되는 초유의 사태가 발생했다. 이를 계기로 인터넷 침해사고 대응을 총괄하기 위한 인터넷침해대응센터(KISC)가 설립되었다. 그러나 2011년 4월에 발생한 농협 해킹 사건과 2013년에 연이어 발생한 3.20 및 6.25 사이버테러는 정보보안의 현주소를 다시 한번 인지시킨 계기가 되었다.

국가정보자원관리원은 최고등급의 보안시설로, 중앙정부의 정보시스템을 운영 및 관리하는 기관이다. 날로 늘어가는 사이버 공격에 효과적으로 대응하기 위해 인공지능을 기반으로 차세대 보안체계를 구축하고 있다. 2018년 1차 사업의 성공에 이어 2차, 3차 사업이 2020년에 완료된다(출처: 전자공학회지).

2 보안의 목표

보안의 목표는 기밀성, 무결성, 가용성을 보장하는 것이다.

■ **기밀성**

기밀성Confidentiality은 허가받지 않은 사람에게 정보가 노출되는 것을 방지하는 것이다. 정보는 오직 대화하고 있는 쌍방 간에만 교환되어야 하며 도청자에게 노출되지 않아야 한다. 기밀성을 유지하기 위해 암호학과 접근제어 방법을 사용한다.

■ **무결성**

무결성Integrity은 정보 또는 소프트웨어가 정확하고 완전하며 진본임을 보장하는 것으로 허가나 승인받지 않은 상태에서 고의로 변경하지 않았다는 것을 의미한다. 예를 들어 수신된 메시지와 전송된 메시지가 동일하다는 것을 보장하기 위해 암호화와 라우팅 제어를 통해 연결 무결성을 이루고 암호화를 통해 호스트 무결성을 이룬다. 해시 함수를 이용하면 허가받지 않은 접근이 시스템에 발생했는지 확인할 수 있다.

■ **가용성**

가용성Availability은 정당한 사용자가 언제나 정보를 이용할 수 있게 보장하는 것이다. 예를 들어 네트워크를 설계할 때 가용성을 보장하기 위해 중복, 오류 내구성, 안정성, 오류 복구, 백업 복구 등을 확인해야 한다.

전통적인 네트워크 보안은 기밀성, 무결성, 가용성을 보장하는 기술을 의미했다. 그러나 최근의 융합 환경에서는 암호, 인증, 인식, 감시 등의 보안 기술과 이러한 기반 기술을 활용해 테러, 재난, 재해, 범죄로부터의 예방과 같은 안전 서비스를 제공하는 기술 및 시스템을 포괄하는 의미로 정의할 수 있다.

3 보안 적용

네트워크를 보호하기 위해 각 계층마다 보안을 적용하는데 이러한 계층적 접근 방식을 다계층 보안구조라고 한다. 어느 한 계층의 보안이 무너지더라도 다음 단계에서 방어한다는 개념이다.

3.1 네트워크 접근 계층 보안

정부, 은행, 군대에서 많이 사용하는 방식으로 지역 시스템에서 동작한다. 각 링크의 종단에 부착된 전용 하드웨어 장치가 암호화와 복호화를 수행하도록 구성한다. 또 다른 방법으로는 지역 LAN의 공유매체에 대한 접근을 제어한다. 분리된 관리 네트워크를 구성하거나 이것이 어렵다면 가상 LANVirtual LAN, VLAN이나 가상 WAN을 사용해 가상의 분리 네트워크를 구성한다.

3.2 인터네트워크 계층 보안

방화벽, 라우터, 스위치, 원격 접근 서버, 인증 서버 등을 통해 네트워크 접근을 제어하는 방식으로, 허가를 받은 사용자와 서비스에만 중요한 호스트로의 접근을 허용한다. 접근제어 목록은 라우터에서 구현되는 패킷 필터로서 전송지/수신지 IP 주소에 의해 접근 허용 여부를 결정한다.

3.3 호스트-호스트 계층 보안

모든 응용 및 상위 계층의 전송 프로토콜을 위한 트래픽을 보호하는 데 사용된다. RFC 2401에 정의된 개방형 표준인 IPSecSecurity architecture for IP은 IP 계층 트래픽을 위한 서비스 모음으로 IP 패킷의 접근제어, 인증, 데이터 무결성, 기밀성을 제공한다. IPSec은 호스트와 호스트, 게이트웨이와 호스트, 게이트웨이와 게이트웨이 사이에서 사용된다.

3.4 프로세스 응용 계층 보안

한 호스트의 응용부터 다른 호스트의 응용까지 종단간 보안을 제공하는 것으로, 하위 계층의 전송 방식과 무관하게 무결성, 기밀성, 부인 방지와 같은 보안 요구사항을 제공한다. 대표적인 예로는 PGP, S-HTTP, HTTPS, SSL, TLS 등이 있다.

- **PGP**Pretty Good Privacy: 1991년에 만들어진 공개키 암호 프로그램에 기반을 두고 있으며, 주로 이메일 메시지에 대한 보안 서비스를 제공한다. 사용이 편리하고 안전성이 비교적 높다. 키를 교환하는 데는 RSARivest Shamir Adleman, 메시지를 암호화하는 데는 AESAdvanced Encryption Standard 알고리즘을 사용한다.

TIP RSA는 공개키 암호화를 위한 비대칭 암호화 알고리즘으로, 이해와 구현이 쉬워 비대칭 암호 중에서 가장 널리 사용된다. 그러나 계산이 느려 대칭 암호화 방식인 AES와 함께 쓰인다.

- **S-HTTP**Secure HTTP, HTTPSHypertext Transfer Protocol Secure: 웹 응용을 보호하기 위해 설계된 프로토콜로 대칭키를 사용하면 메시지를 안전하게 전송할 수 있다. S-HTTP는 해당 서비스 페이지 데이터만 암호화하지만 HTTPS는 전체 통신에 관계되므로 데이터 전송 전에 암호화 과정이 시작된다는 점이 다르다. 대부분의 웹 브라우저에서는 HTTPS 방식을 지원한다.
- **SSL**Secure Sockets Layer, **TLS**Transport Layer Security: 클라이언트와 서버 양단 간 응용 계층 및 TCP 전송 계층 사이에서 안전한 보안 채널을 형성함으로써 데이터의 안정성을 보장하는 보안용 프로토콜이다.

4 암호화 기술

암호의 어원은 그리스어로 '감춰진'이란 뜻이다. 여기서 유추해보면 암호학cryptography이란 정보를 감추고 특정한 사람만 볼 수 있도록 하는 것을 목적으로 함을 알 수 있다.

정보를 감추는 것을 암호화Encryption, 감추어진 정보를 보는 것을 복호화Decryption라고 한다. 암호화와 복호화를 묶어서 암호Cipher라고 하며 원래의 정보를 평문Plaintext, 암호화한 것을 암호문Ciphertext이라고 한다.

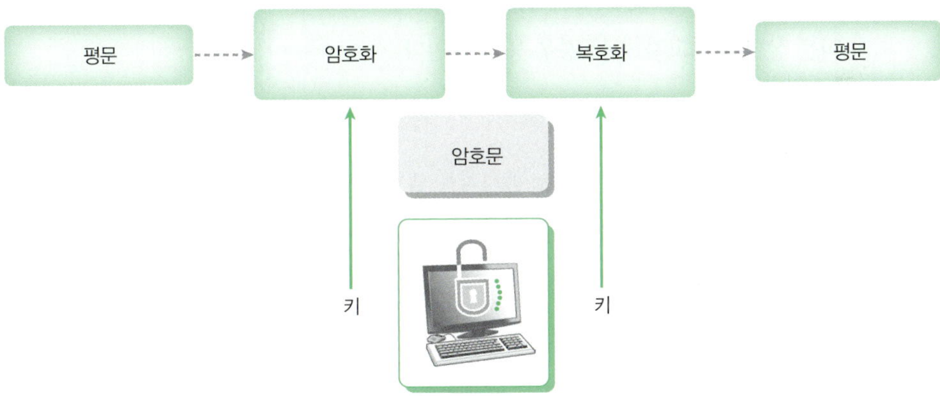

그림 15-1 암호화와 복호화

미국의 컴퓨터과학자 프레드 코헨Fred Cohen에 의하면 암호학의 역사는 4,000년 전으로 거슬러 올라간다. 암호 사용은 고대 이집트에서 시작된 것으로, 율리우스 시저Julius Caesar는 다음 그림과 같이 알파벳 문자를 이동해 암호화하는 방법을 처음으로 사용했다. 이것을 시저 암호Caesar Cipher라고 한다. 단순히 자리를 몇 칸 옮기는 방식으로, 덧셈 암호Additive Cipher 또는 자리이동식 암호Shift Cipher라고도 한다.

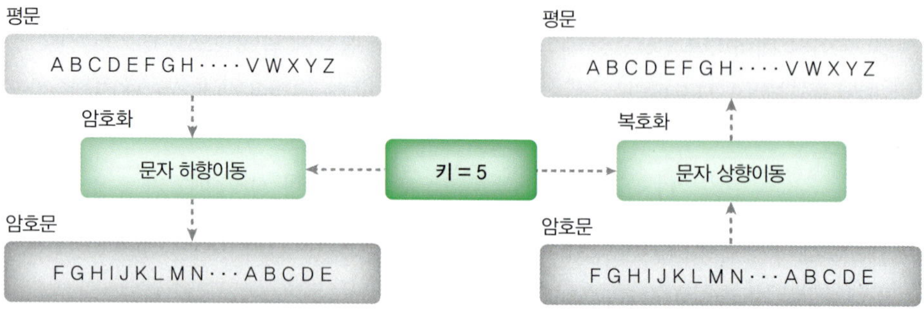

그림 15-2 시저 암호의 원리

암호화를 할 때는 알파벳을 순서대로 0~25까지 숫자에 대응시키고 문자마다 '(평문 알파벳의 값+키)mod 26'을 계산한 후 결과를 다시 문자로 변환한다. 복호화를 할 때는 반대로 '(평문 알파벳의 값−키)mod 26'을 계산해 문자로 변환한다. [그림 15−2]의 경우 키가 5이므로 'ABCD'를 암호화하면 'FGHI'가 된다.

시저 암호화의 일종인 ROT−13Rotate by 13은 알파벳을 13글자씩 밀어서 만드는 것으로, 요즘도 많이 사용된다. 다만 키가 13이라는 것을 누구나 알 수 있어 기밀성이 전혀 보장되지 않으므로 비밀스런 메시지를 볼 수 없게 하기 위해서가 아니라 스포일러와 같이 의도적이지 않게 내용을 보게 되는 상황을 막고자 하는 경우 등에 쓰인다.

확인문제 15-1

키가 5인 시저 암호를 사용해 'GOOD'이라는 메시지를 암호문으로 변환하시오.

풀이 시저 암호화는 알파벳 문자를 이동시켜 암호화하는 방식이다. 따라서 알파벳 대문자를 순서대로 0~25까지 숫자에 대응시킨 후 킷값으로 5를 사용해 다음과 같은 방법으로 암호화를 수행한다.

평문 G → 암호화: (06 + 5)mod 26 = 11 암호문 11 → L
평문 O → 암호화: (16 + 5)mod 26 = 21 암호문 21 → V
평문 O → 암호화: (16 + 5)mod 26 = 21 암호문 21 → V
평문 D → 암호화: (03 + 5)mod 26 = 08 암호문 08 → I

따라서 암호문 'LVVI'가 생성된다.

02 표준 암호 알고리즘

암호화는 대칭키Symmetric Key를 사용하는 대칭 암호화 방식과 비대칭키Asymmetric Key를 사용하는 비대칭 암호화 방식으로 구분된다. 대칭 암호화는 암호화와 복호화에 동일한 키를 사용하는 방식이며, 비대칭 암호화는 각각 다른 키를 사용하는 방식이다. 비대칭 암호화에서는 암호화를 할 때 공개키Public Key를, 복호화를 할 때 비밀키Secret Key를 사용하므로 보안 수준이 더 높지만 복잡한 연산 과정이 필요해 속도가 느려진다.

1 대칭 암호화 방식

대표적인 대칭 암호화 방식인 DESData Encryption Standard(데이터 암호화 표준)와 AESAdvanced Encryption Standard(고급 암호화 표준)의 원리 및 구조와 동작에 대해 살펴보자. 다음은 암호화와 복호화에 동일한 비밀키를 사용하는 대칭 암호화 방식을 간략하게 나타낸 것이다.

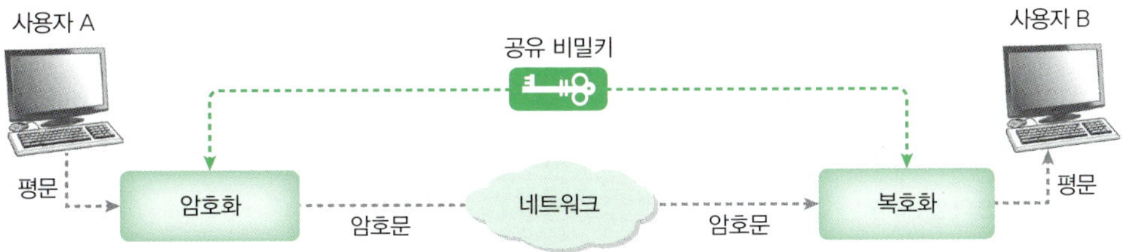

그림 15-3 대칭 암호화 방식

1.1 DES

DES의 암호화 알고리즘은 시저 암호와 유사하며, 규칙이 좀 복잡하다. DES는 IBM에서 설계한 비군사용 암호화 표준으로 1977년에 NIST에 의해 공식 표준으로 발표되었다. 이후 몇 차례의 수정을 거치며 30여 년간 전 세계적으로 널리 통용되었으며, 2002년에 후속 버전인 AES 표준에 자리를 넘겨주고 2005년에 공식 폐지되었다. 다만 각 데이터 블록에 DES 알고리즘을 세 번 적용한 3DESTriple DES는 2030년까지의 사용이 승인되어 있다.

DES는 데이터를 큰 블록으로 나누고 현재의 출력 블록은 현재의 입력 블록에만 영향을 받게 하는 블록 암호화 알고리즘으로 동작한다. 블록 암호는 주로 단순한 함수를 반복적으로 적용해 암호학적으로 강한 함수를 만들어낸다.

블록 암호화 알고리즘에는 함수 적용 방법에 따라 파이스텔Feistel 방식과 SPNSubstitution-Permutation Network(대입치환) 방식이 있다. 간단히 말해 파이스텔은 전체 비트의 절반을 암호화하는 방식이고 SPN은 대입과 치환을 이용해 전체 비트를 암호화하는 방식이다. DES는 파이스텔 방식으로 동작한다.

[그림 15-4]는 DES의 구조와 알고리즘을 표현한 것이다.

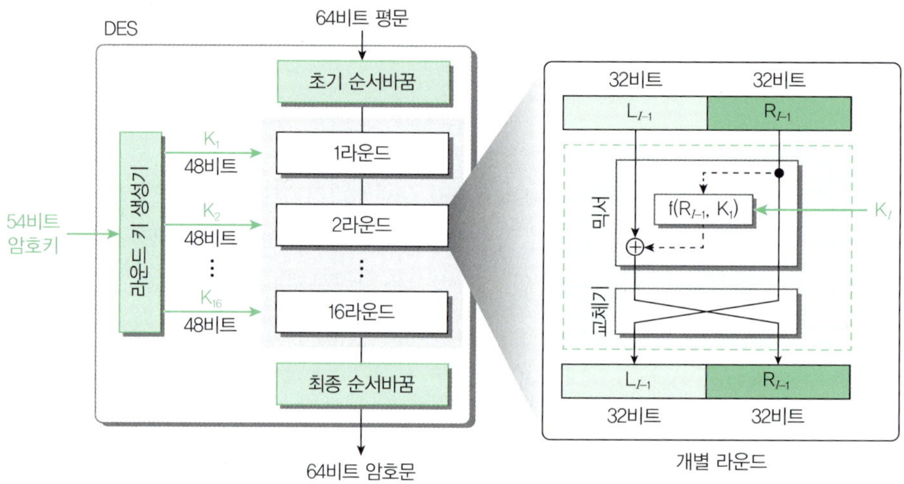

그림 15-4 DES의 알고리즘

암호화를 수행하는 쪽의 동작을 보면 DES는 64비트 평문으로 64비트 암호문을 만들어낸다. 복호화를 수행하는 쪽에서는 64비트 암호문이 64비트 평문으로 바뀌는 역과정이 이루어진다. 이때 암호화/복호화 과정에는 56비트 암호키가 사용된다. 초기 순서바꿈Initial Permutation, IP 과정에서는 미리 정한 규칙에 따라 64비트 입력 순서를 바꾼다. 최종 순서바꿈Final Permutation, FP 과정에서는 초기 순서바꿈의 역순으로 순서를 바꾼다. 세부적인 동작을 좀 더 자세히 살펴보자.

■ 라운드

DES는 초기 순서바꿈과 최종 순서바꿈 사이에 16회의 라운드를 거친다. 각 라운드에서는 [그림 15-4]처럼 교체기Swapper를 이용한 역변환Invertible Transformation이 수행된다. 전체 64비트를 32비트씩 둘로 나눈 L_{I-1}, R_{I-1} 값을 전 단계에서 받은 후 FFeistel 함수를 이용해 R_{I-1}을 연산한 결괏값과 아무런 연산도 수행하지 않은 L_{I-1} 값의 XOR 연산을 수행한다. 그 결과를 교체기로 서로 교체해 L_I, R_I로 만들어 다음 라운드로 넘긴다.

■ F 함수

DES 알고리즘의 핵심은 라운드 함수인 F 함수이다. F 함수는 48비트의 라운드 키를 오른쪽 32비트(R_{I-1})에 적용해 최종적으로 32비트의 결과를 만들어낸다. 이 함수는 [그림 15-5]와 같이 확장 P-상자, XOR 요소, S-상자들, P-상자의 네 섹션으로 구성된다. F 함수를 사용한 연산은 다음과 같다.

입력값인 R_{I-1}은 32비트이고 라운드 키인 K_I는 48비트이므로 먼저 R_{I-1}에 확장 PExpantion Permulation(확장 순열) 전치를 적용해 48비트로 변환한 후 두 값을 XOR 연산한다. 이제 연산된 48비트를 6비트 8개로 나눠 새로 배열하고 각각 S-상자Substitution box 치환을 적용한다. 이 과정을 거쳐 도출된 숫자를 각 4비트의 이진수로 바꾸어 연결해 32비트 배열로 만든다. 마지막으로 여기에 PPermulation 전치를 적용해 32비트의 새로운 배열을 생성한다.

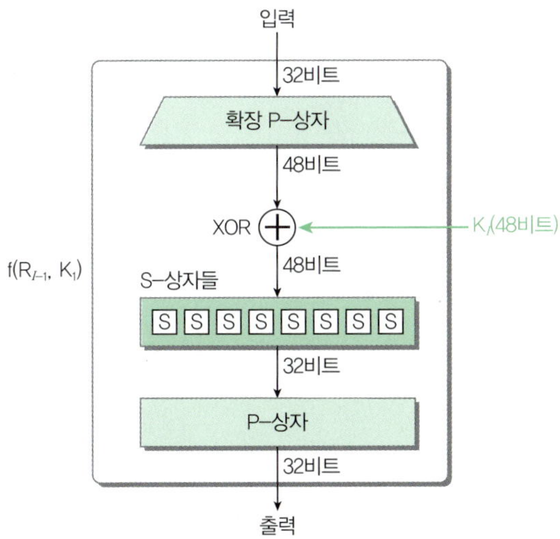

그림 15-5 DES의 F 함수

■ 라운드 키 생성

라운드 키 생성기는 56비트의 암호키로부터 48비트의 라운드 키 16개를 만들어낸다. 정상 암호키는 64비트인데 이 중 8비트는 패리티 비트Parity Bit이므로 키 생성 과정 전에 제외하고 56비트만 사용한다. 라운드 키 생성 과정은 [그림 15-6]과 같다.

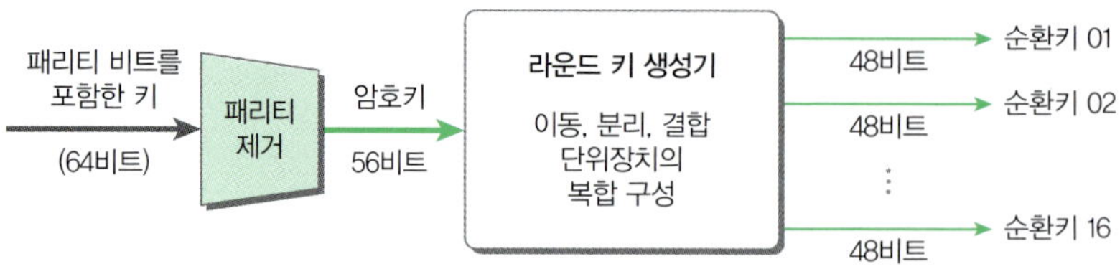

그림 15-6 라운드 키 생성 과정

TIP 패리티 비트란 오류 발생 여부를 검사하기 위해 추가된 비트를 말하며, 데이터의 끝에 더해 전송한다.

■ 3DES

3DESTriple Data Encryption Algorithm는 DES 암호화 알고리즘을 세 번 사용하는 것이다. DES가 사용하는 56비트 암호키는 길이가 비교적 짧아서 외부 공격에 취약하다는 단점이 있다. 3DES는 [그림 15-7]과 같이 새로운 암호 알고리즘을 설계하는 대신 기존 방식을 세 번 반복함으로써 암호키의 길이를 증가시키는 효과를 간단하게 얻는다.

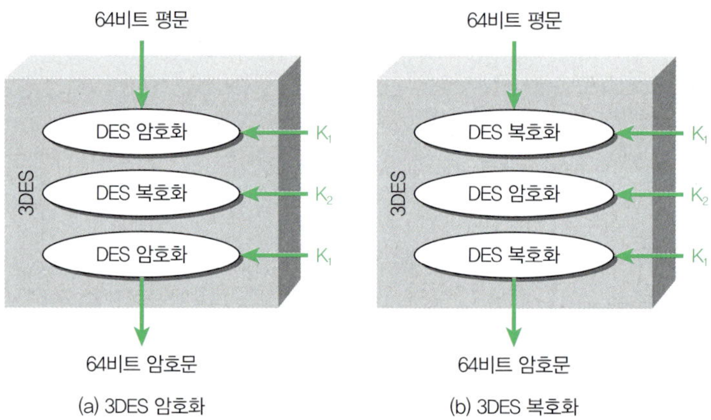

그림 15-7 3DES의 구조

1.2 AES

1997년에 NIST는 DES를 대체할 표준으로 AES 연구계획을 발표했다. 조건은 DES와 연속성을 갖도록 비밀키 대칭 블록 암호화 방식을 사용하는 것과 3DES보다 강력하고 빠르며 20~30년 정도의 수명을 갖도록 하는 것이었다.

이 조건을 만족한 후보들 중 보안, 계산적 효율성, 메모리 요구량, 하드웨어와 소프트웨어적 적합성, 유연성을 종합적으로 고려해 벨기에의 라인달Rijndael 알고리즘이 최종 선정되어 2001년 11월에 AES라는 이름의 표준으로 발표되었다. AES는 메모리를 적게 사용하고 속도가 빨라 모바일 장비에 사용하기 유리하다. 파이스텔 방식을 사용하지 않고, 각 라운드에서 대입과 치환을 이용해 데이터 블록 전체를 병렬 처리하는 SPN 방식을 사용한다.

[그림 15-8]은 AES의 구조와 알고리즘을 표현한 것이다.

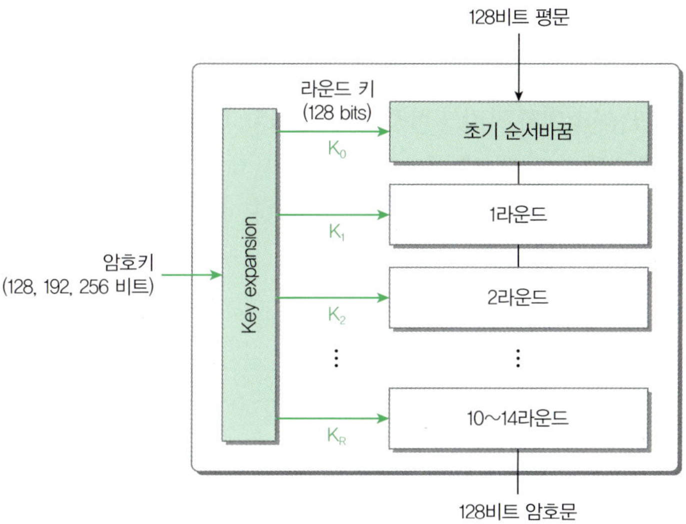

라운드 수	암호키 길이
10	128
12	192
14	256

암호키 길이와 라운드 수의 관계

그림 15-8 AES의 알고리즘

AES는 블록 크기는 128비트이고, 암호 키 길이는 128/192/256비트 중에 선택할 수 있으며, 선택한 키 길이에 따라 라운드 수 역시 10/12/14번 중에서 정해진다. AES의 모든 연산은 State라는 2차원 바이트 배열에 수행되며, State는 항상 4행으로 구성된다.

AES는 각 라운드마다 다음과 같은 네 단계의 연산을 거친다.

■ 1단계: 바이트 대체

바이트 대체SubBytes 단계에서는 128비트 블록 안의 16바이트를 바이트 단위로 쪼개고 각 바이트를 다른 내용으로 치환한다. 이때 미리 주어진 S-상자Substitution Box를 이용한다. 복호화 과정에서는 역수를 구한다. [그림 15-9]는 바이트 대체 과정을 나타낸 것이다.

TIP S-상자는 역함수와 가역적인 아핀 변환(Affine Transformation)을 결합해 구성한 표로, 대수적 공격으로부터 암호를 보호할 수 있게 한다. 아핀 변환은 기하학에서 주로 사용하는 변환 방법이다.

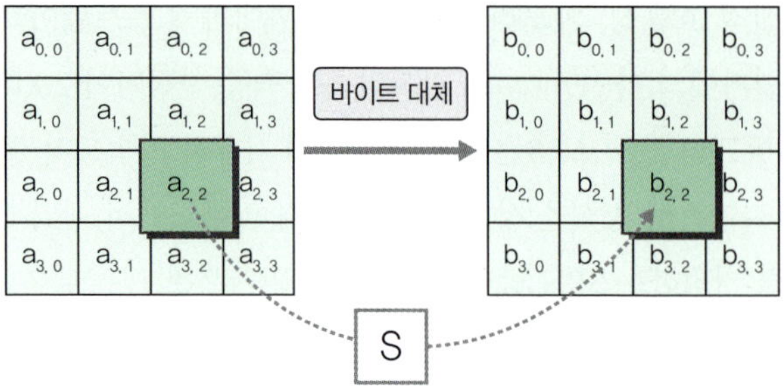

그림 15-9 AES의 바이트 대체 단계

■ 2단계: 행 이동

행 이동ShiftRows 단계에서는 단순히 행의 자리를 바꾼다. [그림 15-10]과 같이 첫 행은 그대로 두고, 두 번째 행은 왼쪽으로 한 칸씩, 세 번째 행은 두 칸씩, 네 번째 행은 세 칸씩 움직이고, 각 행의 첫 번째 값은 그 행의 맨 오른쪽 값으로 이동한다. 이렇게 함으로써 각 열이 독립적으로 암호화되는 것을 방지한다.

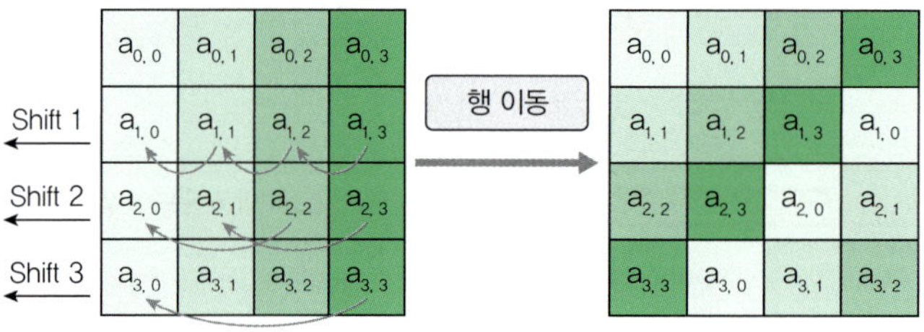

그림 15-10 AES의 행 이동 단계

■ 3단계: 열 섞기

열 섞기MixColumns 단계에서는 [그림 15-11]과 같이 각 열을 상수 행렬과 곱해 새로운 값의 열을 반환하는 연산을 열 단위로 수행한다. 이 연산은 마지막 라운드에서는 수행하지 않는다.

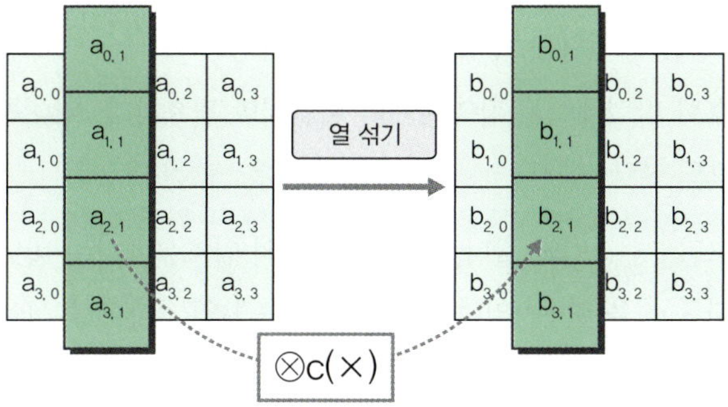

그림 15-11 AES의 열 섞기 단계

■ 4단계: 라운드 키 더하기

라운드 키 더하기AddRoundKey 단계에서는 [그림 15-12]와 같이 확장된 라운드 키를 이용해 현재 블록에 비트 단위로 XOR 연산을 수행한다.

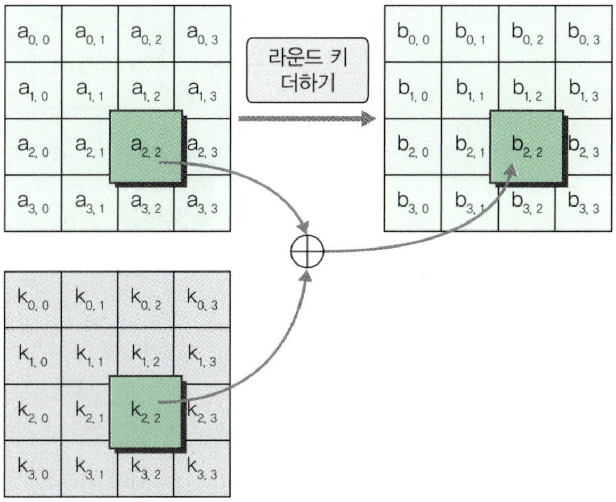

그림 15-12 AES의 라운드 키 더하기 단계

2 비대칭 암호화 방식

대칭 암호화와 비대칭 암호화 방식의 차이는 비밀 유지에 있다. 대칭 암호화 방식에서는 전송지와 수신지 모두 비밀키를 공유하고 서로 반드시 비밀을 유지해야 한다. 그러나 비대칭 암호화 방식에서는 전송지와 수신지가 각각 자신의 비밀키를 만들어 보관하고 비밀 유지의 책임은 각자에게 있다. 예를 들어, n명의 집단이 있다면 대칭 암호화 방식에서는 $\frac{n(n-1)}{2}$개의 공유 비밀키가 필요하지만 비대칭 암호화 방식에서는 각자 n개의 비밀키만 필요하다. 비대칭 암호화 방식을 공개키 암호 방식이라고도 한다.

비대칭 암호화 방식의 기본 동작은 [그림 15-13]와 같다. 비대칭 방식의 암호문에서는 비밀키와 공개키를 각각 분리해서 사용한다는 것을 알 수 있다. 그림에서 A는 B의 공개키를 사용해 암호화를 수행한 후 암호화된 메시지를 전송한다. 이렇게 암호화된 메시지는 B가 가진 비밀키가 있어야만 복호화가 가능하다. 따라서 비밀키가 있는 B만 암호문을 평문으로 바꿀 수 있다.

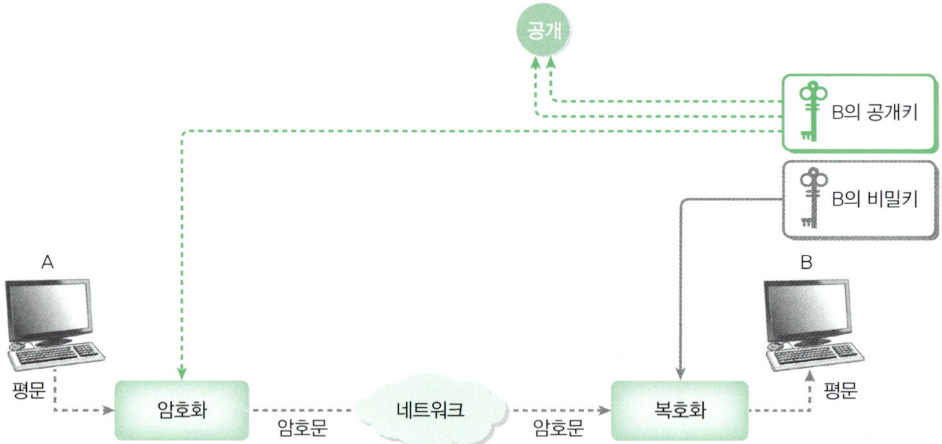

그림 15-13 비대칭 암호화 방식

대칭 암호화 방식은 전송지와 수신지 모두 동일한 비밀키를 사용하기 때문에 알고리즘도 복잡하지 않고 암호화/복호화 시간도 단축된다. 이와 달리 비대칭 암호화 방식은 사용자들이 각자 자신의 비밀키를 관리하고 비밀 유지의 책임도 가지므로 키 관리 측면에서는 유리하지만 알고리즘이 상대적으로 복잡하고 암호화/복호화 시간이 오래 걸린다. 이러한 이유로 대칭 암호화 방식은 긴 메시지를 전송할 때 적합하고 비대칭 암호화 암식은 비교적 짧은 메시지를 전송할 때 적합하다.

대칭 암호화 방식이 치환과 순서바꿈을 사용한다면 비대칭 암호화 방식은 매우 큰 수에 대한 수학적인 문제, 즉 한쪽으로는 계산을 손쉽게 할 수 있지만 반대로는 계산하기가 매우 어려운 문제를 이용한다. 예를 들어 두 수의 곱은 쉽게 구할 수 있지만 곱하기 전의 원래 두 수를 구하는 것은 쉬운 일이 아니다. 더구나 두 수를 곱한 계산 결과가 수백 자리라면 원래의 두 수를 구하는 것은 더욱 어렵다. 비대칭 암호화 방식을 사용하는 RSA를 통해 좀 더 명확하게 개념을 이해해보자.

2.1 RSA

RSA는 다양한 비대칭 암호 중 가장 대표적인 방식으로, 전자서명이 가능한 최초의 알고리즘이다. RSA 암호화 알고리즘은 두 개의 큰 소수를 곱한 값 n을 이용해 모듈로 지수승 연산한 것을 각각 암호화와 복호화에 이용해 공개키 암호와 서명을 수행한다. 큰 숫자를 소인수분해하는 것은 극도로 어려우므로 일반적인 기법으로는 복호화를 실용적으로 수행할 수 없어 보안 수준이 높다.

TIP 큰 수의 소인수 분해를 획기적으로 빠르게 할 수 있다면 RSA의 가치는 떨어질 것이다. 1993년에 피터 쇼어가 양자 컴퓨터를 이용해 임의의 정수를 소인수분해하는 쇼어 알고리즘을 발표했는데, 양자 컴퓨터가 본격적으로 실용화되면 RSA 알고리즘은 무용지물이 될 것이다. 그러나 그렇게 되려면 아직 시간이 더 필요할 것으로 보인다.

RSA는 e와 d로 표시되는 두 개의 지수를 사용하는데 여기서 e는 공개되고 d는 비밀을 유지한다. 평문을 P, 암호문을 C라고 할 때 A는 $C=P^e \bmod n$ 수식을 사용해 평문인 P로 암호문 C를 생성해 전송한다. B가 A로부터 C라는 메시지를 받으면 B는 $P=C^d \bmod n$ 수식을 사용해 복호화를 수행한 후 다시 원래의 평문으로 변환한다. 여기서 n은 매우 큰 숫자로 키 생성 과정에서 만들어진다. [그림 15-14]는 이러한 과정을 나타낸 것이다.

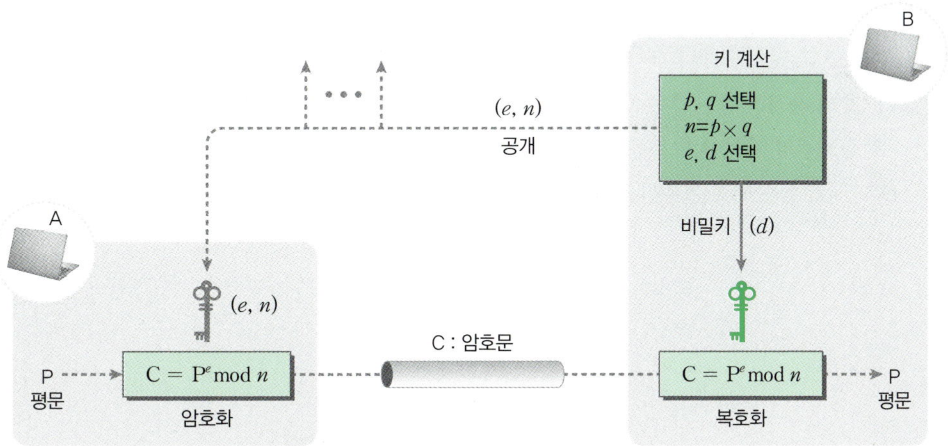

그림 15-14 RSA의 암호화, 복호화 및 키 생성

2.2 ECC

ECCElliptic-curve cryptography(타원 곡선 암호화)는 유한 영역에 대한 타원 곡선 이론을 기반으로 하는 비대칭 암호화 방식이다. 특정 점에 대한 임의의 타원 곡선의 이산 로그를 찾는 ECDLPElliptic Curve Discrete Logarithm Problem(타원 곡선 이산 로그 문제)의 난해성을 이용한 것이다.

타원 곡선을 이용하는 암호화 기법은 1985년 닐 코블리츠Neal Koblitz와 빅터 밀러Victor S. Miller 등에 의해 각각 개별적으로 제안되었고, 2000년대 초중반에 이르러 사용되기 시작했다. 암호화폐인 비트코인에서도 이러한 기법이 사용된다.

ECC에서 암호화 목적으로 사용하는 타원 곡선은 평면 곡선에 해당하는데, $y^2=x^3+ax+b$를 만족하는 곡선상의 점의 집합으로 구성된다.

ECC의 가장 큰 장점은 짧은 키를 사용하면서도 그와 비슷한 수준의 안전성을 제공한다는 것이다. 동일한 조건에서 RSA를 이용하면 3,072비트의 공개키가 필요하지만 ECC를 사용하면 256비트만 필요하다. 저장공간과 전송조건의 제약을 고려할 때 ECC가 더 효율적이므로 무선환경과 같이 전송량과 계산량 측면에서 상대적으로 양호하지 못한 환경에 적합하다는 평가를 받는다. 그러나 ECC는 배경 이론의 복잡성으로 인해 실제로 구현되어 일반에 널리 사용되기 되기까지는 다소 시간이 필요하다.

확인문제 15-2

ECC(타원 곡선 암호화)의 장점과 단점을 간략하게 설명하시오.

풀이 ECC의 장점은 동일 수준의 안전성을 제공하면서도 짧은 키를 사용한다는 것이다. 저장공간과 전송조건의 제약이 따르는 무선환경에서 ECC를 적용하는 것이 적합한 것으로 평가받는다. ECC의 단점은 배경 이론이 복잡해 실제로 구현까지는 시간이 걸린다는 점이다.

확인문제 15-3

A와 B가 RSA 암호화 알고리즘을 이용하여 메시지를 전송하는 경우를 생각해보자. B는 공개키로 e=11, n=35를 사용하고 비밀키로 d=5을 갖고 있다. A가 평문 P=5을 B로 전송하는 과정을 설명하시오.

풀이 먼저 A는 $C=P^e \bmod n$ 수식을 사용해 평문인 P로부터 암호문 C를 만든다. 즉 $C=P^e \bmod n =5^{11} \bmod 35=10$이 되어 암호문인 10을 전송한다. 이제 B가 A로부터 이라는 메시지를 받으면 이것을 복호화하여 다시 원래의 평문을 만들어낸다. 즉 $P=C^d \bmod n=10^5 \bmod 35=5$가 되어 원래의 메시지가 만들어진다.

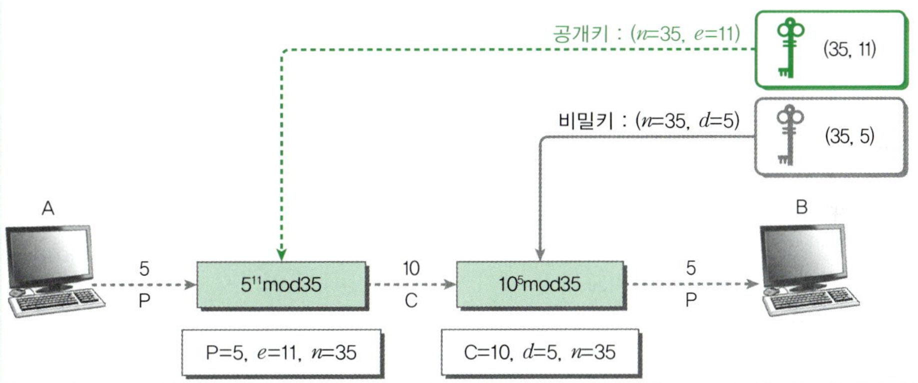

그림 15-15 RSA 암호화 방식의 예

03 메시지 인증과 디지털 서명

1 메시지 인증

메시지 인증은 원래의 내용이 변경되지 않은 진본 상태임을 입증하는 것으로 무결성 유지와 관련된다. 무결성을 유지하는 방법으로 암호화 해시 함수Cryptographic Hash Function가 있다. 구체적인 방법은 다음과 같다.

- **1단계**: 암호화 해시 함수를 이용해 축약본Digest이라는 압축된 이미지를 만든다.
- **2단계**: 만들어진 축약본은 보안 채널을 통해 별도로 전송된다.
- **3단계**: 수신지에서 메시지와 축약본을 받으면 암호 해시 함수를 이용해 다시 새로운 축약본을 생성한다.
- **4단계**: 이전의 축약본과 비교해 두 개가 일치하면 원래의 메시지가 수정되지 않은 진본 메시지임을 확인한다.

[그림 15-16]은 축약본을 사용해 무결성을 확인하는 메시지 인증 과정을 나타낸다.

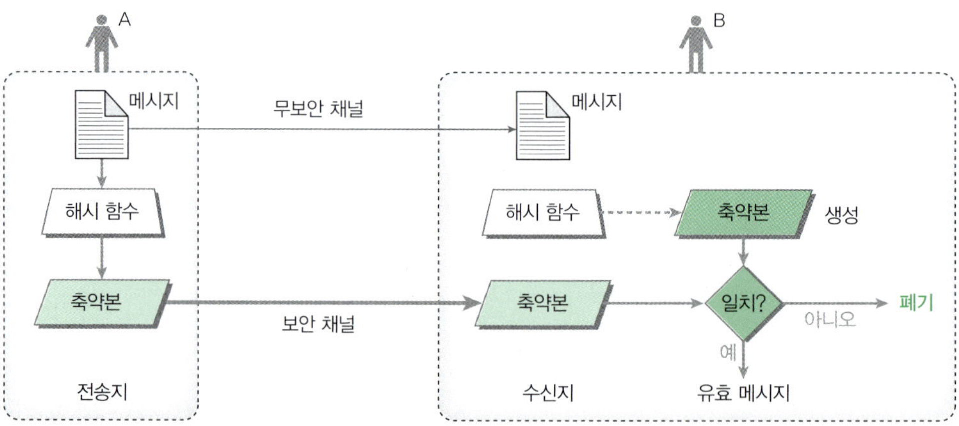

그림 15-16 메시지 인증 과정

해시 함수는 임의의 길이의 메시지를 입력받아 고정된 길이의 해시값으로 출력하는 함수이다. 암호화 해시 함수는 해시 함수의 일종으로, 해시값에서 원래의 입력값을 알아내기 어려운 것을 말한다.

암호화 해시 함수를 만드는 최적의 방법은 반복법을 이용하는 것이다. 가변적 길이의 메시지를 입력값으로 갖는 해시 함수 대신 고정된 길이의 입력값을 갖는 해시 함수를 만들어낸다. 이때 원하는 길이의 고정된 입력값이 될 때까지 해시 함수를 반복 사용해 축약본을 만든다. 이렇게 만들어진 함수를 압축 함수라고 하며 이는 n비트 문자열을 압축해 m비트 문자열로 만든다(일반적으로 n은 m보다 크다). 이를 반복 암호화 해시 함수 기법이라 한다.

해시 함수의 예로 MD2Message Digest 2, MD4, MD5 등이 있는데 이 중에서 MD5는 128비트 축약을 만들어내도록 설계되었다. NIST에서 개발한 표준인 SHASecure Hash Algorithm 중에서 SHA-1은 160비트 축약본을 생성한다.

이번에는 수신 메시지 자체가 진본인지 확인하는 인증을 위해 메시지 인증 코드Message Authentication Code, MAC를 사용하는 방법을 살펴본다. [그림 15-17]은 메시지 인증 코드를 사용하는 방법을 나타낸다.

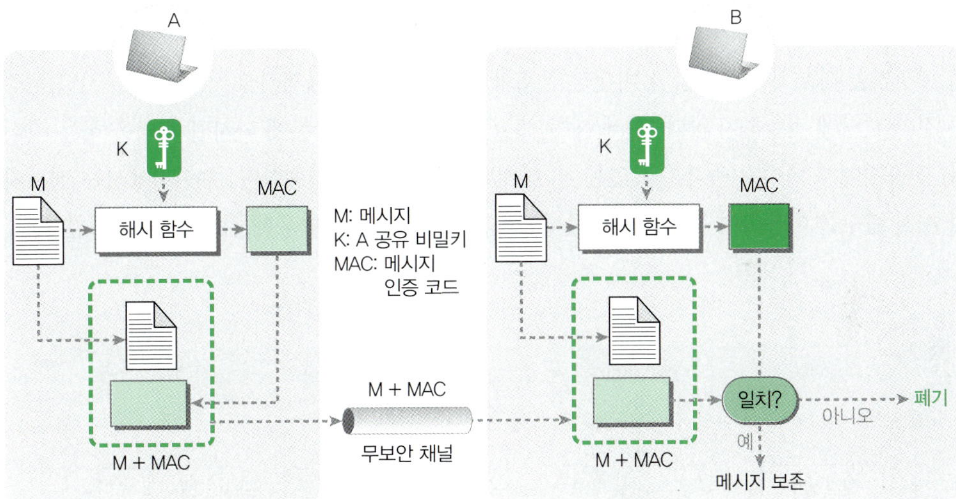

그림 15-17 메시지 인증 코드를 사용한 인증 기법

그림에서 A는 해시 함수를 사용해 메시지 인증 코드(MAC)를 만들고 메시지와 MAC을 함께 B로 보낸다. 이것을 받은 B는 메시지와 MAC을 분리하고 메시지와 비밀키를 이용해 새로운 MAC을 생성한다. 이제 두 개의 MAC을 비교해 일치하면 수신 메시지가 진본임을 인증하고 동시에 전송 중에 수정되지 않았다는 무결성을 확인할 수 있다.

2 디지털 서명

메시지의 무결성을 확인하고 진본임을 인증하는 또 다른 방법으로 디지털 서명이 있다. MAC은 메시지 축약을 보호하기 위해 비밀키를 사용하는 반면 디지털 서명은 비밀키와 공개키를 둘 다 사용한다. [그림 15-18]은 디지털 서명 과정을 보여준다.

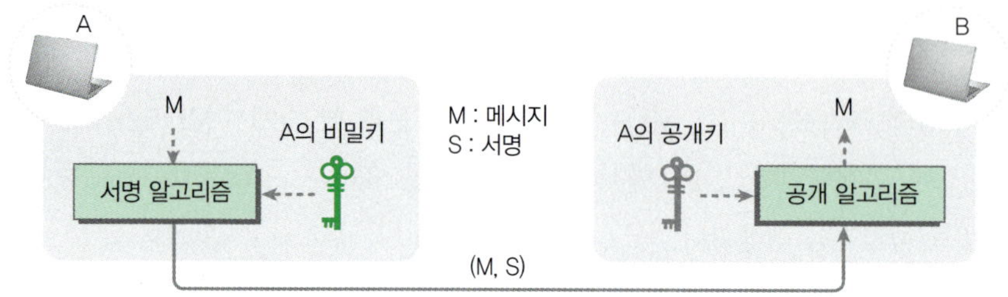

그림 15-18 디지털 서명 과정

전송지에서는 서명 알고리즘과 비밀키를 이용해 메시지에 서명한 후 메시지와 서명을 함께 전송한다. 수신지에서는 전송지의 공개키를 이용해 검증 알고리즘을 수행한 결과가 참이면 메시지를 수락하고 거짓이면 거절한다.

긴 메시지를 다루기에 부적합한 비대칭 암호화 방식의 특성상 공개키를 사용하는 디지털 서명은 긴 메시지에 적합하지 않다. 이에 대한 해결책은 메시지 축약본에 디지털 서명을 하는 것이다. 전송지에서 메시지 축약본을 만든 후 디지털 서명을 해서 전송한다. 수신지에서는 메시지와 해시 함수를 이용하여 축약본을 만든 후 전송지의 공개키를 이용해 검증 과정을 거친다.

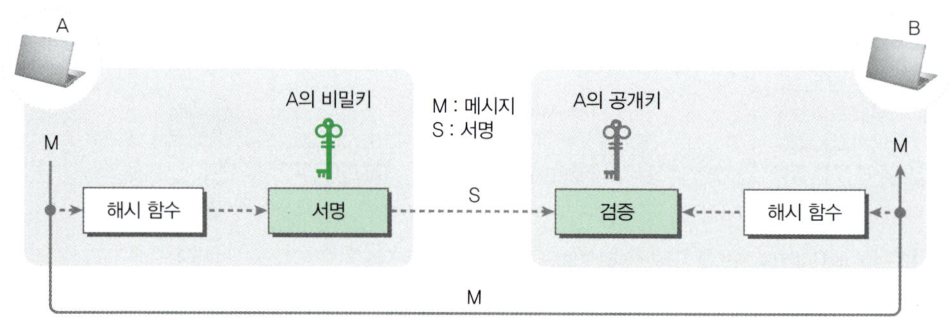

그림 15-19 메시지 인증과 디지털 서명의 혼합

확인문제 15-4

메시지 인증과 디지털 서명의 공통점과 차이점을 구체적으로 설명하시오.

풀이 메시지 인증과 디지털 서명의 공통점은 모두 문서의 무결성을 확인하는 방법이라는 점이다. 메시지 인증은 메시지 인증 코드(MAC)를 사용해 메시지와 MAC을 동시에 전송하고 수신지에서는 비밀키를 이용해 메시지를 인증한다. 메시지 인증은 비밀키만 이용하지만 디지털 서명은 전송지에서는 비밀키를 이용하고 수신지에서는 전송지의 공개키를 이용한다는 차이가 있다.

04 보안 기술의 진화

1 사이버 공격

특정 산업에서 제한적으로 사용되던 M2M(사물지능통신) 서비스가 IoT를 중심으로 진화하면서 단순 바이러스 감염이나 해킹 정도이던 보안 위협 또한 광역화, 통합화, 융합화, 지능화되고 있다. 특히 IoT 플랫폼의 보안은 기존의 인터넷 환경과 달리 통합된 형태의 보안 플랫폼을 제공하는 것이 쉽지 않다. 이와 더불어 다수의 노드 간 통신과 노드 클러스터링Node Clustering 문제 또한 고려해야 하는 사항으로 물리적 보안, 정보 획득 보안, 정보 전송 보안, 정보처리 보안 등이 포함된다.

TIP 노드 클러스트링은 데이터의 효율적인 분산이나 신속한 데이터 처리를 위해 다수의 서버나 컴퓨터를 묶어 마치 하나의 서버나 컴퓨터처럼 구현하는 기술이다.

1.1 모바일 대상 사이버 공격

스마트폰의 보급으로 컴퓨터 해킹뿐 아니라 스마트폰 해킹 피해 사례도 많아지고 있다. 인기 있는 앱으로 위장한 멀웨어Malware나 문자 메시지를 이용한 스미싱Smishing을 통한 안전결제 해킹 피해 또한 증가하고 있다.

멀웨어는 악의적인 소프트웨어Malicious Software를 의미한다. 정보 유출, 시스템 마비 등의 악의적 활동을 하도록 의도적으로 작성된 프로그램이다. 스미싱은 SMSShort Message Service(단문자 서비스)와 피싱Phishing의 합성어로, 스마트폰을 이용한 피싱 사기로 개인정보를 빼내거나 사용자 몰래 소액 결제를 유도한다. 스미싱 악성코드는 대량 유포하는 경우가 대부분이므로 비교적 신속하게 발견할 수 있지만, 특정 기업의 내부 기밀 유출이나 감시를 목적으로 소량 유포한다면 발견하기가 쉽지 않다.

1.2 클라우드 대상 사이버 공격

스마트폰 열풍과 더불어 웹하드 방식의 클라우드 서비스Cloud Service가 소개되면서 클라우드라는 개념이 널리 알려지기 시작했다. 그런데 사실 자료 저장 서비스는 클라우드 컴퓨팅Cloud

Computing을 이용한 클라우드 서비스의 일부에 지나지 않는다. 클라우드 컴퓨팅은 가상화, 분산 처리, 자동화 기술 등을 이용해 IT 자원을 네트워크를 통해 신축적으로 이용할 수 있게 하는 체계이다. 간단히 말해 정보를 자신의 컴퓨터가 아닌 클라우드에 연결된 다른 컴퓨터로 처리하는 기술이다.

클라우드 서비스를 이용하면 하드디스크에 소프트웨어를 설치하지 않고도 인터넷 상에 저장해둔 자료나 프로그램을 필요할 때마다 불러와서 이용할 수 있다.

클라우드 서비스는 서비스 제공자와 사용자 간의 물리적인 관리 대상이 구분되어 있다. 서비스 접근 간 변조Spoofing 공격으로 서비스 이용 접근을 방해하거나 제3자가 악의적으로 스니핑Sniffing 기법을 사용해 서비스 이용 계정정보를 절취하면 사용자 비밀 보호에 심각한 문제가 생긴다. 따라서 서비스 제공자는 DoS 공격과 같은 서비스 거부에 대한 대책은 물론이고 인증 방법에 대한 대책 등 높은 수준의 네트워크 보안 대책을 세워야 한다.

1.3 딥 웹

딥 웹Deep Web은 일반적인 브라우저로는 접근이 허용되지 않고 검색엔진으로도 검색되지 않는 웹 콘텐츠를 말한다. 딥 웹의 위험성은 내포된 불법성에 있지만, 모든 딥 웹이 불법적인 것은 아니다. 예를 들면 웹 관리 페이지나 전자도서관 데이터베이스 등도 딥 웹의 일종이다.

딥 웹에 접속하려면 특별한 소프트웨어를 설치해야 한다. 가장 많이 사용되는 토르 브라우저Tor Browser는 파이어폭스를 기반으로 제작되었으며 연구목적과 해킹목적이 결합된 복합적인 소프트웨어이다.

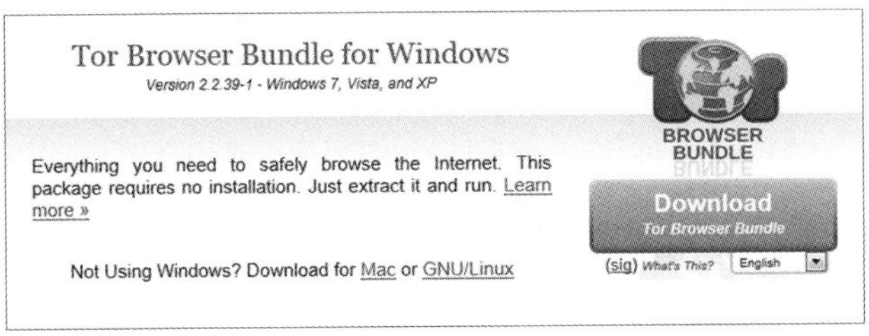

그림 15-20 토르 브라우저

토르 브라우저는 IP 추적이나 흔적을 제거하는 기능이 뛰어나고 익명을 보장하는 것으로 알려져 있다. 특히 접속자 IP를 철저히 은폐하여 해커들이 악의적 목적으로 문서나 정보를 위조 및 변형시켜 유포할 경우에는 사용자의 개인정보 유출 및 침해 사고가 발생할 수 있다.

일반 사용자들이 딥 웹에 접속할 때 처음 접하는 페이지를 홈 또는 감춰진 위키Hidden Wiki라고 부른다. 예를 들어 크롬이나 익스플로러 브라우저에서 '7jguhsfwruviatqe.onion' 사이트 접속을 시도하면 '들어갈 수 없는 곳'이라는 메시지가 나타나지만 토르 브라우저를 사용하면 [그림 15-21]처럼 접속이 가능하다.

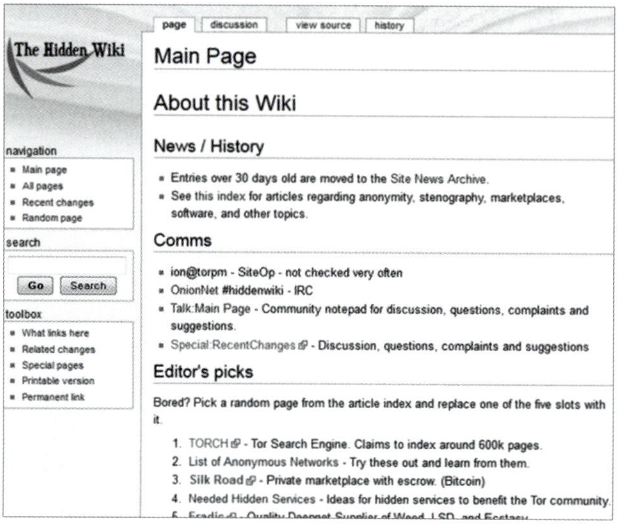

그림 15-21 토르 브라우저로 딥 웹 접속

2 악성 프로그램

2.1 악성 프로그램 감염

악성 프로그램에 감염시키기 위한 가장 대표적인 방법인 다운로드 공격Drive-by download은 공격자가 만들어놓은 악성 프로그램을 유포하는 유포지와 유포지로 자동 유도되는 경유지로 구성된다. 사용자 컴퓨터가 경유지에 접속하면 추가 행위 없이도 악성 프로그램 유포지로 연결된다. 보안패치를 설치하지 않거나 취약한 버전의 소프트웨어를 사용하는 컴퓨터라면 악성 프로그램에 감염된다. 다운로드 공격의 특징은 경유지로부터 유포지 접속, 악성 프로그램 감염의 순서가 사용자 개입 없이 발생한다는 것이다. 이때 유포되는 악성 프로그램은 백신 소프트웨어를 우회하도록 제로데이 취약점을 이용한다. 유럽 네트워크 정보보호원의 조사 결과에 따르면 2012년 이후 인터넷을 통한 가장 심각한 위협이 다운로드 공격에 의한 것으로 나타났다.

TIP 취약점이 발표된 이후 이에 대한 패치가 나오기 전까지 발생하는 모든 공격을 제로데이(Zero Day) 공격이라 한다.

다운로드 공격을 통해 악성 프로그램에 감염되는 과정은 [그림 15-22]와 같다.

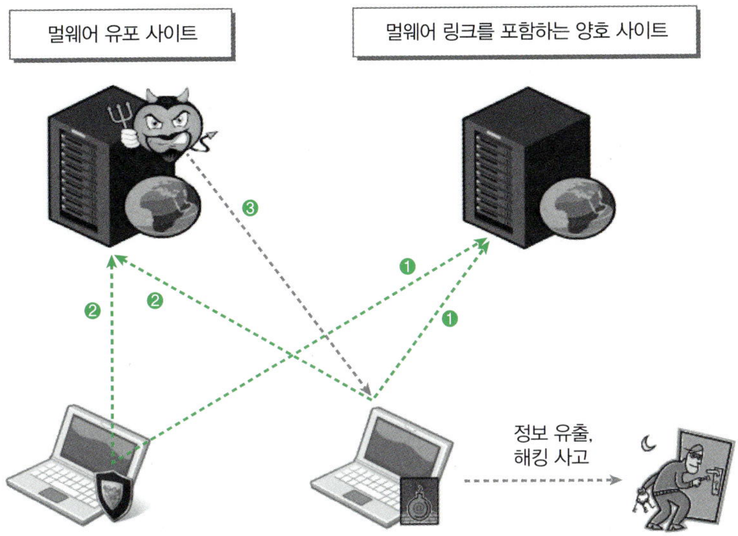

그림 15-22 다운로드 공격을 통한 악성 프로그램 감염

❶ 공격자가 악성 프로그램 유포지를 생성한다.

❷ 유포지의 사용자 환경을 검사해 취약한 버전의 소프트웨어를 사용하는지 확인한다. 취약한 환경일 경우 해당 취약점을 이용한 악성 프로그램을 설치하도록 공격코드를 난독화한다. 따라서 취약한 버전을 사용하는 PC에 악성 프로그램이 설치될 가능성이 높다.

❸ 악성 프로그램에 감염된 PC는 바이러스 백신의 보안 프로그램이 무력화되므로 정보 유출과 같은 해킹사고가 발생한다.

TIP 난독화는 보안시스템이 탐지할 수 없도록 공격코드를 숨기는 방법이다. 난독화의 대표적인 예로는 유니코드 문자를 사용하지 않고 escape 문자열을 사용해 원래 내용을 읽기 어렵게 하는 것이다.

다운로드 공격에 의한 악성 프로그램 감염 여부는 공격코드 난독화와 취약한 응용의 사용 여부에 달려있다. 공격자는 공격코드를 난독화해 보안시스템 탐지와 차단을 우회한다.

2.2 악성 프로그램 대응

다운로드 공격에 대한 대응은 크게 두 가지 관점에서 시행할 수 있다. 첫 번째는 악성 프로그램 유포지를 서버 기반으로 분석한 후 탐지된 악성 웹 페이지의 접근을 차단하는 것과 같은 시스템 기반의 대응이다. 두 번째는 안티바이러스 엔진을 이용해 악성 프로그램 감염을 모니터링함으로써 감염된 프로그램을 치료하고 외부 통신 경로를 차단하는 것과 같은 클라이언트 기반의 대응이다. 이와 같은 두 가지 관점에서 다양한 다운로드 공격에 따른 악성코드에 대응하기 위한 기술개발이 필요하다.

■ 안전 브라우징

크롬과 파이어폭스 브라우저에서 제공하는 안전 브라우징은 사용자가 실수나 미인지 상태에서 악성 프로그램 유포지 및 경유지로 접속을 시도할 때 경고하는 기능을 수행한다.

안전 브라우징은 다운로드한 웹 페이지에 존재하는 악성 프로그램 유포 행위를 가상머신Virtual Machine 기반으로 검증하는 시스템이다. 다운로드 공격의 국가별 호스팅 정보, 사이트 범주별 통계, 서버/스크립트 소프트웨어 버전, 광고를 통한 감염빈도, 안티바이러스 엔진의 탐지결과 비교 등의 메타정보를 분석한 후 의심되는 페이지는 가상머신으로 접속해 다운로드한 페이지 및 파일에 대한 비정상 여부를 검증한다.

■ Wepawet

Wepawet은 기계학습과 변칙탐지 기법을 활용해 이전에 탐지되지 않은 공격코드를 탐지하기 위해 제안된 시스템으로 학습 모드와 탐지 모드로 구분된다. 학습 모드에서는 정상 이벤트의 특징을 학습하고 정상과 비정상의 특징을 구분하는 임곗값을 결정한다. 탐지 모드에서는 동적 코드의 실행 횟수 및 코드 길이와 같이 발견된 특징에 비정상 점수를 부여하는 방법으로 다운로드 공격을 분석한다. 정확한 분석을 위해 자바스크립트 코드를 자동으로 복호화하고 실행 기반 탐지를 위해 웹 브라우징 에뮬레이터Emulator를 구현한다.

■ 바이러스토탈

바이러스토탈 사이트(http://www.virustotal.com)는 자체 엔진은 보유하지 않으나 전 세계적으로 많이 사용되는 백신 엔진과 URL 점검 엔진을 이용해 점검 대상인 의심 URL의 종합 정보를 제공한다. 바이러스토탈 사이트에는 총 50여 개의 URL 점검엔진이 등록되어 있으며 검사 대상 URL에 대해 각 엔진의 점검결과를 종합해서 보여준다.

TIP 바이러스토탈 사이트는 스페인의 보안 회사인 Hispasec Sistemas가 만든 것으로 2004년 6월에 개시하여 2012년 9월에 구글로 인수되었다.

그림 15-23 바이러스토탈 점검결과

■ 인공지능을 이용한 사이버 위협 탐지

인공지능을 기반으로 하는 차세대 보안체계의 기능적 특징으로는 신속성, 신뢰성, 용이성이 있다. 여기서 용이성이란 사이버 침해의 유형과 피해 범위는 매우 다양하지만 대응을 위한 골든타임이 매우 짧아서 분석 결과를 직관적으로 알 수 있는 보안체계가 되어야 효과적이라는 의미이다. 정상행위에 대해 다차원 정규화 분석으로 서비스별 군집화를 이루고 군집화를 벗어나는 사용기록은 비정상행위로 구분한 후 정밀분석으로 새로운 공격 유형을 찾아낸다. 탐지 위협의 위험도는 출현빈도, 시스템 중요도, 기술적 영향, 공격 난이도, 대응 난이도 등을 종합해서 평가하고 발생사례에 가중치를 부여해 위협등급을 결정한다.

■ IoT 블록체인 보안 기술

IoT는 연결된 수많은 사물에서 수집된 정보를 기반으로 재가공 · 재창출된 서비스를 제공하는 형태로 생태계가 형성되어 있다. 그로 인해 정보의 유출 · 위조 · 변조 가능성과 개인정보의 오용 · 남용 위험성이 증가하고 있다. IoT에서 다양한 보안침해 사례가 보고되고 있는데 이는 상대적으로 보안관리가 허술하고 어려워 수많은 사물의 침해 여부를 인지하는 것 자체가 쉽지 않기 때문이다. 이러한 IoT에 자산가치의 디지털화를 위해 활용성이 급격히 부상하고 있는 블록체인 기술이 접목되고 있다. 블록체인 기술은 금융, 물류, 콘텐츠 등의 영역에서 시작해 이더리움, EOS 블록체인 네트워크 등으로 폭넓게 적용되고 있다.

IoT 환경에 적용하는 블록체인 네트워크는 체인-에이전트 방식과 E2EEnd-to-End 방식으로 크게 분류할 수 있다. 체인-에이전트 방식은 IoT 노드와 컴퓨팅 파워를 갖춘 에이전트 노드를 따로 구성해 에이전트 노드에 블록체인 기술을 탑재하는 방식이어서 기존의 데이터 보안 기술을 사용하는 한계를 가지고 있다. 반면 E2E 방식으로 블록체인 네트워크를 구현하려면 IoT 기기의 컴퓨팅 파워와 메모리를 고려한 P2P 데이터 공유, 경량 합의 알고리즘, 데이터 분산을 위한 네트워크 구성 등이 필요하다. 최근 IoT 블록체인 보안 기술로 IOTA, ITCIoT Chain, IoTex 등이 있으나 실용적인 적용을 위해서는 많은 연구와 산업체의 적극적인 참여 및 노력이 필요하다.

3 정보보안 기술

국내 정보보호 산업의 시장 규모는 2020년 기준 12조 7,629억 원으로 정보보안과 물리보안이 각각 30.1%와 65%로 전체 정보보호 시장을 주도할 전망이다. 대규모 개인정보누출사고와 같은 사이버 공격이 지속적으로 발생되면서 정보보호의 중요성에 대한 인식이 높아지고 있고 개인이나 기업뿐만 아니라 국가 안보에서의 중요성도 부각되어 국내 정보보호 산업의 규모는 더욱 확장될 것이다.

글로벌 정보보호 시장은 조사기관마다 상이한 전망치를 발표하고 있지만 2015년부터 2020년까지 글로벌 정보보호 시장의 연평균 성장률이 평균 8~10% 수준에 이를 것으로 전망한다. 특히 미국과 유럽 주요국가 등에서 정보보호를 국가 핵심 현안으로 인식하고 있으며 국가 차원의 안보 체계 구축 의지를 가지고 있다.

다양한 정보보안 기술 중에서 몇 가지를 살펴보자.

■ 암호 기술

암호 기술은 중요한 정보가 인가받지 않은 대상에게 불법 노출되지 않도록 기밀성을 보호하기 위해 사용하는 것이다. 지금까지 비트 수를 늘려 안전성을 강화하는 블록 암호 알고리즘 기술 위주로 개발이 진행되었는데 최근에는 양자컴퓨터와 같은 미래 컴퓨팅 환경을 대비한 양자 암호 기술, 경량화 암호 기술 등의 연구와 개발도 이루어지고 있다. 또한 인가 대상에게는 정보의 기밀성을 유지하면서 더욱 편리한 사용을 가능케 하는 준동형 암호화

Homomorphic Encryption 기술이 2009년 젠트리Gentry에 의해 처음 제시된 이후에 적극적으로 연구 및 개발되고 있다.

■ 인증 기술

인증 기술은 사이버 환경에 적법한 사용자를 식별하기 위해 신원을 확인하고 유통되는 정보의 무결성을 보장하는 기술이다. ID나 암호와 같이 기존 사용자의 신원을 확인하는 일반적인 기술부터 다양한 단말기의 진위를 보장하기 위한 장치 인증 기술, 익명의 사용자를 추적하는 익명 인증 기술, 매번 비밀번호를 변경하는 OTPOne Time Password 인증 기술 등이 있다. 온 · 오프라인 인증 기술을 유기적으로 결합해 무결성을 보장하면서도 편리하게 사용할 수 있는 스마트지갑 등의 스마트인증 기술에 대한 연구와 개발도 이루어지고 있다.

■ 네트워크 침해 대응 기술

네트워크 침해 대응 기술은 기존의 방화벽 기술, 침입탐지 기술, 침입억제 기술, 분산서비스 거부 공격 대응 기술뿐 아니라 네트워크 접근제어와 역추적 영역까지 포함한다. 또한 이동통신 및 모바일 보안 기술은 실제 서비스를 위한 사용자의 정보보호 이슈와 부가서비스에 대한 정보보호 영역도 포함한다.

■ 가상화 기반의 클라우드 컴퓨팅

가상화 기술을 기반으로 하는 클라우드 컴퓨팅은 자원의 공유 혹은 분산 사용이 가능해 콘텐츠, 네트워크, 플랫폼, 장치 등을 모두 포함하는 영역에서 정보보호를 제공한다. 보안 칩셋 기술로는 스마트카드, MTMMobile Trusted Module, USIM, 보안토큰 등이 있는데 특히 MTM 보안 기술은 기존의 소프트웨어 보안 기술에 하드웨어 스마트 단말 보호 기술을 제공하기 위한 것이다. 이 외에도 다양한 악성코드나 봇넷Botnet에 대응하기 위한 기술과 사이버공격 역추적 및 보안관리 기술이 계속 개발될 것이다.

TIP 봇넷은 스팸메일이나 악성코드 등을 전파하는 악성코드인 봇에 감염되어 해커가 마음대로 제어할 수 있는 좀비 PC로 구성된 네트워크를 말한다. 해커는 수십에서 수만 대의 시스템에 명령을 전달해 특정 인터넷 사이트에 대량의 접속 신호를 보내 다운시키는 등의 방식으로 대규모 네트워크 공격을 수행할 수 있다.

연습문제

01 공개키 암호 프로그램에 기반을 두고 있으며, 주로 이메일 메시지에 대한 보안 서비스를 제공하고, 사용의 편의성과 안전성이 비교적 높은 보안 기법은?

① S-HTTP ② PGP ③ IPSec ④ AES

02 정보 또는 소프트웨어가 정확하고 완전하며 진본임을 보장하는 것으로 허가나 승인받지 않은 상태에서 고의로 변경하지 않았다는 것을 의미하는 보안의 속성은?

① 안정성 ② 기밀성 ③ 무결성 ④ 가용성

03 다음 중 프로세스 응용 계층 보안에 해당하지 않는 것은?

① HTTPS ② S-HTTP ③ IPSec ④ SSL

04 다음은 어떤 암호 알고리즘에 관한 설명인가?

DES를 대체하는 표준으로, 파이스텔 방식을 사용하지 않고 각 라운드에서 대입과 치환을 이용해 데이터 블록 전체를 병렬 처리하는 SPN 방식을 사용한다.

① AES ② S-HTTP ③ PGP ④ SSL

05 다음은 DES 암호화 알고리즘에 대한 설명이다. 옳지 않은 것은?

① 파이스텔 방식으로 동작한다.
② 데이터를 큰 블록으로 나누고 현재의 출력 블록은 이전의 입력 블록에만 영향을 받게 하는 블록 암호화 알고리즘으로 동작한다.
③ 대칭키 암호화 방식을 사용한다.
④ 64비트 평문을 64비트 암호문으로 변환한다.

06 AES의 암호화 과정 중 각 라운드에서 진행되는 연산단계를 순차적으로 나열한 것으로 옳은 것은?

① 행 이동 – 바이트 대체 – 열 섞기 – 라운드 키 더하기
② 바이트 대체 – 행 이동 – 라운드 키 더하기– 열 섞기
③ 행 이동 – 바이트 대체 – 라운드 키 더하기– 열 섞기
④ 바이트 대체 – 행 이동 – 열 섞기 – 라운드 키 더하기

07 DES 알고리즘의 핵심인 (　가　)는 48비트의 라운드 키를 오른쪽 32비트에 적용해 최종적으로 32비트의 결과를 만들어낸다. (　가　)는 확장 P-상자, XOR 요소, S-상자들, P-상자로 구성된다. (가)에 들어갈 용어는?

① F 함수　② S-함수　③ S-상자　④ 해시 함수

08 20명으로 구성된 그룹에서 대칭키 암호방식을 사용해 암호화를 수행하려 한다. 이때 필요한 공유 비밀키의 개수는?

① 150개　② 180개　③ 190개　④ 210개

09 메시지 인증을 위한 무결성 확인과 관련하여, 임의의 길이를 갖는 메시지를 입력으로 하여 고정된 길이의 메시지 축약본을 생성하는 데 사용하는 것은?

① 푸시 함수　② 해시 함수　③ S-함수　④ DES 함수

10 다음은 어떤 기능에 관한 설명인가?

> 다운로드 공격의 국가별 호스팅 정보, 사이트 범주별 통계, 서버/스크립트 소프트웨어 버전, 광고를 통한 감염빈도, 안티바이러스 엔진의 탐지결과 비교 등의 메타정보를 분석한 후 의심되는 페이지는 가상머신으로 접속해 다운로드한 페이지 및 파일에 대한 비정상 여부를 검증한다.

① 멀웨어　② 안전 브라우징　③ 난독화　④ 딥 웹

11 보안의 목표 중 하나인 무결성이란 무엇인지 구체적으로 설명하시오.

12 암호화 방식을 두 가지로 구분하고, 각 특성을 비교해 설명하시오.

13 대표적인 대칭 암호화 방식인 DES의 특성과 동작을 설명하시오.

14 DES에서 사용하는 라운드 키 생성 과정을 구체적으로 설명하시오.

15 AES의 각 라운드마다 수행되는 네 단계의 연산과정을 구체적으로 설명하시오.

16 RSA를 중심으로 비대칭키 암호 방식의 동작에 대해 설명하시오.

17 해시 함수을 사용하는 메시지 인증 과정을 구체적으로 설명하시오.

18 디지털 서명은 메시지의 무결성을 확인하고 진본임을 인증하는 방법으로 활용된다. 디지털 서명이 어떤 과정으로 이루어지는지 구체적으로 설명하시오.

19 클라우드를 대상으로 하는 사이버 공격의 형태를 구분하고, 이들 각각에 대해 설명하시오.

20 Wepawet란 무엇인지 모드에 따라 구분하고 그 특성을 설명하시오.

CHAPTER 16
네트워크 응용 기술

학습목표

- 5G 네트워크의 개념과 서비스 특성, 기술현황을 설명할 수 있다.
- 5G를 중심으로 한 네트워크 응용 기술과 진화 과정을 이해한다.
- USN 응용 기술, BcN의 특성, 클라우드 컴퓨팅과 빅데이터 응용 기술을 설명할 수 있다.
- 5G 네트워크의 특성과 핵심 기술, 표준화 활동에 대해 이해한다.

01 네트워크 응용 기술의 진화

1 이동통신 기술과 5G 네트워크

1.1 국내 이동통신 기술

2006년에 KT가 상용화한 WiBro 에볼루션Wireless Broadband Evolution은 3세대 이동통신 기술인 WiBro를 진화시켜 4세대 이동통신 규격에 맞게 개발한 무선 광대역 인터넷 기술이다. WiBro 에볼루션은 유럽식 4세대 이동통신 기술인 LTE 어드밴스드Long Term Evolution Advanced와 표준 경쟁 관계에 있었고 최대 다운로드 속도가 초당 149Mbps에 달해 기존 WiBro보다 네 배 이상 빨랐다. 하지만 폐쇄적인 정책과 사업 전략의 문제점 등으로 LTE 어드밴스드와의 경쟁에서 밀려 가입자 수가 2012년 104만 명을 정점으로 지속적으로 감소했다.

2013년에 삼성전자는 5G 이동통신 환경에서 데이터를 송 · 수신할 수 있는 핵심 기술을 세계 최초로 개발했다. 이 기술은 28GHz의 초고주파 대역에서 1Gbps 이상의 전송속도와 최대 2km에 이르는 전송거리를 달성했다. 이를 위해 64개의 안테나 소자를 활용한 적응배열 송 · 수신 기술을 도입해 초고주파 대역에서 발생하는 전파손실과 짧은 전송거리 문제를 극복했다.

2014년에 SK텔레콤은 중국 상해에서 열린 모바일 아시아 엑스포(MAE) 2014에서 3.8Gbps 데이터 전송 시연에 성공하기도 했다.

2018년 평창 동계올림픽 기간 동안 KT는 글로벌 기업과 협력해 개발한 '평창 5G 기술 규격'을 기반으로 5G 시범 서비스를 실시했다. 이는 5G를 통해 고객에게 실감나는 서비스를 제공하고 기업(B2B)과 정부(B2G)와의 협업을 통해 4차 산업혁명의 추진 동력으로 5G 상용 서비스를 확대하는 계기가 되었다.

그림 16-1 평창올림픽에서 시연한 5G 기술

2019년에 삼성전자는 5G 스마트폰인 갤럭시 A90 5G와 세계 최초로 인피니티 플렉스 디스플레이를 탑재한 갤럭시 폴드를 통해 5G 스마트폰 기술 상용화에 성공했다.

과학기술정보통신부는 2028년에 6G 상용화를 목표로 6G 이동통신 시장을 선점하기 위한 활동을 개시하였다.

1.2 이동통신 기술의 세대별 구분

이동통신 기술을 서비스에 따라 세대별로 구분하면 다음과 같다.

- **1세대**: 미국 AMPS를 중심으로 한 최초의 아날로그 셀룰러Cellular 서비스
- **2세대**: TDMA, GSM, IS-95A, CDMA망을 사용하는 디지털 셀룰러 서비스
- **3세대**: IMT-2000, W-CDMA, CDMA2000 기술 기반의 글로벌 로밍 및 멀티미디어 서비스
- **3.5세대**: 다운로드를 개선한 W-CDMA, HSDPA, WiBro 기술 기반 서비스
- **4세대**: 이동 단말 하나로 시간과 장소에 구애받지 않고 개인화된 모바일 멀티미디어 서비스를 유·무선 AP에 관계없이 제공하는 서비스
- **5세대**: 기존의 다양한 네트워크 기술을 융합한 형태의 초고용량·초연결성·초반응성·초저전력 서비스

특히 4세대와 5세대 네트워크 기술은 이동성을 높이고, 초고속·초연결·대용량 데이터 전송 기술, 융합기술의 형태로 새로운 서비스를 창출하고 있다. 단순히 네트워크 기술의 진화를 넘어 하드웨어, 플랫폼, 서비스 등 ICT 생태계 전체의 발전은 물론이고 타 산업과의 융합을 위한 기폭제가 되고 있다.

2 5G 네트워크 서비스의 특성

5G는 4G 표준의 후속 버전에 해당하는 IMT-2020의 이동통신 네트워크 표준을 의미한다. 2015년 10월에 ITU-R의 WP5D(이동통신 작업반)에서 승인되었으며, 특정 요구사항을 만족하는 무선 접속기술 규격을 포함한다. WP5D에서는 2012년부터 5G 표준규격 제정에 대한 논의를 시작해 2020년 10월에 초안(권고)을 고시하는 일정으로 절차가 진행 중이다.

4G 서비스와 비교했을 때 5G 네트워크 서비스는 초고속 · 초연결 · 초저지연 대용량 데이터 서비스와 플랫폼, 융합 서비스를 제공한다. 최대 전송속도는 1Gbps에서 20Gbps로 향상되었고 고속 이동성은 350km/h에서 500km/h까지 서비스가 확대되었다.

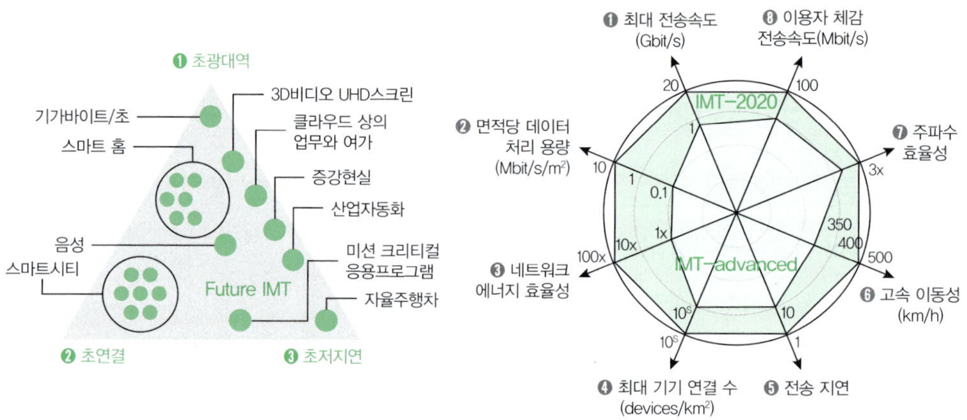

그림 16-2 IMT-2020의 3대 시나리오와 8대 핵심 성능

5G 네트워크는 다양한 무선 멀티미디어 서비스를 제공한다. 하나의 무선 단말기가 인터넷, 무선 LAN, 위성 네트워크 및 WPAN 등을 액세스할 수 있으며 유선과 무선이 결합된 글로벌 네트워크가 구축되어 복합적인 서비스를 제공할 수 있다. 인터넷 패킷 데이터의 증가와 더불어 비대칭적인 전송률을 가진 광대역 액세스 및 분배 네트워크를 포함하는 복합 유무선 플랫폼을 제공하고 다른 주파수 대역 간의 로밍 서비스도 제공한다. 초고속 패킷 무선전송 기술, 무선 LAN 기술과 모바일 소프트 네트워크 기술 등을 중심으로 무선 멀티미디어 기술 발전이 급속하게 진행되었다. 5G 네트워크는 무선 구간에서 기존보다 고속의 트래픽을 수용해 이동 환경에서도 무선 멀티미디어 서비스 이용이 가능해졌다.

5G 서비스는 누구나anyone, 언제나anytime, 어디서나anywhere, 어떤 서비스any service라도 이용할 수 있도록 한다는 4 Any를 목표로 개발되었다. 이와 함께 유선통신, 무선 LAN, 위성 네트워

크, 무선 네트워크 등을 결합한 유무선 융합Fixed-Mobile Convergence, FMC이라는 특성을 갖는다.

유무선 통합 서비스Fixed Mobile Converged Service, FMC의 궁극적인 목표는 방송과 통신의 융합(DMB, IP-TV), 금융과 통신의 융합(모바일 뱅킹), 교통과 통신의 융합(텔레매틱스), 가전과 통신의 융합(홈 네트워킹), 유 · 무선 통합(무선 LAN과 이동통신), 디바이스 통합(복합 기능을 가진 스마트폰), 콘텐츠 융합 등 복잡한 형태의 융합 서비스를 올인원 단말기로 제공하는 것이다.

유무선 통합 서비스가 제공되면서 음성 통화, TV 시청, 인터넷 사용, 영화 및 음악 감상 등의 서비스를 노트북, 스마트폰 등 어떤 디바이스로도 이용할 수 있게 되었다. 뿐만 아니라 고속으로 이동하는 자동차에서도 VMTVehicle Mounted Terminal(차량 탑재 단말기)를 통해 HD급 화질의 영화를 곧바로 감상할 수 있게 되었다. 또한 홈 네트워크를 이용하면 오디오 시스템, 냉장고, 에어컨, TV 등 실내 가전제품을 실외에서 스마트폰으로 제어할 수 있다. 심지어 TV 시청 중에 리모컨만 누르면 위성 또는 지상 DMB 채널을 통해 연기자가 입고 있는 옷의 정보를 얻을 수 있고 쇼핑몰로 곧바로 연결돼 구매까지 원스톱으로 해결할 수 있는 홈쇼핑 서비스까지 등장했다. 센서를 탑재한 휴대형 디바이스로 건강 수치를 주기적으로 측정해 네트워크로 전송하고 진단하는 기술이 개발되었으며 관련 기술이 계속 발전하고 있다.

상용화된 5G 네트워크에서는 가상화 기지국과 모바일 클라우드를 결합한 새로운 개념의 융합과 같은 더욱 진화된 형태의 첨단 서비스 제공이 가능하다.

3 5G 네트워크 서비스의 활용

5G 서비스를 통해 인간의 감정과 행동을 자동으로 감지해서 행동하는 지능형 컴퓨팅이 가능해졌고 생활 곳곳에 숨어있는 컴퓨터를 통해 언제 어디서나 원하는 서비스를 제공받을 수 있게 되었다. 5G 서비스는 사용자가 다른 지역으로 이동하더라도 연속으로 제공받을 수 있다. 가상 홈이나 가상현실과 같은 가상 환경 서비스를 구현하며 기존 LTE보다 수십 배 이상 빠르게 사람, 사물, 정보를 초고속으로 연결함으로써 실감미디어Immersive Media 서비스도 제공할 수 있게 되었다.

TIP 실감미디어는 현실세계를 가장 근접하게 재현하고자 하는 차세대 미디어로, 가상의 환경에서 공간과 시간의 제약을 극복하며 실재감과 몰입감을 극대화한다.

5G는 4차 산업혁명 시대의 기반구조를 담당한다. 산업 전반에 영향을 미치기 때문에 5G가 제공하는 사회경제적 가치는 실로 크고 다양하다. KT경제경영연구소의 분석에 따르면 2030년 국내 주요 산업 분야에서 5G가 제공하는 사회경제적 가치는 최소 42.4조 원에 달하고 이 중에서 스마트시티, 비도시지역, 스마트홈, 스마트오피스의 사회 기반환경에 제공하는 가치는 최소 5.4조 원 규모가 될 것이라고 한다. 세계 주요국도 5G를 기반으로 제4차 산업혁명을 선도하는 정책을 핵심 키워드로 구축하고 있다.

KT경제경영연구소의 분석에 따르면 국내 주요 산업 분야에서 5G가 제공하는 사회경제적 가치는 2030년에 최소 42.4조 원에 달하고 이 중에서 스마트시티, 비도시지역, 스마트홈, 스마트오피스의 사회 기반환경에 제공하는 가치는 2030년에 최소 5.4조 원 규모에 달할 것으로 전망하고 있다. 세계 주요국도 5G를 기반으로 제4차 산업혁명을 선도하는 정책을 핵심 키워드로 구축하고 있다.

2018년 평창 동계올림픽 5G 시범에서는 5G 네트워크와 V2XVehicle to Everything 기반의 5G 커넥티드 카 서비스, 경기장을 선수 시점으로 볼 수 있는 싱크뷰Sync View, 5G 시범용 태블릿으로 원하는 카메라를 선택해서 볼 수 있는 옴니 포인트뷰Omni Point View, 경기장에 설치된 100개의 카메라를 연결하는 인터랙티브 타임 슬라이스Interactive Time-slice 등 다양한 실감미디어 서비스가 소개되었다.

정부는 세계 최초의 5G 상용화를 위해 2018년 6월 5G 이동통신용 주파수 경매를 실시해 3.5Ghz 대역 280Mhz 폭과 28Ghz 대역 2.4Ghz 폭의 주파수를 통신 3사에 할당했다. 5세대 이동통신에 필수적인 중대역(3.5Ghz대역)과 초고대역(28Ghz대역) 주파수를 동시에 할당한 것이다. 5G 주파수는 2018년 12월 1일부터 사용이 가능해졌으며 현재 5G 모바일 서비스가 제공되고 있다.

5G 상용 서비스로 B2B가 조명을 받고 있는데 이는 스마트시티, 스마트 팩토리, 커넥티드 카, 5G 미디어, 5G 클라우드 등에서 가능하다. 스마트시티에서는 드론Drone이나 스카이십Skyship을 활용한 공공 안전 솔루션과 스마트 스쿨, 스마트 스타디움 등의 서비스가 가능하고, 스마트 팩토리에서는 무선 제조장비로 작업현황 실시간 공유, AR 기반의 원격 진단, 원격제어 서비스 등을 제공한다. 커넥티드 카에서는 실시간 교통 및 신호 정보, 차량관제, 운전관리 등을 위한 기술개발과 관련 기업의 협업이 이루어지고 있다. 5G 미디어는 싱크뷰, 옴니뷰, 360도 VR 등의 실감미디어와 함께 AR, VR 연계 게임 등을 선보이고 있다.

확인문제 16-1

5G 네트워크 서비스의 특성을 4G 서비스와 비교해서 설명하시오.

풀이 5G 서비스는 4G 서비스보다 수백 배나 빠른 초고속 · 초연결 · 대용량 데이터 서비스와 플랫폼, 융합 서비스의 형태라는 점에서 차이가 크다. 또한 차세대 소형셀 및 초광대역 기술의 발전으로 초고속 · 초저지연 전송 서비스 및 융합 서비스의 제공이 가능하다.

02 5G 네트워크 응용 기술

1 5G 네트워크 핵심 기술

5G 네트워크를 구현하기 위해서는 무선 주파수 기술, 액세스 네트워크 기술, 코어 네트워크 기술, 응용 기술 등이 필요하다.

- **무선 주파수 기술**: 사용하는 주파수를 효율적으로 전송 · 수신하기 위한 기술
- **액세스 네트워크 기술**: 사용자가 네트워크에 접속할 수 있도록 하는 기술로, 셀 방식을 중심으로 메시 네트워크나 애드혹 네트워크 등의 기술을 포함함
- **코어 네트워크 기술**: 통합 IP 개념이 적용된 핵심 네트워크 기술
- **응용 기술**: 4G/5G 단말기를 통해 사용자들이 이동통신 서비스를 이용할 수 있게 해주는 모바일 플랫폼과 각종 응용프로그램 기술

5G 네트워크의 핵심 기술 중 MIMO, OFDM, SDR, SDN, UWB 기술, 자율 네트워킹, 가상화, 소형셀에 대해 알아보자.

1.1 MIMO

MIMOMultiple Input Multiple Output(다수 사용자 다중 송수신)는 이동통신 환경에서 다수의 안테나로 데이터를 교환하는 다중 안테나 신호처리 기술이다. 전송 시 신호의 페이딩 현상을 줄이기 위해 다양한 수신 분기 기법을 사용하는데 MIMO 기술은 전송단에도 안테나를 두 개 달아 전송지에서부터 분기 기법을 이용한다. [그림 16-3]과 같이 전송지와 수신지에 *N*개의 안테나를 배열해 다양한 방법으로 신호를 보내어 전송률을 *N*배 증가시키는 기법이다. 뒤에 살펴볼 OFDM 기술과 함께 사용하면 고속의 전송률과 전송 데이터를 대용량화할 수 있는 멀티미디어 서비스에 이용할 수 있다. 관련 기술로는 STTDSpace-Time Transmit Diversity, OTDOrthogonal Transmit Diversity, TSTDTime Switched Transmit Diversity 등이 있다.

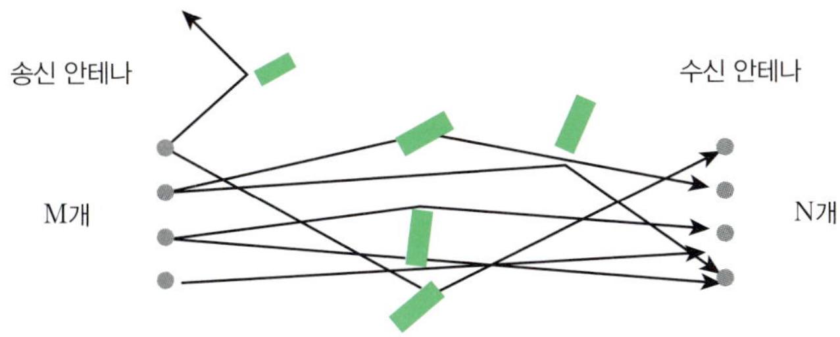

그림 16-3 MIMO 개념도

1.2 OFDM

일반적으로 무선링크를 통해 데이터를 고속으로 전송할 경우 다중경로 페이딩Multipath Fading과 도플러Doppler 확산 등으로 오류율이 높아진다. 이에 대한 해결책으로는 대역확산Spread Spectrum 기법이 있다. 대역확산 기법 중 DSDirect Sequence(직접 시퀀스) 방식은 10m 이상의 데이터 전송 시 칩 간의 간섭이 증가함에 따라 하드웨어 복잡도가 증가하고 다수 사용자 간섭 현상으로 인해 용량에 한계가 있는 것으로 알려져 있다. 또 FHFrequency Hopping(주파수 도약) 방식은 고속 데이터 전송 시에 동기 추출이 어렵다는 단점이 있다. 이러한 문제점에 대한 해결책이 OFDMOrthogonal Frequency Division Multiplexing(직교 주파수 분할 다중화) 방식이다.

OFDM은 대역확산 기술을 사용해 정확한 주파수에서 일정 간격 떨어진 다수의 반송파에 데이터를 분산시킨다. 주파수 간격을 최소화하기 위해 자신 외의 다른 주파수를 참조하는 것을 방지하고 반송파 간의 성분 분리를 위한 직교성Orthogonal을 부여하며 이를 이용해 전송효율을 향상시킨다.

OFDM은 전송률이 높은 데이터 열Stream을 전송률이 낮은 데이터 열로 나눈 후 다수의 부반송파를 사용해 동시에 전송하는 방식이다. 데이터 열을 여러 개의 부채널로 동시에 나란히 전송하는 다중 반송파 전송 방식의 특별한 형태이다. 따라서 OFDM은 고속의 원천 데이터 열을 다중 채널로 동시에 전송하는 다중화 기술이며 다중의 반송파에 분할해 전송하는 일종의 변조기술이다. 각 부반송파의 파형은 시간 축으로는 직교하지만 주파수 축에서는 겹친다. 이러한 스펙트럼 특성은 [그림 16-4]와 같다.

TIP 직교성은 두 인수가 상호 독립적인 성질을 나타내는 것으로, 여기에서는 두 개의 반송파가 90°씩 상호 직각 위상을 갖는 특성을 말한다.

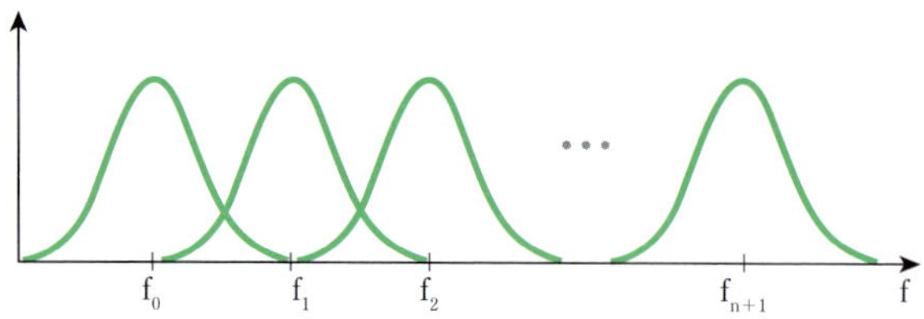

그림 16-4 OFDM 신호의 스펙트럼 특성

OFDM의 장점은 다음과 같다.

- 주파수 효율성이 높다. OFDM에서는 부채널이 주파수상에서 중첩되므로 주파수 사용 대역의 효율성이 향상된다.
- 지연확산Delay Spread에 의한 ISIInter Symbol Interference(심볼 간 간섭) 현상이 줄어들어 이동통신에서 주로 문제가 되는 다중경로 페이딩이나 도플러 효과를 줄이는 데도 효율적이다.
- FFTFast Fourier Transform(고속 푸리에 변환)를 이용해 고속의 신호처리가 가능하므로 고속 구현이 쉽고 복잡한 등화기가 필요하지 않아 임펄스 잡음에 강하다.
- 부반송파 간에 직교성이 유지되므로 이동통신 셀 간의 간섭이 없고 자원할당이 비교적 수월하다.
- 협대역 간섭이 일부 부반송파에만 영향을 주므로 협대역 간섭에 강하다.

OFDM의 단점은 다음과 같다.

- 위상잡음이나 전송 및 수신단 간의 반송파 주파수 옵셋에 민감하다.
- 수신되는 부반송파 간의 직교성이 상실되면 신호 대 잡음비가 줄어든다.

1.3 SDR

SDRSoftware Defined Radio은 무선 이동통신 시스템에서 다양한 이동통신 기술을 통합하고 xDSL, CDMA, UMTS, 무선 LAN, 블루투스, 위성통신 등의 다양한 통신 수단을 하나의 단말기에서 구현하는 기술로 통합 네트워크를 위해 반드시 필요하다. SDR은 안테나 이후의 RF 영역을 포함한 대부분의 기능이 프로그래밍이 가능한 고속 처리소자로 구현된 소프트웨어 모듈에 의해 수행된다. 따라서 하드웨어 교체 없이 필요한 소프트웨어를 재구성만 해도 다중 무선 접속규격 또는 서비스 기능이 가능하다.

SDR은 통신 시스템을 구성하는 기지국과 단말기에서 하드웨어로 RF를 지원하던 방식을 소프트웨어 형태로 바꿔주는 핵심 기술이다. 고정된 RF 하드웨어를 최소화하고 ADCAnalog-to-Digital Converter(아날로그-디지털 변환기) 위치를 가능한 한 RF 영역으로 옮겨 DSPDigital signal processing(디지털 신호처리)나 유동적 하드웨어를 이용해 신호를 처리한다. 서비스에 따라 시스템 전환이 유동적으로 이루어지며 PC와 같은 개방형 모듈 구조를 사용해 플러그 앤 플레이 기능과 필요한 소프트웨어의 다운로드가 가능하도록 한다.

TIP 유동적 하드웨어란 하드웨어와 소프트웨어를 결합하여 유동성을 확보하는 것이다.

[그림 16-5]는 SDR의 개념을 기존 방식과 비교해서 나타낸 것이다. 그림에서 BBABaseband Analog는 기저대역 어셈블리, MSMMobile Station Modem은 이동 스테이션 모뎀이다.

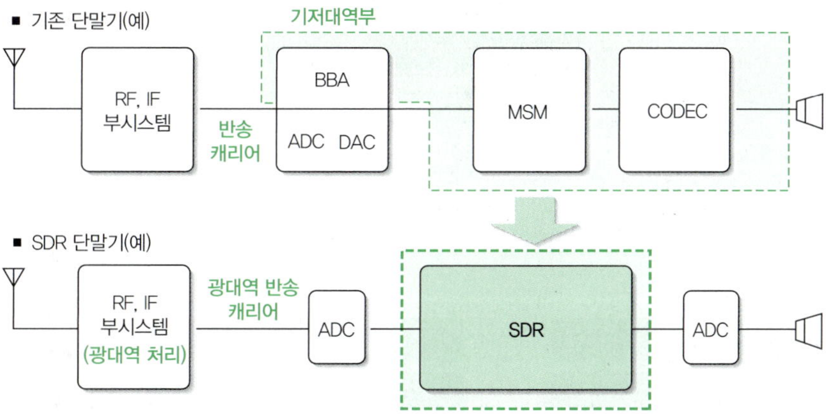

그림 16-5 SDR의 개념도

1.4 SDN

폭증하는 모바일 멀티미디어 데이터와 데이터 트래픽의 동적 특성 변화에 효율적으로 대처하려면 네트워크 장치나 대역폭과 같은 기반 자원을 최적으로 활용할 수 있는 사용자 응용 지향 스마트 기반의 구조가 필요하다. SDNSoftware Defined Networking(소프트웨어 정의 네트워킹)은 이러한 필요에 부합하는 차세대 네트워크 기술로 구조적 유연성과 개방성을 제공하기 위해 중앙집중형 제어계층과 개방형 API 구조를 갖는다. SDN은 다양한 응용의 높은 대역폭과 동적 특성에 적합하고 관리 및 비용에서 효율성과 적응성이 뛰어난 새로운 기술이다. [그림 16-6]은 SDN의 구조를 보여준다.

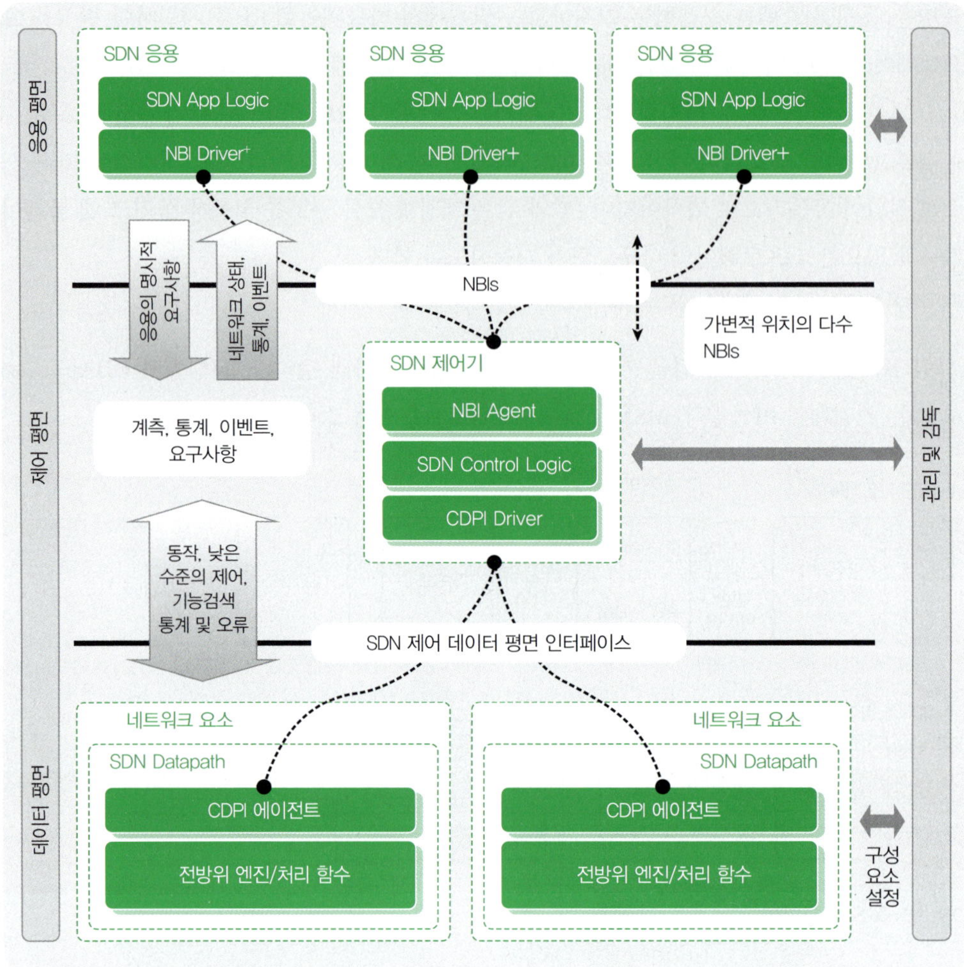

그림 16-6 SDN의 구조(출처: 위키피디아)

1.5 UWB 기술

UWBUltra Wide Band(초광대역) 기술은 수 GHz의 넓은 주파수 대역을 사용하면서도 초당 수천~수백만 회의 저출력 펄스로 이루어진 차세대 무선통신 기술이다. UWB 기술을 이용하면 대용량 데이터를 0.5m/W 정도의 저전력으로 70m 거리까지 전송할 수 있다.

UWB 기술은 미국 국방부가 1950년대에 군사 목적으로 개발했으나 기존 통신 시스템을 방해한다는 이유로 항공사와 휴대전화 업체 등이 기술 사용을 반대하여 오랫동안 상업적 이용이 금지되다가 2002년 2월에 이르러 상업적 용도로의 사용이 승인되었다. 지하나 건물 벽 등이 장애요소가 되지 않으며 레이더 기능으로 특정 지역을 감시할 수 있고 지진이나 해일 등의 재해가 일어났을 때 전파탐지로 인명구조를 하는 등 광범위하게 응용할 수 있다.

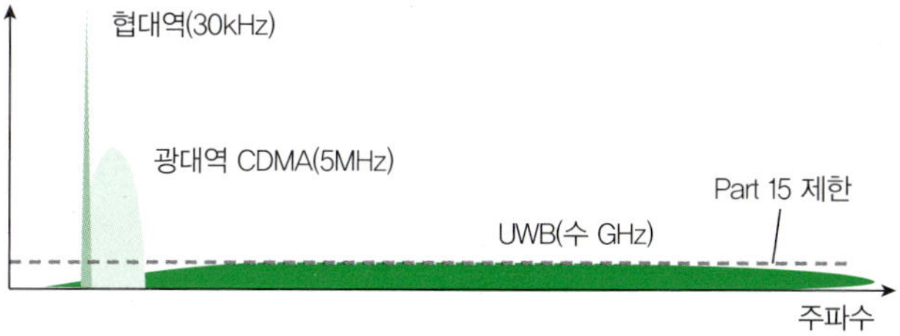

그림 16-7 UWB 개념도

UWB 기술은 디지털 부호 정보를 나노세컨드(1029초) 이하의 매우 짧은 폭의 임펄스 신호로 변환해 무선으로 전송하므로 광통신과 같은 수백 Mbps의 초고속 통신이 가능하다. 속도는 IEEE 802.11이나 블루투스보다 10~20배 빠르고 필요한 전력량은 휴대전화나 무선 LAN의 1/100 수준이다. 특히 사무실이나 가정에서 10m 내외에 있는 PC와 주변기기 및 가전제품 등을 초고속 무선 인터페이스로 연결하는 무선 근거리 개인통신 네트워크에 적합하다.

UWB 기술은 휴먼 인터페이스를 비롯한 홈 네트워크, 무선 LAN 등의 구축에 유용하며 자동차용 ITSIntelligent Transport System(지능형 교통 시스템), 산업 분야에서의 물류, 공장기계 컨트롤, 자동차 충돌 방지, 산업용 거리측정기, 초정밀 3차원 레이더, 보안감시, 재난구조 및 의료기기에도 광범위하게 활용될 수 있다.

UWB 기술의 특징은 다음과 같다.

- **높은 보안성, 고속데이터 전송, 높은 해상도:** 매우 좁은 펄스(나노 또는 피코 초)를 사용하므로 광범위한 주파수 대역에 걸쳐 스펙트럼 전력 밀도가 매우 낮다. 따라서 높은 보안성을 유지하며 고속데이터 전송이 가능하다. 뿐만 아니라 정확한 거리 및 위치 측정이 가능하고 높은 해상도를 제공한다.
- **저렴한 비용으로 제작 가능:** 다중경로에 따른 영향을 덜 받고 반송파를 사용하지 않은 채 기저대역에서 통신이 이루어지므로 전송기 및 수신기 구조가 간단하다. 그 결과 저렴한 비용으로 제작이 가능하다.

1.6 자율 네트워킹

자율 네트워킹Autonomic Networking은 인간의 개입을 최소화하면서 환경 변화에 따라 네트워크

스스로 자율적인 관리 및 제어를 하도록 하는 개념이다. 1997년 고등연구소 DARPADefense Advanced Research Projects Agency에서 군사 목적으로 출발한 자율 관리라는 개념은 2001년에 IBM이 자율 컴퓨팅Autonomic Computing 개념을 제안하면서 다음의 네 가지 자율 기능을 정의했다.

- **자기구성**Self-configuration: 설계 시 '무엇을 해야 하는가'와 같은 상위 레벨의 목표만 알려주고 그에 따라 스스로 자기구성을 하게 된다. 이때 '어떻게 실행하는가'와 같이 자율 컴퓨팅 시스템에서 스스로 결정하도록 하는 개념이 자기구성이다.
- **자기최적화**Self-optimization: 서비스 성능이나 품질개선을 위해 어떤 상황이 발생하기 전에 미리 시스템 자원의 사용을 최적화하도록 하는 기능이다.
- **자기복구**Self-heeling: 시스템이 문제를 스스로 진단해 해결을 시도해야 한다는 개념으로, 자가진단 및 문제해결과 관련된 자기복구 기능은 매우 중요하다.
- **자기보호**Self-protection: 자율 시스템은 악의적인 공격으로부터 자신을 보호할 수 있어야 하며 보안, 개인정보보호, 데이터 보호를 위해 자율적으로 자신을 조율할 수 있어야 한다는 개념이 자기보호이다.

1.7 가상화

가상화Virtualization는 컴퓨터 자원의 추상화를 일컫는 광범위한 용어다. 사용률, 유연성, 관리 효율성 등을 증대시키기 위해 물리적으로 다른 시스템을 논리적으로 분리, 통합, 확대하는 기술이라고 할 수 있다.

가상화는 플랫폼 가상화와 자원 가상화로 구분할 수 있다. 플랫폼 가상화는 주어진 하드웨어 플랫폼 위에서 호스트 소프트웨어를 통해 실행하는 형태이다. 호스트 소프트웨어는 호스트 아래의 게스트 소프트웨어에 맞추어 VMVirtual Machine(가상 머신)이라는 가상의 컴퓨터 환경을 만들어낸다. 여기서 게스트 소프트웨어는 독립된 하드웨어 플랫폼에 설치된 것처럼 실행된다. 자원 가상화는 플랫폼 가상화의 기본 개념이 메모리, 저장 볼륨, 이름 공간, 네트워크 자원과 같은 특정한 시스템 자원의 가상화로 확장된 것이다.

가상화는 하나의 머신으로 여러 개의 VM에 서비스를 제공할 수 있게 하므로 필요한 자원의 수를 줄이고 보유 자원을 최대한 활용할 수 있게 한다. 또한 가상화 기술을 사용하면 데이터를 손쉽게 백업하고 복원할 수 있어 재해 복구나 손실 복구가 용이해지므로 안정성과 비즈니스 연속성이 향상된다.

가상화의 적용 분야로는 서버 가상화, 메모리 가상화, 데이터 가상화, 저장장치 가상화, 애플리케이션 가상화, 네트워크 가상화, 클라우드 컴퓨팅 등이 있다.

TIP 클라우드 컴퓨팅은 가상화의 한 분야라기보다는 가상화 기술이 집대성된, 즉 가상화로 인해 가능해진 시스템이라고 할 수 있다. 가상화가 하나의 서버로 여러 서버 용량을 제공할 수 있게 하는 기술이라면 클라우드 컴퓨팅은 여러 대의 컴퓨터가 공유된 자원 풀에 액세스할 수 있도록 하는 기술이다.

VM이 많아질수록 공격자로부터 보호해야 하는 대상이 많아진다는 의미이므로 보안에 취약해질 수 있다. 데이터 보안을 유지하려면 가상화를 올바로 관리해야 한다. 그러므로 VM을 모니터링하고 무단 액세스로부터 보호하기 위한 중앙집중식 관리 솔루션을 갖추어야 한다.

1.8 소형셀

소형셀Small cell이란 서비스 커버리지가 10m에서 1~2km로 좁고 안테나당 10W급 이하의 저전력을 갖는 무선 액세스 노드를 말한다. 트래픽이 많거나 장애물이 있는 전파 음영 지역에 설치돼 통화 품질을 높이는 데 쓰인다. 네트워크 용량을 보강할 수 있어 도심지 등 트래픽이 집중되는 곳에서 유용하다.

TIP 소형셀이란 이름은 서비스 커버리지가 수십km에 달하는 매크로 셀(Macro cell)과 비교해 붙여졌다. 또 서비스 커버리지가 100~500km 정도인 광역 단위 기지국은 메가 셀(Mega cell)이라고 한다.

5G 인프라를 구축하려면 5G 주파수의 밀리미터 파(3.6GHz, 6GHz, 24~86GHz 대역 등)를 고려해야 하는데, 보다 낮은 주파수(850MHz, 1,800MHz, 2,100MHz, 2,300MHz, 2,600MHz 등)를 사용하는 3G/4G 기지국에 비해 훨씬 작은 셀이 필요하다. 3G/4G 네트워크 셀룰러 탑은 출력 전력을 조정해 서비스 커버리지가 최대 50~150km가 되도록 기술 지원을 할 수 있지만 5G 셀 기지국은 250~300m가 되도록 설계해야 한다.

소형셀의 유형은 마이크로셀microcell, 피코셀picocell, 펨토셀femtocell로 구분할 수 있다. 마이크로셀은 서비스 커버리지가 1km 내외로 인구밀도가 높은 지역에서 주로 사용되며, 스포츠 행사 등에서 일시적으로 사용하기도 한다. 피코셀은 50~200m 내외이고 펨토셀은 수십 미터 내외이므로 주로 실내 무선 액세스 노드처럼 동작한다. 펨토셀은 빔 형성 기술을 통해 소형셀의 유효범위를 향상시키거나 집중할 수 있다.

2013년 2월을 기준으로 총 기지국의 56%에 해당하는 960만 개의 주거용 펨토셀이 설치되었다. 이후 소형셀은 LTE 네트워크에 포함되어 2016년에는 약 6,420만 개의 LTE 소형셀 기지국이 설치되었고 2017년에는 마이크로파 소형셀 백홀 장비 시장 규모가 64억 달러로 확대되었다.

[그림 16-8]은 소형셀 구조의 예로 시스코 사의 솔루션을 나타낸 것이다. 종단에 시스코 3G 소형셀과 소형셀 백홀이 위치하고 본체, 소형셀 게이트웨이, 무선제어장치 등으로 구성된다. 종단의 소형셀은 자체적으로 소형셀 기지국 기능을 탑재하고 있으며 이와 같은 솔루션은 LTE 네트워크 소형셀 기지국과 연계된다. 2020년까지 5G 인프라로 약 850만 개의 소형셀이 구축될 것으로 보이며, 연결성 이슈 해결을 위한 새 방안으로 인밴드 백홀In-band Backhaul이 대두되고 있다.

TIP 인밴드 백홀은 이미 면허가 발급된 셀룰러 주파수를 이용한 무선 데이터링크를 말한다.

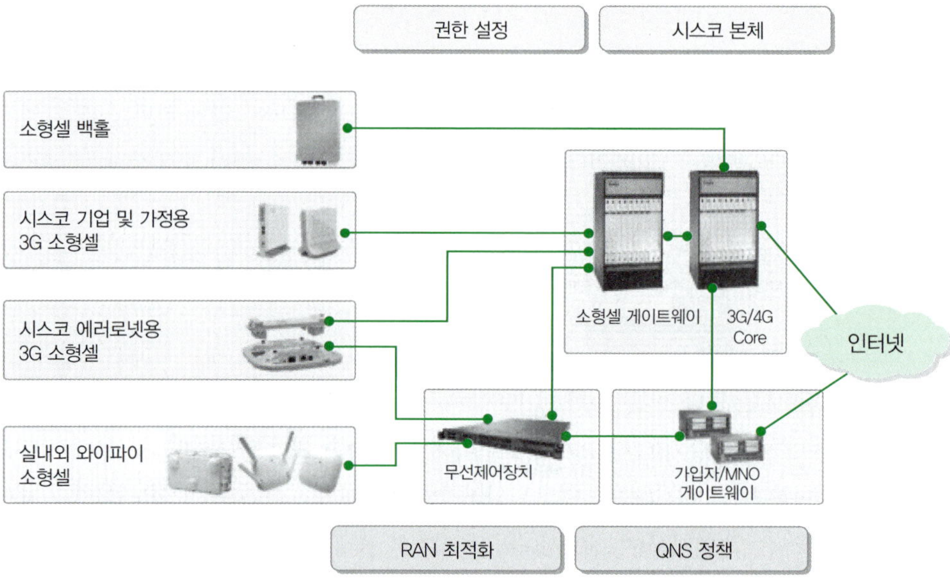

그림 16-8 소형셀 구조의 예 - 시스코 솔루션

2 5G 표준화 활동

2.1 ITU 표준화 활동

2003년 6월 ITU-R에서 승인된 문서(M.1645)에는 최대 30Mbps를 지향하는 고도화 IMT-2000Enhanced IMT-2000: E3G과 1Gbps~100Mbps를 지향하는 IMT-2000 이후 시스템에 대

한 표준화 내용이 들어있다. IMT-2000의 지속적인 진화와 새로운 주파수 할당에 따른 신규 시스템에 대한 연구가 동시에 진행되었고 4G 상용 시스템에 대한 표준화 활동이 많이 이루어졌다. IMT 국제표준화를 담당한 ITU-R WP5D는 2014년 2월 베트남에서 열린 제18차 회의와 같은 해 6월 캐나다에서 개최된 제19차 회의에서 5G에 대한 표준화를 구체적으로 논의하기 시작했다.

2017년 6월에 캐나다에서 개최된 ITU-R WP5D의 제27차 회의에서는 초고속, 초연결, 초저지연 통신이라는 5G의 3대 서비스를 실현하기 위해 최고 데이터통신속도 20Gbps, 이용자 체감속도 100Mbps, 대역폭 1GHz, 1ms의 초저지연 통신 등과 같은 13개 항목의 성능 기준 등을 토대로 평가절차가 마련되었다.

ITU-R은 기술 규격을 직접 논의하지 않고 3GPP3rd Generation Partnership Project와 같은 외부 표준화단체로부터 기술 제안을 접수받는 절차를 사용한다. 결과적으로 3GPP에서 제출하는 기술 규격이 ITU-R의 승인을 통해 국제표준이 된다.

2.2 IEEE 표준화 활동

LAN으로 시작한 IEEE LMSCLAN/MAN Standard Committee는 고정 시스템에 무선 기능을 접목한 WPAN(IEEE 802.15)과 WLAN(IEEE 802.11), 새로운 고속 무선기술표준인 WMAN(IEEE 802.16)과 3.5GHz 대역을 사용하는 MBWAMobile Broadband Wireless Access(IEEE 802.20, 3.5GHz 대역 사용)를 연동해 4G/5G 네트워크에 대한 왕성한 표준화 활동을 이루어왔다.

IEEE 표준의 장점은 이동통신에 비해 저렴한 비용으로 고정 및 저속 이동 환경에서 효율적인 고속 데이터 전송 서비스가 가능하다는 것이다. 특히 5G와 관련한 표준화 활동은 IEEE 802.11ad와 후속 프로젝트인 P802.11ay를 중심으로 이루어지고 있으며 이는 5G 서비스의 초점이 되는 밀리미터파 대역에서 초고속 개별 데이터 처리를 지원한다. P802.11ax 프로젝트는 기존 무선 LAN 스펙트럼에서 고도의 데이터 처리율을 지원하며 IEEE 802.11ah는 IoT 지원에 중점을 두고 1GHz 미만의 스펙트럼에서 최적화된다.

2.3 3GPP 표준화 활동

3GPP에서는 무선 접속 네트워크(RAN), 서비스 및 시스템 사양(SA), 코어 네트워크 및 단말(CT)의 세 그룹을 통해 각각 무선 접속기술, 서비스 전반 기술(요구사항, 코어망 구조, 보안

등), 단말과 코어망 간의 세부 프로토콜 기술 규격Technical Specification, TS을 제정한다. 비동기 3G 기술을 기반으로 점진적인 진화를 통한 4세대 구현을 시도해 IMT-2000의 기술적 개선을 통한 단기 목표인 3G 고도화와 보다 장기 목표인 3G 에볼루션evolution으로 구분해 진행을 완료했다.

3G 고도화에서는 HSDPA보다 최소 두 배 이상의 고속 패킷 데이터 전송과 다중 안테나, 다중접속 및 무선접속 프로토콜 최적화 기술 연구가 이루어졌다. 3G 고도화에서는 ITU-R B3G 요구조건을 수용해 고속이동 시 100Mbps, 저속 및 정지 시 1Gbps의 전송속도를 제공하고 통합 IP 네트워크 실현을 목표로 활동이 이루어졌다. 신규 주파수에 의한 4G가 안정화되어 4G 이전의 이동통신 시장의 진화를 주도했고 버전업 5 HSDPA 표준을 완료했다.

2015년 9월 이후에는 IMT-2020(5G) 개발에 노력을 기울여 왔다. 다양한 소형셀로 구성되는 이종 네트워크에서 셀 간 협력 기술과 이동성 향상 기술에 대한 표준화를 논의했으며 2013년부터는 3GPP RAN1 및 RAN2에서 소형셀을 이용한 무선 전송 방식에 대한 규격을 논의했다. 2016년 10월 회의에서는 Rel.15부터 모든 기술 규격을 5G로 명명하기로 결정했다. 5G 서비스의 요구사항을 정의하는 SA1에서는 74개 이용 사례를 포함한 기술보고서인 TR 22.891 작성을 2017년 3월에 완료했다.

2016년 6월 TSG 총회에서는 이용 사례를 세 가지 서비스 그룹으로 분류하고 각 그룹에 대한 세부적 요구사항을 정의했다. 이들 그룹 모두와 연관되는 네트워크 운용 관련 요구사항은 NEONEtwork Operation라는 이름으로 정의해 총 네 개의 BBBuilding Blocks 기술보고서가 승인되었다. 5G 코어망 구조 기술을 연구하는 SA2는 2016년 12월에 TR 23.799 문서 작업을 완료했고, 상위 레벨 구조 정의를 위한 주요 이슈 21개를 도출하고 이에 대한 솔루션을 개발했으며 네트워크 슬라이싱과 QoS 프레임워크에 대한 작업을 활발하게 진행했다. SA3은 보안기술을 제공하는 그룹으로 2017년 3월에 TR 33.899를 완료했다.

2017년 3월에 NR Phase I 표준화 작업(Release 15) 수행을 시작해 2017년 12월 기존의 LTE 네트워크로 이동성 관리를 하는 NSA 종속모드 표준을 완성했으며, 2018년 6월 5G 초고속 및 저지연(URLLC), 초연결(mMTC) 서비스를 목표로 새로운 무선접속망이 새로운 5G 핵심망과 연결되는 5G SA 단독모드 표준을 완성했다.

IEEE 802.21 WG에서는 IEEE 802.21 a, b, c, d를 통합하는 IEEE 802.21 Revision과 미디어 독립 서비스를 목표로 하는 IEEE 802.21.1-2017과 IEEE 802.21.1-2018에 대한 표

준화 작업이 완료되었다. 현재 5G New Radio(NR)에서는 4G 표준을 넘어서는 다양한 사용 사례 및 응용을 확장하여 지원하고 있는데 향상된 이동성 광대역 통신인 eMBBEnhanced Mobile Broadband, 고도의 안정적인 저지연 통신인 URLLC, 대규모 기계유형 통신인 mMTC 등이 대표적인 예이다. eMBB는 실내 및 실외의 원활한 데이터 액세스, AR/VR 응용과 같은 높은 데이터 전송률을 갖는 이동성 광대역 서비스와 관련된다. URLLC는 엄격한 대기시간 및 안정성 요구사항이 있는 응용프로그램을 정의하며 mMTC는 IoT 연결을 위한 기반으로 인프라 관리, 환경 모니터링, 의료 응용프로그램 등과 관련된다. 3GPP는 5G Rel.16단계에서 5G를 기반으로 다양한 산업과의 융합 서비스 지원을 위해 핵심망과 무선접속망 기능의 특화 표준을 지속적으로 추진하고 있다.

2.4 METIS과 METIS-II

METISMobile and wireless communications Enablers for the Twenty-two Information Society는 2012년 11월 EU를 중심으로 시작된 프로젝트로 5G 이동통신에서 요구하는 2020년 이후의 모바일 시스템에 대한 개념을 확립하고 표준화 사전 단계의 기초 작업에 대한 공감대를 형성해 WP5D에서 진행 중인 IMT 비전 권고에 공헌하는 것을 목표로 한다. METIS 프로젝트에는 프랑스의 알카텔 루슨트, 스웨덴의 에리슨, 핀란드의 노키아, 중국의 화웨이 독일지사 등과 같은 거대 벤더와 도이치텔레컴, 프랑스의 오렌지, 스페인의 텔레포니카, 일본의 NTT 등 각국의 주요 통신사업자, 기타 학술기관 등이 참여하고 있다. 이에 대한 후속 버전으로 2015년 1월에 METIS-II가 출범되었다.

METIS-Ⅱ는 전체 5G 무선 액세스 네트워크 설계를 발전시키고 현재 개발된 다양한 5G 기술 및 구성요소를 효율적으로 통합해 사용하는 데 필요한 기술 지원을 목표로 한다. METIS-Ⅱ는 EU, 미국, 중국, 일본, 한국 등처럼 5G 연구개발의 주도권을 가진 지역의 협력기관과 매우 강력한 관계를 구축하고 있다. 이러한 컨소시엄을 기반으로 국제 공급업체, 운영자 및 연구원들과 전 세계적인 협력을 적극적으로 추진하고 있다.

3 5G 기술 동향

3.1 국내 동향

우리나라는 기존의 4세대 이동통신 비전 연구위원회를 확대 개편해 2003년 11월에

NGMCNext Generation Mobile Communication 포럼을 설립했다. NGMC는 국내 주요 통신업자, 국내외 제조업체, MIC, 연구기관 및 대학 전문가를 회원으로 관련 기술 동향을 분석하고 비전 확립을 추진하는 역할을 한다. 또한 WWRF, mITF, FuTURE 등 국외 연구단체와의 교류를 통한 표준화 및 국제 협력, R&D 전략 조정, 스펙트럼 할당 계획 수립 등을 진행 중이다.

과학기술정보통신부와 삼성전자 및 LG전자는 5G 서비스가 세계적으로 본격화되고 기술개발 또한 완성 단계에 이르렀다고 판단하여 5G 생태계 구축과 보급 및 확산을 위한 5G+ 전략을 심도 있게 모색하고 있다. 이들 국내 기업은 구글, 애플 등의 글로벌 기업과의 기술개발 경쟁에서 우위를 확보하기 위한 핵심 기술의 개발인력 확보에 전력을 기울이는 한편 세계 표준화 논의에도 주도적으로 참여하고 있다.

과학기술정보통신부는 2028년 상용화를 목표로 6G 이동통신 시장을 선점하기 위한 시동을 걸었다. 2018년 7월부터 6G 핵심 기술개발 수요조사를 통해 6대 핵심성능지표(KPI)와 14대 전략과제를 도출했다. 6대 KPI는 초성능, 초대역, 초공간, 초정밀, 초지능, 초현실로 최대 전송속도 1Tbps, 체감전송속도 1Gbps, 지연시간 0.1밀리세컨드(0.0001초), 지상 10㎞ 이상에서도 시속 100㎞ 지원, 오감인지 기반 몰입형 미디어, AI 기반 지능형 네트워크가 목표이다. 14대 전략과제로는 테라급 무선통신과 광통신 기술개발, 6G 주파수 확보 기술과 3차원 공간 이동체 광대역 무선통신 기술개발, 네트워크 종단간 고정밀 네트워킹 기술 등이 선정되어 기술개발을 추진한다(출처: 전자신문).

5G 이동통신 네트워크 기술과 AI, IoT 기술로 촉발되는 초연결 혁명은 물리적 공간에서 일어난 산업혁명과 가상적 공간에서 일어난 정보화 혁명의 대융합이라고 할 수 있다. 이렇게 형성된 새로운 문명의 물결이 일상생활로 밀려오고 있다. 인간과 인간을 둘러싼 환경적 요소가 서로 연결되어 시공간의 제약을 극복하고 새로운 성장의 기회와 가치 창출이 가능한 초연결 시대로 성숙하고 있다.

3.2 세계 동향

세계 각국은 국가 차원의 대형 R&D 프로젝트를 통해 집중 투자를 본격화하면서 5G 기술의 표준화 주도를 위해 초기 단계부터 민관 협력 연구를 추진하고 있다.

■ 유럽

5G 네트워크에 대한 연구 및 표준화와 관련해 EU를 중심으로 활동 중인 METISMobile and

Wireless Communications Enablers for the 2020 Information Society 프로젝트가 있다. 유럽은 범유럽 연구 프로그램인 호리즌Horizon 2020의 5G 이동통신 네트워크 기술개발 프로그램인 5G PPP5G Public Private Partnership를 중심으로 유럽연합 정부와 민간 ICT 산업체, 연구소, 학계 간 상호협력을 추진하고 있다. 5G PPP는 호리즌 2020 계획을 통해 2020년까지 총 42억 유로를 투자할 계획으로 3단계의 5G 프로젝트를 진행하고 있다. 1단계인 Phase 1 프로젝트로 2015년부터 19개 대형 과제를 통해 5G 이동통신 서비스 요구사항 및 원천기술 연구 수행을 진행했다. 2017년 6월부터는 5G 카, 5G 시티, 5G 미디어 등 21개 세부 과제를 기반으로 5G 기술을 다양한 산업군에 적용하는 Phase 2 프로젝트를 2단계로 추진했다. 2018년 6월에는 EuCNCEuropean Conference on Networks and Communication 행사에서 유럽 내 5G 플랫폼의 개발 및 런칭을 목표로 하는 Phase 3 프로젝트를 3단계로 시작하였다. 5G 상용화를 위한 유럽 국가간의 협력체계도 강화되고 있다.

■ 미국

미국은 정부 주도로 2016년 7월 AWRIAdvanced Wireless Research Initiative(차세대통신연구추진단)을 설립했고 NSFNational Science Foundation를 중심으로 향후 7년간 5G를 포함한 차세대 무선통신 기술개발에 총 4억 달러를 투자하겠다고 밝힌 바 있다. FCCFederal Communication Commission(미국 연방통신위원회)는 24GHz 이상 대역(28GHz, 37GHz, 39GHz, 64~71GHz)을 모바일 광대역 및 차세대 이동통신용으로 활용하기 위한 규정 제정(안)을 발표해 글로벌 5G 주파수 논의가 시작되기도 전에 전용 주파수 대역을 먼저 할당했다. FCC는 2018년 9월 5G 구축을 촉진하기 위한 연방차원의 계획을 표결했고 대규모 통신탑을 염두에 두고 만들어진 기존 규제 대신 미국 내 5G 네트워크의 80%를 차지할 것으로 전망하는 소형셀에 적합한 규제를 신설해 허가 시간을 단축하고 신청에 필요한 비용을 합리적인 수준으로 낮추도록 했다. Verizon사는 2018년 10월 휴스턴, 인디애나폴리스, LA, 새크라멘토 등 4개 도시 일부 지역에 28GHz 기반, 최대 1GHz 속도를 제공하는 고정형 FWA 방식의 5G 서비스인 5G Home을 개시했다. AT&T사는 모바일 핫스팟 방식의 5G 기기를 공개했고 T-Mobile사는 스마트폰 기반의 모바일 서비스 제공을 강조하며 5G 전국 상용화 계획을 밝혔다.

■ 일본

일본은 5G 기반의 신시장 창출을 위해 총무성 주도로 다양한 분야의 업체가 참여하는 5G

종합실증실험을 3년간 추진하기로 2017년 5월에 발표하였다. 5G 종합실증실험에는 일본의 3대 이동통신 사업자인 NTT 도코모, KDDI, 소프트뱅크와 제조사인 파나소닉, 샤프, 후지쓰뿐만 아니라 연구기관인 ATR과 NICT도 참여했다. 일본의 주요 이동통신 3사는 2020년 도쿄올림픽 개최에 맞춰 도쿄 도심 등 일부 지역에서 5G 서비스를 개시한 후 점진적으로 범위를 확대한다는 계획을 수립하고 이를 실현하기 위해 5G 기지국 부품과 서버 및 전용 시스템 설치에 약 5조 엔(한화 약 51조 원) 규모의 투자를 할 예정이다.

TIP 도쿄올림픽이 잠정 연기되면서 5G 관련 계획도 수정이 불가피하다.

■ 중국

이동통신 시장의 후발주자이던 중국은 대다수가 사용하던 2G를 4G로 전환하는 국가제도를 마련한 결과로 2017년 초반 4G 사용자가 약 7억 7,000만 명에 달하였다. 이는 전 세계 4G 사용자의 절반 이상을 차지한다. 중국은 이를 기반으로 5G에 대한 기술, 표준, 시장을 선도하기 위해 정책 수립과 민간 협력을 강화하고 있다. 공업정보화부, 국가발전개혁위원회, 과학기술부와 같은 정부기관 주도로 차이나 모바일, 화웨이, 차이나유니콤, ZTE 등의 민간기업과 학계가 IMT 2020 PGPromotion Group를 결성해 5G 이동통신 기술을 개발하고 있으며 우리나라의 5G 포럼과 LGU+ 및 KT를 포함한 다수의 기업과 협력 중이다. 특히, 공업정보화부는 2016년 10월에 5G를 국가 프로젝트로 지정하는 차세대 정보기술 산업계획(2016~2020년)을 발표하고 52개 산학연 관계 기관을 중심으로 2020년까지 총 5,000억 위안(약 85조 원)의 대규모 자금 집행계획을 수립했다. 또한 정부 주도로 AIIAlliance of Industrial Internet를 창설해 5G 기술과 제조업을 연계함으로써 제4차 산업혁명 시대의 경쟁력을 높이기 위해 노력하고 있다.

5G 서비스가 상용화되어 널리 사용되고 있는 시점에서 세계 각국의 정부와 이동통신업계는 2020년에 M2M과 IoT 환경의 성숙, UHD 콘텐츠 유통기반 구축이라는 도전과제를 안고 있다. 이것을 해결하기 위해 지금보다 1,000배 많은 트래픽을 처리할 수 있는 초대용량 이동통신 시스템을 구축해야 하고 이를 위해 유무선 네트워크의 역할 분담, QoS를 고려한 네트워크의 전체 구성과 트래픽 관리 연구가 필요하다는 것을 인식하고 있다. 일부 국가에서는 2028년을 목표로 6G 이동통신 시스템을 선도하겠다는 전략으로 연구개발과 표준화에 대한 로드맵을 강력하게 추진하고 있다.

확인문제 16-2

5G 네트워크의 핵심 기술 중 SDN과 SDR을 구분해 설명하시오.

풀이 SDR은 안테나 이후의 RF 영역을 포함한 대부분의 기능이 프로그래밍이 가능한 고속 처리 소자에 의해 구현된 소프트웨어 모듈로 수행되는 기술이다. SDN은 네트워크 장치나 대역폭과 같은 자원의 최적 활용이 가능한 스마트 기반의 구조에 적합한 기술로 중앙집중형 제어계층과 개방형 API 구조 등을 통해 구조적 유연성과 개방성을 제공한다.

03 USN 기술

1 USN의 개념과 활용

유비쿼터스Ubiquitous는 사용자가 네트워크나 컴퓨터를 의식하지 않고 장소에 상관없이 자유롭게 네트워크에 접속할 수 있는 정보통신 환경을 뜻한다. 유비쿼터스화가 이루어지면 어디에서나 정보기술을 활용할 수 있고 네트워크에 연결되는 사용자 수도 증가해 규모와 범위도 커지게 된다. 이러한 유비쿼터스는 5G 네트워크의 핵심개념 중 하나이다.

TIP 유비쿼터스는 물이나 공기처럼 시공을 초월해 언제 어디에나 존재한다는 뜻의 라틴어에서 유래했다.

유비쿼터스 환경을 구현하는 기술인 USNUbiquitous Sensor Network(유비쿼터스 센서 네트워크)은 RFID와 무선통신장치를 통해 사물과 온도, 습도, 오염 정도, 균열 등과 같은 환경 정보를 실시간으로 획득, 처리, 활용할 수 있게 하는 네트워크 시스템이다. USN은 수동형에서 이력관리형, 센서/능동형, 네트워크형, 제어관리형으로 5단계에 걸쳐 진화하고 있다. RFID 기술의 개체 식별 단계에는 센싱 기능이 추가되었고 태그나 센서 간의 상호 데이터통신에는 애드혹 네트워크를 구축했으며, 지능 센서 기술을 기반으로 전자 태그 간에 자유롭게 통신하고 태그를 제어하는 단계로 발전했다.

USN은 정보제공 서버, 게이트웨이, 싱크 노드, 센서 노드로 구성된다.

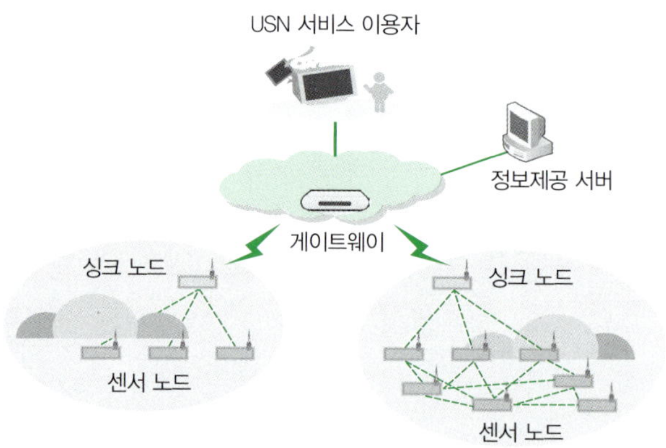

그림 16-9 USN 개념 및 구성요소

- **정보제공 서버**: 각종 서비스 및 정보 제공
- **게이트웨이**: 외부 네트워크와 통신하기 위한 중계 노드 역할 수행
- **싱크 노드**: 센서 노드로부터 센싱 정보 수집
- **센서 노드**: 센서, 컴퓨팅, 통신 모듈을 통해 환경 정보를 인지해 전송

USN 구현 기술은 센서 노드 기술, 연동 기술, USN 미들웨어 기술, 응용서비스 기술로 세분할 수 있다.

- **센서 노드 기술**: 무선 센서 노드 간의 데이터통신을 통해 정보자원을 수집하는 기술
- **연동 기술**: USN과 다른 네트워크와의 연동에 필요한 기술로 싱크 노드 발견 기술이 이에 속함
- **USN 미들웨어 기술**: 센서 네트워크에서 발생한 이벤트를 효율적으로 처리 및 관리하기 위한 기술
- **응용서비스 기술**: 센서 네트워크에서 수집된 정보를 바탕으로 상황 인식과 분석을 통해 사용자에게 관련 서비스를 제공하는 기술

이외에 USN을 구현하기 위한 연관 기술에는 RFID 기술, 기반 기술, 정보보호 기술 등이 있다.

- **RFID 기술**: 사물에 부착된 RFID 태그의 정보를 인식하기 위해 태그, 리더기, RFID 미들웨어, 응용서비스로 구현
- **기반 기술**: 사물에 부착된 태그나 센서를 식별하고 정보를 효율적으로 처리하기 위해 코드 체계, USN 정보처리 기술, 디렉토리 서비스 기술로 구현
- **정보보호 기술**: RFID 및 센서를 통해 전달되는 정보의 사용자 관리 및 보안을 위해 접근제한 기술, 필수 정보 전달 기술 구현

2 USN 핵심 기술

USN 구현 기술 중 핵심 기술인 센서 노드 기술과 USN 미들웨어 기술에 대해 자세히 살펴보자.

2.1 센서 노드 기술

센서 노드는 센서 설정으로 주변 환경 정보를 수집 및 전송하는 기능을 담당하는 USN의 핵심

요소다. 센서 노드는 광범위한 환경에 분산 배치되므로 주기적으로 전원을 교환하는 데 어려움이 있어 저전력 센서 노드 개발이 필요하다. 또한 응용서비스에 따른 노드 설치 환경을 고려하면 소형화와 경량화에 대한 요구도 크다. 다음은 센서 노드의 구성요소를 나타낸 것이다.

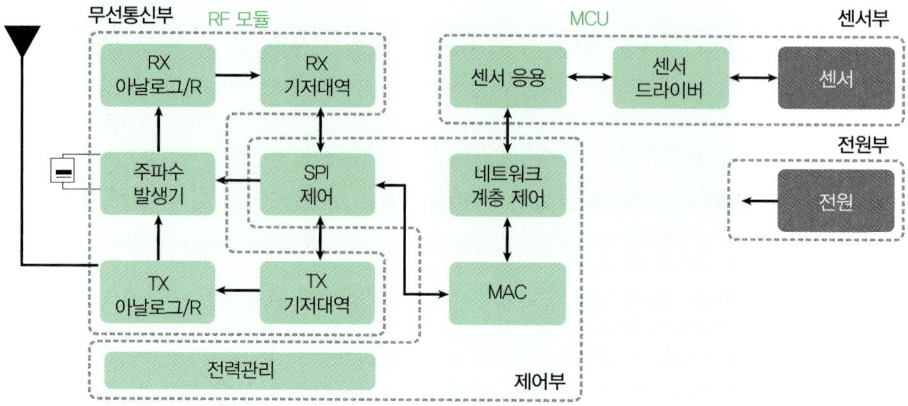

그림 16-10 센서 노드의 구성요소

- **무선통신부**: RF 모듈, 모뎀 등으로 구성되며 전송 및 수신 형태나 주파수 기능에 따라 다양하게 구성할 수 있다. RF 모듈은 저전력 회로 설계로 구현되며 모뎀은 BPSK, OQPSK, ASK 등의 다양한 변·복조 방식지원 및 동기 알고리즘을 포함한다.
- **제어부**: 센서 노드에 부착된 센서의 종류 및 사용 목적에 따라 제어 기능이 있는 MCUMicro Controller Unit가 필요하다. MACMedia Access Control는 운영체제의 독립적인 스케줄러 관리 및 RF와 모뎀의 레지스터 설정 기능을 제공한다. 센서의 데이터 처리 및 외부 인터페이스를 위한 SPISerial Peripheral Interface Bus, UARTUniversal synchronous/Asynchronous Receiver Transmitter, I2CInter-Integrated Circuit 등의 주변장치와 타이머, 전원제어 등으로 구성된다.
- **센서부**: 정량적인 환경 측정 정보를 검출하는 부분이다. 조도, 열, 습도, 가속도, 지진강도, 음향, 지자기, 위치 등의 다양한 센서를 선택적으로 장착할 수 있게 구성한다.
- **전원부**: 센서 노드에 전력을 안정적으로 공급해 원활하게 구동되도록 한다. 초기에는 1차 전지가 사용되었으나 이동통신 단말기의 수요증가에 따라 충전기능이 추가되었다.

2.2 USN 미들웨어 기술

USN 미들웨어는 USN 응용서비스와 센서 노드 중간에 위치해 이들의 원활한 상호 동작을 지원한다. 서버측 미들웨어는 USN 응용서비스의 다중 질의처리, 센싱 정보 및 메타정보 관리, 지능형 이벤트처리를 위한 신규 상황 정보 생성 등을 수행하는 요소로 구성된다. 네트워크 내 미들웨어는 센서 노드와 싱크 노드의 질의처리, 센서 네트워크를 위한 토폴로지 정보관리, 센서 노드의 상태관리 등을 제어하는 소형모듈로 구성된다.

USN 미들웨어는 센서를 통해 수집된 정보 및 메타정보를 관리하고 센서의 위치 인식 및 보안 등의 다양한 기능을 제공한다. USN 미들웨어의 기능은 다음과 같다.

- 센서의 다양한 형태 질의 및 정보관리를 통해 응용서비스가 요청한 정보를 시스템에 전달하거나 다양한 저장 방식을 활용해 통신 환경을 향상시킨다.
- 다양한 종류의 센서 노드와 네트워크를 통합 지원해 응용서비스 요청을 처리한다.
- 응용서비스의 목적에 따라 기존 정보와 수집된 정보를 비교분석 및 예측하기 위한 상황 정보의 생성 및 관리를 지원한다.
- 센서 노드의 위치 인식 기능을 통해 이동체에 부착된 센서 노드의 위치를 실시간으로 획득하고 센싱 정보의 신뢰도를 위한 QoS 보장 기능을 지원한다.
- 센서 노드 및 게이트웨이 등을 통해 수집된 정보에 대한 보안 기능으로 정보의 유출이나 해킹을 방지한다.

3 USN 응용

USN은 이동 애드혹 네트워크 구성에 응용할 수 있다. 이동 애드혹 네트워크는 독자적이고 유동적이며 이동 노드 간의 상호 데이터통신에 의존하는 서비스에는 제한이 있다. 예를 들어 인터넷 연결이 필요하거나 재난구조 및 센서 네트워크로 동작하는 경우에 센서로부터 수집된 자료나 멀티 홉으로 전달된 데이터를 유무선 네트워크에 연결된 주 컴퓨터로 전송하거나 명령을 받도록 구성되기 때문에 서비스에 제한이 있다.

이동 애드혹 네트워크는 재해 및 재난, 분쟁 지역처럼 기반 데이터통신 시설이 미비하거나 설치가 용이하지 않은 지역, 또는 통신 시설 이용이 불가능한 지역 등에 적합하므로 군사용이나 긴급 구조, 센서 네트워크, 백업용 네트워크와 관련해 연구가 진행되었다. 그러나 최근에는 회의실이나 전시장에서 개인 간의 신속한 정보 공유 및 교환, 또는 일시적인 네트워크 구성이 필요한 경우, 그룹 통신, WPAN, 홈 네트워크 등 일상생활까지 응용이 확대되고 있다. 이동 애드혹 네트워크와 기존의 인터넷, 무선 LAN 또는 이동 네트워크와의 상호연동 기술에 대한 다양한 연구 개발 및 광범위한 활용이 이루어지고 있다.

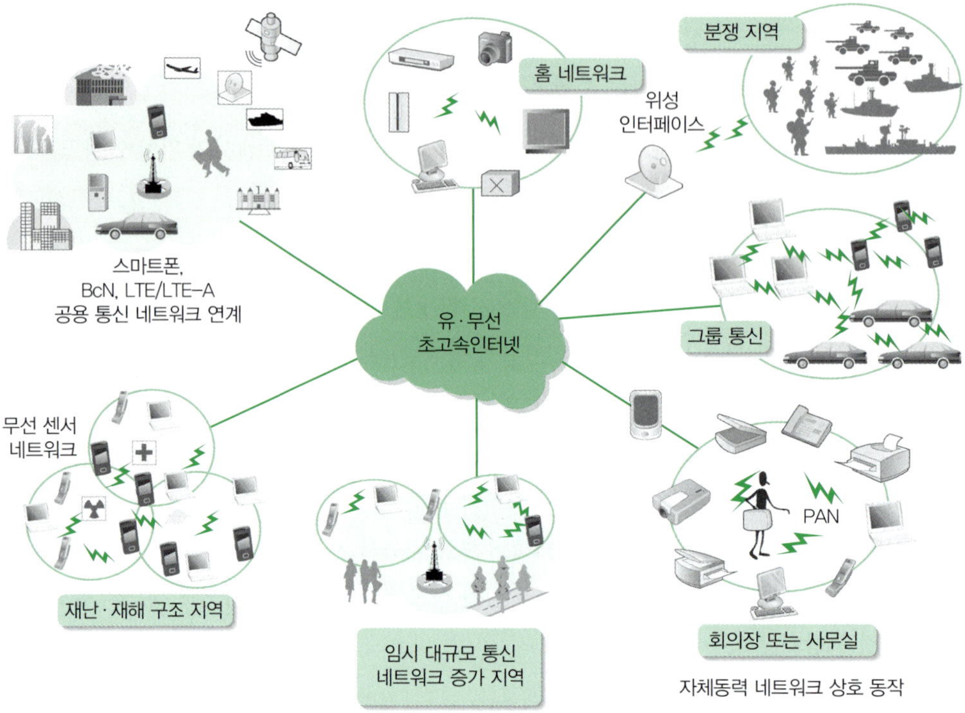

그림 16-11 이동 애드혹 네트워크의 응용 예

4 USN 구축사례

USN 구축사례를 통해 USN의 개념을 보다 명확히 알아보자.

4.1 기상 · 해양 관측 시스템

2007년 약 7개월 동안 총사업비 39억 원의 예산으로 국립해양조사원과 KT 미래기술 연구소가 공동으로 USN 기반의 기상 · 해양 관측 시범 네트워크 구축 및 시범 서비스 사업을 추진했다. 그 결과 IP-USN을 활용해 다양한 기상 · 해양 관측 시범 네트워크를 구축했고 실시간 기상정보를 수집해 기상예보 및 선박 운항에 필요한 기상 · 해양 정보를 제공할 수 있게 되었다. 실례로 국립해양조사원과 기상청의 관측 네트워크 개선을 위해 IP-USN을 활용해 제주도 및 이어도의 관측 지역에 시범 네트워크를 구축했다.

[그림 16-12]는 IP-USN과 무선 메시 네트워크를 도입해 USN 기반의 관측 네트워크를 구축하기 위한 기반구조를 구현한 예다.

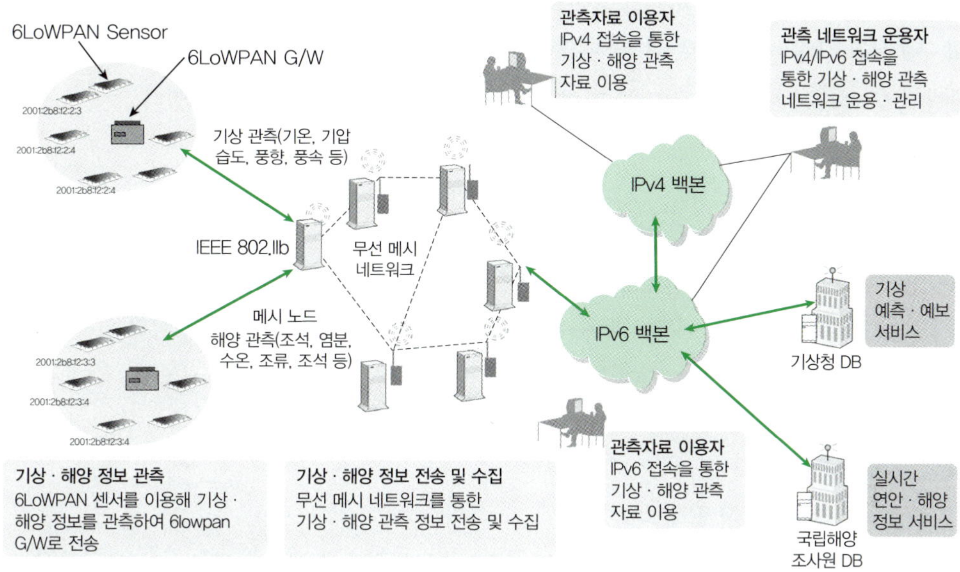

그림 16-12 All-IP 기반 USN 관측 시스템

6LoWPANIPv6 Low power WPAN 센서를 이용해 기상정보와 해양정보를 수집하고 6LoWPAN 게이트웨이를 이용해 무선 메시 네트워크로 전송한다. 이처럼 효율적인 기상 관측 업무 수행 및 관측 데이터의 질적 향상으로 기상예보의 품질을 높일 수 있다.

TIP 6LoWPAN은 한정된 전력과 처리량이 적은 응용에 무선연결 환경을 제공하는 단순하고 간단한 저가형 네트워크이다.

4.2 환경 · 생태계 감시 시스템

환경 · 생태계 감시 분야는 대표적인 USN 연구 및 활용 분야로, 다양한 센서를 넓은 지역에 설치해 필요한 환경 정보를 수집한다. 도시의 빌딩 곳곳에 설치된 센서가 연기 및 화재 발생 위치, 환풍, 빛의 세기, 온도 등을 실시간으로 감지해 환경을 쾌적하고 안전하게 유지시킨다. 화산 주변에는 화산 활동을 감시하는 지진 및 음향 센서를 설치하고 센서 네트워크를 구축하여 실시간으로 데이터를 수집해 활용한다. 농장에 센서 네트워크를 구축해 온도, 습도 등의 여러 환경 요소를 감시해 농작물의 재배상태를 최적으로 유지할 수 있다.

4.3 재해 · 재난 방지 시스템

재해 · 재난 방지에 USN 기술을 적용하면 산불이나 하천 범람, 산사태 등의 발생 정보를 실시간으로 파악해 대국민 경보체계를 효과적으로 구축할 수 있다. 댐, 교량, 건물 등 모든 시설물의 구조물과 상태 변형, 강도, 진동 등을 측정해 사고를 예방할 수 있다. 하천 유속과 수위, 강수량 등도 예측해 자연재해로 인한 피해를 최소화하는 데 많은 기여를 하고 있다.

확인문제 16-3

USN 미들웨어의 중요 기능을 간략하게 설명하시오.

풀이 USN 미들웨어의 기능은 USN 응용서비스와 센서 노드 중간에 위치해 이들의 원활한 상호동작을 지원하는 것이다. 센서를 통해 수집된 정보 및 메타정보를 관리하고, 센서의 위치 인식과 보안 등의 다양한 기능을 제공한다.

확인문제 16-4

USN 구현 기술을 세분화해 설명하시오.

풀이 USN을 구현하기 위한 기술은 무선 센서 노드 간의 데이터통신을 통해 정보자원을 수집하는 센서 노드 기술, USN과 다른 네트워크와의 연동 기술, 센서 네트워크에서 발생한 이벤트를 효율적으로 처리하고 관리하는 USN 미들웨어 기술, 센서 네트워크에서 수집된 정보를 바탕으로 상황 인식과 분석을 통해 사용자에게 관련 서비스를 제공하는 응용서비스 기술 등으로 세분화할 수 있다.

04 BcN 기술

1 BcN의 개념 및 기능

BcNBroadband Convergence Network은 통신, 방송, 인터넷이 융합된 품질 보장형 광대역 멀티미디어 서비스를 언제 어디서나 끊김 없이 안전하게 광대역으로 이용할 수 있도록 하는 통합 네트워크이다.

BcN은 이용자 관점에서는 응용서비스별로 계약된 SLAService Level Agreement(서비스 수준 협약)를 보장하는 네트워크이고 사업자 관점에서는 사용자 요구 충족과 수익 창출을 위한 QoS 및 성능을 보장하는 네트워크다. 사용자는 최선의 서비스 혹은 품질 보장형 서비스 여부를 선택할 수 있어야 하며 QoS를 위해 선택적인 데이터 처리가 가능해야 한다.

TIP SLA는 서비스의 성능과 가용성 등의 수준을 보장하기 위해 서비스를 제공하는 업체와 사용하는 업체 간에 맺는 협약이다.

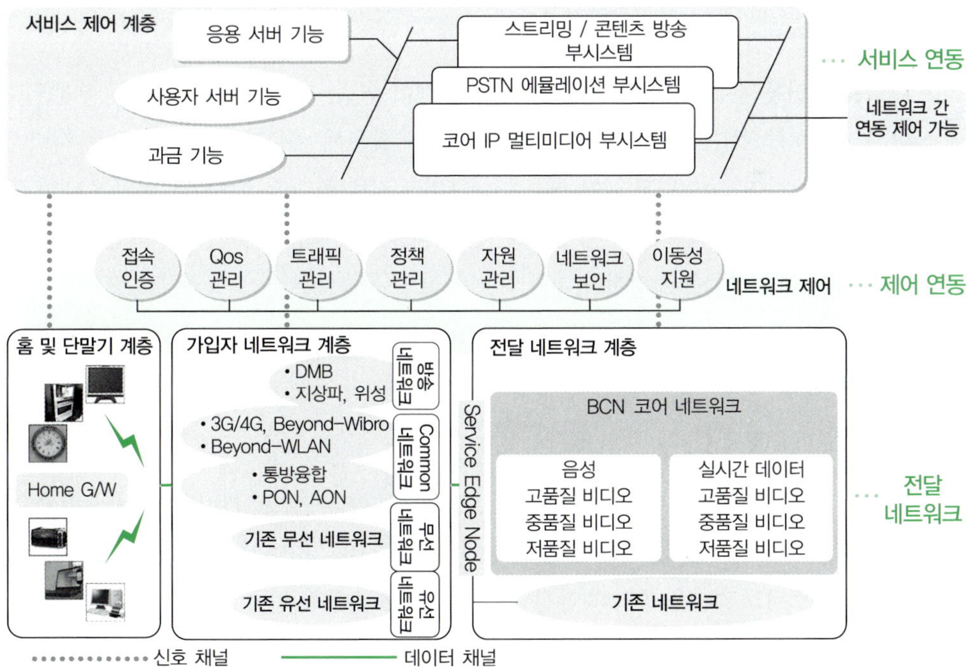

그림 16-13 BcN의 개념도

[그림 16-13]은 BcN의 개념을 나타낸 것이다. BcN을 IMSIP Multimedia Subsystem 기반의 서비스 제어 계층과 새롭게 추가된 네트워크 제어 계층으로 구분하고, 네트워크 제어 계층은 홈 및 단말 계층, 가입자 네트워크 계층, 전달 네트워크 계층, 네트워크 연동 부분으로 구분하고 있다.

BcN의 계층별 기능은 다음과 같다.

- **서비스 제어 계층**: 신규서비스 도입에 용이한 개방형 서비스와 차별화된 QoS 제어, 서비스 사용 인증 기능을 제공한다.
- **네트워크 제어 계층**: 요청 서비스에 따른 가입자 및 전달 네트워크 자원의 제어와 가입자 접속 인증 기능을 제공한다.
- **홈 및 단말 계층**: 지능형 홈 서버와 유비쿼터스 네트워크의 홈 네트워크와의 인터페이스 기능을 수행한다.
- **가입자 네트워크 계층**: 방송 · 통신 융합 및 종단간 품질 보장을 위한 FTTH, HFC 고도화와 공통 액세스 노드를 통한 가입자 네트워크 통합 기능을 담당한다.
- **전달 네트워크 계층**: 다양한 가입자 네트워크 접속에 대한 통합과 품질보장형 서비스 경계 노드 및 라벨 스위치 중심의 BcN 코어 네트워크로 차별화된 품질 및 세분화된 보안성을 제공한다.
- **네트워크 연동 부분**: 서비스 연동, 네트워크 제어 연동, 전달 네트워크 연동 부분으로 나뉜다. 서비스 연동은 여러 서비스 제공 서버를 활용해 사용자에게 끊김 없는 서비스 제공을 보장하며, 네트워크 제어 연동은 네트워크 자원에 대한 제어와 트래픽에 대한 인증, 보안, 사용자 정책 관리를 담당한다. 전달 네트워크 연동은 물리적인 측면에서 네트워크 기술 간의 연동을 보장한다.

2 BcN의 특징

BcN의 특징은 다음과 같다.

- **광대역 기반구조 역할**: BcN은 전화, 방송, 멀티미디어 콘텐츠, 가상회선 등의 종합 통신 서비스 제공이 가능한 광대역 기반구조 역할을 한다. 유선, 무선, 방송 등의 다양한 가입자 네트워크 기술을 통합해 안전하고 신뢰성 있는 통합 인증 및 과금 기능을 제공할 수 있다.

- **맞춤형 멀티미디어 서비스 제공**: 트래픽을 고속으로 처리하고 흐름 기반 IP QoS를 보장해 차별화된 품질의 맞춤형 멀티미디어 서비스를 제공할 수 있다. WiBro와 같은 유무선 통합 서비스, MMoIPMultiMedia over IP와 같은 음성 및 데이터 통합 서비스, IP-TV와 같은 방송/통신 융합 서비스를 위한 기술 지원과 신뢰성 및 안정성을 제공하는 것이 BcN의 특징이다. 종단간 방식의 고품질 서비스를 제공할 수 있도록 QoS가 보장되고 SLA에 기반한 고객의 품질 차별화가 가능하다는 점도 특징이다.
- **환경 통합**: 네트워크 전체 계층에서 보안이 보장되며 표준 개방형 API 도입으로 통신 및 방송 응용서비스가 네트워크 외부에 개방되어 홈 네트워크 및 유비쿼터스 환경들이 네트워크 기반구조를 통해 통합된다.
- **IPv6 적용**: 홈 네트워크, 정보가전 등의 광범위한 IP 주소 수요를 충족하기 위해 가입자 이용 환경부터 통합 전달 네트워크까지 전체 네트워크에 IPv6가 적용된다.

3 BcN 서비스

BcN 서비스는 지원하는 기능을 활용해 제공되는 기본 서비스와 다양한 부가서비스로 구분된다. 통합 · 융합 응용서비스는 음성 · 데이터, 유 · 무선, 통신 · 방송 융합형 멀티미디어 서비스를 언제 어디서나 편리하게 이용할 수 있도록 한다. 고품질화를 통해 종단간 QoS 보장 고음질 · 고화질의 멀티미디어 서비스가 가능하고, 다기능화를 통해 보안, 개방형 API를 기반으로 RFID/USN, 홈 네트워크, URC 등 다양한 응용서비스와 연계된다.

다양한 BcN 서비스는 [그림 16-14]에 나타낸 바와 같이 BcN 기술, 서비스(콘텐츠) 제공자, 통신 및 방송 사업자, 서비스 이용자 등의 관점에서 분류할 수 있다. 광대역 및 통합 네트워크 기술 관점에서 BcN은 광대역, QoS 보장, 보안, 이동성 기술이 통합되는 시스템으로 구분되고, 이는 다시 음성 · 데이터 통합, 유 · 무선 통합, 통신 · 방송 통합, 통합 · 융합 기반 서비스로 구분된다. 서비스 이용자 등의 관점에서는 광대역 유선통신, 광대역 무선통신, 멀티미디어 디지털 방송 등으로 나뉘어 진다. 통신 · 방송 사업자 관점에서는 통신 및 방송 관련법의 사업권을 중심으로 유선, 무선, 방송, 네트워크의 고도화와 함께 디지털 방송, DMB 등 다양한 BcN 서비스의 제공이 가능해졌다는 것을 보여준다.

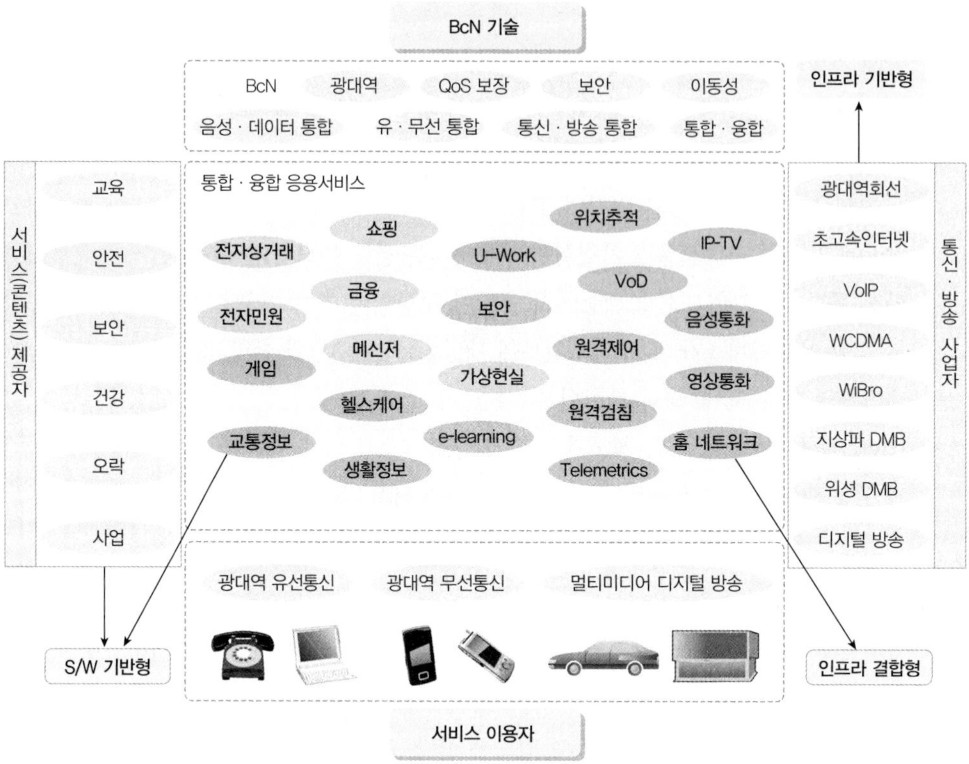

그림 16-14 BcN 서비스

05 클라우드 컴퓨팅과 빅데이터

가상화라는 이름으로 등장한 클라우드는 기업에서 IT 자원의 효율적인 운영과 예산 절감, 보안 등을 고려할 때 최적의 솔루션으로 각광받고 있다. 여기에 빅데이터가 등장하면서 클라우드와 빅데이터가 밀접하게 연계되어 상호보완 역할을 수행하며 새로운 변화를 주도하고 있다.

1 클라우드 컴퓨팅

1995년 3월에 제너럴매직General Magic 사가 AT&T를 비롯한 여러 통신사와 제휴를 맺고 최초로 클라우드 컴퓨팅 서비스를 시작했으나 성공하진 못했다. 그 당시엔 소비자 중심의 웹 기반이 아직 형성되지 않았기 때문이다. 그로부터 10년이 지난 2005년에 이르러서야 클라우드 컴퓨팅이라는 용어가 일반 사용자까지 널리 사용되었다.

클라우드 컴퓨팅은 정보를 컴퓨터가 아닌 클라우드에 연결된 다른 컴퓨터로 처리하는 기술이다. 입/출력 작업은 주로 개인 단말기를 통해 이루어지고 정보 분석, 처리, 저장, 관리, 유통 등의 작업은 대부분 클라우드라는 제3의 공간에서 수행된다. IEEE에서는 클라우드 컴퓨팅을 '정보가 인터넷상의 서버에 영구적으로 저장되고 PC, 노트북, 휴대용 디바이스 등의 클라이언트에는 일시적으로 보관되는 패러다임'이라고 정의한다.

클라우드 컴퓨팅을 이용해 인터넷의 유틸리티 데이터 서버에 프로그램을 저장해두고 필요할 때마다 PC나 스마트폰 등으로 불러와서 사용할 수 있게 하는 웹 기반 소프트웨어 서비스를 클라우드 서비스라고 한다. 클라우드 서비스의 모델은 다음과 같이 IaaS, PaaS, SaaS의 세 가지로 구분할 수 있다.

- **IaaS**Infrastructure as a Service(서비스로서의 인프라스트럭처): 가장 기본적인 클라우드 서비스 모델로, 서비스 사업자가 하드웨어, 네트워크 서버, 저장공간 등의 인프라를 제공하는 방식이다. AWSAmazon Web Services(아마존 웹 서비스)에서 제공하는 EC2Amazon Elastic Compute Cloud가 대표적이다. MS, 구글, IBM, 오라클 등과 국내의 KT, LG유플러스 등도 IaaS 서비스를 운영하고 있다.

- **PaaS**Platform as a Service(서비스로서의 플랫폼): 서비스 제공자가 응용프로그램 개발자들에게 개발 환경을 제공하는 모델이다. 제공자는 운영체제, 프로그래밍 언어 실행 환경, 데이터베이스, 웹 서버를 포함한 컴퓨팅 플랫폼을 배급하고, 개발자들은 기반 하드웨어나 소프트웨어 계층을 마련하지 않고도 클라우드 플랫폼에서 소프트웨어를 개발할 수 있다. 구글 앱 엔진이 대표적인 예다.
- **SaaS**Software as a Service(서비스로서의 소프트웨어): 다양한 응용프로그램을 인터넷에서 활용할 수 있는 서비스 모델이다. 네이버 클라우드, 드롭박스, 구글 앱스, MS 오피스 365, 넷피스 등이 대표적이며, 그 외 다양한 클라우드 스토리지 서비스가 여기에 해당한다.

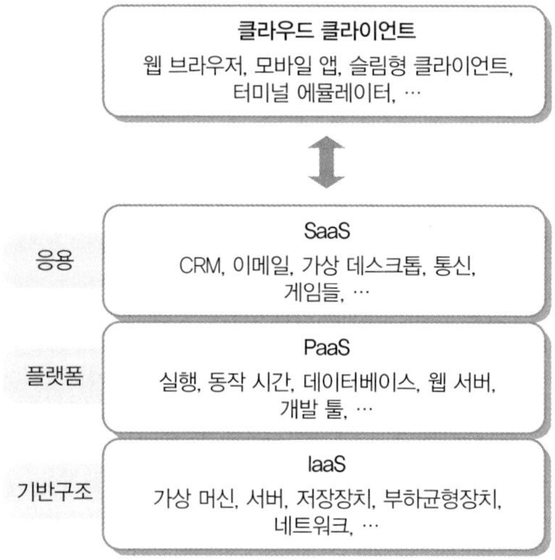

그림 16-15 클라우드 컴퓨팅 서비스 모델(출처: 위키피디아)

클라우드 컴퓨팅은 초기 구입비용이 적게 들고 다양한 기기를 단말로 사용하는 것이 가능하며 유용한 사용자 환경을 구현할 수 있다는 것이 큰 장점이다. 사용자 데이터를 안전하게 보관할 수 있고 사용자는 전문적인 하드웨어 지식이 없어도 손쉽게 사용할 수 있어 유용하다. 그러나 서버 공격이 발생하면 개인정보 유출의 위험이 있으며 서버가 손상될 경우 데이터 손실 가능성이 있다. 사용자가 응용프로그램을 설치하는 데 제약을 받을 수 있고 새로운 응용프로그램은 지원하지 않을 수 있다는 것이 단점이다. 또한 통신 환경에 따라 서비스에 영향을 받으며 개별 정보가 물리적으로 어디에 있는지 알기 어렵다는 것도 문제가 된다.

클라우드는 공용 클라우드, 사설 클라우드, 하이브리드 클라우드로 구분할 수 있다.

- **공용 클라우드**Public cloud: 개방된 시장에서 여러 고객에게 서비스를 판매하는 클라우드를 말한다.
- **사설 클라우드**Private cloud: 조직에서 내부이용자에게 제공하는 클라우드를 말한다. 일반적으로 서버, 저장장치, 네트워크 데이터, 응용프로그램 등을 묶어 구성원에게 공유한다. 기업이 사설 클라우드를 구축하는 이유는 데이터 보안에 대한 우려 때문이다. 공용 클라우드와 달리 데이터 저장 및 컴퓨팅 전력, 그 밖의 자원을 균일하게 제공할 수 있으며, 운영 제어 및 투명성의 수준을 높일 수 있다.
- **하이브리드 클라우드**Hybrid cloud: 공용 클라우드와 사설 클라우드를 혼용한 것이다. 대개 사설 클라우드를 구축해 사용 중인 기업이 클라우드 서비스 중 일부를 공용 클라우드 업체로부터 제공받아 연동하는 형태이다. 하이브리드 클라우드를 채택하는 이유는 사설 클라우드의 구축 및 운용비용이 높고 무한에 가까운 공용 클라우드의 확장성을 활용하기 위해서이다.

2 빅데이터

빅데이터Big Data는 기존의 데이터베이스 관리 도구로는 데이터의 수집, 저장, 관리, 분석 등의 처리 한계를 초과하는 대량의 정형 또는 비정형 데이터 집합과 이러한 데이터로부터 가치를 추출하고 결과를 분석하는 기술을 총칭한다(출처: 위키백과). 빅데이터의 정의에는 가트너의 애널리스트인 더그 레이니Doug Laney의 3V 모델을 많이 인용한다. 그에 따르면 데이터의 양Volume, 입출력 속도Velocity, 다양성Variety이라는 세 개의 관점에서 데이터 성장을 정의한다. 여기에 진실성Veracity 또는 가변성Variability을 추가해 4V로 정의하기도 한다.

빅데이터 기술은 방대한 데이터 집합으로부터 일정한 법칙을 추론해 결과 및 행동을 예측하기 위해 통계적 추론과 비선형 시스템 식별 개념을 활용한다. 오늘날 빅데이터는 정치, 사회, 경제, 문화, 과학 기술 등 전 영역에 걸쳐서 사회와 인류에 가치 있는 정보를 제공할 가능성을 제시하여 중요성이 더욱 커지고 있다. 그러나 빅데이터는 개인의 수많은 정보의 집합으로 정보 유출에 따른 보안 및 사생활 침해라는 문제점을 안고 있어서 이에 대한 적절한 해법이 절실하다.

2.1 빅데이터의 처리

빅데이터를 처리하는 방법은 크게 분석 기술과 표현 기술로 구분된다. 빅데이터 분석 기술로는 기존의 데이터 마이닝, 기계 학습, 자연언어 처리, 패턴 인식 등이 사용된다. 대규모의 정형/비정형 데이터를 처리하는 가장 기본적인 분석 기반구조로 하둡Hadoop이 있으며, 데이터를 유연하고 빠르게 처리하기 위해 NoSQL 기술을 활용하기도 한다. 특히 소셜미디어 등의 비정형 데이터가 증가해 다양한 분석 기술이 주목받고 있다.

TIP 하둡은 다수의 컴퓨터를 연결해 대용량 처리를 가능케 하는 분산형 오픈소스 소프트웨어로 구글에서 만들었다. 초기 구축비용이 적고 차후에 데이터 증가에 따른 확장이 용이하다는 장점이 있다.

- **텍스트 마이닝**: 자연언어 처리 기술에 기반해 비정형/반정형 텍스트 데이터로부터 유용한 정보를 추출, 가공하는 기술이다.
- **오피니언 마이닝**: 소셜미디어 등의 정형/비정형 텍스트에 대한 선호도를 긍정/부정/중립으로 판별하는 기술이다.
- **소셜 네트워크 분석**: 소셜 네트워크의 연결 구조 및 강도를 기반으로 사용자의 명성 및 영향력을 측정하는 기술이다.
- **군집 분석**: 비슷한 특성을 가진 개체를 합쳐가면서 최종적으로 유사 특성의 군집을 찾아내는 기술이다.

빅데이터 처리를 위한 표현 기술은 빅데이터 분석 기술로 데이터의 의미와 가치를 시각적으로 표현하는 것으로, 파이썬, R 등의 프로그래밍 언어를 사용한다.

2.2 빅데이터 활용 분야

빅데이터는 다음과 같은 다양한 분야에서 활용되고 있다.

■ 경제·경영 분야

경제 · 경영 분야에서 빅데이터를 활용하는 사례로는 아마존닷컴의 추천 상품 표시와 구글 및 페이스북의 맞춤형 광고가 있다. 아마존닷컴은 모든 고객의 구매 내역을 데이터베이스에 기록하고 이를 분석해 소비자의 취향과 관심사를 파악한다. 이러한 빅데이터 활용을 통해 아마존은 고객별 추천 상품을 표시한다. 개인의 취미나 독서 경향을 찾아 그와 일치하는 상품을 메일이나 홈페이지에서 해당 고객에게 자동으로 제시하는 형태이다. 구글 및 페이스북도 이용자의 검색 조건, 사진이나 동영상과 같은 비정형 데이터를 처리해 이용자 맞춤형 광고를 제공하는 등 빅데이터 활용을 증대시키고 있다.

■ 과학기술 분야

과학기술 분야에서는 통계 부문을 예로 들 수 있다. 통계에서 사용하는 데이터마이닝Data mining은 대용량의 데이터 속에서 유용한 정보를 추출하는 기술이다. 데이터베이스 내에서 패턴이나 유사성 등의 방법을 활용해 관심 있는 정보를 찾아낸다. 수집된 빅데이터는 체계화된 분류, 예측, 연관분석 등의 데이터마이닝 과정을 거쳐 유의미한 통계적 결과를 도출하는 데 활용된다. 국내외적으로 통계 분야의 빅데이터 활용에 대한 관심과 필요성이 커지고 있는 가운데 통계청은 빅데이터를 연구하고 활용하는 방안을 모색하기 위해 빅데이터 연구회를 발족했다.

■ 생물·의료·임상 분야

생물 분야에서는 DNA, RNA, 단백질 서열 및 유전자 발현과 조절에 대한 데이터 양이 급증했고 이에 따라 빅데이터 활용에 대한 논의가 진행되고 있다. 의료 분야를 살펴보면 미국 의료 분야에서 빅데이터를 활용해 연간 3,300억 달러(정부 의료예산의 약 8%에 해당)의 직간접적인 비용 절감 효과를 기대하고 있다. 임상 분야에서는 의료기관별 진료 방법, 효능, 비용 데이터를 분석해 효과적인 진료 방법을 파악하고 환자 데이터를 온라인 플랫폼화하여 의료협회 간 데이터 공유를 통해 효과적인 치료를 제공한다.

■ 기업 경영 분야

기업 경영에서도 빅데이터 경영이 주목을 받으면서 데이터 품질 향상과 방대한 데이터 처리에 유용한 DIData Integration(데이터 통합) 기술의 중요성이 부각되고 있다. DI의 핵심은 데이터의 추출, 변환, 적재를 위한 ETL 솔루션이다. 이를 활용하면 수많은 데이터를 기업의 데이터 형식으로 일일이 코딩하지 않아도 좋은 품질의 데이터를 제공할 수 있다. 따라서 DI는 빅데이터 환경에 반드시 필요한 데이터 솔루션으로 평가받고 있다.

■ 마케팅 분야

인터넷이 생활화되면서 스마트폰으로 정보를 검색하고 쇼핑도 하고 SNS에 실시간으로 글을 남기는 등의 다양한 활동을 통해 흔적을 남긴다. 이러한 흔적을 데이터화해 분석하면 개인의 생활 패턴이나 소비성향 등을 예측할 수 있다. 기업들은 이런 데이터를 통해 소비자가 원하는 것을 예측할 수 있으므로 마케팅 자료로 활용할 수 있다.

2.3 빅데이터와 인공지능

2014년 5월에 SK텔레콤은 미래 30년의 ICTInformation & Communication Technology 발전에 대한 청사진을 통해 ICT 노믹스ICT+Eco-nomics를 제시했다. 이를 통해 빅데이터 기반구조와 인공지능 기술이 융합된 지능형 플랫폼이 향후 10년간 ICT 노믹스 시대의 최대 격전장이 될 것으로 전망한 바 있다. ICT 기술의 발전은 전 세계 수십억 개의 스마트폰과 수백억 개의 RFID 태그 및 센서를 통해 실시간 발생하는 대용량의 데이터를 수집 및 처리하게 하고 의미 있는 데이터의 증가 및 빅데이터 분석 기술의 발전과 인공지능 기술과의 융합 및 진화로 이어질 것이다. 이로 인해 산업 구조와 현대인의 삶 전반에 걸쳐 혁신적인 변화가 도래할 것이다.

확인문제 16-5

클라우드 컴퓨팅과 클라우드 서비스의 개념을 간략히 설명하시오.

풀이 클라우드 컴퓨팅은 정보를 컴퓨터가 아닌 클라우드에 연결된 다른 컴퓨터로 처리하는 기술이며, 클라우드 컴퓨팅을 이용해 인터넷의 유틸리티 데이터 서버에 프로그램을 저장해두고 필요할 때마다 PC나 스마트폰 등으로 불러와서 사용할 수 있게 하는 웹 기반 소프트웨어 서비스를 클라우드 서비스라고 한다.

01 현실세계를 가장 근접하게 재현하고자 가상의 환경에서 공간과 시간의 제약을 극복하며 실재감과 몰입감을 극대화하는 서비스는?

① BcN 서비스 ② N스크린 서비스 ③ IP 미디어 서비스 ④ 실감미디어 서비스

02 이동통신 환경에서 다수의 안테나를 사용하여 데이터를 교환하는 다중 안테나 신호처리 기술은?

① OFDM ② MIMO ③ SDR ④ UWB

03 인간의 개입을 최소화하면서 환경의 변화에 따라 네트워크 스스로 자율적인 관리 및 제어가 가능한 기술은?

① SDN 기술 ② UWB 기술 ③ 가상화 기술 ④ 자율 네트워킹 기술

04 안테나당 10W급 이하의 저전력 무선 액세스 노드를 사용하여 서비스 유효범위를 확장하거나 또는 네트워크의 용량을 증가시키기 위해서 사용하는 기술은?

① 소형셀 기술 ② 가상화 기술 ③ SDN 기술 ④ SDR 기술

05 종단간 고품질 서비스가 제공 가능하도록 QoS가 보장되고, 통신, 방송, 인터넷이 융합된 품질보장형 광대역 멀티미디어 서비스를 언제 어디서나 끊김 없이 광대역으로 이용할 수 있도록 하는 것은?

① BcN ② FTTH ③ 클라우드 시스템 ④ SDN

06 USN 미들웨어 기술에 대한 설명 중 옳지 않은 것은?

① USN 응용서비스와 센서 노드 중간에 위치해 이들의 원활한 상호 동작을 지원한다.
② 응용서비스의 목적에 따라 기존 정보와 수집된 정보를 비교분석 및 예측하기 위한 상황 정보의 생성 및 관리를 지원한다.
③ 센서 노드의 위치 인식 기능을 통해 이동체에 부착된 센서 노드의 위치를 실시간으로 획득한다.
④ 센서 노드 및 게이트웨이 등을 통해 수집된 정보에 대한 보안 기능이 없어서 정보의 유출이나 해킹에 취약하다.

07 (가)에 들어갈 용어로 옳은 것은?

(가)은 통신, 방송, 인터넷이 융합된 품질 보장형 광대역 멀티미디어 서비스를 언제 어디서나 끊김 없이 안전하게 광대역으로 이용할 수 있도록 하는 통합 네트워크이다.

① BcN ② USN
③ 빅데이터 시스템 ④ 클라우드 시스템

08 기존의 데이터베이스 관리도구에 의한 데이터 수집, 저장, 관리, 분석 등의 처리 한계를 초과하는 대량의 정형 또는 비정형 데이터의 집합으로부터 가치를 추출하고 결과를 분석하는 기술은?

① 유비쿼터스 기술 ② 빅데이터 기술 ③ 클라우드 기술 ④ 애드혹 기술

09 안테나 이후의 RF 영역을 포함한 대부분의 기능들을 프로그래밍이 가능한 고속 처리소자로 구현된 소프트웨어 모듈에 의해서 수행되도록 하는 방식은?

① DSP ② SDR ③ MIMO ④ UMTS

10 디지털 부호 정보를 나노세컨드(10−9초) 이하의 매우 짧은 폭을 가지는 임펄스 신호로 변환해서 무선으로 전송하는 기술로서, 광통신과 같은 수백 Mbps의 초고속통신이 가능하도록 하는 기술은?

① 가상화 ② SDR ③ UWB ④ 소형셀

11 2012년 11월 EU를 중심으로 시작된 프로젝트로, 5G 이동통신에서 요구하는 2020년 이후의 모바일 시스템에 대한 개념을 확립하고 표준화 사전 단계의 기초 작업에 대한 공감대를 형성하는 것을 목표로 하는 단체는?

① 3GPP ② METIS ③ ITU−R ④ ISO

12 5G 네트워크 핵심 기술 중 하나인 소형셀을 마이크로셀, 피코셀, 펨토셀 등으로 구분하고 각각의 특성을 설명하시오.

13 USN(유비쿼터스 센서 네트워크)의 핵심 요소 중 하나인 센서 노드 기술에 대해 센서 노드의 기능과 구성요소를 중심으로 설명하시오.

14 5G 네트워크 핵심 기술 중 가상화 기술은 무엇인지 개념과 특성, 적용 분야를 중심으로 설명하시오.

15 이동통신 네트워크 기술을 세대별로 구분하고 각각의 특징을 설명하시오.

16 OFDM 기술이란 무엇인지 원리와 동작 특성을 구체적으로 설명하시오.

17 구조적 유연성과 개방성을 제공하기 위한 SDN의 구조와 동작, 특성을 설명하시오.

18 5G 네트워크 서비스의 특성을 기술하고, 서비스 활용에 대하여 사례를 들어 간략하게 설명하시오.

19 웹 기반 소프트웨어 서비스인 클라우드 서비스를 세가지 모델로 구분하여 각각을 설명하시오.

20 빅데이터의 처리 및 분석 기술을 네 가지로 구분해 각각에 대해 간략하게 설명하시오.

찾아보기

ㄷ ㄹ

ㅁ ㅂ

ㅅ ㅇ